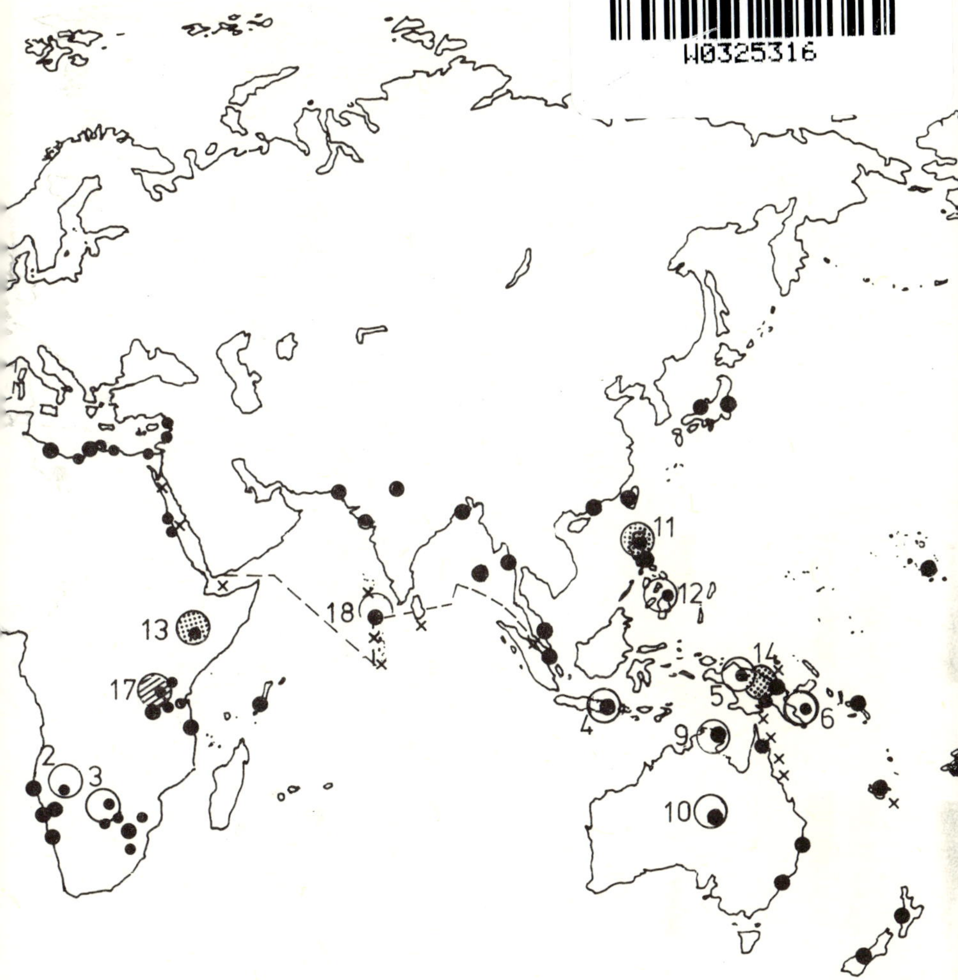


● besuchte Orte außerhalb Europas

× Tauchgebiete
Rotes Meer: Sharm el Scheik, Hurgada, Abd el Kuri, Wingate Reef, Sanganib Reef, Malediven (viele Tauchabstiege entlang der Atollkette von Süd nach Nord), Ceylon, Seychellen, Amiranten, Sri Lanka, Pulo Perak, Pulo Jarrak, Sembiolon-Inseln, Bali, Barriereriff von Australien (verschiedene Abstiege entlang der gesamten Inselkette), Nord-Ost-Küste von Neuguinea, Trobriand, Rangiroa, Moorea, Tahiti, Hawaii, Coronados (Mexiko), Galapagos (viele Abstiege), Cocos-Insel; Karibische See: San-Blas-Inseln, Jamaika, Bahamas, Curacao, Bonaire, Los Roques, Piscadera-Insel; Riffe vor Britisch-Honduras, Bahamas, Bermudas, Azoren.

– – – Route der 1. und 2. »Xarifa«-Expedition

# Und grün des Lebens goldner Baum

Irenäus Eibl-Eibesfeldt

# Und grün des Lebens goldner Baum

## Erfahrungen eines Naturforschers

Kiepenheuer & Witsch

Umschlag Kalle Giese, Overath,
unter Verwendung eines Fotos von Dieter Heunemann
(es zeigt den Verfasser beim Erstkontakt
mit Bewohnern des Fa-Tals).
Gesamtherstellung Mohndruck, Gütersloh
ISBN 3 462 02231 8

Meiner Frau in Liebe zugeeignet

Grau, theurer Freund, ist alle Theorie,
Und grün des Lebens goldner Baum.

*(Goethe, Faust I)*

# Inhalt

## Humanethologie



## Heute und morgen



## Anhang

# Entdeckerfreuden

»Wieso kann ich mit meinen kleinen Augen eine so große Welt sehen?«
*(Mein Sohn Bernolf im Alter von vier Jahren)*

Nach einem längeren Sommerregen stand in den Kelchen des abgeblühten Taubenkropfs Wasser, nur eine winzige Menge, in jedem vielleicht ein viertel Kubikzentimeter. Mit einer Pipette nahm ich eine Probe und betrachtete sie unter dem Mikroskop. Meinen Blicken bot sich ein erstaunliches Treiben. Wimpertierchen flitzten durchs Gesichtsfeld, ein Heer von winzigen Flagellaten und Bakterien wimmelte durcheinander und vermengte sich mit Massen von Rüsselrädertierchen. Ein Bild rastloser Lebensgier. Lange schaute ich den Bewohnern dieses wohl kleinsten Kleingewässers unseres Gartens zu.

Entdeckungen kann man im Kleinen wie im Großen erleben. Im Moospolster auf einem Fels ebenso wie im Korallenriff. Glückliche Umstände bewirkten, daß das Beobachten und Entdecken und die damit verbundene Freude für mich zur Berufung wurden. Wie es dazu kam und wohin die Neugier mich geführt hat, will ich in diesem Buch nachzeichnen: von den frühen Entdeckerfreuden des Kindes, das Mäuse zwischen den Fenstern seines Zimmers hielt, über die Expeditionen in die Meeresgründe und zu fernen Völkern bis hin zu dem Abenteuer der geistigen Auseinandersetzung mit den Fragen unserer Zeit.

Ich führe seit mehr als vierzig Jahren ein Forscherleben. Als Student begann ich 1946 in der Biologischen Station Wilhelminenberg bei Wien, Tiere zu beobachten. Dazu angeregt hatte mich der österreichische Ornithologe Otto Koenig, einer der ersten Ethologen, wie die Verhaltensforscher auch genannt werden. Zwei Jahre später hatte ich dann das Glück, in Konrad Lorenz einen Lehrer und väterlichen Freund zu finden, und ich durfte in einer entscheidenden Phase der vergleichenden Verhaltensforschung durch Experimente beitragen zur Entwicklung dieser noch recht jungen Disziplin der Biologie. In der sich fast über zwei Jahrzehnte erstreckenden tierethologischen Phase meiner Laufbahn beteiligte ich mich am Natur/Umwelt-Streit mit Behavioristen, die die inzwischen widerlegte These vertraten, daß das Verhalten von Tier und Mensch durch Erfahrung erlernt werde. Ich arbeitete mit Heinz Sielmann zusammen an wissenschaftlichen Filmen und nahm teil an den von Hans Hass organisierten und geleiteten »Xarifa«-Expeditionen. Ich lernte die Wunderwelt unter Wasser kennen, erforschte tropische Korallenriffe, entdeckte die Putzsymbiosen der Fische, studierte die Turnierkämpfe der Galápagosmeerechsen und schulte mich in der vergleichenden Betrachtungsweise.

Dann verlagerte sich mein Interesse auf die Verhaltensforschung am Menschen, auf die Humanethologie. Seit mehr als zwanzig Jahren filme ich den Alltag von Menschen in den verschiedensten Gebieten der Welt. So besuche ich zum Beispiel immer wieder die Yanomami-Indianer am oberen Orinoko in Venezuela, die Buschleute in der Kalahari oder die Eipo, die als neusteinzeitliche Pflanzer im westlichen Bergland Neuguineas ihr Auskommen finden. Meine Jugendträume von einem abenteuerlichen Forscherleben haben sich erfüllt, und ich durfte die Aufregung auskosten, die man erfährt, wenn man in vom Menschen noch unberührte Meerestiefen taucht oder Völkern begegnet, die bis dahin keinen Kontakt mit der Außenwelt hatten.

Mein Lebenslauf ist nicht nur eng verbunden mit der Geschichte der Verhaltensforschung. Er umfaßt auch zeitgeschichtlich interessante Erfahrungen, die ich mit anderen teile. Als Angehöriger des Jahrgangs 1928 war ich noch ein Kind, als Hitler meine Heimat dem Deutschen Reich »anschloß« und kurz darauf den Zweiten Weltkrieg entfesselte; den Ersten hatten meine Eltern als junge Menschen mitmachen müssen. Als die Niederlage des NS-Staats offenkundig war, wurde ich, halb Kind, halb Mann, als Luftwaffenhelfer eingezogen wie viele meiner Altersgenossen. Als junge Männer wuchsen wir in der Nachkriegszeit heran, wach und bereit, uns mit dem politischen Geschehen auseinanderzusetzen. Der Stuttgarter Politikwissenschaftler Martin Greiffenhagen versteht die Jahrgänge 1928 und 1929 aufgrund ihrer spezifischen Erfahrungen sogar als eine eigene Generation. Er stützt sich dabei auf einen soziologischen Generationsbegriff, der sich zum Unterschied vom biologischen an einschneidenden politischen, ökonomischen und sozialen Erfahrungen des Individuums mißt.

»In diesem Sinne sprechen wir von einer Kriegs-, Nachkriegs-, Wirtschaftswunder-, Protest- oder No-future-Generation«, schreibt er in seinem Buch »Jahrgang 1928«.[1]

Meine Generation ist mit verschiedenen Attributen versehen worden. Sie wird beschrieben als eine verratene oder unsichere Generation, auch als eine Generation der Betrogenen und Enttäuschten. All das trifft Facetten der von uns erlebten Wirklichkeit, die sich aber mit einem Begriff allein nicht erfassen läßt. Genausogut könnten wir von einer zornigen Generation sprechen, weil sie den Verrat und Betrug durch die eigene politische Führung so unmittelbar gespürt hat. Martin Greiffenhagen übernahm die Definition des Soziologen Helmut Schelsky, der 1957 von der »skeptischen Generation« gesprochen hatte. In der Tat sind viele Menschen meines Alters heute weniger anfällig für Heilslehren, gleich welcher Art sie sind. Wir haben den Krieg in der Heimat erlebt und nicht als siegreiche Truppe. Für uns war er gleichbedeutend mit Tod und Zerstörung. Natürlich gaben wir unseren Feinden die Schuld. Es brauchte nicht viel, uns davon zu überzeugen. Wir glaubten uns im Recht. Um so härter traf uns die Einsicht, daß man uns belogen hatte. Auf diese Erfahrung gründet sich unsere Skepsis.

Der Begriff trifft für manchen meines Jahrgangs auch zu in seiner ursprünglichen griechischen Bedeutung: Wir sind Suchende - ich blieb es bis heute, denn jeder Forscher ist einer, der sucht. Das Wort »Forscher« leitet sich ab vom althochdeutschen »forscon«, das »fragen«, »ausforschen« heißt. Dieses geht wiederum zurück auf die indogermanische Wurzel »per(e)k«, und das bedeutet »aufreißen«, »wühlen«. In der Tat, was ist ein Foscher anderes als ein Wühler, der nach Schätzen gräbt? Und manchmal froh ist, wenn er Regenwürmer findet. Er gleicht insoweit dem Ferkel - lateinisch »porcus« -, das ja auch wühlt und Furchen zieht und froh ist, wenn es Engerlinge entdeckt!

Forscher, Furche und Ferkel gehen auf denselben Wortstamm zurück. Weitere Gemeinsamkeiten möchte ich allerdings nicht behaupten.
Von der Wiege bis zur Bahre stellen wir Fragen. Am Anfang unseres Lebens fragen wir: Was ist das? Bald wollen wir wissen, wie etwas funktioniert und wozu es nützlich ist. Und schließlich rätseln wir über den Sinn unserer Existenz. Der Motor, der uns zum Fragen treibt, ist die Neugier. Sie zeichnet nicht nur uns Menschen aus, sondern auch höhere Säugetiere. Allerdings beschränkt sie sich bei ihnen auf Kindheit und Jugend. Der Mensch dagegen besitzt sie bis ins hohe Alter - in dieser Hinsicht bleibt er jugendlich bis zu seinem Tod.
Hans Hass hat unsere Gier nach Neuem in einem seiner Fernsehfilme veranschaulicht. In Zeitrafferaufnahmen zeigte er, wie Menschen ameisengleich die Stufen zur Akropolis hinaufwimmeln. Ein Besucher von einem anderen Stern würde sich fragen: Was suchen die dort? Gibt es dort Nahrung? Offensichtlich nicht. Finden sie sich zur Paarung? Einige vielleicht zum Vorspiel dazu, die meisten aber keineswegs. Sie schauen bloß und gehen wieder. Eine andere Zeitrafferaufnahme zeigt einen alten Mann, der Zeitung liest. Er konsumiert Neuigkeiten von Seite zu Seite. Emsig blätternd, verschlingt er Informationen, auch wenn sie für ihn ohne Belang sind. Eine alte Frau schließlich steht mit bloßen Füßen am Strand. Sie hält ihren Rock etwas hoch und spielt mit den Wellen. Sie geht vor, läßt sich beplätschern, weicht zurück, geht wieder vor und führt so einen Dialog mit ihrer Umwelt.
Sicher, es gibt graduelle Unterschiede in der neugierigen Verspieltheit. Manche Menschen hören auf, sich zu wundern und Fragen zu stellen, und nehmen das Leben so, wie es ist. Anderen wieder wird das Fragestellen zum Beruf.

# Kindheit und Jugend

# Kierling

»Staunen nur kann ich
und staunend mich freuen.«
*(Franz Schubert, Deutsche Messe)*

Ich kam am 15. Juni 1928 im Wiener Bezirk Döbling auf die Welt. Mein bewußtes Leben beginnt aber in Kierling, einem kleinen Dorf am Rand des Wienerwalds, in dem ich meine Kindheit bis zum zehnten Lebensjahr verbrachte. Dort empfing ich meine prägenden Eindrücke. Vor kurzem schaute ich mir die noch erhaltene Volksschule an, ein Gebäude aus der Zeit vor dem Ersten Weltkrieg. Nachdenklich stand ich davor, da sprach mich jemand an: »Ja kennst mich denn nimmer? Ich bin der Norbert. Wir waren doch zusammen im Kindergarten!« Stimmt. Ich erinnerte mich an Norbert Gschirrmeister, und wir verbrachten einen gemütlichen Abend in seinem Gasthaus und tranken seinen Wein. Er war inzwischen Bürgermeister des kleinen Dorfes geworden. Auch der Klinger Franz war dabei, ein weiterer Freund aus Kindertagen. Wir wollten immer zusammen auf Expeditionen fahren. Erlebnisse dieser Art verdeutlichen, was Heimat über die reine Landschaftsprägung hinaus bedeutet. Zu ihr kommt die Einbindung in eine Gemeinschaft, in das vielfache Geflecht langsam gewachsener Beziehungen.

Woran erinnere ich mich aus frühen Kindertagen? Es sind Episoden, die isoliert herausragen, und Bilder von Landschaften, Gebäuden und Räumen, die den vielen kleinen Gegebenheiten, die ich behalten habe, den Rahmen geben und damit Kontinuität vermitteln. Ich kann heute noch im Geist das Haus in der Lenaugasse 10 durchwandern. Die Küche mit dem Tisch in der Ecke, der große Holzherd mit der Gußeisenplatte, die zwei mit immer kleiner werdenden konzentrischen Ringen abgedeckte Öffnungen aufwies. Auf der heißen Platte ließ ich oft die Wasserperlen tanzen oder briet Kartoffelscheiben. Im hinteren Teil hatte der Ofen einen gekachelten Aufbau mit einem Wasserbehälter und einer Backröhre, auf der man sitzen und

sich wärmen konnte. An die Küche schloß sich eine kleine dunkle Kammer an, die mit Gerümpel vollgestopft war, ein Dorado für Mäuse! Rechts ging eine Tür in die zur Straße hin gelegene Wohnstube und die Schlafzimmer, zunächst das meines Vaters, dann das Kinderzimmer, das durch eine Schrankwand geteilt war. Ich bewohnte eine Hälfte mit meiner zwei Jahre jüngeren Schwester Theresia, in der anderen war meine sechs Jahre ältere Schwester Maria untergebracht. Es folgte das Zimmer meiner Mutter. Aber da wir offenbar tagsüber wenig in diesen Zimmern spielten, haben sie sich in meiner Erinnerung nicht tief eingeprägt. Ich entsinne mich nur, daß es im Winter gelegentlich bitter kalt war, und kenne jetzt noch das Gefühl, das ich hatte, wenn ich in mein eiskaltes Bett stieg. Erst zog ich die Füße an, um sie dann, wenn mir langsam warm wurde, allmählich auszustrecken. War es gar zu frostig, dann packten uns die Eltern heiße, in Decken gehüllte Ziegelsteine ins Bett. Wir schliefen unter dicken Daunendecken, die so gut isolierten, daß die ausgeatmete Luft während der Nacht auf der Decke zu einer feinen Tauschicht kondensierte. An die Fenstern malte der Frost dann wunderschöne Eisblumen, und wir erhitzten Zehngroschenstücke, um uns kleine Gucklöcher aufzutauen.
Mehr noch als Wohnstube und Schlafzimmer sind mir die Nebenräume des Hauses im Gedächtnis geblieben, besonders der große Dachboden. Er war zur Hälfte mit Heu gefüllt und dort nur über eine Holzleiter zu erreichen. Gerne sprangen wir von den Querbalken, die das gewaltige Dach hielten, auf das staubige Heu. Im anderen Teil des Dachbodens fanden sich einige Bretterverschläge, in denen allerlei Hausrat abgestellt war. Vor allem aber entdeckte ich dort einige alte Bücherkisten. Oft saß ich hier und blätterte in den Bänden. Eine Zeitschrift hatte es mir besonders angetan. Sie nannte sich »Der gute Kamerad« und berichtete von Abenteuern und Reisen, die mit Zeichnungen ansprechend illustriert waren. Ich schmökerte oft und lange in den großformatigen Heften. Das Licht fiel durch eine kleine verglaste Dachluke, und wenn die Sonne schien, dann warf sie einen scharf umrissenen Strahl in das Halbdunkel des Dachbodenraums, in dem Tausende von winzigen Staubteilchen tanzten. Der Geruch der Bücher und des Holzes ist mir nach

wie vor gewärtig, und ich nehme heute noch gerne alte Bände zur Hand und rieche an ihnen.
Auf dem Dachboden hatte ich kleine Verstecke zwischen den Balken angelegt. Hier verbarg ich Vorräte wie ein Höhlenbewohner, zum Beispiel Nüsse, die ich im Herbst im Garten sammelte. In unserem Kierlinger Haus gab es außerdem einen wunderschönen Keller, der weit in den Berg hineingetrieben war. Er besaß eine große Seitenkammer, und wir stellten uns vor, daß hier früher geheime Gänge gegraben worden seien, die inzwischen verschüttet waren. Es war stockfinster im Keller, aber wir spielten hier gerne, und ich richtete eine Seite der Kammer als Höhle her. Damals las ich Alois Sonnleitners »Höhlenkinder«.
Im März 1938, wenige Tage bevor Hitlers Wehrmacht in Österreich einmarschierte, organisierte die NSDAP Fackelzüge für ein großdeutsches Reich auch in meinem Heimatort. Die abgebrannten Fackeln wurden in den Kierlingbach geworfen und stauten sich am Wehr. Wir Buben sammelten sie und beleuchteten mit ihnen unseren Keller. Bei einer größeren Überschwemmung stand er unter Wasser. Da stakte ich im hölzernen Waschtrog mit einer Kerze durch mein unterirdisches Reich.
Die meiste Zeit verbrachte ich allerdings im Freien. Meine Eltern beschränkten meinen Bewegungsdrang nicht, und so durchstreifte ich stundenlang Wälder und Äcker. Ich wußte, wo in den Buchenwäldern Pilze wuchsen und wo kaltes Quellwasser sich sammelte in Waldtümpeln, in denen die Larven der Feuersalamander lebten. Schachtelhalme schmückten die morastigen Ufer dieser kleinen Oasen. Seitenasseln schwammen zwischen dem Fallaub, das zum Teil von Kalksinter überzogen war.
Ich kann die Eindrücke nicht mehr ordnen. Es sind einzelne Episoden, an die ich mich erinnere, und Bilder von Orten, mit denen sich bestimmte Erlebnisse verbinden. Ich sehe die großen Haufen der roten Waldameise in unserem Garten, die ich stundenlang beobachtete. Mit Brettern abgedeckte Gräben schützten die Grundmauern des Hauses, in ihnen lebten Erdkröten, die ich mit Regenwürmern fütterte.

Zu meinen Eltern hatte ich in meiner Kindheit eine warme, ungetrübte Beziehung. Meine Mutter hatte meinen Eintritt in das Leben mit einem Gedicht begrüßt.[2] Zwei Tage später zeichnete mich mein Vater. Manche Betrachter des Bildes glauben, daß das Konterfei auch heute noch eine gewisse Ähnlichkeit mit mir aufweist. Ich fand die Zeichnung erst vor kurzem. Als meine Eltern mich Irenäus tauften, wollten sie mir symbolisch einen Auftrag erteilen: Ich sollte dem Frieden dienen. Denn das griechische Wort »Eirene«, auf das mein Name zurückgeht, heißt »Frieden«. Sie riefen mich allerdings später »Renki«, eine frei eingedeutschte Form dieses Namens, und so nennen meine Freunde mich heute noch.

Ich war das zweite von drei Kindern. Meine Schwester Maria war sechs Jahre älter als ich und Theresia zwei Jahre jünger. So wuchs ich zwischen zwei Schwestern auf und sammelte frühkindliche Erfahrungen mit der Entwicklung der weiblichen Psyche. Sie scheinen nicht traumatisch gewesen zu sein.

Ich erinnere mich nicht mehr im einzelnen an die zärtliche Zuneigung, die ich als Kleinkind gewiß von meiner Mutter empfing. Kinder nehmen sie wohl als selbstverständlich hin, und nur ihr Fehlen prägt sich ein in das Gedächtnis. Dem Familienalbum kann ich entnehmen, daß meine Eltern und Schwestern mich mochten. Meine ältere Schwester hält mich als Säugling auf ihrem Schoß; man fand mich wohl auch »herzig«, denn ich wurde als Schornsteinfeger mit einem Ferkelchen unter dem Arm für eine Neujahrspostkarte photographiert.

In meiner Erinnerung spielt mein Vater eine zentrale Rolle. Nicht etwa, weil er sich mehr abgegeben hätte mit uns Kindern als meine Mutter - darüber weiß ich nichts -, sondern weil er uns Kindern oft Geschichten erzählte, die meine Phantasie anregten. Er erzählte uns von den Höhlenkindern, von Sauriern und Abenteuern. Viele Geschichten erfand er selbst, andere entnahm er Büchern wie jenen von Jules Verne oder Arthur Conan Doyle. An den Schöpfer des legendären Sherlock Holmes mußte ich denken, als ich den Auyan-Tepui, einen der hohen Tafelberge Venezuelas, bestieg, der sich im Grenzgebiet zu Brasilien und Guyana aus den Regenwäldern erhebt wie eine Festung mit steilen, schwer bezwingbaren Wänden. Der deutschbritische Botaniker Robert Hermann Schomburgk hat dieses Gebirge beschrieben, auf dessen Plateau sich eine eigene Flora und Fauna herausgebildet hat in Jahrmillionen von Jahren der Isolation. Arthur Conan Doyle, der Schomburgks Berichte gelesen hatte, bevölkert in einer Erzählung die Tafelberge mit Überlebenden aus grauer Vorzeit, mit Flugdrachen und Sauriern, und schildert, wie Forscher diese Welt entdecken. Das fiel mir ein, als ich im Nebel am Hang des Auyan-Tepui zwischen hohen Felsriegeln saß.[3]

Solche Geschichten beschäftigten meine Phantasie. Das Ziegenfell, das als Bettvorleger diente, verwandelte ich in einen Schurz. Ich bastelte mir einen Speer mit einer Steinspitze, die ich mir zurechthaute, und einen Bogen mitsamt Pfeilen. Ich grub mir eine Erdhöhle im Lößboden und ein Baumnest und ergründete als Steinzeitmensch das Gelände. Mein Blick war geschärft, und auf den umgepflügten Äckern fand ich in diesen Jahren viel Interessantes, unter anderem einen kleinen sorgfältig bearbeiteten Feuersteinschaber aus der mittleren Steinzeit. Ich wußte damals bereits, wie ein Feuerstein aussieht, und auch, daß er in unserem Gebiet nicht vorkommt. Als ich das kleine Feuersteindreieck fand, erkannte ich sofort: Es war ein steinzeitlicher Import! Die Geschichten über Urzeittiere von Wilhelm Bölsche regten mich an, Saurier aus Ton zu formen. Mein Vater ließ sie brennen. Sehr früh kannte ich Ichthyosaurier, Triceratopse und Iguanodons.

Mein Vater Anton wurde im Januar 1897 in Wien geboren. Er war Botaniker und unterrichtete an der Höheren Bundeslehranstalt für Wein-, Obst- und Gartenbau in Klosterneuburg. Er arbeitete über die Gärten im alten Ägypten und an einer Monographie über Keimlinge und Samen der Nutzpflanzen. Er war ein fröhlicher Mensch und trat mir gegenüber nie autoritär auf, sondern zeigte sich stets verständnisvoll. Er nahm mich mit auf Spaziergänge, und unterwegs erzählte er mir viel. Ich habe diese Neigung, bei Spaziergängen Gedanken zu formulieren und auszutauschen, von ihm übernommen. Vom Beginn meiner Volksschulzeit an bis zu seinem viel zu frühen Tod im März 1941 war er mein Hauptbezugspartner.

Mein Vater hatte in Kierling eine kleine Versuchslandwirtschaft

aufgebaut und hielt auch Kaninchen und Hühner. Für seine Keimlingskunde zog er die verschiedensten Kulturpflanzen heran. Wir besaßen einen großen Gemüse- und einen Ziergarten. Dazu einen Hang, auf dem vor allem Gras wuchs und Obstbäume standen: Kirschen, Zwetschgen, Äpfel und Birnen, im unteren Teil auch zwei alte Walnußbäume und ein Steinnußbaum. Dort hatte mein Vater außerdem Ackerland angelegt, auf dem er Sonnenblumen und anderes anpflanzte.
Im Sommer fuhr mein Vater oft mit mir in die Berge. Er hatte immer Skizzenbücher dabei, um alte Bauernhöfe, Kirchen, Bäume und Landschaften zu zeichnen. So, wie wir heute mit dem Photoapparat knipsen, setzte er sich an einem Wegkreuz hin und bannte mit flinker Hand auf Papier, was ihm auffiel. Ich habe vor kurzem ein solches Skizzenbuch durchgeblättert und fand darin ein Bild einer Kirche mit der Notiz: »Mit Renki 9 Stunden gegangen.« Ich war damals neun Jahre alt, und wir wohnten in einem Gasthaus des kleinen Ortes Weißbriach im Lungau. In dem gleichnamigen Flüßchen, das an dem Dorf vorbeiführt, fing ich damals Flußneunaugen, die in großer Zahl gegen die Strömung hinaufschwammen. Ob es sie heute noch gibt?
Von einem Ausflug zur Zinkwand im Lungau ist mir eine Episode in lebendiger Erinnerung geblieben. Wir waren auf dem Rückweg noch über der Baumgrenze, als uns der Nebel überfiel. Wir konnten keinen Schritt weit sehen, und so setzten wir uns auf völlig unbewachsene Urgesteinblöcke an einem Abhang. Nebelfetzen zogen an uns vorbei, und von unseren Filzhüten tropfte das Wasser auf unsere Lodenumhänge. Da kratzte mein Vater mit einem Messer an einem der grauen Felsen und zeigte mir, wie auf dem Stein, dicht unter seiner Oberfläche, Endolithen leben. Das sind aus Pilzen und Algen zusammengesetzte Flechten, die sich mittels Säure gewissermaßen kleine Glashäuser in den Fels hineinätzen. Die durchsichtige dünne Gesteinsfläche über ihnen schützt sie gegen die in dieser Höhe herrschenden extremen Witterungseinflüsse. Durch Poren im Gestein zirkuliert Luft und tritt Wasser ein. Mein Vater erklärte mir, daß diese Pflanzen hier als Pioniere Nahrung für andere abgäben. Es existierten zum Beispiel Schnecken, die mit ihren

zähnchenbesetzten Zungen die schützende Gesteinsschicht abraspelten und die Flechten verzehrten.
Seit dieser Zeit habe ich ein Auge für die verborgenen kleinen Wunder. Ich begann damals zu ahnen, daß in jedem Moospolster, das sonnenverbrannt auf einem Felsen sitzt, eigentlich alle Lebensrätsel enthalten sind. Es bereitet mir heute Freude, ein Moospolster vor meinen Enkeln mit Wasser zu begießen und ihnen zu zeigen, wie sich die Blätter öffnen und die scheinbar toten Pflänzchen auf einmal leuchtend grün zum Leben erwachen. Ich erzähle ihnen dann von den Bärtierchen, die aufleben, herumkriechen und Nahrung suchen. Diese bereits höher organisierten Gliedertiere mit Augenflecken, Darm, vier mit Krallen versehenen Beinpaaren und geschlechtlicher Vermehrung sind mikroskopisch klein. Sie können in kurzer Zeit eintrocknen und so ausharren bis zum nächsten Regen. Im Trockenschlaf ertragen sie eine Hitze von bis zu 92 Grad Celsius, und man kann sie zwanzig Monate in flüssiger Luft bei minus 200 Grad am Leben erhalten. Benetzt man sie danach bei normaler Temperatur mit Wasser, dann erwachen sie wieder zum Leben.
Auf den Trittplatten vor der Fenstertür unseres Hauses zum Garten habe ich erst kürzlich Bärtierchen entdeckt. Die Platten erscheinen normalerweise tot und trocken, von der Sonne verbrannt. Aber wenn es regnet, beginnen die grünen Moospolster und Flechten zu leben. Nehme ich dann mit einer Pipette eine Probe von dem Naß zwischen dem spärlichen Pflanzenwuchs, erwische ich mit Sicherheit einige Bärtierchen.
Von den Bergwanderungen mit meinem Vater sind mir viele Einzelbilder im Gedächtnis haftengeblieben. Vor allem die große Freude, wenn wir auf dem Rückweg »Schwammerln«, Pilze, suchten. Da spürte ich auch nach vielen Stunden meine Beine nicht. Es wuchsen dort so wunderschöne Steinpilze, und wir kamen jedesmal mit reicher Ernte heim. Dann wurden die Schwammerln in Scheiben geschnitten und an der Luft getrocknet.
Bereits in den frühen Kinderjahren hielt und beobachtete ich Tiere. Meine ersten Pfleglinge waren Goldfische in einem kleinen runden Glas, und ich erinnere mich nur noch daran, daß

ich sie bekam. Ich war damals wohl drei Jahre alt und weiß bis heute, daß das runde Glas mit den Goldfischen in der kleinen Kapelle im Erdgeschoß unseres Hauses auf einem weißgedeckten Tisch stand. Alles andere haben meine Eltern mir später erzählt. Ich soll fassungslos »Fischi! Fischi! Fischi!« gestottert haben, so daß mein Vater schließlich scherzhaft meinte: »Jessas, der Bua wird deppert!«

Den Goldfischen folgte eine Schildkröte. Ich nannte sie Susi und baute ihr im Garten ein kleines Gehege mit einem Häuschen. Bereits am nächsten Tag lief ich, weinend und »Susi! Susi!« rufend, durch den Garten. Sie war entkommen. Im Alter von zehn Jahren zog ich dann meine erste Krähe auf, und zu diesem Zeitpunkt bekam ich auch mein erstes Mikroskop.

Ich wußte damals bereits, daß ich Naturforscher werden wollte, las die kleinen »Kosmos«-Hefte von Wilhelm Bölsche und Kurt Floerike, die Bücher von Ernest Thompson-Seton und von Jules Verne, und mit meinem Mikroskop entdeckte ich die Welt der Kleinstlebewesen, die mich bis heute fesselt. Meine Eltern schränkten meine Interessen nicht ein.

Meine Mutter war künstlerisch begabt. Sie dichtete viel und malte. Ich habe jetzt noch den Geruch der frischen Ölfarben in der Nase. Ich weiß nicht, ob sie an meinem erwachenden zoologischen Interesse direkt Anteil nahm. Aber die damit verbundene Unordnung störte sie nicht und ebensowenig, daß ich die verschiedensten Dinge anschleppte. Etwa das Skelett eines Eichhörnchens oder Raupen, die ich in einem Glas verstaute.

Mein erstes Sammelinstrument war ein Blechtopf. Er war mit einem Schneemann verziert, auf den ein Junge einen Schneeball warf. Im Kaninchenstall suchte ich mit großer Leidenschaft nach Fliegenmaden. Auch die geschwänzten Larven der Mistbiene (Eristalis), die ich damals schlicht »Klosettraupen« taufte, faszinierten mich. Einem Kind graust es nur vor wenig. Heute hätte ich Hemmungen und würde mir die »Rattenschwanzlarven« kaum als Studienobjekt aussuchen.

Mistbienen heißen sie, weil die fertigen Fliegen täuschend Bienen ähneln. Das schützt sie vor dem Gefressenwerden, und wie wirksam diese Mimikry ist, erlebte ich vor gut dreißig Jahren. Die Herbstastern blühten und waren von Bienen und Mistbienen umschwärmt. Ich fing eine Mistbiene und berichtete meiner Frau von der Bienen-Mimikry. Ein paar Tage später hatten wir Besuch. Meine Frau erzählte die Geschichte und fing zur Demonstration mit flinker Hand einen besonders schönen Nachahmer, wie ihr schien. Sie wurde prompt gestochen und hat seitdem keine weiteren Versuche unternommen, Mistbienen von Bienen zu unterscheiden.

Ich sammelte Fliegen, um damit Spinnen zu füttern. Die Trichterspinnen (Agelena labyrinthica) hatten in der Toilette schöne Netze geflochten, die niemand zerstören durfte. Und im Buschwerk am Haus gab es große Kreuzspinnen, die jede Fliege, die ich ins Netz warf, schnell einwickelten.

Das Dorfleben war vor dem Krieg viel anregender als heute. Wir spielten auf den ungeteerten Straßen. Mit den Fersen traten wir kleine Gruben in die Erde und versuchten dann, mit kleinen Ton- und Glaskugeln hineinzutreffen - »Kugerlscheiben« nannten wir es. Die Straße war Kinderspielplatz und Treffpunkt für alt und jung. Es liefen Enten herum und Hühner, Autos und Motorräder waren noch eine Seltenheit. Meine Mutter hatte ein Puch-Motorrad, fesch und sportlich, wie sie war, was zu Spottliedern im Dorf Anlaß gab. Von Ochsen gezogene Leiterwagen und Pferdekutschen waren die lokalen Transportmittel. Auf die etwas flinkeren Pferdekarossen sprangen wir gerne auf, bis uns der Fuhrmann mit der Peitsche herunterscheuchte.

Zum Straßenleben gehörten auch die fahrenden Händler. Aus Siebenbürgen kamen im Sommer Leute, die Löffel und andere Holzgeräte verkauften. An die Türen klopften außerdem Zigeuner, die als Kesselflicker oder Wahrsager ihre Dienste anboten. Die Dorfbewohner vertrauten ihnen ohne Bedenken die Kessel an, denn sie erhielten sie immer zurück. Sie schenkten den herumziehenden Leuten auch Lebensmittel und paßten auf, daß sie keine Hühner mitnahmen. Wer nicht Obacht gab, war selbst schuld. Hinzu kamen Lavendelverkäuferinnen, Scherenschleifer, Lumpensammler, und sie alle hatten ihre Gesänge. Ich habe sie noch im Ohr. Die Lavendelverkäuferinnen sangen:

»Aan Lavendl håmma do
Wer kauft ma an o
Aan Lavendl, aan Lavendl, håmma do«,

und die Lumpensammler:

»Fetzen, oide Floschn, der Heitlmå is do
Fetzen, oide Floschn, der Heitlmå is do«
(Fetzen, alte Flaschen, der Häutelmann ist da).

Ich glaube nicht, daß mich in dieser Zeit irgend etwas ernsthaft bedrückt hat. Ich focht meine Sträuße aus mit den dörflichen Spielgefährten und hatte meine Freunde. Das einzige, was mich bereits als Kind in große Aufregung versetzte, war Tierquälerei. In ihrer Experimentierphase können Kinder grausam zu Tieren sein. Ich war oft in Raufereien verwickelt mit anderen Buben, weil ich gegen die Mißhandlung von Kröten protestierte. An einen ernsten Konflikt innerhalb der Familie erinnere ich mich dagegen nicht. Ich war manchmal tolpatschig und zerschlug Dinge. »Mir ist schon wieder ein kleines Malheur passiert!« war eine stehende Redewendung von mir, und wenn ich auf eine ärgerliche Ermahnung hin sagte: »Ich habe es ja nicht mit Absicht gemacht«, dann wirkte das nicht gerade besänftigend. Aber gescholten wurde ich nur selten, und wenn, dann meist aus gutem Grund.

# Wien

Die unbeschwerte und anregende Kindheit in Kierling hat mich entscheidend geformt, sowohl im Sinn einer Prägung auf meine Heimat als auch im Hinblick auf mein Bedürfnis nach Freiheit. Ich lernte zu schauen, zu beobachten und zu staunen über diese so bunte Welt - und ich bewahrte mir das Staunen bis zum heutigen Tag.
Als wir im Frühjahr 1939 nach Wien übersiedelten, fand diese schöne Zeit ein abruptes Ende. Wir wohnten zwar in Döbling, einem Villenbezirk mit viel Grün, und hatten in der Hofzeile 27 eine ebenerdige Wohnung, in der ich das Eckzimmer mit eigenem Ausgang in den Garten erhielt. Aber der Garten war für meine Begriffe klein, und es war nicht mein Garten. Da stand zum Beispiel ein großer Nußbaum vor meiner Tür. Im Herbst, wenn der Wind durch seine Äste strich, prasselten die Nüsse zu Boden. Nüssesammeln war eine Leidenschaft von mir - das war ich von Kierling gewohnt -, nur, die Hausmeisterin sah es nicht gern. Ein kleiner Winkel neben meinem Eingang war kahl. Jemand hatte dort mit Koksasche den Boden eingeebnet und befestigt. Diesen Winkel grub ich um und legte einen winzigen Garten an. Ich pflanzte Krokusse und Frühlingsblumen. Anderes gedieh nicht, denn sobald der Nußbaum Blätter trug, lag mein Miniaturgarten im Tiefschatten.
Mein Eckzimmer besaß zwei hohe Fensterfronten. Im breiten Raum zwischen den damals üblichen Doppelfenstern streute ich Sägespäne aus und hielt Mäuse. Mein Zimmer glich bald einem kleinen Zoo, ich hatte mehrere Terrarien eingerichtet. In alten Akkumulatorengläsern kultivierte ich Heuaufgüsse und Proben, die ich in den Wienerwaldteichen sammelte. In einem großen Aquarium schwammen Schlammpeitzger, Sonnenbarsche und Molche, in einem kleineren lebte eine Tümpelge-

meinschaft. Die Aquarien waren nie ganz dicht. Aber meine Mutter malte, mein Vater unterrichtete in Klosterneuburg, meine Schwestern gingen eigenen Interessen nach, und ich hatte meine Ruhe.
Manches Tier kroch auch frei im Zimmer herum, dann allerdings nur kurz, so ein Igel, der Nacktschnecken vor dem Fressen entschleimte, indem er sie mit den Pfoten quer durchs Zimmer rollte, was Spuren hinterließ. In Gipsnestern, die ich nach Angaben in einem Buch - es stammte wohl von dem deutsch-niederländischen Zoologen Erich Wasmann - baute, wimmelten rote Waldameisen scheinbar ungeordnet durcheinander, und ich sah zu, wie die Königin ihre Larven betreute und später dabei von den herangezogenen Arbeitern unterstützt wurde. Ich überwand den Schock der Übersiedlung in die Stadt, indem ich mich den Lebenswundern im Kleinen widmete.
Und da gab es auch in Wien viel zu entdecken. Das Grundstück Hofzeile 27 ist gegen den Gehsteig durch einen Eisengitterzaun abgegrenzt. Er ist mit wildem Wein bewachsen. Von der Hauswand trennt ihn ein etwa einen Meter dreißig messender Bodenstreifen. Er ist mit Platten ausgelegt bis auf eine vielleicht zwanzig Zentimeter breite Schicht Sandboden an der Mauer. Der Sand ist tagsüber ungeschützt der Sonnenbestrahlung ausgesetzt, und so fanden hier Grabwespen ein guten Platz für ihre Nester. Zu manchen Zeiten flogen sie ohne Unterlaß mit gelähmten Raupen, Spinnen und anderem Getier an, um ihren Nachwuchs zu versorgen. Sie legten die Beute ab, gruben das Loch auf und verstauten ihren Fang für die Larven im unterirdischen Gang. Dann verscharrten sie das Ganze wieder. So schildert der bekannte französische Insektenkundler Jean-Henri Fabre in unübertrefflicher Weise das Leben der Grabwespen. Seine Bücher las ich damals gerade, und so hatte ich ein Auge für das Geschehen an der Hauswand. Vor ein paar Jahren habe ich diesen Platz wieder besucht. Das Gitter war noch da, auch der Sandstreifen an der Hauswand, und die Grabwespen flogen an und ab wie einst.
Am 21. März 1941 starb mein Vater nach längerem Leiden an Blutkrebs. Ich hatte ihn oft im Spital besucht und bis kurz vor seinem Tod gehofft, daß er genesen würde. Mein Vater gab sich

in meiner Gegenwart stets zuversichtlich. Und er hatte auch immer etwas von seinem Essen für mich ewig Hungrigen aufgehoben. Am Tag vor seinem Tod war seine Stimme ganz anders. »Gebt's dem Buben was zu essen«, sagte er, als ich kam. Da weinte ich los und wurde hinausgeführt. Es war das letzte, was ich von ihm hörte. Wenige Tage später schritt ich benommen hinter dem mit Blumen bedeckten Sarg. Es war ein sonniger Frühlingstag, Bienen summten um die Blüten.

Der Verlust meines Vaters traf mich schwer. Ich suchte Trost in meinen zoologischen Freuden, mikroskopierte und durchstreifte die Umgebung Wiens mit dem Fahrrad. Es gab damals überall kleine Tümpel und Teiche, in ihnen lebten große schwarze Wasser- und Gelbrandkäfer, Wasserwanzen, Unken, Pferdeegel, Frösche, Kröten, Kamm- und Teichmolche. Ich nahm immer einen Käscher mit und zwei kleine Blecheimer und fischte für meine Aquarien, oder ich schaute bloß zu. Ich tat dies mit Leidenschaft und vernachlässigte darüber die Schule. Vor kurzem traf ich einen Schulfreund aus dieser Zeit, Helmut Rendulic. Er hatte von mir große Stabheuschrecken geschenkt bekommen, und ich durfte mich dafür bei ihm im Bumerangwerfen üben. Er erzählte mir, daß ich einmal in die Schule kam, nur mit einer kurzen dunklen Hose bekleidet, barfuß, ohne Hemd, aber mit einem Blecheimer voller Wassergetier und einem Käscher. Ich könne heute wirklich nicht in die Schule kommen, erklärte ich dem etwas erschrockenen Lehrer, denn während ich gefischt hätte, habe man mir Hemd und Schuhe gestohlen. Ich kann mich nicht mehr daran erinnern. Wahrscheinlich habe ich mich geschämt und diese Episode verdrängt. Ich muß gestehen, ich schwänzte damals auch, machte selten Hausaufgaben und führte keine ordentlichen Hefte. Nur in der Zoologie war ich der erste. Ich las damals bereits Fachliteratur wie Richard Hesses und Franz Dofleins »Tierbau und Tierleben«[4], und es war mein Glück, daß unsere Englischlehrerin in der Bücherei am Wertheimsteinpark Bibliothekarin war. Ich hatte damals in der Gymnasiumstraße verständnisvolle und gute Lehrer. Mein Lateinlehrer klagte nur: »Der Bub lernt keine Wörter!«, und sie redeten mir gut zu und sahen mir viel nach. All ihre Mühe half wenig. Die Lehrer stellten mich zuletzt vor

die Wahl, ein Jahr zu verlieren oder mich bereit zu erklären, in einem Internat diszipliniert zu lernen. Ich entschied mich für letzteres. Bevor ich ins Internat ging, übernahmen es die Schwestern meines Vaters, die im 3. Stadtbezirk, in der Ungargasse, wohnten, mich in geordnete Bahnen zu lenken. Sie waren beide Lehrerinnen und liebevoll, und ich war guten Willens, denn ich wollte ja Naturforscher werden, und das wiederum setzte voraus, daß ich das Gymnasium erfolgreich abschloß. Ein Freund meiner Tanten war Lateinprofessor, und da ich schnell lerne, wenn ich will, bestand ich die Abschlußprüfung zum Schuljahr.
Ab Herbst 1942 lebte ich im Internat in der Hartäckerstraße und besuchte die Oberschule in der Krottenbachstraße. Aus dieser Zeit datiert meine Freundschaft mit Wolfgang (»Wolfi«) Schleidt. Wir fanden uns über gemeinsame Interessen: Wir mikroskopierten gerne und waren dafür weniger daran interessiert, wetteifermotiviert hinter einem Ball herzulaufen und ihm Tritte zu versetzen. Auch kamen wir allmählich in die Phase, in der man beginnt die Sinnfrage zu stellen, von der man dann Zeit seines Lebens nicht mehr loskommt. Wir waren damals zuversichtlich, daß wir als Wissenschaftler darauf eine Antwort finden würden, denn das war uns klar: Wir wollten Biologen werden. Da ich im Internat keinen ruhigen Platz fand, um Kleinstlebewesen zu beobachten, habe ich Wolfi mein Mikroskop überlassen. Er erwies sich schon damals als geschickter Bastler. Er projizierte die Wimpertierchen mit Hilfe des Mikroskops gegen die Wand, so daß wir sie beide wie in einem Film durch das Bildfeld schwimmen sahen. Wolfi interessierte sich überdies für Histologie. Er schnitt und färbte, und ich lernte von ihm manch Neues.

Nach dem Tod des Vaters bereitete ich meiner Mutter viele Sorgen. Mit dreizehn Jahren war ich unruhig und befand mich in einer Phase der Ablösung. Auch setzten erste romantische Schwärmereien für das andere Geschlecht ein. Rückblickend habe ich den Eindruck, daß meine Mutter damals eher ratlos war und nicht recht wußte, wie sie mir begegnen sollte. Sie ließ die Dinge treiben, und das bewirkte eine leichte Entfremdung.

Zum zweiten Jahrestag des Todes meines Vaters schrieb sie mir einen langen Brief. Sie erzählte von ihrer Kindheit, von ihren Eltern und Großeltern und von den Schwierigkeiten, die sie als Heranwachsende durchlebte.

Meine Großeltern haben mich nicht direkt beeinflußt. Die Großeltern väterlicherseits waren bereits lange vor meiner Geburt verstorben. Der Großvater soll ein eher ernster Mann gewesen sein und sehr sparsam, wohl eine Folge eines hart erkämpften Aufstiegs. Er war Altphilologe und Gymnasialprofessor in Wien. Die Mutter meines Vaters war musisch veranlagt und von Beruf Klavier- und Sprachenlehrerin. Beide wohnten in Wien. Meinen Großvater mütterlicherseits habe ich nur als Kind bei seltenen Besuchen getroffen.

Aber die Großeltern hatten ja die Persönlichkeiten meiner Eltern gestaltet und ihnen Werte vermittelt, die diese dann mit Abwandlungen an mich weitergaben. Insofern formten sie auch mich mit. Da Menschen gesellschaftliche Werte erst in den Jugendjahren übernehmen und mein Vater vor meiner Pubertät starb, hatte die mütterliche Linie in dieser Hinsicht vermutlich den stärkeren prägenden Einfluß.

Meine Großmutter mütterlicherseits, Leopoldine geborene Gotter, war eine schöne, stolze und auch etwas eitle Frau. Meine Mutter kam als erstes Kind zur Welt, die Geburt war schwierig, und meine Großmutter, die sich von Herzen einen Sohn gewünscht hatte, überließ die Pflege der Tochter früh den Gouvernanten. Als zwei Jahre später der heißersehnte Sohn geboren wurde, schenkte sie ihm all ihre Liebe. Fürsorgliche Wärme wurde meiner Mutter nur von ihrem Vater und von ihrer Großmutter zuteil. Ich habe diese nur als ältere, eher unnahbare Dame in Erinnerung. Sie lebte in Krems, und ich sah sie nach dem Krieg nur auf kurzen Besuchen.

Während meine Großmutter eher zierlich war, brünett, mit feingeschnittenem Gesicht und dunklen Augen, war mein Großvater, Feldmarschalleutnant Franz von Hauninger, groß und blond. Er war musisch begabt und spielte Violine. Nachdem er die technische Militärakademie in Wien absolviert hatte, wurde er als Leutnant nach Prag versetzt zum Geniestab, so hieß damals der Stab der Ingenieurtruppen. Neben seinem

Dienst absolvierte er die Meisterschule des dortigen Konservatoriums als Violinist und wurde bald der Lieblingsschüler seines Meisters Benewitz, mit dem er bis zu dessen Tod in Verbindung blieb.
In dem langen Brief, den mir meine Mutter schrieb, charakterisiert sie ihren Vater so: »Wer ihn gekannt hat, mußte ihn lieben. Er war heiter, gütig gegen andere, streng gegen sich. Er war aber nicht nur Soldat und Künstler, er war ein vorbildlicher Gatte und Vater, ein treuer Sohn seines Vaterlandes, ein guter Vorgesetzter und dennoch ein Optimist.« Ein Detail, von dem meine Mutter berichtet, mag im Zusammenhang mit der Frage nach den Wurzeln meiner Identität und Werte interessieren: »Mein Vater (...) ist in einer kleinen ostgalizischen Garnison nahe der Bukowina (Monastaziska) geboren worden. Obwohl er als Officier des oesterreichisch-ungarischen Heeres mehr oder weniger Kosmopolit war, empfand er seinen Geburtsort immer ein wenig als Mangel, denn als Mensch war er stolz auf seine Deutschblütigkeit und hing in begeisterter Liebe an Salzburg, der Heimat seiner Väter, wohin er auch zuständig war. Es war ihm wie eine Ungeheuerlichkeit, daß er, der Alpenländer und kaiserliche Soldat, selbst ein Soldatenkind, im Jahre 1919 nur um seines zufälligen Geburtsortes willen als Pole erklärt wurde und für Oesterreich optieren mußte.«
Ungeachtet der Entfremdung, die sich zwischen meine Mutter und mich schob, schrieb sie mir weiter Briefe und Gedichte, in denen sie mich auf die Verpflichtung hinwies, die jeder von uns als Glied in der Kette der aufeinanderfolgenden Generationen übernimmt. Den Brief, in dem sie ihre Familiengeschichte schrieb, schloß sie mit folgenden Versen:

»Sieh, Deine Mutter geht durch mondbeglänzte Nacht,
Und denkt an Dich, denkt, was an Dir noch Kind
Und was zum Mann Dich macht.
Im Herzen folge Deines Vaters Spuren nach
und bleib ein Kind,
Im Leben aber stehe aufrecht fest und wach!
Nütz Deine Kraft, mein Sohn, doch träum auch dann
und wann

daß ich Dich find,
und halte mir die Treu, wenn meine Zeit verrann,
Mein Kind, der Boden ist gepflügt und gut die Saat,
drum höre mich, gib unser beider Leben Wert
durch Deine Tat!«

Ein Jahr danach schrieb sie mir zu Allerseelen ein weiteres Gedicht, in dem sie ebenfalls die Verbundenheit der Generationen beschwört. Es spiegelt zugleich den Versuch wider, unsere Beziehung zu verbessern. Diese litt auch unter dem Krieg, denn damals war ich bereits eingerückt.

Meine Mutter hatte zu Beginn des Ersten Weltkriegs im jugendlichen Überschwang patriotische Verse verfaßt, aber dann als freiwillige Krankenschwester das durch ihn verursachte Elend und die Not des Zusammenbruchs erfahren. Seitdem lehnte sie den Krieg ab. Sie war dank ihrer Erziehung und künstlerischen Neigung Kosmopolitin. Da sie ihre frühe Kindheit in Budapest verbracht hatte, sprach sie zunächst Ungarisch und Französisch besser als Deutsch, und ihr Freundeskreis war nach Nationalität und Religion bunt gemischt. Das Bekenntnis zur eigenen Kulturnation war keineswegs verbunden mit der Abwertung anderer. Von ihr habe ich ebensowenig wie von meinem Vater abfällige Bemerkungen gehört über Juden oder andere Völker und Nationalitäten.

Meine Eltern waren katholisch, gläubig, aber nicht bigott. Von Politikern hatten sie keine hohe Meinung. Sie kritisierten ihre Überheblichkeit, vor allem, wenn sie mit Dummheit gepaart war. »In der Politik ist Dummheit ein Verbrechen!« sagte meine Mutter einmal. Sie verurteilten den Bolschewismus beziehungsweise Kommunismus, vor allem weil er antireligiös, diktatorisch und extrem gegen die bürgerlichen und adligen Traditionen und damit in gewissem Sinne kulturfeindlich eingestellt war. Als der Nationalsozialismus sich im Laufe des Krieges mehr und mehr in die gleiche Richtung entwickelte, entzogen ihm meine Eltern die anfängliche Sympathie. Sie hatten wie viele Österreicher die großdeutsche Bewegung zunächst mit dem Nationalsozialismus gleichgesetzt.

Die meisten Österreicher träumten damals von der Wieder-

herstellung des großen Reiches deutscher Nation, das 1806 unter den Schlägen Napoleons zerbrochen und zuvor rund 400 Jahre von Wien aus geführt worden war. Nach dem Ersten Weltkrieg hatte Österreich gut ein Drittel seiner in geschlossenen Siedlungsgebieten lebenden deutschen Bevölkerung verloren, fühlte sich gedemütigt und litt unter wirtschaftlicher Not. Es hatte sich 1918 als »Republik Deutschösterreich« konstituiert und erklärt, sich dem Deutschen Reich anschließen zu wollen. Gegen diese Anwendung des Selbstbestimmungsrechts legten aber die Alliierten ihr Veto ein. Mit all den bekannten Folgen, denn das verärgerte kleine Österreich trotzte und wurde zu einer Art Zeitbombe. Auch so integre Politiker wie der Sozialist Karl Renner waren damals für den »Anschluß« gewesen. Vielleicht wäre alles anders gekommen, wenn man den Deutschen ebenfalls das Selbstbestimmungsrecht zuerkannt hätte. Zu den besonders demütigenden Erfahrungen für die Österreicher gehörte, daß Südtirol an Italien ausgeliefert wurde, dessen faschistische Regierung unter Benito Mussolini alles tat, um die deutsche Bevölkerung zu unterdrücken. Dem späteren Bündnis zwischen dem »Duce« und dem »Führer« tat es keinen Abbruch.
Als die Generation unserer Eltern und Großeltern im April 1938 für den »Anschluß« stimmte, da ahnten die wenigsten, wohin er führen würde. Auch nicht die Alliierten, die 1936 Hitler durch ihre Teilnahme an den Olympischen Spielen die Ehre erwiesen hatten. Und Großbritanniens Premierminister Arthur Neville Chamberlain hatte noch 1938 geglaubt, er bringe von seinen Verhandlungen mit Hitler den Frieden für seine Generation mit nach Hause.
Wer jedoch offene Augen hatte, der sah bereits in den Tagen nach dem »Anschluß« in der Mißhandlung der Juden die ersten ernüchternden Zeichen. Viele mochten sich damit betrügen, daß dies nur eine vorübergehende Entgleisung im Gefolge einer Revolution sei. Aber es mangelte an Zivilcourage, dagegen aufzutreten. Ich nehme an, daß die meisten nach all den Jahren der Unruhe und Ziellosigkeit nun endlich ihren Frieden wollten. Aber das ist keine Entschuldigung, und es soll den starken Antisemitismus, den es schon zuvor gab, nicht ver-

harmlosen. Daß er sich so mörderisch zuspitzen würde, ahnte niemand, aber den Boden für die schreckliche Saat haben jene bereitet, die gegen Juden hetzten oder sich Scheuklappen aufsetzten und es nicht wahrhaben wollten. Man muß bereit sein, aus der Geschichte zu lernen, um ähnliche Katastrophen zu verhindern, und dazu gehört, daß man nicht verdrängt, was geschah. Darin liegt heute unsere Verantwortung.

# Im Krieg

Mein Zivilleben endete am 4. Januar 1944, ich wurde als Luftwaffenhelfer zum Wehrdienst eingezogen. Bis zu diesem Zeitpunkt hatte ich, so erstaunlich das klingen mag, »Anschluß« und Krieg als ein entferntes Ereignis wahrgenommen. Um Politik und Geschichte habe ich mich bis zu meinem fünfzehnten Lebensjahr wenig gekümmert. Ich wuchs in diese Jahre hinein, erlebte sie gewissermaßen als gewohntes Geschehen. In der Pubertät, nach dem Tod meines Vaters, beschäftigten mich andere Dinge. Im Internat wurde ich auf Lernen getrimmt und war weitgehend von der Außenwelt abgeschirmt.
Ich wurde weder angesteckt von der Begeisterung der Kierlinger Bevölkerung, noch war ich mir der Tragweite dieser Geschehnisse bewußt. Aber ich habe Bilder aus diesen Tagen noch gut vor Augen. Wir sammelten die Flugblätter, die über Kierling abgeworfen wurden. Auf einem stand: »Das nationalsozialistische Deutschland grüßt das nationalsozialistische Österreich in treuer, unlösbarer Verbundenheit. Heil Hitler!« Die Dorfbevölkerung rief bei ihren Demonstrationen in einem aggressiven Rhythmus antisemitische Parolen. Zwei prägten sich mir ein - sie lauteten: »Jude, Jude, hopp hopp hopp, nach Palästina im Galopp!« und »Ein Volk, ein Reich, ein Führer! Das Volk wird immer dürrer! Die Juden immer fetter! Heil Hitler, unserem Retter!«
Ich erwähne diese Ereignisse nicht, um die Bewohner Kierlings anzuklagen, sondern weil ich es bemerkenswert finde, daß ein Kind von zehn Jahren Sprüche, die eine aufgeregte Menge von sich gibt, in Erinnerung behält. Mich interessieren die Phänomene der Indoktrination, die Methoden, mit denen Werte und Normen einer Gruppe, auch Feindklischees, auf Gruppenmitglieder übertragen und sogar in Kinderseelen eingeprägt

werden. Ich vermute, daß hier angeborene Lerndispositionen wirken, die wir erforschen müssen, wollen wir künftig verhindern, daß junge Menschen verhetzt werden.
Meine Eltern nahmen nicht teil an pronazistischen Aufmärschen. Ich verband nichts mit den Sprüchen, die bei diesen Gelegenheiten skandiert wurden. Meine Eltern hatten in meiner Gegenwart nie unterschieden zwischen Juden und Nichtjuden. Ich wußte daher nicht, worum es ging, und versuchte auch nicht das Geschehen zu ergründen. Mich wunderte die Aufgeregtheit, sie gab mir später Stoff zum Nachdenken. Damals interessierten mich nur die Fackeln im Kierlingbach.
In Schule und Öffentlichkeit war ich, wie jeder andere, den nationalistischen und rassistischen Parolen der Zeit ausgesetzt. Als der Krieg ausbrach, wurde er gerechtfertigt mit dem Hinweis auf den »Schandfrieden von Versailles und Saint-Germain« und überdies als Akt der Verteidigung hingestellt. Ich weiß nicht mehr, ob ich damals, mit elf Jahren, darüber nachdachte. Die Siegesmeldungen allerdings beeindruckten mich. Ich war in der vorpubertären, romantischen Phase. Im übrigen beschäftigten mich meine Tiere vollkommen. Ich besuchte ein paarmal Jungvolkveranstaltungen, aber da ich nicht viel für kollektive Tätigkeiten übrig hatte und nicht gerne marschierte und exerzierte oder hinter Bällen herrannte, verlor ich rasch jedes Interesse.
Die romantische Pfadfinderzeit, in der man sich gerne mit Gleichaltrigen zu Gruppen zusammenschließt, habe ich übrigens nicht erlebt. Ich war ein einziges Mal, im Jahr 1939, auf einem Lager, und das war mir ein Greuel. Der suggestiven Wirkung der Lieder dieser Zeit konnte ich mich allerdings nicht völlig entziehen. Sie appellierten an Jugend und Freiheit und wiesen dynamisch in die Zukunft:

> »Vorwärts! Vorwärts! schmettern die hellen Fanfaren,
> Vorwärts! Vorwärts! Jugend kennt keine Gefahren
> Ist das Ziel auch noch so hoch,
> Jugend zwingt es doch!«
> (...)

Sie waren alle nach dem gleichen Muster gestrickt und verdienten, von einem Ethologen untersucht zu werden - ich habe mir das vorgenommen.
Solche Texte zielten auf archaische Dispositionen, sie schmeichelten der Jugend und gaben ihren strebenden Sinnen eine Ausrichtung. Dazu kam der patriotische Aufruf, wie etwa in dem Lied »Heilig Vaterland! In Gefahren ...«. Aber das war noch keine nationalsozialistische Ausrichtung, wie sie im Jungvolk konkurrenzlos vorherrschte.
In Döbling gab es einen Exerzierplatz, er bestand aus festgewalzter rötlicher Schlackenasche. Auf diesem zertrampelten Boden wuchs, ganz flach an ihn angeschmiegt, eine Knöterichart mit kleinen weißen Blüten, was mich stark beeindruckte und zum Respekt vor dem Leben aufforderte. Später, als der Dienst in der Hitlerjugend Pflicht wurde, ging ich zunächst zur Motor-HJ, um wenigstens etwas Nützliches zu lernen, aber wir marschierten nur und sangen Lieder. Daraufhin dachte ich, die Flieger-HJ könnte mir etwas beibringen - vielleicht Segelfliegen und dergleichen -, aber auch da marschierten wir, nur sangen wir Fliegerlieder wie »In den Lüften hoch wie der Adler«. Zuletzt probierte ich es bei der Marine-HJ. Mir schwebte etwas von Schiffahrten vor, die Donau hinab zum Schwarzen Meer zum Beispiel, aber statt dessen war wieder nur Gleichschritt angesagt, und wir intonierten »Graue Panzerkreuzer stampfen, schwarzer Rauch weht über Lee«. So erwarb ich ein Repertoire an mehr oder weniger martialischen Liedern und eine stark verinnerlichte Abneigung gegen militärischen Drill, der meiner individualistischen Neigung ebenso widerspricht wie kollektive Aufmärsche, obwohl ich mich damals ihrer Faszination als Machtdemonstrationen gewiß nicht entziehen konnte. Tümpeln war mir aber lieber.
Wir wissen, daß kollektive Tätigkeiten, wie die Spektakel der Aufmärsche, aber auch Gruppentänze oder Rockkonzerte, bei Teilnehmern und Zuschauern durch Stimmungsübertragung außergewöhnliche Bewußtseinszustände bewirken können, die einem Rauschzustand gleichkommen. Dafür dürften hirnchemische Prozesse verantwortlich sein. Wir wissen, daß bei Naturvölker Menschen in Trance geraten, wenn sie lange tan-

zen. Dabei werden die sogenannten Endorphine - auch Hirnopioide genannt - ausgeschüttet. Diese allein würden allerdings nur Schmerzfreiheit, Wohlbehagen und eine gewisse Entrücktheit hervorrufen, ähnlich wie Morphine, die man künstlich zuführt. Damit eine Trance entsteht, müssen vermutlich noch die als Energetica agierenden Katecholamine wie Adrenalin und Noradrenalin beteiligt sein. In diesem Zustand können Begeisterung und kollektive Aggressionsbereitschaft gefördert und ausgerichtet werden. Marsch und Tanz wirken als Muster gemeinsamen Handelns stark bindend. Die Stimmungsübertragung zwischen Teilnehmern kollektiver Tätigkeiten kennt man bereits im Tierreich, hier vor allem in Situationen der Angst und Aggression. Beim Menschen wird durch Tanz und Marsch oder andere Formen gemeinsamen Tuns die Abgrenzung gegenüber »den anderen« betont. Diese Wir-Gruppen-Bildung über Rituale und die damit einhergehende Abgrenzung kann friedlich verlaufen - schon Mutter und Säugling absolvieren solche Rituale der Koaktion. Sie kann aber auch aggressive Züge tragen. Aufmärsche rütteln auf und vermitteln ein Machtgefühl. Wir werden darauf noch zu sprechen kommen. (Wer sich speziell für solche humanethologischen Fragen interessiert, der sei hier auf meine »Biologie des menschlichen Verhaltens«[5] hingewiesen.)
Als frühzeitig monomaner Zoologe habe ich mich eher abgesondert und bin eigene Wege gegangen. Ich war nicht ungesellig, suchte aber vor allem den Anschluß an Gleichaltrige, die meine Interessen teilten. Im übrigen identifizierte ich mich in diesen Jünglingsjahren mit meinem Vaterland, und als ich Anfang April 1944 zum Kriegsdienst als Luftwaffenhelfer eingezogen wurde, war ich bereit, meiner Pflicht nachzukommen. Bei den mir damals zur Verfügung stehenden Informationen war dies fast selbstverständlich. Die Nazipropaganda strapazierte immer wieder die Demütungen, die Deutschland und Österreich nach dem Ersten Weltkrieg widerfahren waren: die Annexionen nach dem Frieden von Versailles und Saint-Germain, die Rheinlandbesetzung oder die ungeheueren Reparationsforderungen, die Inflation und Arbeitslosigkeit zur Folge hatten. Das war unser Informationsstand, und die Bombenan-

griffe der Amerikaner und Engländer, die unsere Städte in Schutt und Asche legten, ließen keinen Gedanken aufkommen an humanitäre Absichten der Alliierten.
Wir nahmen allerdings auch die Intoleranz der NS-Diktatur gegen Andersdenkende wahr und hatten gelernt, uns in der Öffentlichkeit mit kritischen Äußerungen zurückzuhalten. Wir vermieden zum Beispiel, die Tatsache zu diskutieren, daß die Parteizugehörigkeit eine so große Rolle spielte bei der Vergabe von Posten oder daß viele der Parteibonzen im Hinterland ein gutes Leben führten, während junge Leute an der Front kämpften. Aber wir durchschauten damals nicht, was sich hinter den Kulissen an Unmenschlichkeit abspielte. Wir hörten immer nur von unseren ritterlich und hart kämpfenden Truppen, die einem unbarmherzigen Gegner, der auf unsere Vernichtung aus war, gegenüberstanden. Ein plumpes Klischee aus unserer heutigen Sicht, aber damals wußten wir es nicht besser.
Meine Mutter besaß bessere Kenntnisse, da einige ihrer Freunde in Not geraten waren. Aber sie hütete sich davor, mit mir darüber zu sprechen. Wohl um mich zu schützen, denn wenn wir von solchen Unmenschlichkeiten erfahren hätten, wären wir jungen Menschen, die wir von Ehre und Ritterlichkeit so viel hielten und darauf durch die Propaganda dressiert worden waren, womöglich in eine Widerstandshaltung getrieben worden.
Nach der Einberufung waren wir von der Außenwelt weitgehend abgeschnitten. Die Wehrmacht formierte aus den Tauglichen unserer Klasse und denen einer Klasse aus der Schule in der Vereinsgasse eine Einheit, und die beiden Gruppen wuchsen schnell zusammen. So lebten die alten Freundeskreise weiter und mit ihnen die Vertrautheit im Umgang miteinander. Wir konnten weiterhin offen über alles sprechen. Dem Einfluß von Hitlerjugend und Partei waren wir entzogen. Wir wollten auch nicht Luftwaffenhelfer der HJ sein, wie es offiziell hieß, sondern Soldaten. Wir bemühten uns, die Uniformteile der Flieger-HJ gegen solche der Luftwaffe auszutauschen. Viele trugen Schiffchen statt Kappen und legten die Hitlerjugend-Armbinden ab, wenn sie Ausgang hatten, um als Wehrmachtangehörige zu erscheinen. Die meisten von uns glaubten an das Reich

und seine Führung und hofften auf einen siegreichen Ausgang des Krieges. Auch ich glaubte damals, mein Land gegen eine Welt von Feinden verteidigen zu müssen. Wir alle wollten dazu unseren Beitrag leisten. Gehaßt habe ich damals niemanden, gefürchtet aber vieles. Der österreichische Historiker Leopold Banny hat einen interessanten Bericht geschrieben über Leben, Einstellung und Einsatz der Luftwaffenhelfer, der sich im wesentlichen mit meinen Erfahrungen deckt.[6]

Nachdem wir eingezogen waren, wurden wir während der ersten Wochen im Gymnasium in der Stubenbastei untergebracht. In den Räumen dieser Schule standen Stockbetten, jeder eroberte sich einen Platz und versuchte, sich an die neue Umgebung anzupassen. Wir wurden mit abgetragenen Flaksoldatenuniformen eingekleidet, was unsere Eitelkeit verletzte. Das Kasernenleben bedrückte uns, auch wenn es uns gelang, ein bißchen Privatheit zu retten. Nach dem Abendappell wurde das Licht ausgedreht, und dann holten wir unsere kleinen Kristalldetektoren aus ihren Verstecken und suchten Radiostationen, deren Sendungen wir über Kopfhörer lauschten. Sonst folgte alles einer genauen Ordnung: Aufstehen, Waschen, Frühstücken, Marschieren, Exerzieren, Mittagessen, Marschieren, aber wir fühlten uns auch bedeutend. Wir sollten das Vaterland verteidigen.

Einen Monat später wurden wir auf die Batterien verteilt. Meine Gruppe wurde nach Breitenlee verlegt, einem kleinen Ort nördlich von Wien nahe dem Treibstofflager Kagran, das wir unter anderem schützen sollten. Ich meldete mich zur Geschützbedienung und wurde in einer winzigen Baracke für zehn Mann mit fünf Doppelstockbetten und ebenso vielen Spinden einquartiert. Hinzu kamen zwei Tische mit je zwei Bänken und in der Mitte des Raums ein kleiner Kohleofen. An der West- und an der Ostseite warfen je ein Fenster Licht in das Gedränge. Jedem Bewohner des Raums stand eine Spindhälfte zu und eine Blechschüssel zum Waschen. Es gab keine Duschen und keinen Waschraum.

Ich wurde als Höhenrichtkanonier ausgebildet. Eine Geschützbesatzung bestand aus einem Geschützführer, einem Ladekanonier, beide erwachsene Soldaten. Ein weiterer Soldat

reichte die schweren Geschosse zu. Luftwaffenhelfer und hilfswillige sowjetische Kriegsgefangene, in unserem Fall Ukrainer, stellten die übrige Besatzung, wir den Höhenrichtkanonier (K1), den Seitenrichtkanonier (K2) und den Kanonier, der den Zünder einstellte (K6). Die Ukrainer lebten getrennt von uns in einer eigenen Baracke. Es waren freundliche Leute. Sie schnitzten für uns Vögelchen, wir gaben ihnen von unserem Brot, und am Geschütz rauchten wir gemeinsam Machorka. Das ist ein Tabak, der im wesentlichen aus Blattrippen besteht. Die Ukrainer rauchten ihn in kleinen Tüten aus Zeitungspapier, die sie geschickt zu rollen verstanden, und sie teilten redlich mit uns, denn den Luftwaffenhelfern wurden Tabak und Zigaretten nicht zugeteilt. Das ärgerte uns, denn schließlich hielt die Führung uns für alt genug, das Vaterland zu verteidigen. Dafür bekamen wir einen achtel Liter Magermilch am Tag, meist in einer Art Milchsuppe.
Unsere ukrainischen Kameraden waren unglücklich, weil sie im Jahr 1944 den Ausgang des Krieges vorausahnten mit all der Ungewißheit, die die deutsche Niederlage für sie bringen würde. Es dürften nur wenige von ihnen das Jahr 1945 überlebt haben. Die hilfswilligen Ukrainer in der Steiermark ergaben sich den Briten unter der Bedingung, daß diese sie nicht an die Rote Armee überstellen würden. Die Zusage haben die Briten so schnell gebrochen, wie sie sie gegeben hatten. Sie lieferten die unglücklichen jungen Leute den sowjetischen Truppen aus, die sie zum Teil noch in Sichtweite der Briten erschossen. Genauso verfuhren im übrigen die Amerikaner, als General Andrej Wlassow mit seiner Armee vor ihnen kapitulierte. Der General, der 1941 die deutschen Truppen vor Moskau zurückgeschlagen hatte, war dann in Kriegsgefangenschaft geraten und hatte sich bereit erklärt, mit der Wehrmacht zusammenzuarbeiten. Er wurde 1946 in Moskau hingerichtet, und auch die meisten Soldaten der nach ihm benannten Armee überlebten das Kriegsende nur kurz.
Unser Alltag war streng geregelt. Zur Essensverteilung traten wir morgens, mittags und abends mit unseren Kochgeschirren an. Es gab Brot, Marmelade, ein bißchen Margarine, Milchsuppe, Kaffee, zum Mittag meist einen Eintopf, alles immer in

ausreichender Menge. Zum Ausgang hatte man uns bessere Uniformen ausgehändigt. Wir wurden weiterhin unterrichtet. Die Lehrer der verschiedenen Fächer erschienen am Vormittag in der Batterie, und danach war Dienst angesetzt: Geschützexerzieren oder Munitionsputzen; letzteres war nicht nur langweilig, sondern auch eine geradezu blödsinnige Arbeit. Irgend jemand hatte die Führungsringe der Geschosse mit Farbe übermalt, die wir nun abschmirgeln mußten. Wir froren dabei jämmerlich, denn diese Beschäftigung verrichteten wir im Freien, und im Februar und März war es noch empfindlich kalt. Beim Geschützexerzieren mußten wir die von der Kommandostelle übertragenen Richtwerte, die ein Zeiger vorgab, mit einem Folgezeiger abdecken, indem wir an einem lenkradähnlichen Rad drehten. Dann mußten wir melden: »K1 abgedeckt, K2 eingestellt« und so weiter. Irritierend war, daß eine Rechtsdrehung des Rades das schwere Geschützrohr anhob, während eine Linksdrehung es senkte. Ich habe mich als K1 in der Hast zunächst oft vertan und das Rohr kräftig auf den Erdwall, der unser Geschütz umgab, donnern lassen, was mir manchen Anpfiff einbrachte. Aber ich lernte schnell.
In den ersten Monaten wurden wir arg geschliffen. Ein Hauptwachtmeister jagte uns gerne über die Äcker und brüllte dann: »Auf, auf, marsch, marsch! Hinlegen! Robben! Panzer von rechts! Panzer von links!« Der Mann mochte uns nicht. »Was seid ihr von Beruf? Oberschüler? Na, natürlich Oberschüler! Glaubt wohl, was Besseres zu sein!« Einmal, als er uns gerade wieder über die Felder jagte, hielt in einiger Entfernung ein Wehrmachtwagen. Ein Mann stieg aus, unbemerkt von unserem Hauptwachtmeister. Es war ein General der Luftwaffe, dem der Luftgau 17 (Wien) unterstand; ich glaube, es war Egon Doerstling. Er näherte sich und nahm die Meldung unseres Schleifers entgegen. Anschließend befahl er ihn zu sich und ließ uns wegtreten. Wir erfuhren später, daß unser Hauptwachtmeister einen Anpfiff bekommen hatte. Für Luftwaffenhelfer hatte die Wehrmachtführung besondere Vorschriften erlassen. Da unsereins noch im Wachstum begriffen war, durften Ausbilder die sonst übliche Art Schliff nicht praktizieren. Wir hatten es seit der Intervention des Generals spürbar leichter.

Wir diskutierten viel, wie es bei jungen Burschen von sechzehn Jahren üblich ist, und es drehte sich zwar nicht immer, aber meistens um die Weiblichkeit. Dies war insoweit altersgemäß, aber das Interesse an diesem Thema wurde noch verstärkt durch die Tatsache, daß wir wenig Ausgang hatten. Wir durften nur alle vierzehn Tage einmal über Nacht nach Hause, und wenn wir uns nicht »richtig« benommen hatten, wurde auch daraus nichts. Es war ein großartiges Erlebnis, wenn wir die Einheit verlassen durften. Dann gab es eine Zeitlang niemanden, der uns herumkommandierte. Ich fuhr meist zu meinen Tanten. Dort hörte ich Radio bis tief in die Nacht, nahm ein schönes Bad, und dann ging es am Morgen früh zurück in die Batterie. Ich pflegte auch damals meine biologischen Interessen, las Paul Kammerers »Lehrbuch der Zoologie« und andere einschlägige Fachbücher.

Politisch diskutierten wir nicht so viel. Wenn, dann sprachen wir offen. Wir waren nicht so naiv, daß wir alles kritiklos hingenommen hätten. Einige von uns nahmen zum Beispiel Stellung gegen die Umsiedlung der Südtiroler im Rahmen des Hitler-Mussolini-Abkommens. Es war ein stummer Protest, dem ich mich anschloß. Wir nähten uns den roten Tiroler Adler seitlich an die Kappe. Verboten war das nicht, aber da es als Protest zu erkennen war, wurde es nicht gerne gesehen. Folgen hatte diese Aktion nicht. Die uns vorgesetzten Offiziere verhielten sich zwar, wie uns schien, dem Land und der militärischen Führung gegenüber loyal, sie übten sich jedoch nicht als politische Scharfmacher. Spitzel haben wir nicht kennengelernt. Über unsere Radios empfingen wir, vor allem der Musik wegen, verbotenerweise auch alliierte Sender - Benny Goodman war uns wohlvertraut. Kam ein Offizier, dann schalteten wir schnell um auf eine andere Station. Was die Engländer und Amerikaner in ihren Sendungen in deutscher Sprache erzählten, taten wir ab als Feindpropaganda. Wir hörten den großen Wiener Sänger Richard Tauber, der vor den Nazis nach England geflohen war, wir trauten jedoch auch ihm nicht. Unsere Zuversicht auf einen Sieg wich zwar zunehmend dem Zweifel, aber wir hofften auf einen akzeptablen Waffenstillstand und Frieden. Etwa bis Mitte 1944 glaubten viele von uns sogar noch, daß die versprochenen Wunderwaffen das Geschick des Krieges wenden würden, aber aus der Korrespondenz mit Wolfgang Schleidt entnehme ich, daß er und ich skeptisch waren und ein Ende mit Schrecken ahnten. Wir erfuhren in den Zielansprachen von den neuen Düsenflugzeugen, vor allem dem Messerschmitt-Jäger Me 262. Man redete von einer Weiterentwicklung der V2-Raketen, im übrigen waren unsere Vorstellungen unklar.

Mit dem Exerzieren hatte ich meine liebe Mühe. Wenn es »rechts um!« hieß, drehte ich mich oft nach links und umgekehrt. Das war keine Absicht, auch weil man bei solchem Mißgeschick angeschnauzt wurde. Aber meine Anspannung war so groß, daß mir aus Aufregung Fehler unterliefen. Außerdem erwies ich mich beim Militär als Paßgänger. Das heißt, ich schwenkte die Arme beim Marschieren oft falsch, und dies nur deshalb, weil ich es unbedingt richtig machen wollte. Sonst verfüge ich über die richtige Koordination des aufrechtgehenden Vierfüßlers. Der Paßgang gab mich der Lächerlichkeit preis, vielleicht ein Grund dafür, daß ich nicht befördert wurde zum Oberluftwaffenhelfer. Darüber ärgerte ich mich eine Weile, um mir dann ein Schmunzeln abzuringen. Schließlich widerfuhr auch anderen dies Ungemach. Die gute Gemeinschaft hat es nicht im geringsten gestört. Die Flakkampfspange, die meiner Geschützbesatzung für siebzehn Abschüsse zustand, habe ich dagegen bekommen. Es hätte mich erbost, wenn es anders gewesen wäre.

Die meisten ließen sich nicht von ideologischen oder militärischen Erwägungen leiten, sondern von praktischen. Als es hieß, man könne sich als Freiwilliger den Truppenteil aussuchen, meldeten sich fast alle. Ich wählte die Gebirgstruppen, weil ich mich gerne in den Bergen aufhielt und Skifahren und Bergsteigen lernen wollte. Allerdings bekam ich vor der Musterung eine Lungenentzündung, die mich für zwei Wochen ins Lazarett brachte. Davon mußte ich etwas zurückbehalten haben, denn ich wurde als untauglich befunden für die Gebirgstruppen. Darüber habe ich mich geschämt. Viele empfanden es als Mangel, nicht voll tauglich zu sein. Nicht weil sie unbedingt an die Front wollten. Die meisten waren in diesem letzten Kriegsjahr sogar froh, wenn sie nicht dorthin geschickt wurden. Aber eingeschränkte militärische Tauglichkeit galt als Schwäche, und man erlebte sie als solche.

Ich war damals starken Stimmungsschwankungen unterworfen. Gehaßt habe ich, wie gesagt, niemanden, aber ich wollte auch nicht unsere totale Niederlage. Daß uns eine verbrecherische Führung der Möglichkeit eines ehrenvollen Friedens beraubt hatte, wußte keiner von uns. Ich war damals großdeutsch eingestellt, die NSDAP lehnte ich jedoch innerlich ab. Ich fühlte mich meinem Land und besonders meiner engeren Heimat Wien verbunden und verpflichtet, mochte aber schon damals politische Fanatiker nicht, gleich welcher Prägung. Widerständler schätzten wir ebensowenig. Auch ich fand, daß man der Front nicht in den Rücken fallen dürfe. Wir diskutierten darüber nach dem Attentat auf Adolf Hitler am 20. Juli 1944. Erst nach dem Krieg, als ich das Ausmaß des Grauens erfuhr, das auf das Konto der Führung des Dritten Reiches geht, verstand ich die Motive des antinazistischen Widerstands und lernte sie achten.

Unser Leben änderte sich entscheidend, als der Krieg nach Wien kam. Am 16. Juni, einen Tag nach meinem sechzehnten Geburtstag, flogen die Amerikaner den ersten schweren Angriff auf meine Heimatstadt, bei dem auch das von uns beschützte Treibstofflager Kagran in Flammen aufging. Ich war aufgeregt, und es war anstrengend, während des Gefechts den Folgezeiger immer genau auf den Kommandozeiger der Kanone zu drehen, aber Angst hatte ich nicht. Die Spannung löste sich im Kampf. Das Brummen der herannahenden Bomberverbände, die hellen Kondensstreifen, die diese Flugzeuge zogen: Wir beobachteten sie voller Unruhe, und als dann das Feuer freigegeben wurde, lief es ab wie einstudierte Routine, bis auf die Tatsache, daß ein Hülsenklemmer unser Geschütz bald außer Gefecht setzte. Während wir feuerten, schaute ich verbotenerweise zum Himmel, und da sah ich, wie die Geschosse Schlieren zogen, um sich schließlich in Nähe der Flugzeuge in todbringende Wölkchen aufzulösen. Wir beobachteten bei späteren Gelegenheiten, wie einzelne Flugzeuge zu brennen begannen und, einen schwarzen Rauchstreifen nach sich ziehend, aus ihrem Gefechtsverband ausscherten, wie sich Fallschirme vom Flugzeug lösten und der Bomber dann abstürzte. Wir erlebten unser Tun nicht als Kampf gegen Menschen, sondern als Verteidigung gegen verderbenbringende Maschinen, die bereit waren, Wien in Trümmer und Asche zu verwandeln. Wir waren stark motiviert, den Schaden nach bestem Können zu begrenzen, und freuten uns über jeden Abschuß. Daß hier auf auf beiden Seiten auch Menschenleben vernichtet wurde, nahmen wir nicht wahr.

Daß es auf der anderen Seite überhaupt Menschen gab, erkannten wir erst, als einmal ein abgeschossener amerikanischer Flieger, der sich mit dem Fallschirm gerettet hatte, in der Nähe der Batterie niederging, ein baumlanger Mann, den wir bestaunten, als er durch unsere Stellung geführt wurde, um von hier dem nächsten Gefangenenlager übergeben zu werden. Er kaute emsig an einem Kaugummi, unter einem Arm trug er ein Paket, wahrscheinlich seinen Fallschirm. Wir betrachteten ihn ohne jeden Haß, eher freundlich-interessiert. Er dürfte sich gewundert haben, wer ihn heruntergeholt hatte. Manche von uns, obgleich sechzehn Jahre, waren noch recht klein und kindlich, Milchgesichter unter dem Stahlhelm, andere mußten sich bereits rasieren und waren hochgeschossen - das letzte Aufgebot der einst sieggewohnten Wehrmacht.

Wir bekamen nun viel zu tun, die Angriffe auf Wien erfolgten meistens in den Tagesstunden, es waren amerikanische Verbände mit der Fortress II und britische mit den Bombern des Typs Liberator. Oft beschossen schnelle Lightning-Doppelrumpfflugzeuge unsere Stellung. Sie richteten allerdings keinen großen Schaden an, so schnell sie auftauchten, waren sie wieder weg. Wir konnten gegen sie nichts ausrichten. Auch das Bombardement unserer Batterie war nicht wirkungsvoll. Gingen die Bomben im Feld nieder, dann vibrierte es etwas, der Dreck flog hoch, und die Erdbrocken kamen von oben auf uns herab, aber sonst passierte nichts.

Da unsere Batterie an einer Einflugschneise lag, hatten wir heftige Gefechte, und wir holten bis zu meinem Ausscheiden im Januar 1945 21 Flugzeuge vom Himmel.[7] Wirksamer noch als die Abschüsse waren die Sperriegel, die unsere Batterien legten

und die die Bomber irritierten, so daß sie abbogen und ihre Bomben in den Äckern nördlich von Wien abluden. Dort waren noch lange nach dem Krieg die Kraterlandschaften zu sehen. Die Bombentrichter wurden zu interessanten Kleinbiotopen, die sich zum Teil mit Wasser füllten, kleine Paradiese für Unken, Wechselkröten und Wasserfrösche - Ausdruck des überschäumenden Lebens, das alle Möglichkeiten nutzt und selbst Ruinengelände in Gärten verwandelt.
Es gab verschiedene Alarmstufen, und wir wurden jetzt oft auch in der Nacht zu den Geschützen gerufen. Bei diesen Alarmen saßen wir an der Flak und warteten und warteten. Die Zeit füllte ich, indem ich las. Ich hatte viele Reclam-Büchlein bei mir, eine reiche Sammlung der Klassiker der Weltliteratur, und so las ich Shakespeare, Molière, Goethe, Schiller, Grillparzer, Kleist, Lessing. Besonders die Königsdramen Shakespeares, dann »Hamlet«, Grillparzers »Des Meeres und der Liebe Wellen«, »König Ottokars Glück und Ende«, »Medea«, Lessings »Nathan der Weise« und natürlich Goethes »Faust« haben mich beeindruckt. Wir alle waren damals wach und suchten uns in dieser Welt zu orientieren, und in diesen Dramen spiegelte sich auch unser Leben irgendwie und unsere Zeit, auch wenn die dort geschilderten Ereignisse viele Jahrhunderte zurücklagen. Die Motive des Handelns und die Konflikte hatten sich nicht geändert, und wir flüchteten gern in Traumwelten.
Nach den Angriffen schrieb ich ein paar Zeilen nach Hause. Es waren kurze, sachliche Mitteilungen. Erst kürzlich fand ich einen der Briefe. Es ist der Brief eines Sechzehnjährigen, in Eile zwischen zwei Gefechten geschrieben, bemerkenswert auch durch seinen kräftigen Duktus:

»Liebe Mami!
Bei dem heutigen Angriff geschah mir nichts. Wir schossen zwar viel und hatten wieder die Hauptlast der Flakabwehr Wiens zu tragen. In Kagran und Aspern gingen Bomben nieder. Sie werden ja jetzt wahrscheinlich des öfteren kommen. Hoffentlich geschieht Euch dabei nichts. In Eile (da bereits wieder Anflüge aus Ungarn).
Das Beste Dein Renki«

Lieber [illegible]!

Bei dem jetzigen [illegible] [illegible] [illegible] [illegible] [illegible] [illegible] [illegible] [illegible] [illegible] [illegible] [illegible] [illegible] [illegible] [illegible] [illegible] [illegible] [illegible] [illegible] [illegible] [illegible] [illegible] [illegible] [illegible] [illegible] [illegible] [illegible] [illegible] [illegible] [illegible] [illegible] [illegible] [illegible] [illegible] [illegible] [illegible] [illegible] [illegible] [illegible] [illegible] [illegible] [illegible] Bahn (der [illegible] [illegible] [illegible] mit [illegible]) [illegible].

Herzl. Grüße

Dein [illegible]

Der Feldpoststempel oben auf dem Umschlag dieses Briefes zeigt den 14. Oktober 1944.
Wir erhielten weiter Unterricht, und zwar ohne Ferien, was es erlaubte, den Lehrstoff der sechsten und siebten Klasse durchzugehen. Allerdings schrillten immer öfter die Alarmglocken während der Stunden. Dann ließen wir alles liegen und stehen und eilten zu den Geschützen und unsere Professoren in die Splittergräben. Im Herbst wurden die Geschützwälle abgetragen, da wir nun auch Panzerabwehr trainierten. Unsere Kanonen standen jetzt völlig frei im Feld, und da sah man gelegentlich am hochspritzenden Dreck, wie eine Reihe von Bomben sich uns näherte und über das Geschütz hinweg auch wieder entfernte, ohne Schaden anzurichten. Nur Volltreffer konnten etwas bewirken.
Der Gefechtslärm war unangenehm. Ich sperrte beim Abschuß den Mund weit auf. Mir ist noch der scharfe Ammoniakgeruch des verbrennenden Pulvers in Erinnerung - und etwas Zoologisches: Nach einem Gefecht wimmelte es auf den Ackerböden von Regenwürmern, die die Erschütterung aus dem Boden getrieben hatte. Es handelt sich um eine Anpassung an den Maulwurf, vor dem sie nach oben flüchten, wenn sie die Erschütterungen des grabenden Tiers registrieren. In diesem Fall war das Verhalten weniger zweckmäßig, denn es beglückte nur die unzähligen Vögel, die die Würmer auflasen.
Mit diesen Gefechten änderte sich die Einstellung der erfahrenen Soldaten uns gegenüber. Sie hatten uns bis dahin herablassend behandelt, oder, sofern es ältere Familienväter waren, besorgt und freundlich. Der Altersabstand war zu groß. Wir fühlten uns jetzt zumindest akzeptiert. Wir wurden nicht mehr als Oberschüler verspottet und drangsaliert, sondern es zog ein kameradschaftlicher Umgangston ein.
Gelegentlich wurde uns Unterhaltung geboten. Dann traten Schauspieler der zweiten Garnitur auf. Auch wenn er teilweise groteske Züge trug, erfreute uns ihr Vortrag. Ich erinnere mich an eine »Faust«-Aufführung. Da las und spielte ein Schauspieler alle Rollen. Wenn er den Faust darstellte, erschien er in einem gelblichen Licht, und wenn er Mephisto war, wurde auf grün umgeschaltet. Einmal kam auch eine Spielschar des Bun-

des Deutscher Mädel (BDM) zu uns, und da knüpften sich zarte Bande. Ein hübsches junges Mädchen namens Edith fiel mir auf. Ich habe mit ihr bis nach dem Krieg Verbindung gehalten, den Kontakt dann aber leider verloren. Ich wüßte gern, wie es ihr heute geht. In der Zeit davor hatte ich mich oft allein gefühlt.
An Samstagen konnten uns Angehörige und Freunde in der Batterie besuchen. Meine Tanten kamen häufig. Sie brachten Kuchen, Vitamintabletten und waren wie immer sehr fürsorglich. Ein regelmäßiger Gast war auch Wolfgang Schleidt. Er erzählte mir, was er mit meinem Mikroskop beobachtet und was sich in der Schule ereignet hatte, und wir besprachen, was in diesem Alter unser Gemüt bewegte: die Mädchen und der Krieg. Konnte er nicht kommen - wie auch später, als er ebenfalls eingerückt war -, schrieben wir uns Briefe. Sie gewähren einen gewissen Einblick in das, was uns beschäftigte, und sie zeigen auch, daß sich in dieser Zeit des Zusammenbruchs ein Bereich der Normalität erhalten hatte. Am 23. Juni 1944 schrieb er mir unter anderem:

»Gestern habe ich mir ein festes Stativ gekauft und damit Dein Mikroskop auf den Kopf gestellt! Das Ganze gibt einen annehmbaren Projektionsapparat ab. Da man keine Spiegel und Prismen braucht, ist die ganze Vorrichtung viel lichtstärker. Jetzt mache ich Auszüge aus der Histologie von Schumacher und zeichne auch mit dem Projektionsapparat. In der Schule haben wir jetzt Prüfungen.«

Die Zeichnung zu seiner Erfindung legte er dem Brief bei. Dann mußte auch Wolfi die Uniform anziehen, dazu schrieb er mir am 28. Juli 1944 folgende Zeilen:

»Lieber Renki!
Ich stehe jetzt in der Eisenbahn und fahre wieder nach Petzenkirchen a. d. Erlauf. Ich war in Wien und holte mir meine Einberufung zum R.A.D.[8] für 9. 9. nach Kempen (Westpolen, jetzt bei Schlesien). Am gleichen Tag erhielt ich Deinen lieben Brief, der mir große Freude bereitete. - Wie Du Dir denken

kannst, nützte ich die Zeit so gut als möglich aus. Am 25. 7. ging ich von Lunz a. See aus auf den Dürrnstein (1877 m), übernachtete oben und fuhr wieder nach Lunz zurück. Am 25. ging ich mit drei eingeschalteten 1/4 Stunden Rasten von 1/4 9 Uhr bis 1/2 8 Uhr abends (war aber seltsamerweise kaum müde!). Ich hatte sehr schönes Wetter. Um die Mittagszeit konnte man rund 1000 Bomber in Verbänden zu je 90 Flugzeugen zählen. Sie verloren einige Flugblätter, in welchen sie versuchen, die Unwirksamkeit der V1 zu beweisen (sehr plump).
Landschaftlich war der Ausflug wunderschön. Es wird gerade Frühling. Neben den großen Schneeflecken kommen winzige Soldanellen hervor. Weißer niederer Hahnenfuß, stengelloser Enzian, rotblühende Aurikel, Disteln in den schönsten Farben, Orchideen, Schlüsselblumen, weiter unten schon Almrausch und Türkenbund.
Montag möchte ich auf den Ötscher gehen! Dienstag, den 8. 8. möchte ich Dich noch einmal besuchen. Ich hoffe, Dein Batteriechef wird Dich für einige Minuten beurlauben. Oder kannst Du auf Stadtausgang zu mir kommen? Bitte schreibe mir sofort. Es wäre auch die Angelegenheit mit Deinem Mikroskop und mit der allgemeinen Biologie von Kammerer zu regeln. Vielleicht wäre es am besten, wenn meine Mutter im Herbst, wenn sie wieder nach Wien kommt, beides in Eure Wohnung brächte, oder soll ich das auch Dir bringen und das Mikroskop aufheben? Bitte schreibe mir auch darüber.«

Die nächsten Briefe kamen schon aus Schlesien. Er berichtete vom Dienst, davon, daß er Eckermanns Gespräche mit Goethe las, und von der Landschaft und den Blumen. Am 6. Oktober 1944 schrieb er:

»Die Gegend ist mir ein Rätsel. Wenn ich nach Süden sehe, bricht das Gelände bald ab. Der Horizont liegt in 500 m Entfernung und ist mit Laubwald bestanden (Birken, Buchen, Eichen!) und mit Föhren und Fichten untermischt. Im Vordergrund ist ein kurzer Rasen, im Gebirge meist vereinzelt Steine. Gegen den Süden heben sich die Konturen einiger hochgewachsener Eichen und Buchen von etwa dieser Form ab. [Wol-

fi legte eine Skizze bei] Der Himmel ist von einzelnen kleinen Wolkenbänken bedeckt. Gegen Norden fällt das Land erst etwas ab und geht dann in sanfte Hügel über. Am Horizont in etwa 20 km Entfernung dichtester Föhrenwald. Der Himmel von langen Wolkenschleiern überzogen.
Könntest Du dem Kosmosverlag schreiben um Auskunft über die geologische Beschaffenheit des Kreises Welum, im Besonderen der Gegend von Pfeilstätt? Man findet hier im bunten Durcheinander: Kalkfelsen, Kalkgeschiebe, Findlingsblöcke, Achatknollen mit Versteinerungen der verschiedensten Art (Muscheln, Schnecken, etc. etc.), Lehm, Ton, Sand in allen Schattierungen, weiß-gelb-braun.
Außerdem will ich Näheres über die Entstehung der Achate wissen! Für Dich wird es als Mitglied einfach sein, das zu erfahren. Ich habe in den 3/4 Stunden einer Mittagspause kaum Zeit, einen ordentlichen Brief aufzusetzen. Muß nun leider schließen. Mach's gut, Dein Wolfi«

Unser Interesse an der Natur erlahmte auch in diesen letzten Kriegsmonaten nicht. Die Allgegenwart des Todes hatte unsere Wahrnehmung vielleicht sogar geschärft. Jede Blume war ein Erlebnis, und mit den Wolken und ihren vielfältigen Stimmungen zogen auch unsere Gedanken in die Weite. Der letzte Brief, den ich im Krieg erhielt, stammte vom 12. Februar 1945:

»Lieber Renki!
Wie geht es Dir immer? Heute sind es 14 Tage, daß wir an der Front stehen. Eine Fülle anfangs ungewohnter Dingen stehen vor einem, die jedoch bald zur Selbstverständlichkeit werden. Eines allerdings vermisse ich: Uwe Densch behauptete doch immer, daß die Front erst den Charakter so richtig forme. Ich kann bei mir zumindest davon nichts bemerken. Meine Ansichten wurden eher bekräftigt, und auch die Charakterzüge sind die gleichen geblieben.
Die körperliche Beanspruchung ist ziemlich groß. In der Nacht kommt man nur äußerst selten zum Schlafen, und es muß am Tage jede Stunde genützt werden. Zum Schreiben findet man kaum Zeit. Sei deshalb nicht böse, wenn Du länger keine Nach-

richt bekommen solltest. Lange kann es doch nicht dauern, daß wir gemeinsam weiterarbeiten können. Unsere Abmachungen bezüglich Zell a. See (...) bleiben voll bestehen. Herzliche Grüße, Dein Wolfi«

Uwe Densch, den Wolfgang Schleidt erwähnt, war ein Mitschüler, den wir beide schätzten. Er war von Ernst Jünger beeinflußt und verband mit Soldatentum und Krieg hohe ethische Werte. Wir teilten sie bis zu einem gewissen Grad, allerdings waren wir kritischer. Wir sahen die Notwendigkeit ein, das Vaterland zu verteidigen, aber die Euphorie des Heldentums hatte uns nicht erfaßt.

Kurze Zeit, nachdem er den letzten Brief abgeschickt hatte, wurde Wolfgang Schleidt verwundet. Mit zwei anderen bediente er ein Maschinengewehr gegen angreifende sowjetische Panzer und Infanterie. Der MG-Schütze wurde im Kopf getroffen, auch Wolfis zweiter Kamerad fiel kurz darauf, und als er das MG übernehmen wollte, erwischte ihn eine Garbe aus einer Maschinenpistole. Eine Hand wurde durchschossen, und außerdem bekam er zwei Streifschüsse ab. Er verlor für einige Augenblicke das Bewußtsein, und als er aufwachte, sah er die Panzer von hinten. Die Front war über ihn hinweggerollt. Die Russen hatten ihn für tot gehalten. In einem gefrorenen Bachlauf gelang es ihm schließlich, sich mühsam zur deutschen Front zurückzurobben. Die Verluste unter den jungen Leuten waren groß, da sie nur eine kurze Wehrausbildung genossen hatten und keinerlei Fronterfahrung besaßen. Wolfi kam in ein Lazarett in den bayerischen Alpen. Das hat ihn gerettet. Ich hörte davon allerdings erst viele Monate nach Kriegsende.

Im Sommer besuchte mich mein Vetter Manfred. Er war der Sohn eines Bruders meines Vaters. Wir waren in gewisser Weise Namensvettern. Der Name Manfred - der zum Frieden Mahnende - war die deutsche Entsprechung zu Irenäus. Auch hier drückte sich der Friedenswunsch der Eltern aus im Namen des Sohnes. Manfred war Priester geworden - und wenn es wirklich friedfertige Menschen gibt, dann war er einer von ihnen. Er war herzensgut, einfühlsam und vielleicht etwas zu weich. Er besuchte mich nach den ersten schweren Angriffen im Juni

1944. Es war ein heißer, sonniger Tag, die Luft tanzte über den gelben Feldern, aus denen die roten Mohnblumen und blauen Kornblumen leuchteten. Wir redeten über die unsicheren, schweren Zeiten, und Manfred sprach von Gott und Prüfungen, aber ich nahm es ihm nicht ab. Meine Verbitterung und kritische Haltung trafen ihn, denn er bezog aus dem Glauben seine Kraft. Beim Abschied machte er mir ein Kreuzzeichen auf die Stirn, wir umarmten uns, Tränen liefen über seine rundlichen Wangen.

Ich habe ihn nie mehr gesehen. Er war in der Uniform der Wehrmacht als Frontpriester eingezogen worden. Er soll in Frankreich Partisanen in die Hände gefallen sein. Das Kreuz, das er statt der Waffe trug, hat ihn nicht geschützt.

Ich habe sonst keine Erinnerungen mehr an Manfred. Ich hatte ihn nur selten als Kind gesehen, aber die letzte flüchtige Begegnung hat sich mir tief eingeprägt und beschäftigt meine Gedanken bis zum heutigen Tag. Ich verdanke es sicher auch ihm, daß ich nicht so sehr an das Böse im Menschen glaube, sondern mehr an das Gute, auch wenn ich als Realist unser Potential zum Bösen erkenne.

Es wegzuleugnen, wie manche es tun, blockiert den Weg zum Frieden. Ich konnte später durch meine Forschung nachweisen, daß unsere Veranlagung zum freundlich-kooperativen Handeln und unser Bedürfnis, anderen zu helfen, ebenfalls stammesgeschichtliche Wurzeln hat und uns angeboren ist mit all der sie begleitenden Emotionalität. Sie liegen in der mütterlichen Brutfürsorge und Brutpflege, mit deren phylogenetischer Entwicklung die Weichen in eine neue Richtung gestellt worden sind.

Große Aufregung herrschte in unserer Batterie, wenn die Post verteilt wurde, allerdings wurde ich dabei oft enttäuscht. Meine Mutter schrieb mir selten, sie war zu sehr in ihre Welt eingesponnen. Nach dem Tod meines Vaters hatte sie eine Beziehung zu einem anderen Mann aufgenommen, den sie sehr liebte. Aus humanethologischer Sicht verstehe ich heute, daß eine Frau um vierzig sich in einer solchen Situation von ihren Kindern absetzt, um frei zu sein für die neue Bindung. Aber damals fühlte ich mich verlassen. Das hat unsere Beziehung für viele Jah-

re überschattet. Es schien mir, als wäre ich für sie nicht mehr existent.
Im Herbst 1944 erkrankte ich als Folge eines Alarmeinsatzes an der erwähnten Lungenentzündung. Ich hatte hohes Fieber und wurde in ein Lazarett im Hotel Hübner in Hietzing gebracht. In meinen Fieberdelirien hatte ich das Gefühl zu fliegen, und ich bat die Schwester, mich zurückzuhalten. Ich sprach aber sehr gut auf das Medikament Prontosil an, war nach ein paar Tagen fieberfrei und genoß den anschließenden Erholungsurlaub von zwei Wochen. Ich verbrachte ihn bei einer mütterlichen Freundin in Tirol, für die ich bereits als Vierzehnjähriger in unerfüllter Liebe geschwärmt hatte und an die ich ein gutes Andenken bewahre.
Im letzten Kriegsjahr profitierte ich viel von Gesprächen mit dem Schriftsteller Karl Johann Ander. Er lebte mit seiner Frau Jeanette bei uns in Untermiete. Ander war ein merkwürdiger, etwas verschrobener Freigeist, der an Astrologie glaubte, über übersinnliche Welten spekulierte und allerlei mystische Schriften las, die mich beeindruckten. Allerdings machte mich meine damals bereits klare Ausrichtung auf die Biologie immun gegen Spintisierereien. Wir diskutierten viel. Er rauchte wie ein Schlot, trank Kaffee und dichtete, auch Theaterstücke. An eine Uraufführung im Wiener Volkstheater erinnere ich mich: »Die Fluglegende«.
Zu meinem fünfzehnten Geburtstag im Jahr 1944 hatte er mir die siebte Auflage von Werner Sombarts »Sozialismus und soziale Bewegung«[9] geschenkt. Das 1896 erstmals erschienene Buch des Berliner Wirtschaftstheoretikers war damals sicher verboten. Ich habe nach dem Krieg den Kontakt mit Karl Johann Ander verloren. Ich wollte ihn wiederaufnehmen, aber ich war damals im Begriff zu verreisen und fand seine Adresse nicht. Er ist früh verstorben. Seine Frau hat mich einmal kurz besucht.

Im Januar 1945 endete mein Luftwaffenhelfer- und Schülerdasein. Ich erhielt ein Abschlußzeugnis mit dem Reifevermerk und wurde dem Reichsarbeitsdienst überstellt, der allerdings kein Arbeitsdienst war. Es handelte sich vielmehr um eine zeitlich verkürzte Infanterieausbildung. Wir waren eine bunt zusammengewürfelte Gesellschaft, also nicht mehr der vergleichsweise elitäre Verein von Oberschülern, und mir grauste vor den Zoten und den Grobheiten, in denen viele der Kameraden einander zu übertrumpfen suchten. Dabei waren sie eigentlich nette Kerle. Vielleicht hat die auffällige Betonung der Heterosexualität in der Zote die Aufgabe, die gegengeschlechtliche Ausrichtung der meisten Menschen zu bekräftigen und so die Homosexualität zurückzudrängen.

Ich habe diese Zeit in schlechter Erinnerung. Wir saßen in nassen Löchern und übten Zielansprache und Schießen. Naß und dreckig wurden wir dann geschunden mit Spindappell und Bettenbauen. Unsere Uniformen mußten kurz danach wieder sauber sein, das Koppelschloß hatte zu glänzen. Auch hier las ich, wenn es die Zeit erlaubte. Gelegentlich griffen Tiefflieger uns an, dann nahmen wir im Gelände Deckung. Ich erinnere mich noch, wie ich einmal vor einem Huflattich, der sich in der Märzsonne entfaltete, zu liegen kam und mich an den Bienen erfreute, den ersten Boten des nahenden Frühlings.

Am 27. März wurde ich ordnungsgemäß aus dem Arbeitsdienst entlassen und wartete darauf, zur Wehrmacht gerufen zu werden. Aber ich mußte nicht mehr einrücken, blieb Zivilist. Ich fuhr nach Wien, besuchte Ende März noch einmal meine Batterie in Breitenlee, erlebte dort einen letzten Alarm und bekam die Flakkampfspange mit Urkunde, die in meiner Einheit für mich bereitlag.

Ich wohnte wieder bei meinen Tanten. In den ersten Apriltagen hörte man Gerüchte, daß die Rote Armee die ungarische Front durchbrochen habe, und bald begann auch die schwere Flak mit Bodengranaten zu feuern - die Russen mußten also vor Wien sein. Wir fürchteten uns vor ihnen. Die Berichte aus Ostpreußen und Ostdeutschland waren schrecklich. Da sie auch männliche Zivilisten verschleppten, hoffte ich, mich durch den westlichen Wienerwald und Niederösterreich zu meiner Mutter und meiner Schwester nach Zell am Moos durchschlagen zu können. Ich gehörte der Wehrmacht nicht mehr an, wie mein Wehrpaß bescheinigte, und besaß außerdem einen Reichsarbeitsdienst-Entlassungsschein. Daher fühlte ich mich einigermaßen sicher vor SS und Feldpolizei, die erbarmungslos je-

den stellten und im Zweifelsfall umbrachten, der der Fahnenflucht verdächtigt wurde.
Die Nacht, bevor ich von der Ungargasse nach Westen aufbrach, war gespenstisch. Man hörte das Grollen der Geschütze. Die Front rückte heran. Der Rundfunk sendete Meldungen und zwischendurch Musik aus Richard Wagners »Götterdämmerung«. Innerhalb weniger Tage änderte sich das Leben in der Stadt völlig. Noch Anfang April hatte alles leidlich funktioniert. Der Geschäftsbetrieb, die Post, die Straßenbahn, die Ämter. Man konnte sogar Zeitungen kaufen. Die letzte Wiener Ausgabe des »Völkischen Beobachters« erschien am 4. April. An Karsamstag, dem 31. März 1945, sang Irmgard Seefried im Musikvereinssaal »Ein Deutsches Requiem« von Brahms.
Irgendwie erscheint mir diese Zeit unwirklich. Hugo Portisch hat in seinem bemerkenswerten Werk »Österreich II in Reportagen und Bilddokumenten«[10] Facetten dieser dramatischen Zeitenwende festgehalten.
Heute weiß ich, daß mein Entschluß, nach Zell am Moos zu laufen, irrational und fast selbstmörderisch war. Was ich vorhatte, war viel gefährlicher, als in der Ungargasse im Keller die Tage der Besetzung abzuwarten, aber ich war unruhig und mußte etwas tun. Es wäre beinahe schiefgegangen. Damit ich mich verteidigen konnte, hatte der Vater meiner Freundin Edith mir Munition gegeben für eine Pistole, die ich vor längerer Zeit im Keller unseres Wiener Hauses gefunden hatte. Leichtsinnigerweise steckte ich sie geladen in die Jackentasche. Mit ein bißchen Proviant, einigen Milchkonserven und etwas Wäsche ausgerüstet, machte ich mich am Morgen des 8. April auf den Weg, nachdem meine Tanten mir ein Kreuz auf die Stirn gezeichnet hatten.
Ich wanderte durch die zerbombte Stadt am Stephansdom vorbei, der noch nicht brannte. Nun warfen auch die Russen Bomben ab. Ihre Maschinen flogen so tief, daß man sehen konnte, wie die Bomben aus den Schächten herausfielen. Der Verkehr war bereits erlahmt, aber Militärstreifen patrouillierten auf den Straßen, und es waren überraschend viele Zivilisten unterwegs. Die Feldpolizei suchte Deserteure. Ich erklärte, ich würde nach Döbling gehen, und dort hätte ich mich bei meinem zuständi-

gen Wehrbezirkskommando zu melden. Mein Wehrpaß und der RAD-Entlassungsschein bestätigten meine Angaben. Die Streifen ließen mich passieren, wiederholt sah ich quergestellte Straßenbahnwagen, die als Sperren dienen sollten. Die Wehrmacht bereitete sich vor auf den Einmarsch der Sowjetarmee. In der Währingerstraße sollen sie schon sein, hieß es. Kurz vor der Döblinger Hauptstraße, vom Franz-Josephs-Bahnhof herkommend, stieß ich auf zwei Soldaten an einem Maschinengewehr. Ich fragte sie, ob sie wüßten, wo die Russen seien und ob ich noch nach Döbling durchkäme. Sie hatten keine Ahnung von der militärischen Lage. Ich lief weiter und erreichte die Döblinger Hauptstraße, wo die Stadtbahnviadukte die Straße überbrücken. Auf der gegenüberliegenden Seite, an der Ecke, wo der Gürtel beginnt, befindet sich bis zum heutigen Tag eine Apotheke - und da sah ich zu meinem Schrecken einen Panzer, davor ein Wägelchen mit einem toten Pferd und gestikulierende Rotarmisten.
Mir wurde kalt ums Herz. Baldur von Schirach, NSDAP-Gauleiter und Reichsstatthalter von Wien, hatte, um den Widerstand der Bevölkerung anzuspornen, in den letzten Kriegstagen Plakate anheften lassen, die einen Sowjetsoldaten als Skelett mit einer Maschinenpistole zeigten. Der so als Mann des Todes dargestellte Rotarmist war bekleidet mit einem Mantel mit Sowjetstern, einem Helm und Ohrenschützern. Die Russen, die ich entdeckt hatte auf der anderen Straßenseite, trugen Maschinenpistolen, Helme und Mäntel mit Sowjetsternen, aber es waren junge, lebendige Menschen mit offenen Gesichtern. Sie winkten mich herbei. Ich ging hinüber und gab als erstes meine Pistole ab, worauf sich ein Dialog entspann: »Du Soldat!« - »Ich nix Soldat!« - »Du Soldat!« - »Ich nix Soldat!« - »Du Soldat!« - »Ich nix Soldat!«
Das ging so eine Weile, bis ich in meiner Verzweiflung Wehrpaß - mit Reichsadler samt Hakenkreuz - und Entlassungsschein hervorzog. Zum Glück war ein Fremdarbeiter anwesend, der sich offenbar als Führer für die Russen betätigte. Er buchstabierte in gebrochenem Deutsch »Reichs ... arbeits ... dienst ... ent ... lassungsschein ...«, ein endloses Wort. Ich erklärte ihm, ich sei hier in Döbling zu Hause und wolle nicht

mehr eingezogen werden. Er las »Döbling, Hofzeile 27« als Adresse im Wehrpaß, sah auch, daß ich in Wien geboren war, und merkte im übrigen, daß er keinen gefährlichen Partisanen vor sich stehen hatte, sondern einen blassen und verängstigten Jüngling. Er wandte sich an einen der Russen und sagte etwas. Daraufhin nahmen sie mir weg, was ich bei mir hatte, was ich verstand und ihnen nicht nachtrug, und ließen mich gehen. Ich fürchtete noch eine Weile, sie würden hinter mir herschießen - die Döblinger Hauptstraße ist lang und verläuft kerzengerade. Aber es passierte nichts. Ich halte dies keineswegs für selbstverständlich, denn die Sowjetunion hatte im Krieg unendlich gelitten, und auch ihre Soldaten waren einer massiven Propaganda ausgesetzt.
Mit diesem positiven menschlichen Erlebnis endete für mich der Krieg. Ich erlebte später, in der Besatzungszeit, auch schlimme Dinge, aber davon will ich nicht berichten. Das haben andere schon getan. Ich betone den positiven Aspekt, da man über das Gute viel seltener etwas liest als über Übeltaten.

# Nachkriegswirren und neue Hoffnung

Da saß ich nun allein in der Wohnung, allein sogar im ganzen Mietshaus. Zunächst suchte ich etwas zu essen. Unsere Wohnung war seit einem Monat verlassen, da fand ich nichts. In der Wohnung von Freunden aber entdeckte ich ein halbes Glas Honig, etwas Mehl, Salz und Backpulver. Das reichte für ein Brot. Von einem Nachbarn erfuhr ich, daß die Winzer ihre Fässer geöffnet hatten, damit der Wein ablaufe, denn die sowjetischen Soldaten benahmen sich nur dann schlecht, wenn sie betrunken waren, und dem wollten die Weinbauern auf diese Weise vorbeugen. Aber leider versickerte der Wein nicht in den Kellern, und so waren die Bevölkerung Döblings und russische Soldaten auf den Beinen, um im trauten Verein mit Eimern und Kannen den knietief stehenden Wein aus den Kellern zu schöpfen - im Einverständnis mit den Eigentümern. Ich brachte eine Gießkanne voll Wein nach Hause - Kalorien fürs Überleben. In der folgenden Nacht bekam ich dann Besucher. Sie stiegen durch ein Fenster ein und waren enttäuscht, keine Frauen vorzufinden. Die sowjetischen Soldaten erschienen uns damals als sehr emotionale Menschen, die alte Leute achteten. Unter ihnen traf man auf Vertreter der unterschiedlichsten Völker des Riesenreichs, wir fürchteten die Asiaten.
Ich verbrachte noch einige Tage in unserer Wohnung, bis ich mich sicher genug fühlte, zu meinen Tanten zurückzukehren. Das Haus gegenüber, Ungargasse 42, war inzwischen abgebrannt. Die Hitze war so groß gewesen, daß die Fenster der Wohnung meiner Tanten zum Teil erblindet waren. Wir hatten Hunger wie die meisten Menschen in Wien. Aber es herrschte keine Untergangsstimmung, denn die Lage besserte sich allmählich. Zuerst mußten wir das Wasser von einem Hydranten holen, dann lief es bereits ein, zwei Stunden am Tag im Haus.

Auch das elektrische Licht funktionierte bald wieder, zunächst für ein paar Stunden, dann ohne Unterbrechung. Die Straßenbahn fuhr schon ein paar Kilometer. Die ersten Zeitungen erschienen.
Die Besatzungsmacht ordnete an, daß alle Zivilisten Schutt wegräumten, und die Hausmeister sorgten dafür, daß sich niemand davor drückte. Es gab nur wenige junge Männer und viele alte, die meiste Arbeit mußten die Frauen leisten. Wir trennten die Ziegel vom Schutt, säuberten sie mit einem Hammer vom anhaftenden Mörtel und schichteten sie zu ordentlichen hohen Blöcken am Straßenrand. Einmal wurden ein paar hundert Gefangene von sowjetischen Soldaten vorbeigetrieben. Die Frauen versuchten, den armen Kerlen etwas zuzustecken, aber sie wurden von den Russen brutal mit Kolbenstößen weggescheucht.
Die Kommunisten machten damals den Fehler, sich unmenschlich zu gebärden, was sie viel Sympathie in der Bevölkerung kostete. Schräg gegenüber der Wohnung meiner Tanten hatten sie ein Büro eröffnet. An die Hauswand hängten sie ein Plakat: »Pferdekadaver und deutsche Soldaten können in Bombentrichtern verscharrt werden.« Sie halfen, junge Leute zusammenzutreiben, die dann der Besatzungsmacht helfen mußten bei der Demontage von Fabriken. Auch ich wurde dazu abkommandiert, zusammen mit meinen nicht mehr ganz so jungen Tanten. Ich mußte Waggons für den Abtransport der Maschinen säubern. Zu essen erhielten wir eine dünne Suppe. Es waren einige dabei, die schon viele Tage wie in einem Stall hausten, ohne ihre Kleider wechseln und sich waschen zu können. Da riskierte ich's, schulterte eine lange Stange sowie eine Drahtrolle und ging, begleitet von meinen Tanten, am Abend sicheren Schritts am Wachtposten vorbei. Der fiel auf den Trick herein, und schnell waren wir um die nächste Ecke verschwunden.
Ein anderes Mal befahlen Besatzungssoldaten mir und anderen, die sie auf der Straße aufgesammelt hatten, einen Waggon zu entladen. Aber es handelte sich dabei nicht um eine schwere Arbeit, und ich wurde sogar entlohnt mit einem halben Sack Weizenschrot, den die Russen Kascha nennen. Meine Tanten

*)ben:* Meine Großeltern väterlicherseits.
*'nten links:* Meine Großeltern mütterlicherseits, auf dem Sessel meine Mutter als kleines Iädchen. Der Säugling ist ihr Bruder Franz.

*Unten rechts:* Meine Mutter.

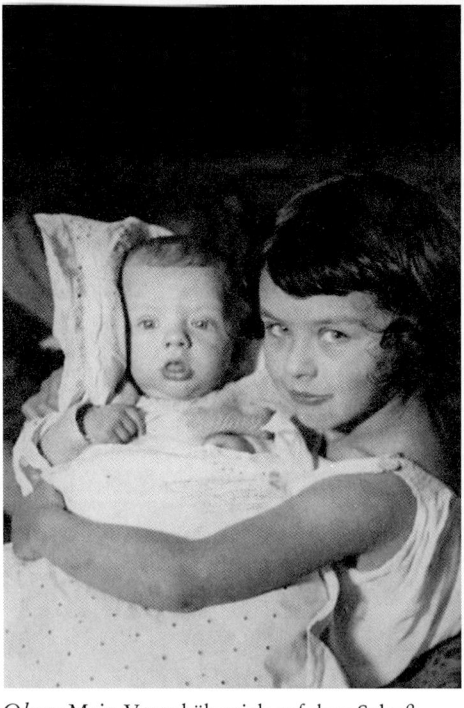

*Oben:* Mein Vater hält mich auf dem Schoß. Rechts meine ältere Schwester Maria.
*Unten links:* Ich als Säugling in den Armen von Maria.

*Unten rechts:* Ich halte meine kleine Schwester Theresa, die mir offenbar etwas zu schwer ist.

Als frischgebackener Luftwaffenhelfer
(5. Januar 1944).

Wilhelminenberg (1947).

*Oben:* Eberhard Trumler mit Elektrokocher und Notizbuch vor seiner Wohnbaracke.
*Unten:* Ich mit meinem kleinen Dachs.

*Oben:* Lorle (1948).
*Unten:* Gruppenbild mit Konrad Lorenz nach seiner Rückkehr aus der Kriegsgefangenschaft (1948). Von links nach rechts: Konrad Lorenz, Ludwig von Bertalanffy, Lilli Koenig, Edith Gratzl, Wilhelm von Marinelli.

Wilhelminenberg (1948).

*Oben:* Ich, lesend vor einer Wohnbaracke.
*Unten:* Nachtreiher im Stationsgelände.

*Oben links:* Konrad Lorenz (1948).
*Oben rechts:* Otto Koenig (1948).
*Unten:* Die erste Vorlesung auf dem Wilhelminenberg (1948). Konrad Lorenz erklärt das Prinzip der Stimmungsübertragung. Wenn man läuft und sich dann aufrichtet und gleichzeitig beide Arme hochreißt, dann laufen die Gänse mit und fliegen im Moment des Sich-Aufrichtens hoch. Die Zuhörer von links nach rechts: das Ehepaar Koenig, Kurt Gratzl, Friedrich Haiderer, Eberhard Trumler und Lorle.

Mucki, nachdenklich *(oben)*
und vernascht *(unten)*.

waren glücklich, denn endlich leistete auch ich einen Beitrag zur Ernährung!
Bald öffnete die Universität wieder ihre Pforten, und ich ließ mich sofort einschreiben. Ich war noch keine siebzehn Jahre alt, aber da ich die siebte Klasse in meiner Luftwaffenhelferzeit abgeschlossen und den Reifevermerk erhalten hatte, wurde ich angenommen. Ich hatte Glück, denn wer sich im folgenden Herbst inskribieren wollte, mußten die Matura nachmachen. Die Studenten waren verpflichtet, an den Aufräumungsarbeiten auf dem Universitätsgelände mitzuwirken, das hieß vor allem Schutt schaufeln. Viele Bombentreffer hatten die Universität arg beschädigt, aber wir waren zuversichtlich, wenn auch furchtbar hungrig, denn uns standen nur etwas mehr als tausend Kalorien am Tag zu. Mich plagte damals ein Hungerödem, und dennoch war ich guter Dinge. Ich konnte endlich Zoologie studieren, das Fach, das ich so liebte! Für meine Kommilitoninnen war ich nur das »Bübchen«.
Bedrückend war das Flüchtlingselend. Wir erlebten mit, wie mehr als drei Millionen Deutsche aus der Tschechoslowakei vertrieben wurden. Obgleich es sich um Altösterreicher der ehemaligen Monarchie handelte, durften wir sie nicht im Land aufnehmen. Nur jene, die Angehörige in Österreich nachweisen konnten, konnten bleiben, die anderen wurden nach Deutschland gebracht. Dem Massenexodus fielen Hunderttausende zum Opfer. Ähnliches geschah in Jugoslawien. Und von den polnisch besetzten ostdeutschen Gebieten hörte man ebenfalls Schreckliches. Wie wir heute wissen, wurden dort mehr als zwölf Millionen Menschen ausgeplündert, mißhandelt und vertrieben. Über eine Million Zivilisten kamen dabei ums Leben.
Wenn heute über die deutschen Ostgrenzen diskutiert wird, dann erklären viele, daß man die Tatsachen um des Friedens willen anerkennen müsse. Schließlich sei in den ehemals ostdeutschen Landstrichen eine neue Generation aufgewachsen, die sich mit ihrer Geburt dort ein Anrecht auf Heimat erwarb. Das ist schon richtig, aber man muß hier zwei Dinge auseinanderhalten: die Gebietsabtrennung und die Vertreibung. Grenzveränderungen nach Kriegen sind üblich. Allerdings hat

der Sieger, der in der Geschichte Europas ein Land in Besitz nahm, dessen Bevölkerung in der Regel übernommen und zu Staatsbürgern gemacht, manchmal zwangsassimiliert. Die heutige polnische Westgrenze ist, vor allem nach der furchtbaren Vorgeschichte, anzuerkennen wie andere Grenzänderungen in anderen Regionen auch. Zwar bricht derjenige, der ein bevölkertes Gebiet abtrennt, ohne die dort lebenden Menschen zu befragen, das Selbstbestimmungsrecht der Völker, das einer alteingesessenen Bevölkerung zugesteht, in Freiheit unter einer eigenen Regierung zu leben. Aber das ist ein Verstoß, der bis heute weltweit praktiziert wird, allen Menschenrechtsbeteuerungen zum Trotz. Die Enteignung und Vertreibung einer besiegten Bevölkerung jedoch geht weit darüber hinaus - zu weit. Will man erneute Vertreibungen nach künftigen Kriegen erschweren, müssen internationale Abkommen getroffen werden, die solche Maßnahmen ausschließen.

Die ersten Nachrichten und Bilder aus den Konzentrations- und Vernichtungslagern waren für mich ein Schock! Unfaßbar, daß man Frauen mit Kindern auf dem Arm in die Gaskammern geschickt und mit Menschen experimentiert hatte, sie folterte und ermordete! Unbegreiflich war auch, daß man die sowjetischen Kriegsgefangenen zu Hunderttausenden verhungern ließ! Wir waren immer nur mit den Unmenschlichkeiten der Alliierten konfrontiert worden. Daß aber die eigenen Leute, die doch immer von Ritterlichkeit und Ehre sprachen, diesen Massenmord organisiert hatten, empörte und erschreckte mich zutiefst.

Unbegreiflich bis zum heutigen Tag. Ich geniere mich, es auszusprechen, aus Scheu, es könnte als plakative Entrüstung gedeutet werden. Vor kurzem las ich den Bericht von Ruth Elias über den grauenhaften Tod ihres Neugeborenen, den sie auf Anordnung des KZ-Arztes Mengele nicht stillen durfte.[11] Und das war keine Ausnahme. Der ganze Umfang der Verbrechen wurde erst allmählich klar. Aber mir und vielen meiner Kommilitonen genügte, was wir gleich nach Beendigung der Feindseligkeiten erfahren hatten. Unsere Führung war nicht nur verantwortlich für ein bis dahin unbekanntes Massenmorden, sie hatte zuletzt auch noch Hunderttausende von Menschenleben,

Städte und ganze Landstriche geopfert, um selbst ein paar Monate zu überleben, obwohl sie wußte, daß das Kriegsgeschick nicht mehr zu wenden war. Zur Scham gesellte sich der Zorn auf die Führung. Es erfüllte mich mit Genugtuung, daß man viele ihrer Vertreter später vor Gericht stellte. Gewiß waren manche Urteile in den Nürnberger Prozessen gegen die Kriegsverbrecher in den Jahren nach dem Krieg oft pauschal und entsprachen damit nicht unserem heutigen Rechtsempfinden, aber nach dem, was geschehen war, durfte sich niemand darüber wundern. Jene, die wissentlich unsere Ehre besudelt hatten, verdienten es in meinen Augen nicht anders.
Mit den Enthüllungen unserer Untaten entstand bei den meisten meiner Generation der Wunsch, alles dafür zu tun, daß sich ähnliches nie mehr wiederhole und ein neues, friedfertiges Europa aus den Ruinen erblühte. So fanden wir ein Ziel, das uns Mut machte. Die Identitätsfindung dagegen gestaltete sich schwieriger. In den Anmeldeformularen der Universität zum Beispiel wurde gefragt nach Staatsbürgerschaft und Volkszugehörigkeit. Wir schrieben hinter Staatsbürgerschaft »Österr.« und hinter Volkszugehörigkeit »deutsch«. Nein, belehrte die Verwaltung uns, hinter beidem müsse »österreichisch« stehen! Das sah ich nicht ein. Ich bejahte den österreichischen Staat, aber mußte ich deshalb meine Volkszugehörigkeit verleugnen? Die wechselt man doch nicht wie ein Hemd! Unsere Eltern und Großeltern hatten nie gezweifelt an ihrer deutschen Volkszugehörigkeit. Viele Denkmäler Wiens legten Zeugnis ab von ihr, so das des Erzherzogs Karl, auf dem es heißt: »Dem beharrlichen Kämpfer für Deutschlands Ehre!« Als die Preußen Österreichs Armee 1866 bei Königgrätz entscheidend geschlagen hatten, schrieb Franz Grillparzer zweifelnd: »Als Deutscher ward ich geboren, bin ich noch einer? Nur was ich Deutsches geschrieben, das nimmt mir keiner.«
Deutsch war ein Negativbegriff geworden. Der Unterrichtsminister, Felix Hurdes, ein Eiferer der ersten Nachkriegsjahre, verordnete, daß das Wort »Deutsch« im Unterricht und in den Zeugnissen durch »Unterrichtssprache« ersetzt werden müsse. Als ob man mit einer Anweisung zu neuer Intoleranz und mit Liebedienerei vor den Siegern Vergangenheit aufarbeiten

könnte. Er machte sich für ewige Zeit lächerlich. Man sprach von »Hurdestanisch« als der offiziellen Landessprache und kehrte bald wieder zurück zur Normalität. Immerhin, einige Jahre dauerte es.
Aber vor allem war das Morden zu Ende, und es fielen keine Bomben mehr. Das Leben normalisierte sich, und allmählich änderten auch die Besatzungstruppen ihr Verhalten. Es entwickelten sich menschliche Kontakte, man erlebte einander auf neue Weise. Wir durften wieder hoffen.

# Studienjahre

# Wilhelminenberg

Ich wollte in Zoologie promovieren mit Botanik als Nebenfach. Außerdem beabsichtigte ich, mich für das Lehramt an Gymnasien ausbilden zu lassen. Als Hauptfach wählte ich dafür Naturgeschichte, als Nebenfach Physik, letzteres, um nachzuholen, was ich im Gymnasium versäumt hatte. Dieses Studium erwies sich als das schwierigere, da die Studenten für das Fach Naturgeschichte nicht nur zoologische und botanische Übungen sowie Kurse absolvieren mußten, sondern auch Praktika in den Fächern Geologie, Mineralogie und Paläontologie. Ferner mußten wir die Hauptvorlesungen dieser Fächer belegen, in denen man von den jeweiligen Ordinarien geprüft wurde. Ich lernte auf diese Weise Lehrpersönlichkeiten aus Disziplinen kennen, mit denen der heutige Zoologiestudent kaum noch zu tun bekommt.
Der Geologieprofessor Leopold Kober vermittelte mir eine dynamische Vorstellung von der bewegten Geschichte dieser Erde. Ich sah in seinen Vorlesungen förmlich, wie sich die Alpendecken auffalteten, überlagerten und über das Vorland flossen. In Physik mußte ich chemische und physikalische Vorlesungen und Praktika besuchen. Ich belegte bereits im ersten Semester viel. Mich beeindruckten die Vorlesungen zur allgemeinen Biologie von Ludwig von Bertalanffy, der 1949 nach Kanada übersiedelte, um seine wissenschaftliche Karriere fortzusetzen. Ebensogut in Erinnerung sind mir noch Wilhelm von Marinellis Morphologievorlesungen, in denen er funktionelle und vergleichende Aspekte in lebendiger Weise vermittelte.
Es gab so gut wie nichts, was uns vom Studium hätte ablenken können, außer daß wir Schutt wegschaufeln mußten. Die Stadt lag in Trümmern, wohin hätten wir am Abend ausgehen sollen? Wir hatten auch kein Bedürfnis danach, denn die span-

nenden Vorlesungen und Praktika beanspruchten uns ganz und gar. Wir Zoologiestudenten bildeten eine kleine Gruppe, ich war der Jüngste. Es ging uns allen gleich schlecht oder gleich gut, wir hatten immer Hunger. Während eines Zoologiepraktikums sollten wir einmal frische Hechte zu Hause präparieren. Ich fürchte, diesen Fisch haben wir nicht gut gelernt. Die übrigen für die Sektion bereitgestellten Präparate waren leider in Formol eingelegt und damit für den menschlichen Genuß ungeeignet.

Ich wohnte weiter bei meinen Tanten und lief jeden Morgen durch die ziemlich zerstörte Innenstadt, am ausgebrannten Steffel vorbei zur Universität. Am Graben ging's über Schuttberge, und ich konnte mir eigentlich nicht vorstellen, wie sich diese Stadt je würde erholen können - und trotzdem erlangte allgemein langsam der Optimismus die Oberhand! Wir erhielten einen viersprachigen Ausweis, der uns einen gewissen Schutz vor den Übergriffen der sowjetischen Besatzungsmacht gewährte. Die Post funktionierte wieder und ebenso die anderen öffentlichen Dienste. Eine provisorische Regierung wurde eingesetzt.

Meine Stimmung schwankte zwischen Niedergeschlagenheit und Zuversicht, und dazu kam der nicht aufhören wollende Hunger. Ich glaube fast, ich habe ihn damals sublimiert, indem ich Wissen in mich hineinschlang. Ich habe nur gelesen und gearbeitet. Ich studierte vor allem biologische und naturwissenschaftlich-philosophische Werke, unter anderem und besonders gründlich Bernhard Bavinks »Ergebnisse und Probleme der Naturwissenschaften«, daneben biologische Spezialmonographien wie C. Wesenberg-Lunds »Biologie der Süßwasser-

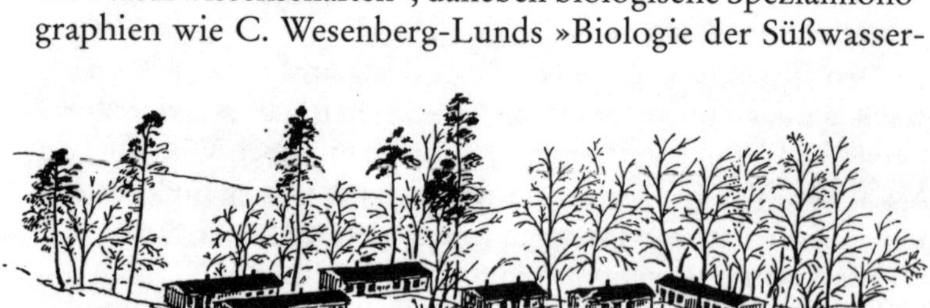

Wilhelminenberg

tiere« und »Biologie der Süßwasserinsekten«[12], Werke über Hymenopteren, wie Hautflügler fachsprachlich genannt werden, und dazu die gängigen Lehrbücher meiner Fächer.
Im Februar 1946 erzählte mir Wolfi Schleidt von einer Arbeitsgemeinschaft für Verhaltensforschung. Ich besuchte eine Diskussion dieser Gruppe und war begeistert. Ich hatte selbst schon so viele Tiere gehalten und beobachtet, und hier erlebte ich Otto Koenig, einen jungen, engagierten Mann, der erstaunlich viel wußte über das Verhalten der Tiere, hinreißend darüber zu berichten verstand und auf dem Wilhelminenberg eine biologische Station aufbaute. Ohne jemanden zu fragen, hatte er das Gebiet im Sommer 1945 in Besitz genommen: ein Waldgelände gegenüber dem Schloß Wilhelminenberg mit sieben Baracken, die herrenlos im Wienerwald standen als Hinterlassenschaft der Wehrmacht. Im Herbst 1945 hatten die Behörden Koenigs Beschlagnahme nachträglich abgesegnet.[13]
Er suchte Mitarbeiter. Er brauchte uns nicht lange zu überreden. Wolfgang Schleidt meinte, das wäre das Richtige für uns, und ich teilte seine Ansicht. Der Huflattich blühte, und die Bienen summten in den Weidenkätzchen an diesem sonnigen Vorfrühlingstag im März 1946.
Das Stationsgelände mit seinen alten Föhren und Buchen grenzte an eine große Wiese, die sanft gegen ein Wienerwaldtal abfiel. In einer Senke, vielleicht hundert Meter von den Holzbaracken entfernt, lag ein kleiner, mit Schilf bewachsener Teich. Die ihm am nächsten gelegene Baracke war noch frei, Wolfi und ich bezogen darin je ein kleines Zimmer. So begann für mich ein aufregender neuer Lebensabschnitt, der meiner Laufbahn die entscheidende Richtung gab.
Ich lernte gleich zu Beginn Wesentliches über das Territorialverhalten des Menschen. Otto Koenig hatte in einer befreundeten Druckerei Papierstreifen drucken lassen: »Biologische Station Wilhelminenberg - Eintritt verboten!« und sie an Bäumen des Gebiets sowie an Zaun und Eingang befestigt. Diese Zeichen der Inbesitznahme wurden respektiert, obwohl Koenig das in Wahrheit der Gemeinde Wien gehörende Grundstück ja einfach besetzt hatte. Er war ein blendender Stratege und ein unternehmungsfreudiger Geist, und so setzte er sich durch - in

diesem wie in anderen Fällen. Seine Frau Lilli, eine hochbegabte Künstlerin und Graphikerin, entwarf Briefkopf und Stempel der Station: einen grünen Baum. Mit viel Geschick fand Koenig einen starken und etablierten Partner im Tiergarten Schönbrunn. Im Briefkopf stand nun »Biologische Station Wilhelminenberg in Zusammenarbeit mit dem Tiergarten Schönbrunn«. Ein schöner Name, ein schönes Symbol und die Zusammenarbeit mit einer etablierten Institution. Damit konnte er selbstbewußt an die Presse herangehen.
Einer der ersten Mitarbeiter Otto Koenigs war Eberhard Trumler. Er studierte Zoologie und interessierte sich für Wirbellose - vor allem für Insekten, Spinnen und Einzeller. Später machte er sich als Pferde- und Hundeforscher einen Namen. Er war sechs Jahre älter als ich und ein begeisterter Zoologe, der in unzähligen Gläsern, Aquarien und Terrarien Spinnen, Laufkäfer und winzige Tümpelgemeinschaften hielt. Er mikroskopierte und zeichnete bis tief in die Nacht. In den Morgenstunden war er weniger gut ansprechbar. Seinen Start als Mitarbeiter auf dem Wilhelminenberg hat er anschaulich geschildert:

»Das erste, was ich für die Verhaltensforschung in Österreich tun durfte, war das Geradeklopfen verrosteter Nägel. Das war am 18. Oktober 1945 - ein Datum, an dem für mich die Zeitrechnung begonnen hat. Die unvergessene Studienkollegin Ilse Gilles, nachmalige Prechtl, forderte mich damals auf, sie zu einem ›Vogelforscher‹ auf den Wilhelminenberg zu begleiten - Endstation der Linie 48, ein staubiger Weg bergauf, vorbei an der Greißlerei[14] Hirsch, dann Wald, ein Zaun. Schließlich Baracken, Bretter, Schutt - am liebsten wäre ich wieder umgekehrt. Aber da war ein Mann in Hemdsärmeln, der offenbar wußte, was er wollte, und dann waren da die schönen alten Bäume und nicht zuletzt ein schilfumkränzter Weiher. Da für mich damals die Welt im wesentlichen aus Einzellern, Wasserflöhen und Insekten bestand, war es eben jener Weiher, der mich veranlaßte, die Kunst des Geradeklopfens von alten Nägeln unter Otto Koenigs sachkundiger Anleitung zu lernen.«[15]

Wir lernten außerdem, Büsche zu pflanzen, im Winter sogar, Bäume zu fällen und, nicht zuletzt, gewisse Insekten aus der formen- und farbenprächtigen Gruppe der Wanzen zu bekämpfen. Dabei handelte es sich um besonders langlebige Hungerkünstler, die unter den Zierleisten in der leeren Baracke lebten, in der Wolfi und ich uns einrichteten. Diese armen Tiere hatten über ein Jahr nichts mehr gefressen, sie waren dünn wie Papier und hungrig wie Vampire. Ihnen galt unser erstes zoologisches Interesse. Wolfi hatte ein Pulver gekauft, das ein besonderer Insektenkiller sein sollte: DDT. Wir sperrten eine der Wanzen in ein Zündholzschächtelchen mit DDT ein. Sie krabbelte noch am anderen Tag putzmunter umher, wenn auch weiß eingestäubt. Man hatte meinem lieben Freund Mehl angedreht.

Unsere Gruppe bestand 1946 aus dem Ehepaar Koenig und sieben wissenschaftlichen Mitarbeitern. Neben Eberhard Trumler, Wolfgang Schleidt und mir arbeiteten folgende Personen auf dem Wilhelminenberg: Edmund Frühmann, der später Medizin studierte und Psychotherapeut wurde, profilierte sich als unser Philosoph; Kurt Gratzl war Mediziner, Histologe und begeisterter Apparatebauer; Ilse Gilles interessierte sich für Sperlinge, und Heinz Prechtl, heute ein bekannter Pädiater in Holland, befaßte sich mit dem Verhalten von neugeborenen Mäusen. Gemeinsam mit ihm untersuchte Wolfgang Schleidt den Suchautomatismus der kleinen Säuger.

Nach unserem Fehlschlag beim Wanzenbekämpfen gingen wir daran, Möbel zu bauen; die Baracken waren völlig leer. Es gab zwar nichts zu kaufen, aber genug herrenloses Gut, das Plünderer auf die Straße geworfen hatten oder das in Höfen herumstand. Wir bedienten uns für unseren guten Zweck, hämmerten, sägten, nagelten und kaschierten alle Unregelmäßigkeiten unserer Schreinerarbeit hinter Zierleisten. Dann beizten wir alles dunkel, so daß es passabel aussah. Ich bastelte mir eine schöne Bettnische mit Beleuchtung zusammen, dazu eine Kochecke, einen kleinen Schrank und eine Ablage für Bücher, und außerdem fand ich einen alten Schreibtisch, der die Einrichtung sinnvoll ergänzte. Ein kleiner Kanonenofen spendete meiner Miniaturwohnung ausreichend Wärme. Mit ein

paar Kochtöpfen, Schreibmaterial, Bettzeug und ein bißchen Wäsche zog ich bei meinen Tanten aus und lebte nun in der kleinen Gemeinde Otto Koenigs. Ich versorgte mich weitgehend selbst, unterstützt allerdings von meinen bisherigen Gastgeberinnen, die ich einmal in der Woche besuchte. Sie wuschen weiterhin meine Wäsche und achteten auf meine Gesundheit. Das erwies sich als bitter nötig, denn wir bekamen auf die Lebensmittelkarten kaum mehr als 1490 Kalorien am Tag, und das war zu wenig. Wir überlebten, weil wir in Feld und Flur aufsammelten, was genießbar war. Außerdem sorgte das Ehepaar Koenig in rührender Weise für uns. Manchmal ergatterte Otto Koenig Fleisch, dann wieder brachte er von einer Exkursion zum Neusiedler See Gemüse mit, und er teilte alles. Wolfgang Schleidts Mutter steckte mir ebenfalls dies oder jenes zu.
Es war ein herrliches Frühjahr! Im Teich vor unserer Baracke paarten sich die Kröten. Ich folgte Koenigs Anregung, die Paarungsbiologie dieser Tiere zu erforschen. Zunächst wollte ich wissen, wie die Geschlechter einander fanden. Plätscherte ich mit der Hand im Wasser, dann schwammen die Krötenmännchen heran, umklammerten meine Finger und ließen sie nicht mehr los. Ich konnte sie dann mit mir herumtragen. Die Männchen schwammen alles an, was sich bewegte, auch andere Männchen. Wenn sie Geschlechtsgenossen umklammerten, gaben diese Abwehrrufe von sich, ein helles »kung, kung, kung«. An diesem Ruf erkannten die Männchen offensichtlich, daß sie an die falsche Adresse geraten waren, denn sie ließen sofort los. Weibchen dagegen blieben stumm, wenn sie umklammert wurden.
So lernte ich, wie einfache Signale den Ablauf des Paarungsgeschehens steuern. Hatte ein Männchen ein Weibchen gefunden, dann hielt es dieses hinter den Achseln fest. Es ritt so auf dessen Rücken. Andere Männchen, die sich ihm näherten, wurden mit gezielten Stößen der Hinterbeine abgewehrt. Es konnten mehrere Tage vergehen, bis der Laichakt einsetzte. Wieder waren es simple Signale, die sicherstellten, daß das Männchen seinen Samen synchron mit der Eiablage in das Wasser entleerte. War das Weibchen bereit, den Laich abzusetzen, dann formte es ruckartig ein Hohlkreuz, eine typische Signalstellung. Das

Männchen bildete daraufhin mit seinen Hinterbeinen über der Kloakenöffnung des Weibchen einen Korb, fing den austretenden Laich auf und befruchtete ihn.[16]
Das Weibchen gab den Laich in mehreren Schüben ab. Jeder wurde eingeleitet durch die beschriebene Signalstellung. Dazwischen schwammen die Tiere umher, so daß die Laichschnur sich ausbreiten konnte im Gewässer. Während das Weibchen schwamm, hielt das Männchen die Hinterbeine abwehrbereit an den Körper gezogen. Nach dem letzten Laichakt ging das Weibchen noch einmal in eine Signalstellung. Ertastete das Männchen dann mit den Hinterbeinen keinen Laich, verstand es dies als Zeichen, daß der Laichakt beendet ist, und es löste seine Umklammerung. Das Weibchen strebte dem Ufer zu. Wurde es von einem weiteren Männchen angeschwommen und umklammert, dann verhielt es sich wie ein Männchen. Es bewegte Flanken und Kopf wie beim Rufen - Laute kann es nicht erzeugen -, es rief gewissermaßen stumm. Das genügte, um das Männchen zum Absteigen zu bewegen.
Ich untersuchte ferner die Wanderung der Erdkröten zu den Laichplätzen und fand in Verfrachtungsexperimenten heraus, daß Erdkröten sich offenbar von ihrer Erinnerung leiten lassen und die Gewässer aufsuchen, in denen sie als Kaulquappen heranwuchsen. Wie neuere Untersuchungen ergeben haben, orientieren sie sich dabei auch nach dem Geruch.
Mit der Betrachtung der auslösenden und steuernden Reize im Paarungsgeschehen der Erdkröte begann mich allgemein die Frage zu interessieren, wie Tiere miteinander kommunizieren. Wie und welche Signale steuern den Ablauf sozialer Interaktionen, wie entwickeln sich Signale, und wie verstehen Tiere sie? Dieses Thema konnte nur durch vergleichende Verhaltensstudien erforscht werden.
Bei meiner Arbeit über die Paarungsbiologie der Kröten erlebte ich das Frühlingserwachen in den verschiedensten Stimmungen auf intensive Weise: die milde Sonne auf gelbem Schilf, das Auftauen der dunklen Gewässer und die wachsende Aktivität des Tümpellebens, die Kröten im Wasser, die einander zunächst schwerfällig anschwammen, mit steigender Temperatur aber reger wurden, das helle »kung, kung« der Abwehrrufe, das

Tocken der Knoblauchkröten unter Wasser, das Summen der Bienen in blühenden Weiden; dann Einbruch der Dunkelheit, Regen, Nebel, die Wanderung der Kröten, das Munterwerden der Grasfrösche, die dunklen Rufe, die sich zu einem gedämpften Chor vereinten. Noch viele Jahre, auch später in Deutschland, genoß ich diese Frühlingsstimmungen.
Otto Koenig war mir ein wichtiger Lehrer. Gleich am Anfang erklärte er mir, daß man nicht wild mit dem Experimentieren loslegt, sondern sich zunächst einmal hinsetzt und zuschaut. Erst aus der Beobachtung ergibt sich eine vernünftige Fragestellung, auch für spätere Versuche. Er betonte immer wieder, von welch großer Bedeutung es sei, daß wir genau beschrieben, was wir beobachtet hätten, und daß wir dies konsequent in ein Protokollheft eintrügen, und zwar sofort. Erst wenn man ein Verhalten schriftlich festhalte, würde man auf seine Besonderheiten aufmerksam. Außerdem könne man sich nie auf seine Erinnerung verlassen. Er machte uns ferner mit dem Buch des amerikanischen Zoologen Herbert Spencer Jennings vertraut, der betont, daß man von jeder Art zunächst das Inventar der für sie typischen Verhaltensweisen aufzeichnen müsse, den sogenannten Aktionskatalog, den wir heute Ethogramm nennen. Ich folgte seinen Anregungen.
Otto Koenig erzählte uns von seinen Grau-, Silber- und Purpurreihern. Wir konnten uns von der Qualität seiner Darstellungen gleich selbst überzeugen, denn die Vögel flogen und stolzierten frei umher auf dem Institutsgelände. Nachdem Koenig die Grußzeremonien geschildert hatte, erkannten wir sie auch. Sie grüßten einander in der Tat, und sie grüßten auch uns, wenn wir uns ihnen näherten. Im Prinzip sah es bei Silber- und Graureiher gleich aus, allerdings unterschieden sie sich durch artliche Besonderheiten. Die Silberreiher streckten, wenn sie uns grüßten, den Hals gerade in unsere Richtung aus, der Schnabel wies nach unten. Die Graureiher dagegen reckten den Hals gerade nach oben. Das drückte in beiden Fällen freundliche Intentionen aus, denn mit gestrecktem Hals können Vögel nicht zustoßen.
Wir lernten auch aus Pannen. Die Bartmeisen, die Koenig vom Neusiedler See geholt hatte, brüteten eines Tages Junge aus.

Und dann geschah etwas Überraschendes, zunächst Unerklärliches: Kurz nachdem die Jungen geschlüpft waren, fand Koenig sie tot auf dem Boden des Käfigs. Die weitere Beobachtung ergab, daß die Altvögel sie aus dem Nest warfen, obwohl sie sie zunächst gefüttert hatten. Schließlich fand er die Erklärung: Die Altvögel flogen in unablässiger Folge von der Futterschüssel zu den Jungen und stopften diese mit Nahrung voll, so daß sie ihre Schnäbel nicht mehr aufsperrten. Ein nicht sperrender Jungvogel gilt jedoch im Freien als tot und wird aus hygienischen Gründen aus dem Nest beseitigt. Im natürlichen Leben geschieht es nicht, daß Altvögel ihre Jungen vollstopfen, denn jede Nahrungssuche kostet Zeit, und die Jungen haben dementsprechend immer Hunger. Es genügte, den gefangengehaltenen Tieren das Futter in kleinen Portionen anzubieten, und die Aufzucht gelang.
Das Hauptinteresse von Lilli Koenig galt Bienenfressern, die sie aus Neusiedl geholt hatte. Außerdem hielt sie den Siebenschläfer »Schmurksi«, zuerst bloß zum Vergnügen, aber schnell erwachte das Interesse. Schmurksi wurde ein Weibchen zugesellt. Es gab Junge, und so entstand eine anspruchsvolle Arbeit. Viele Tiere liefen frei umher. Eine große Biberratte nistete sich unter meiner Baracke ein. Ein Dachs, der unter meiner Obhut aufwuchs und von dem später noch die Rede sein wird, tauschte mit ihr Drohgebärden aus. Aber gebissen haben sie sich nie. Junge Goldfasane flogen im Frühsommer umher und landeten auf meinem Fensterbrett.
Unvergeßlich sind mir die ersten Exkursionen mit Otto Koenig zum Neusiedler-See. Dieser flache, ausgedehnte Steppensee wird im Westen und Nordwesten durch gewaltige Schilfwälder begrenzt, in denen Grau-, Silber- und Purpurreiher sowie Löffler nisten. Wir stakten in einem leichten Kahn zunächst vom Westufer durch einen Kanal zum See und dann nordwärts zu den Kolonien. Die letzte Strecke stapften wir durch Schlamm, anfänglich über abgebrannte Schilffelder. Schließlich bahnten wir uns den Weg durchs Schilf, bis wir unmittelbar an den Nestkolonien der Silberreiher angelangt waren. Sie hatten gerade Nachwuchs. Ich genoß es, ihnen zuzusehen, wenn sie ihre Jungen fütterten. Wir übernachteten wie sie

im Schilf und fertigten uns dazu jeder ein Lager aus Schilfhalmen, die wir so zurechtknickten, daß wir darauf liegen konnten, ohne naß zu werden. Otto Koenig hatte unterwegs für Proviant gesorgt und Fische geangelt. Nachts hörten wir den dumpfen Ruf der Rohrdommel und den der Wasserrallen, tags das Gezeter der Reiher, den Gesang der Rohrschwirrle und den Chor der Wasserfrösche. Ich würde das gerne einmal wiedererleben.
Andere Ausflüge führten uns in den Seewinkel zu den flachen Sodasalzlacken, deren Ufer durch Salzausblühungen oft blendend weiß erstrahlten. Dort wuchsen Salzmelden und andere salzliebende - halophile - Pflanzen, und es wimmelte von Sandlaufkäfern (Cicindelidae). Es hatten sich auch südrussische Taranteln niedergelassen, für die sich vor allem Eberhard Trumler interessierte. In den Salzlacken hausten salzliebende Kleinkrebse wie der Blattfußkrebs Triops cancriformis und Kiemenfüßer der Gattung Branchipus - bei ihnen handelt es sich um ganz altertümliche Krebstiere. Im Frühjahr laichen Wechselkröten, deren trillernde Rufe dann über die Steppe klingen. Ich habe seither den Seewinkel über viele Male wieder besucht und die Dörfer mit den niedrigen Häusern der Weinbauern und ihre Bewohnern liebengelernt.
Im Herbst 1946 gründete das Ehepaar Koenig eine Zeitschrift. Sie nannten sie »Umwelt«, und die beiden hatten den Mut, uns junge, unerfahrene Leute mit der Betreuung einzelner Sparten zu beauftragen. Ich betreute die Themen Amphibien und Reptilien und schrieb dazu, da keine Artikel eingingen, zunächst eine Reihe von Beiträgen selbst. So über die Paarungsbiologie der Erdkröte, über die Wechselkröte, über einen sibirischen Winkelzahnmolch, den ich gehalten hatte, und über Warnfarben bei Reptilien und Amphibien. Koenig gestaltete einige Hefte, indem er ein Thema vorgab. So erschien beispielsweise ein sehr schönes Heft über den Neusiedler See. Wirtschaftlich gesehen, war das Unternehmen zu früh gestartet, nach fünfzehn Heften mußte der Scholle-Verlag die »Umwelt« einstellen. Wenn ich heute die Hefte zur Hand nehme und in ihnen blättere, dann finde ich sie originell und gut gelungen. Bei der Arbeit für die Zeitschrift haben wir viel gelernt - ich überwand unter anderem die Scheu vor dem Publizieren.

Otto Koenig, der volksbildnerisch engagiert war, veranstaltete auch Führungen für Schulklassen und andere Gruppen. Wir hatten mittlerweile einen kleinen Freilandzoo beisammen, über den sich mancherlei berichten ließ. Auch wir mußten solche Führungen übernehmen, und bei einer solchen Gelegenheit fiel mir eine junge dunkelhaarige Frau mit feinen Gesichtszügen auf. Ich war zu dieser Veranstaltung eher unwillig angetreten, aber das änderte sich schnell: Mit großem Eifer erzählte ich am Freilandterrarium über die Kröten und ihr interessantes Leben, das ich mittlerweile kennengelernt hatte, und ich überreichte der besagten jungen Frau eine dieser Kröten zur genaueren Betrachtung. Sie nahm sie und schaute sie mit Interesse an. Die Führung verging zu schnell, und mir fehlte der Mut, nach der Adresse zu fragen, aber noch im selben Monat traf ich sie in Marinellis Morphologievorlesung wieder. Sie war Studentin der Zoologie, und wir kamen ins Gespräch.

Sie hieß Lorle, war so alt wie ich und ließ sich gerne von mir zu einem weiteren Besuch auf den Wilhelminenberg einladen. Ich bereitete ihr eine, wie ich meinte, köstliche Jause. Ich kochte Tee aus Kakaoschalen - das konnte man damals als eine Art Tee-Ersatz kaufen -, und dieses Getränk süßte ich etwas, um dann darin ein wenig Mehl einzukochen, so daß eine Art warmer, entfernt nach Kakao schmeckender, süßlicher Pudding entstand. Ich pflegte ihn warm und halbflüssig zu genießen und war stolz auf diese Erfindung. Aber Lorle teilte meine Begeisterung nicht, sie beließ es bei einigen höflichen Versuchen des Kostens. Unsere Beziehung hat sich dadurch allerdings nicht getrübt. Im Gegenteil! Lorle erfaßte schnell, daß ich auf kulinarischem Gebiet nicht allzuviel zu bieten hatte, und da sie mit ihrer Mutter und ihren Großeltern in der Nähe in Untermiete lebte - ihre Wohnung im 3. Bezirk war ausgebombt -, begann sie, mich bei den immer häufiger werdenden Besuchen mit Essen zu versorgen.

Ich hatte damals von Eberhard Trumler aus dem Nachlaß des verstorbenen Schönbrunner Tiergartendirektors Otto Antonius Sonderdrucke von Arbeiten von Konrad Lorenz erhalten, darunter »Kumpan in der Umwelt des Vogels« und »Die angeborenen Formen möglicher Erfahrung«[17]. In diesen beiden

Arbeiten entwickelt Lorenz die Grundkonzepte der vergleichenden Verhaltensforschung, und er diskutiert auch deren Bedeutung für das bessere Verständnis menschlichen Verhaltens. Beide Artikel sind voll von interessanten Beobachtungen und geistreichen Interpretationen, und der Beitrag über die angeborenen Formen skizziert in den Grundzügen bereits eine biologische Erkenntnistheorie.

Ich las Lorle aus diesen Arbeiten vor und erzählte von meinen Beobachtungen. Mehr an Schmuckfedern konnte ich nicht spreizen, ich war völlig besitzlos und ohne Aussicht auf irgendeine Stelle, aber ich war zuversichtlich und begeistert von meinem Fach, das auch das ihre war. Sie wurde von den Koenigs und den Mitarbeitern herzlich aufgenommen in die Gemeinschaft. Nur wunderten sich alle, was sie an mir finden mochte. Ich auch.

Lorle übte einen kultivierenden Einfluß auf mich aus. Sie schleppte mich in Oper und Konzert, im Musikvereinssaal spielten damals abwechselnd die Philharmoniker unter Wilhelm Furtwängler und die Symphoniker unter Herbert von Karajan. Karajan betreute auch den Chor der Gesellschaft der Musikfreunde, in dem Lorles Mutter sang. So hatten wir lebendigen Kontakt zum konzertanten Geschehen und durften auch Generalproben besuchen. Sonst kauften wir uns Stehkarten, die damals nur wenige Schillinge kosteten. Allerdings waren wir vor Hunger etwas schwach auf den Beinen, so daß einer von uns oder andere Zuhörer gelegentlich zusammenbrachen nach längerem Stehen. Dann wurde man hinausgetragen und erwachte, von einem Sanitäter betreut, schnell wieder zu neuem Leben und schlich sich zurück ins Konzert. Wir haben nie wieder so intensiv am Wiener Musikleben teilgenommen wie in diesen Jahren. Es gab damals zwei Parteien, von denen die eine meinte, Karajan sei der größere Dirigent, die andere hielt es mit Furtwängler. Ich fand beide Dirigenten gleich gut.

# Dachsi und die Wurzeln der Freiheit

Im Frühjahr 1947 bekam Otto Koenig vom Tiergarten Schönbrunn einen kleinen Dachs, einen winzigen Säugling, den die Mutter nach der Geburt nicht angenommen hatte. Lilli Koenig zog den Winzling mit der Flasche auf. Als er sehen und laufen konnte, erwies sich der tolpatschige Winzling als Reiher- und Kükenjäger. Am 15. Juni, an meinem Geburtstag, verspeiste er einige Fasanenjunge. Daraufhin hieß es zunächst: »Der Dachsi muß weg!« Aber da er den Koenigs ans Herz gewachsen war, wollten sie den lästigen Kerl dann doch nicht ganz aus dem Institutsgebiet verbannen. Unsere Baracke war am weitesten von den Reihern entfernt, und so bekam ich den kleinen Dachs zur weiteren Pflege. Für mich war es eines der schönsten Geburtstagsgeschenke, die ich je erhielt. Ich gab ihm sein Fläschchen, protokollierte sein Verhalten und hatte viel Freude an dem munteren Wicht, der eine eigenwillige Persönlichkeit entwickelte.[18]

Dachsi war männlichen Geschlechts und ungemein verspielt. Drollig waren seine Kampfspiele. Mit gesträubtem Fell galoppierte er in kurzen, hohen, betont abgebremsten Sprüngen auf mich zu, blieb dann als Pelzkugel mit einem »Wuff« vor mir stehen, schüttelte seinen Kopf einige Male und lief dann schnurstracks weg. In ein paar Metern Entfernung drehte er sich dann um, hielt wieder mit »wuff«, schüttelte den Kopf, hüpfte, das Gesicht zu mir gewandt, einmal nach links, einmal nach rechts, wie in einem kleinen Tanz, um dann wieder wegzulaufen oder von neuem anzugreifen. Er lud mich so zur Verfolgung ein und genoß es, wenn ich hinter ihm herlief. Wir wechselten die Rollen von Verfolger und Verfolgtem, und daraus entwickelte sich schließlich meist eine Spielbalgerei, Dachsi griff an, packte mich mit den Zähnen an einem Hosenbein - oder an der Wade - und

schüttelte es kräftig. Er war dabei beißgehemmt, aber die Zurückhaltung war abgestimmt auf Dachsschwarte, und so hinterließen seine spitzen Zähne auf meiner Haut sauber umgrenzte blaue Flecken. Jeden Abend hatten wir unsere Spielstunde, in der wir vor unserer Baracke herumtollten.
Mir fiel damals auf, daß der Dachs im Spiel sein Verhalten von dem normalerweise einem Kampf oder einer Flucht zugeordneten affektiven Bereich abkoppeln konnte. Er gab sich zwar furchtbar aggressiv, wenn er ankam, um mich zur Balgerei aufzufordern, aber er war es nicht. Alle seine sozialen Hemmungen blieben wirksam, und wenn er flüchtete, war er keineswegs ängstlich. Während sonst Flucht immer dann endet, wenn ein bestimmtes Ziel wie zum Beispiel ein Versteck erreicht wird, konnte der Dachs beliebig von Angreifen auf Flüchten umschalten und umgekehrt. Durch dieses Abkoppeln des affektiven Bereichs schafft sich das Tier ein entspanntes Feld. Es distanziert sich gewissermaßen vom Druck der Antriebe. Man kann sich das mit einem einfachen Experiment veranschaulichen. Legt man einem Hund unmittelbar hinter einem beiderseits offenen Zaun ein Stück Fleisch hin, dann versucht er, durch den Zaun heranzukommen. Liegt das Stück Fleisch dagegen weiter vom Zaun entfernt, dann läuft er um den Zaun herum und holt es sich. Liegt das Stück Fleisch direkt vor seiner Nase, dann erregt es ihn zu heftig. Und starkes emotionales Engagement verhindert einsichtige Aufgabenlösungen.
Dazu gibt es ein lehrreiches Beispiel aus Wolfgang Köhlers Schimpansenversuchen. Als der Schimpanse Sultan zum erstenmal mit der Aufgabe konfrontiert war, mit Hilfe von zwei ineinandersteckbaren Stöcken eine außerhalb des Käfigs abgelegte Banane herbeizuangeln, probierte er es zunächst mit einem der zu kurzen Stöcke, dann mit dem anderen, geriet nach wiederholten Versuchen in große Erregung und gab nach einem Wutanfall schließlich auf. Er setzte sich mit dem Rücken zur Banane hin, beruhigte sich und begann, sich spielerisch mit den Stöcken zu beschäftigen. Dabei steckte er sie wie zufällig zusammen. Kaum aber hatte er diese Hürde genommen, wandte er sich wieder der ursprünglich gestellten Aufgabe zu und angelte die Banane herbei.

Indem die verschiedenen Aktionen wie Jagen, Kämpfen, Flüchten und dergleichen von den ihnen normalerweise vorgesetzten zentralnervösen Instanzen abgekoppelt werden, entstehen affektentspannte Handlungsbereiche. Sie erlauben es Tieren, spielend mit dem eigenen Bewegungskönnen zu experimentieren. Mein Dachs konnte jagen, kämpfen, flüchten, wie es ihm immer gerade einfiel. Lenkte ihn irgend etwas ab, dann konnte er sofort neugierexplorieren oder jagdspielen.

Dachsi war sehr erfindungsreich. Einmal entdeckte er, daß er eine Rolle vorwärts, einen Purzelbaum, machen konnte. Kaum hatte er diese neue Bewegungsform erkannt, übte er sie ein, bis er schließlich in ganzen Purzelbaumserien einen Abhang herunterrollen konnte. Ein anderes Mal, als er imponierbremsend vor Otto Koenig in der Pose der Kampfspielaufforderung anhielt, kam er auf der vereisten Straße ins Rutschen, und sofort ließ er von seinem Gehabe ab, widmete sich dieser neuen Entdeckung und übte das Schlittern. Gelegentlich beobachtete ich allerdings bei meinem Dachs, daß Ernstaffekte im Spiel anklangen. Manchmal schien er leicht aggressiv; dann war sein Kampfspielen grob.

Mich hat das Problem der Handlungsfreiheit bis zum heutigen Tag immer wieder beschäftigt. Der Begriff Freiheit wird viel gebraucht - und auch mißbraucht. Die meisten verbinden mit dem Begriff die Freiheit, etwas sagen oder schreiben zu dürfen, kurz das, was man als Meinungsfreiheit bezeichnet. Es ist eine Freiheit, die die Gesellschaft gewährt oder versagt. Aber einer, der sich frei äußern darf, kann sich zu einer dogmatischen Ideologie bekennen und damit als gebundener, unfreier Geist erweisen. Wenn ein Mensch frei von Dominanz ist, heißt das noch lange nicht, daß er frei denken kann.

Die Freiheit des Denkens beruht auf der Fähigkeit, den affektiven Bereich abzukoppeln vom Denken - dem nach innen, in die Phantasie verlegten Handeln. Aber natürlich ist diese Unabhängigkeit nicht absolut. Auch wenn einer frei denkt, denkt er nicht chaotisch. Er überlegt, plant Handlungsalternativen, schätzt deren Folge ab, geht also im Geist verschiedene Wege, und bei diesem Abwägen von Möglichkeiten spielen persönliche Erfahrungen, Zielvorstellungen und Werthaltungen eine entscheidende Rolle. Die Abkopplung von den affektiv besetzten Bereichen gestattet uns, unbefrachtet zu denken, sachlich zu argumentieren und auch Meinungen anderer, mit denen wir nicht übereinstimmen, anzuhören und in unsere Erwägungen einzubeziehen, also weniger festgelegt zu sein im Vergleich zu nach vorgegebenen Programmen eher stereotyp ablaufenden Handlungen.

Das fällt uns oft schwer, denn das gesellschaftliche Umfeld und die ihm zugeordneten ideologischen Prägungen sind stark affektiv besetzt. Es ist bekannt, daß wir technische Probleme im allgemeinen ohne Hindernisse ausdiskutieren können. Techniker verschiedenen ideologischen Hintergrundes und unterschiedlicher rassischer Herkunft würden einträchtig zusammen eine Marssonde bauen, wenn man ihnen das dazu nötige Geld gäbe. Stellten wir jedoch denselben Personen die Aufgabe, ein soziales Problem zu besprechen, dann sähen wir, daß beim Menschen allzuleicht Emotionen entstehen und ihn daran hindern, Aufgaben adäquat zu lösen. Wie weit die Gefühle das Denken beeinträchtigen, hängt ab von der jeweiligen Persönlichkeit. Man kann die Fähigkeit zur geistigen Souveränität trainieren, sie wird uns nicht geschenkt. Und man kann sie übertreiben. Wer nur kalten Blutes überlegt und danach handelt, könnte auch Gefahr laufen, Unmenschliches zu tun. Humanitäres Engagement sollte sich immer mit Rationalität verbinden.

Schon im tierischen Spiel manifestiert sich diese Fähigkeit, Affekte und Handlungen voneinander zu trennen, in auffälliger Weise. Ein weiterer Anstoß in dieser Richtung ging einher mit der Evolution der Werkzeugkultur, wie sie bei manchen Affenarten entstand. Als Gast der englischen Primatologin Jane Goodall durfte ich in den letzten Jahren wiederholt die freilebenden Schimpansen des Gombe-Reservats in Tanzania beobachten und filmen.

Unter anderem nahm ich das »Termitenfischen« auf. Die Schimpansen führen dabei einen Halm oder eine dünne Gerte in den zuvor geöffneten Termitengang. Die großen Krieger der Termiten beißen sich fest, werden herausgezogen und verspeist. Es bedarf einer ruhigen Hand und vor allem einer gehörigen

Portion Geduld, um zum Erfolg zu kommen. Und diese Geduld haben die sonst so temperamentvollen Geschöpfe interessanterweise. Langsam und ruhig schieben sie ihre Sonde in die Gänge, oft vergeblich, aber ohne Aufregung setzen sie ihre Versuche fort. Ich glaube, sie wurden durch die Selektion vermittels dieser Technik des Nahrungserwerbs auf »Geduld« getrimmt. Man darf nicht emotional werden, wenn man sich mit Aufgaben dieser Art beschäftigt. Der Umgang mit der außerartlichen Natur, der Einsatz von Instrumenten verlangt »Sachlichkeit«. Die Fähigkeit, die Affekte vorübergehend auszuklinken, wurde auf diese Weise weiter verbessert.
Mit der Entwicklung der Werkzeugkultur im Prozeß der Menschwerdung entfaltete sich außerdem die Rechtshändigkeit und mit ihr die unterschiedliche Spezialisierung der beiden Hirnhälften: in die linke, rationale Hälfte, die die Willkürmotorik der rechten Körperseite und ebenso das Sprechen kontrolliert, und in die rechte Hälfte, die, etwas vereinfacht dargestellt, zuständig ist für Gefühle, künstlerisches Talent und Begabung zur Synthese. Das hat zur Folge, daß der Mensch sich emotional oder sachlich engagieren kann, je nachdem welche der beiden Hemisphären aktiviert ist. Die Trennung der beiden Hirnteile wird relativiert durch viele Millionen Faserbündel, die sie miteinander verbinden - bei Frauen sind es übrigens mehr als bei Männern.

Dachsi schlief unter meiner Baracke. Er hatte sich dort einen Bau gegraben. Anfangs besuchte er mich tagsüber, später nur noch in den späten Nachmittags- und Abendstunden. Dann kratzte er an meiner Tür, und es gelang ihm auch, sie zu öffnen, wenn sie nicht fest verschlossen war. Als erstes setzte er dann an der Türschwelle seine Duftmarke ab. Unter der Schwanzwurzel des Dachses befindet sich eine Drüsentasche, die ein stark riechendes Sekret abgibt. Mit diesem Organ stempelte er seine Umgebung, indem er sich fest hinsetzte und es gegen die Unterlage drückte. Er markierte so die Türschwelle, danach meine Schuhspitzen und andere Gegenstände im Zimmer. Mit den Duftmarken nahm er seine Umgebung gewissermaßen in Besitz. »Hier bin ich zu Hause, das gehört mir«, signalisierten

die chemischen Schilder, und ich war in seinen Hausrat zweifellos einbezogen. Mit den Hunden der Umgebung hatte ich manchen Strauß auszufechten, weil ich so intensiv nach Dachs roch. Daß die Bekanntheitsmarken für den Dachs wichtig waren, weil sie ihm das Gebiet vertraut machten, konnte ich feststellen, wenn ich mit ihm in fremder Umgebung spazierenging. Erschrak er auf der Straße wegen irgend etwas, dann brauchte ich ihm nur eine von ihm gestempelte Schuhspitze vor die Nase zu halten, und er beruhigte sich.
Ich lernte viel von Dachsi. Zum Beispiel, daß ein notorischer Einzelgänger es nicht lernt zu parieren, weil ihm dazu das Programm für Unterordnung fehlt. War er abends in meinem Zimmer, dann erforschte er es auf seine Weise. Er warf die Wasserkanne oder den Aschenkübel um, öffnete den Schrank und zog die Wäsche heraus, und ich versuchte seiner forscherischen Neugier ein energisches »Pfui, Dachsi!« entgegenzusetzen. Das »Pfui, Dachsi!« gehörte bald zur abendlichen Lautkulisse der Station. Aber es hielt den Kerl keineswegs ab von seiner zerstörerischen Erkundungstätigkeit. Während ein junger Schäferhund auf einen Klaps oder eine Ermahnung hin schnell gehorcht, Demutsverhalten zeigt und sich schwanzwedelnd quasi für sein Mißverhalten entschuldigt, war bei Dachsi dergleichen nicht zu erzielen. Bei »Pfui, Dachsi!« schauten mich zwei dunkle, kugelrunde Knopfaugen verständnislos an, und gab ich ihm einen Klaps, dann schnappte er nach mir und brummelte böse. Meister Grimbart kennt keine Hierarchie!
Er wurde daher der Urheber einiger Dramen, und einmal trieb er es zu arg. Am Montag, dem 14. Juli 1947, schrieb ich ins Tagebuch:

»Dachsi war in der Nacht bei Koenig. Da hungrig, auch am Vormittag 2x, und verzehrte bei dieser Gelegenheit 14 Schmuckschildkröten!«

Das brachte das Faß zum Überlaufen. Ich wurde verurteilt, meinen Dachsi bei einem uns gut bekannten Tierhändler namens Erich Sochurek abzuliefern. Zuerst folgte er mir auf der Straße wie ein junger Hund, dann wollte er zurück. Ich mußte ihn auf den Arm nehmen. Etwa in der Höhe des Predigtstuhls gab er leise abgehackte Angstlaute von sich. Er »weinte« richtig und versuchte zu entkommen. Da das nicht gelang, steckte er seinen Kopf unter mein Sakko. Die Passanten, denen ich unterwegs begegnete, benannten ihn in bunter Folge zunächst als »Meerschweinchen«, »Fuchs«, »junger Hund«. In der Straßenbahn folgte »Stachelschwein«, »Frischling«, »Skunk«. Letzteres sagte eine Dame, die unmittelbar neben mir saß und allmählich etwas wegrückte. Eine andere, die ihn als Dachs erkannte, erzählte mir lang und breit, wie gut und wohlschmeckend Dachsfleisch sei. Ich schwitzte, Dachsi wimmerte, ich streichelte ihn. Bei Sochurek machte er es sich auf einem Polstersessel gemütlich. Als er zaghaft Beißspiele begann, wurde er in einen Papageikäfig gesteckt. Mir blutete das Herz, und ich schlich davon.

Am folgenden Tag befreite er sich aus dem Käfig, und ich habe im Protokoll nur vermerkt: »Stellt viel an.« Sochurek rief verzweifelt an: »Was soll ich mit dem Wildling anfangen?« Wir vermißten ihn alle, auch die Koenigs. Es war maßlos traurig. Alle fanden, wir können ohne Dachsi nicht leben, und so durfte ich ihn wieder zurückholen.

Eintrag 17. Juli: »Wieder auf der Station. Gebärdet sich sehr ausgelassen und schwellerniedrigt.« Das habe ich abbekommen. Bei seinen Kampfspielen war er beißgehemmt, aber, wie gesagt, auf Dachsschwarte abgestimmt, und ich spürte sein spielerisches Zwicken ganz schön. Diesmal bekam ich besonders viele blaue Flecken ab. Ich schaute zerrupft aus. So mag ein Ritter ausgesehen haben, der ungepanzert an einem mittelalterlichen Turnier teilnahm. Dachsi verspeiste bald darauf einen halbflüggen Silberreiher. Ich schwitzte Blut, aber Koenig zeigte große Toleranz. Wir bestraften Dachsi, wenn er bei Koenig auftauchte, und er lernte es schließlich, diesen Ort zu meiden. Bei einem meiner ersten Besuche bei Lorles Familie durfte Dachsi, dessen »Pflegemutter« ich war, mitkommen. Er lief die zehn Gehminuten wie ein Hund hinter mir her. Nur wenn ein Radfahrer vorbeikam, stellte er alle Haare auf und verwandelte sich in eine erschreckte Fellkugel. Dann hielt ich ihm meine von ihm mit Duftmarken imprägnierten Schuhe vor die Nase,

und er beruhigte sich schnell. Lorles Mutter und Großeltern waren begeistert von dem Tier. Es eroberte sich schnell die Herzen, und das half auch mir. Dachsi benahm sich allerdings ein bißchen daneben: Nachdem er überall seine Duftmarken gesetzt hatte, taute er auf und begann, Lorle und ihre Mutter spielerisch in die Waden zu zwicken. Er jagte sie schließlich um den Tisch. Auch das löste die Atmosphäre zu meinen Gunsten, es verkürzte allerdings diesen Besuch, denn das Tier wurde zu lebhaft, und das »Pfui, Dachsi!« mißachtete er ja souverän.
Das vertraute Zusammenleben mit diesem frei unter meiner Baracke lebenden Wildtier vermittelte mir entscheidende Einsichten in das Verhalten der höheren Säuger. Ich faßte meine Beobachtungen am Dachs in einer Arbeit zusammen, die 1950 erschien. Über Winter besuchte mich Dachsi noch regelmäßig jeden Abend - er war mittlerweile zu einem kräftigen, schweren Gesellen herangewachsen -, aber dann wurden seine Besuche seltener, und eines Tages blieb er ganz aus. Er hatte sich im Wienerwald selbständig gemacht.

# Die Debatte mit den Behavioristen

Der Winter 1946/47 war hart. Die Kanonenöfen erwärmten die kleinen Zimmer zwar schnell, aber ebenso schnell wurde es wieder kalt, und morgens war das Wasser in den Eimern gefroren. Wir hatten keine Brennstoffvorräte, und so betätigten wir uns als Holzfäller. Es wird einem ganz schön warm, wenn man zu zweit mit einer großen Bandsäge eine durch und durch gefrorene Föhre fällen will. In diesen Monaten erlebten wir eine Invasion von Mäusen. Es handelte sich um die sogenannte Ährenmaus (Mus musculus spicilegus), eine Unterart der Hausmaus, die im Sommer im Freien lebt. Wir fingen sie in Schlagbügelfallen, wurden ihrer aber nicht Herr, denn sie besiedelten die Räume ebenso schnell, wie wir sie töteten. Da mich der Anblick der toten Mäuse störte, fand ich mich schließlich mit den neuen Bewohnern ab und beschloß, ihnen zuzuschauen. Wir gewöhnten uns schnell aneinander: Bald putzten sie sich auf meinem Tisch und holten sich Sonnenblumenkerne, die ich ihnen auslegte. Mit ihrem Harn verteilten sie Duftspuren, auf denen sie wie auf Wegen entlangliefen. Ich fand schnell an den Mäusen Gefallen und protokollierte, was ich beobachtete.[19]

Von einem Händler bezog ich später domestizierte schwarze Hausmäuse, die ich in einem Terrarium hielt. Ich beobachtete ihr Familienleben, wie sie ihre Jungen aufzogen und wie aus Familien durch Vermehrung über Generationen Großverbände erwuchsen. Ich nannte sie damals Großfamilien und stellte fest, daß sie exklusiv waren: Individuen, die nicht zur Familie gehörten, wurden angegriffen und vertrieben. Die Mäuse erkannten einander an ihrem Gruppengeruch. Dieses Abzeichen der Zugehörigkeit zur selben Gemeinschaft verteilten die Tiere, indem sie übereinanderkrochen und sich mit Harn markierten. Isolierte man eine Maus für ein paar Tage von der Grup-

pe, dann verlor sie diesen Gruppengeruch und wurde von den anderen attackiert.
Mein Zimmer glich damals der Höhle eines Sonderlings. Mäuseterrarien standen auf meinem Tisch mit Leiterchen zum Ein- und Aussteigen, und die verschiedenen Mäuseclans fochten zu jeder Tageszeit um meine Füße herum ihre Sträuße aus. In meinen Ordnern fanden sich bald Mäusenester, und eines entdeckte ich sogar seitlich in meiner Matratze. Es piepste, als ich zu Bett ging. Ich griff in die Bettunterlage und hatte eine Handvoll junger Mäuse. Als ich Nest und Jungmäuse säuberlich auf eine Kehrschaufel schob, um sie zu verfrachten, griff mich die Mäusemutter an und biß mich in die Finger. Ich übersiedelte die Mäusefamilie in ein Terrarium mit einer kleinen Leiter zum Ein- und Aussteigen. Es gab mir zu denken, daß dieses kleine Wesen ihre Jungen mit einem solchen Elan verteidigte. Ich verstand, daß wir uns so fremd nicht sind. Wir haben viel gemeinsam in der Physiologie und vielen Details des Körperbaus, bis zu den Knöchelchen in unseren Armen.
Mein Interesse an Kleinsäugern war erweckt, und ich beschloß, mich näher zu befassen mit den Nagern. Parallel dazu beobachtete ich weiter Froschlurche.
Mit ihnen hatte ich meine Forscherarbeit auf dem Wilhelminenberg begonnen, dann hatte sich mein Interesse erweitert auf die Amphibien und Reptilien, der Dachs hatte mich auf die Säuger gestoßen, und die Invasion der Hausmäuse führte mich zur Ethologie der Nagetiere. Als ich den Wilhelminenberg verließ, hatte ich Material für mehrere Veröffentlichungen erarbeitet. Ich hatte den Mechanismus der Geschlechtererkennung der Erdkröte und die den Laichakt auslösenden und steuernden Reize aufgedeckt sowie wichtige Einblicke in ihre Wanderung zu den Laichplätzen gewonnen. Diese Arbeit bildete die Grundlage für meine Dissertation. Eine Zusammenfassung erschien unter dem Titel »Ein Beitrag zur Paarungsbiologie der Erdkröte« in der niederländischen Zeitschrift »Behaviour«. An den Kaulquappen der Erdkröte entdeckte ich eine soziale Schreckreaktion[20], die chemisch ausgelöst wird über Schreckstoffe, die verletzte Kaulquappen ins Wasser abgeben. Meine Beobachtungen über den Dachs veröffentlichte ich in der »Zeit-

schrift für Tierpsychologie«. Dort erschien im selben Jahr auch mein Beitrag zur Biologie der Haus- und Ährenmaus, in dem ich unter anderem die geschilderten Beobachtungen über die Bildung von Großfamilien sowie über Gruppenabgrenzung und Territorialität darlegte.

Auf dem Wilhelminenberg wurde ich zum Ethologen. Ich schulte mich im Beobachten, indem ich von verschiedenen Tierarten - Amphibien und Kleinsäugern - zunächst den Katalog der arttypischen Verhaltensweisen zu erstellen suchte. Dabei kombinierte ich Freiland- und Gefangenschaftsbeobachtung, indem ich, wie geschildert, zahme Tiere wie den Dachs frei hielt und die Ährenmäuse in meinem Zimmer wohnen ließ. Mit dem Bemühen um diese Ethogramme beschritten wir den Weg der Untersuchung auf breiter Front, aus dem sich dann spezielle Fragestellungen ergaben, die zu ihrer Lösung dann auch den Einsatz des Experiments erforderten.

Zwei Forschungsschwerpunkte kristallisierten sich bei diesen Arbeiten heraus. Das waren erstens die mit dem kommunikativen Verhalten der Tiere zusammenhängenden Aspekte: Wie steuern Signale soziale Interaktionen, was löst ein soziales Verhalten aus, und was beendet es? Wie ist die wechselseitige Auslösung längerer Verhaltensketten zu erklären? Welche Signalreize spielen als Auslöser eine Rolle, und wie entwickelten sich die Signale und das ihnen zugeordnete Signalverständnis? Dieses Programm war in erster Linie vergleichend angelegt, und das ermöglichte es mir, später auf Expeditionen Interaktionen recht unterschiedlicher Art zu untersuchen und einzuordnen in einen gemeinsamen theoretischen Bezugsrahmen.

Zweitens interessierte mich die »Jugendentwicklung des Verhaltens«. Ich wollte dabei vor allem wissen, in welchem Ausmaß Angeborenes die Verhaltensabläufe mitbestimmt und welche Rolle das Lernen spielt beim Aufbau funktioneller Verhaltenseinheiten. Diese Forschungsrichtung führte mich später zu Experimenten, die mit dazu beitrugen, den in den frühen fünfziger Jahren neu entfachten Natur/Umwelt-Streit zu klären.

Schon im vergangenen Jahrhundert wußte man, daß Tiere mit

bestimmten Fertigkeiten ausgestattet zur Welt kommen. Ein neugeborener Delphin kann schwimmen, eine frisch geschlüpfte Ente laufen und schwimmen, ein Großfußhuhn vom ersten Tag seines Lebens an sogar fliegen. Außer diesem ihnen offenbar angeborenen »Bewegungskönnen« reagieren sie bei erster Konfrontation mit bestimmten Wahrnehmungen (Reizsituationen) in voraussagbarer Weise mit festgelegten Verhaltensweisen. Ein gerade aus dem Ei geschlüpftes Entenküken läuft auf eine auf dem Boden liegende Glasplatte zu und versucht zu trinken. Die blinkende Fläche signalisiert Wasser für es. Bereits Charles Darwin und vor ihm Hermann Samuel Reimarus[21] wußten um solche angeborenen Verhaltens- und Wahrnehmungsweisen, und sie unterschieden sie von jenen Fertigkeiten und jenem Wissen, die Tiere erst über Lernprozesse im Lauf ihrer Jugendentwicklung erwerben. Mit dieser groben Unterscheidung von Angeborenem (»Instinktivem«) und Erworbenem hatte man zunächst keine Schwierigkeiten. Der deutsche Zoologe Oskar Heinroth[22] nannte die angeborenen Verhaltensweisen »arteigene Triebhandlungen« und machte sie zum Gegenstand seiner Untersuchungen zur Feinsystematik der Entenvögel. Er zeigte, daß Verhaltensweisen wie körperliche Strukturen als Art-, Gattungs- und Familienmerkmale dienen können. Und wie morphologische Merkmale kann man Verhaltensweisen bei verschiedenen Arten als homolog erkennen und aus der Abwandlung der verwandtschaftsähnlichen Verhaltensmerkmale ihren stammesgeschichtlichen Werdegang rekonstruieren. Heinroth betrachtete dabei vor allem die Balz in der Familie der Entenvögel. Das dabei zutage tretende Verhalten ist natürlich beim Schlüpfen noch nicht nachweisbar. Aber auch wenn man Erpel ohne soziale Vorbilder isoliert aufzieht, beherrschen sie beim Eintritt der Geschlechtsreife die arttypischen Verhaltensweisen der Balz. Sie reifen heran, das heißt, die ihnen zugrundeliegenden neuronalen Systeme wachsen entsprechend der im Erbgut einkodierten Entwicklungsanweisungen bis zur Funktionsreife. Auf den Forschungen von Oskar Heinroth aufbauend, entwickelte Konrad Lorenz schließlich die »Instinktforschung« zu einer eigenständigen biologischen Disziplin.

Unabhängig davon hatten die russischen Physiologen Wladimir Michailowitsch Bechterew und Iwan Petrowitsch Pawlow mit der Entdeckung des unbedingten und des bedingten Reflexes eine mechanistisch orientierte »objektive« Psychologie begründet. Zeigt man einem in einem Gestell festgehaltenen Hund ein Stück Fleisch, dann lösen Geruch und Anblick des Fleisches Speichelfluß aus (unbedingter Reflex). Verbindet man mit diesen unbedingten Reizen ein Glockensignal, dann wird es mit diesen assoziiert, und der Hund reagiert zuletzt schon allein auf das Glockensignal mit Speichelfluß (bedingter Reflex). Mit der Entdeckung des bedingten Reflexes glaubten die Psychologen, einen Baustein des Verhaltens entdeckt zu haben, aus dem sich durch assoziative Verkettung auch die komplizierten Verhaltensabläufe ableiten ließen. Es eröffnete sich ihnen zugleich der Weg zu einer exakten experimentellen Psychologie nach dem Vorbild der Physik.

Der amerikanische Psychologe John B. Watson griff die Entdeckung der russischen Reflexologen auf und begründete in den USA den Behaviorismus, der häufig auch als Reiz-Reaktions-Psychologie (Stimulus-Response-Psychology) bezeichnet wird, weil er zunächst nur Ein- und Ausgang maß und den Organismus selbst lediglich als eine Art schwarze Schachtel betrachtete, dessen jeweilige Motivation und damit auch Spontaneität als Variable keine Beachtung fand. Entscheidend war, daß Watson und in seinem Gefolge die Behavioristen glaubten, Organismen, den Menschen eingeschlossen, nach Belieben experimentell manipulieren und formen zu können. Berühmtheit erlangte Watsons Behauptung, er könne aus jedem Kind, gleich welcher Rasse und gesellschaftlichen Herkunft, einen Künstler, Wissenschaftler oder Verbrecher machen.[24] Das entsprach den Wunschvorstellungen seiner Zeit, die, gestützt auf die Annahme, es gebe keinerlei Begabungsunterschiede zwischen Menschen, die Forderung nach Gleichberechtigung zu verwirklichen hoffte.

Dieses Dogma hat sich bis heute zäh gehalten, obgleich die Wissenschaftler nur Unterschiede und nie Gleichheit nachgewiesen haben.[25] Seine Verfechter behelfen sich mit Zusatzhypothesen milieutheoretischer Art und verweisen etwa auf den

Einfluß von Ernährung und Training, sogar um Differenzen im Verhalten der Geschlechter zu erklären.[26] Die Vorstellung, daß solche Unterschiede auch genetisch begründet sein könnten, haben viele Psychologen in der Blütezeit des Behaviorismus abgelehnt, und extreme Vertreter folgen auch heute noch dieser Linie. Da manche Ideologen den Menschen als nach allen Richtungen hin gleich leicht erziehbar definieren wollten, durfte es nichts Angeborenes geben. Hier trifft sich der Behaviorismus mit dem Kommunismus sowjetischer Prägung, der ebenfalls davon ausging, daß es keine menschliche Natur, keine Konstanten im Verhalten gebe, auf die man Rücksicht nehmen müsse, was letztlich zum Scheitern des Systems führte. Trofim Denissowitsch Lyssenko, der zwischen 1940 und 1965 das Moskauer Institut für Genetik der sowjetischen Akademie der Wissenschaften leitete, meinte sogar, durch Änderungen der Umweltbedingungen Erbanlagen gezielt modifizieren und so über eine radikale Umformung der Gesellschaft einen neuen Menschentyp schaffen zu können. Er ist mit seinen Pflanzenexperimenten an der Wirklichkeit gescheitert.
Die Behavioristen in den USA bemühten sich zu belegen, daß der Begriff »angeboren« unbrauchbar sei, da ein Tier selbst im Ei oder Uterus in einer auf es einwirkenden Umwelt stecke und »Erfahrungen« sammeln könne. Eine absolute Isolierung von seiner Umwelt sei unmöglich. In diesem Zusammenhang wurden Experimente des amerikanischen Psychologen Z. Y. Kuo angeführt[27], der Fenster in bebrütete Hühnereier schnitt und das Verhalten der heranwachsenden Embryos beobachtete. Dabei stellte er fest, daß der Kopf eines dreitägigen Keimlings auf dem Herz ruht und in dessen Schlagrhythmus gehoben und gesenkt wird. Im Gleichtakt reizt der Dottersack den Kopf. Einen Tag später beugt der Embryo den Kopf, wenn er berührt wird, und er öffnet und schließt seinen Schnabel, wobei ihm Flüssigkeit ins Maul gerät, die er ab dem zehnten Tag schluckt. Kuo glaubt, daß die anfangs zusammenhanglos auftretenden Einzelbewegungen Nicken, Schnabelöffnen und Schlucken bereits im Ei über die Bildung bedingter Reaktionen zu einem stereotypen Verhaltensmuster integriert würden, das wir als Picken unmittelbar nach dem Schlüpfen beobachten können.

Das als angeboren klassifizierte Verhalten sei in Wirklichkeit erlernt.
Kuo behauptet, daß einzig die morphologischen Strukturen eines Tiers dessen Möglichkeiten begrenzen würden. Allerdings schließt er dabei das Hirn aus. Auch der Mensch verhält sich nach Kuos Ansicht nur deshalb wie ein Mensch, weil er einen Stimmapparat und Hände habe. Würde es gelingen, die Gehirne zwischen einem menschlichen Säugling und einem neugeborenen Gorilla auszutauschen und würden sie dann unter den gleichen Bedingungen ohne erzieherische Einwirkung aufwachsen, dann würde der Mensch dennoch menschliche Verhaltensmerkmale und der Gorilla jene seiner Art entwickeln. Der Körperbau sei ausschlaggebend. Diese unglaubliche These wird in einem 1967 erschienenen Buch eines angesehenen Verlags aufgestellt. Die Verfechter milieutheoretischer Vorstellungen haben den Psychologen zu dieser Zeit oft zitiert.
Das war die geistige Situation in den fünfziger und sechziger Jahren. Die Ethologen wurden in diese Diskussion verwickelt, und ich durfte durch Experimente Klärendes dazu beitragen. Meine zunächst auf Beobachtungen beruhenden Erfahrungen mit der Jugendentwicklung verschiedener Säuger hatten mich auf diese Auseinandersetzung gut vorbereitet. Ich interessierte mich aber nicht nur für die angeborenen Verhaltensweisen der Tiere und die damit verbundene Verhaltensmorphologie, sondern auch für die Frage, was ein Tier lernt. Die Untersuchungen zum Spielverhalten des Dachses und zum Nüsseöffnen des Eichhörnchens sind dafür ein Beispiel. Ich betone dies, da manche Kritiker den Ethologen vorwerfen, sie würden die Bedeutung des Lernens unterschätzen und einseitig Instinktforschung betreiben. Das trifft nicht zu. Lorenz hat sogar in der Prägung einen Lernvorgang besonderer Art entdeckt. Und die ethologischen Untersuchungen über Vogelgesänge sind in Fachkreisen gut bekannt. Allerdings schenkten wir dem Angeborenen ebenso wie der Spontaneität des Verhaltens unsere besondere Aufmerksamkeit, da die milieutheoretische Reiz-Reaktions-Psychologie des Behaviorismus diese wichtigen Bereiche völlig ausklammerte. Ich komme auf die Auseinandersetzung mit dem Behaviorismus an anderer Stelle noch einmal zurück.

# Konrad Lorenz' Heimkehr

Am 20. Februar 1948 hörte ich im Radio, wie die Namensliste vom zehnten Rußlandheimkehrertransport verlesen wurde. Auch Konrad Lorenz wurde genannt. Ich benachrichtigte sofort Koenig, und wir fuhren zum Ostbahnhof, um den Heimkehrer zu begrüßen. Die Wagen mit den Niederösterreichern waren jedoch umgeleitet worden, so daß wir ihn verpaßten. Wir nahmen in den folgenden Tagen den Kontakt auf, und Konrad Lorenz besuchte uns auf dem Wilhelminenberg. Aus Rußland hatte er einen zahmen Star in einem aus Draht selbstgebastelten Käfig mitgebracht und ein dickes Manuskript, das er auf dem Papier von Zementsäcken niedergeschrieben hatte.[28]
Ich durfte ihn durch die Station führen und begleitete ihn auch auf dem Rückweg in die Stadt. Ich erzählte ihm von meinen Kröten, von den Mäusen, vom Dachs und sagte ihm auch, wie sehr mich seine Arbeiten faszinierten. Er meinte nach einer Weile, während wir die Straße nach Dornbach hinuntergingen, ich solle ihn nicht immer Herr Professor nennen, sondern Konrad, und er fügte hinzu, daß er mich dann gelegentlich auch in den Hintern treten könne, wenn er es einmal für nötig halte.
Zur Familie meiner späteren Frau hatte er schon vor seiner Heimkehr freundlichen Kontakt gehabt. Sein Vater Adolf hatte als Student bei Lorles Urgroßeltern, der Familie Eduard von Hofmanns, eine zeitweilige Bleibe gefunden. Eduard von Hofmann war zu Adolf Lorenz' Studentenzeiten Chefredakteur der »Freien Presse«, und die Familie lebte im selben Haus wie die des Physikers Zacharius Lecher, der die Zeitung gegründet hatte. Noch heute kennzeichnet viele Angehörige beider Familien ein Merkmal: Sie reden laut, und die Saga heißt, daß sie das von ihren Vorfahren geerbt haben, die das Getöse der Druckmaschinen übertönen mußten.

Adolf Lorenz, der aus dem Lavanttal (Kärnten) stammte, unterrichtete als Hauslehrer Eduard von Hofmanns Sohn Heinrich, und dessen Schwester Emilie - Lorles Großmutter, die damals drei bis vier Jahre alt war - hat er oft auf den Armen getragen. Das hat sie Lorle immer wieder erzählt. Adolf hatte sich mit Emma, Zacharius Lechers Tochter, dessen Familie mit im Haus wohnte, angefreundet, und es bahnte sich eine Beziehung an, über die die Familie Lechner nicht allzu glücklich war, weil ihnen der junge Student zu unbedeutend erschien. Schließlich schaltete sich Lorles Urgroßmutter, Marie v. Kegeln-Hofmann, ein und erklärte den Lechners: »Also hört's einmal, der wird noch einmal ein ganz berühmter Mann werden, der Adolf. Ich sehe mich bei ihm schon antichambrieren!« Sie hatte recht. Adolf Lorenz heiratete Emma und wurde der Begründer der wissenschaftlichen Orthopädie. Aus dieser Beziehung entwickelte sich eine Freundschaft, die die Familien über Generationen verband.

Mit der Heimkehr von Konrad Lorenz änderte sich das Leben auf dem Wilhelminenberg. Am 10. April 1948 finden wir im Tagebuch der Biologischen Station Wilhelminenberg folgende Eintragung: »Wetter: regnerisches und kaltes Aprilwetter. Temperaturen um + 5° C. 9-13 Uhr Vorlesung von Prof. Lorenz. Erkenntnistheoretische Voraussetzungen der vergleichenden Verhaltensforschung. Mechanisten-Vitalisten-Streit (...).«

Vier Stunden Vorlesung! Sie wurden uns nicht lang. Lorenz hatte zwar sein Rußland-Manuskript vor sich, aber er sprach zumeist frei mit jugendlicher Begeisterung und Frische. Mit großem schauspielerischem Talent mimte er die Verhaltensweisen der Tiere nach, über die er sprach. Er las jeden Samstag. Bei schönem Wetter saßen wir auf Bänken im Freien. Lorenz eroberte mit seinem Temperament, seiner Ungezwungenheit und seiner Mitteilsamkeit schnell unsere Herzen und unseren Verstand. Die Gespräche mit ihm waren ebenso unterhaltsam wie anregend. Berichtete man ihm von einer Beobachtung, dann wußte er zu dem Thema eigene Erkenntnisse beizutragen, und er erhellte uns oft die theoretische Bedeutung dessen, was wir gesehen hatten. Er freute sich, wenn ich ihm von meinen Entdeckungen erzählte, und das ermunterte mich. Sein Wissen gab er ohne jede Beschränkung weiter. Sein Interesse galt vor allem den Tieren, dann den erkenntnistheoretischen Aspekten seines Fachs und der Auseinandersetzung mit der Reiz-Reaktions-Psychologie der Behavioristen. Wir diskutierten in diesem Zusammenhang über die Arbeiten des deutschen Verhaltensphysiologen Erich von Holst und des niederländischen Zoologen Niko Tinbergen, und Lorenz war nie um treffende Beispiele aus eigener Tierbeobachtung verlegen, wenn es galt, ein Phänomen zu erläutern. Viele haben seine Vorgehensweise als »anekdotisch« abgewertet. Sie übersahen, daß es sich, wie Bernhard Hassenstein hervorhob, um »Schlüsselbeobachtungen« handelte, die funktionelle Zusammenhänge sichtbar machten im Sinne einer Entdeckung. Er konnte herrlich erzählen, meist von Tieren und der Ethologie, selten sprach er über andere Themen und kaum über Politik.

Mehr und mehr rückte Lorenz in das Zentrum unserer Aufmerksamkeit. Wir begannen uns um ihn zu gruppieren, und es ist sicher kein Zufall, daß es zwischen den Mitarbeitern der Biologischen Station und Otto Koenig zunehmend zu Reibereien kam, die im Streit über belanglose Dinge mündeten. Heinz Prechtl, Ilse Gilles, Eberhard Trumler und Wolfgang Schleidt verließen die Station, obwohl sie im Herzen mit Koenig verbunden blieben. Es zog sie nach Altenberg, wo Konrad Lorenz ein Institut für vergleichende Verhaltensforschung aufzubauen begann. 1949 verließ auch ich den Wilhelminenberg.

Wir hatten es Otto Koenig zuletzt nicht leichtgemacht. Wir widersetzten uns seinen Anordnungen, und das war, wie mir heute scheint, eine unbewußt verfolgte Strategie der Ablösung, zu der entscheidend beitrug, daß Lorenz als neue Autorität aufgetaucht war. Koenig erschien es wahrscheinlich wie ein Verrat, aber wir mußten uns freistrampeln, und wenn man an eine Person und an einen Ort emotional stark gebunden ist, dann vollzieht sich die Ablösung oft über Konflikte, sie liefern gewissermaßen den Vorwand für die Trennung.

Ich habe später wieder den Kontakt zu Otto und Lilli Koenig gefunden und gepflegt. Die Beziehung war herzlich, aber zugleich förmlich und spiegelte damit eine Ambivalenz wider. 1983 wurde sie getrübt, als ich in einer politischen Auseinandersetzung eine andere Position bezog als er. Es ging damals um die Frage, ob eine bestimmte Strecke des Kamptals aufgestaut werden sollte oder nicht. Ich vertrat meine Meinung unnötig scharf. Otto Koenig hatte das naturschützerisch wertvolle Konzept der »Natur aus zweiter Hand« entwickelt: Gebiete, die durch menschlichen Eingriff wie Bergbau, Staudämme und dergleichen ihrer ursprünglichen Lebensgemeinschaft beraubt worden sind, kann man so gestalten, daß eine neue Biotopvielfalt entsteht. Ich erklärte, man solle die Möglichkeit einer Renaturierung nicht gleich am Anfang in die Diskussion des Für und Wider einbringen, da man damit die Position der Naturschützer schwäche. Ich versäumte es, vor meiner Stellungnahme Koenig anzuhören, und war daher einseitig informiert. Ich hoffe immer noch, daß die Zeit die von mir zugefügte Verletzung heilt.

Ich übersiedelte vom Wilhelminenberg in ein winziges, nicht beheizbares Gartenhäuschen ohne Wasser und Strom in der Braungasse in einem Garten neben dem Haus, in dem Lorle wohnte. Die Hütte steht noch, und wenn ich es heute betrachte, dann wundert es mich, daß ich und meine Mäuse hier einen eisigen Winter durchhielten. Aber ich war Temperaturen unter Null gewohnt, und morgens brauchte ich nur über den Zaun zu steigen, um mich in der Wohnung meiner künftigen Schwiegermutter an einem heißen Kaffee zu erwärmen.
Die Wohnverhältnisse von Lorles Familie waren beengt, sie war ausgebombt und lebte in Untermiete. Ein Zimmer war zugleich Küche, Bad und Schlafstätte für die damals etwa dreißigjährige Anna Guggenberger, die seit ihrem fünfzehnten Lebensjahr als Hausgehilfin in Lorles Familie arbeitete und zu einem Familienmitglied geworden war. Die Waschecke war durch einen Vorhang und einen Schrank abgeteilt. Vor dem Fenster hatte noch ein Tisch Platz, an dem wir frühstückten und gelegentlich auch die anderen Mahlzeiten einnahmen. Auf dem Tisch stand ein kleines Terrarium, in dem eine zahme weiße Ratte lebte. Es war durch ein Gitter abgedeckt. Entfernten wir es, dann konnte die Ratte nach Belieben hinein- und hinausklettern. Sie leistete mir oft beim Essen Gesellschaft. Sie holte sich dann em-

sig eine Nudel nach der anderen von meinem Teller und trug sie in ihr Nest, bis ich dem Treiben Einhalt gebot. Außerdem hatte in der Küche noch ein zahmer Siebenschläfer seine Heimat gefunden, der abends aktiv wurde und die Elektrodrähte entlangkletterte. Obwohl Lorle ihn sorgsam aufgezogen hatte, war er ein kleiner Choleriker. Tagsüber schlief er in einem Steinguttopf, der auf dem Küchenbord stand, und stieß man versehentlich daran, dann schimpfte er und wetzte seine Schneidezähne.

1949 absolvierte ich alle Lehramtsprüfungen, so daß ich in der zweiten Jahreshälfte das Probejahr am Bundesgymnasium im 8. Wiener Bezirk - auch »Piaristengymnasium« genannt - beginnen konnte. Ich unterrichtete Naturgeschichte und Physik. An warmen Sommertagen fuhr ich nach Altenberg zu Konrad Lorenz. Lorle und Ilse Gilles saßen meist bereits mit ihm an der Donau, ich schwamm dann ans andere Ufer, um mich der Gruppe anzuschließen, die dort badete, sich sonnte, über Tiere diskutierte und Pläne für die Zukunft schmiedete. In Altenberg war ein Institut für vergleichende Verhaltensforschung unter dem Patronat der Österreichischen Akademie der Wissenschaften entstanden, aber das war zunächst nur ein schöner Titel, und es galt, diese Einrichtung zum Leben zu erwecken. Wolfgang Schleidt war bereits emsig dabei, Terrarien zu bauen, und Ilse Gilles richtete sich zusammen mit Heinz Prechtl ein. Die beiden hatten sich verlobt. Ich bereitete mich in diesen Monaten auf die Rigorosa vor, die ich im Spätherbst des Jahres 1949 ablegte. Kurz vor Weihnachten promovierte ich nach neun Semestern zum Dr. phil. mit Zoologie als Haupt- und Botanik als Nebenfach.

Mittlerweile hatte mir ein Onkel in seiner leerstehenden Wohnung in der Weyergasse im 3. Wiener Bezirk zwei Zimmer zur Untermiete überlassen, die Lorle und ich bewohnbar machten, denn wir hatten beschlossen zu heiraten. Am 10. Februar 1950, dem fünfzigsten Hochzeitstag von Lorles Großeltern, wurden wir in der Kapelle zu St. Stephan im 1. Wiener Bezirk getraut. Den Anzug für dieses festliche Ereignis hatte mir ein Cousin von Lorle geliehen. Wir feierten in Dornbach in der Wohnung meiner Schwiegermutter und fuhren dann, jeder mit einem Blu-

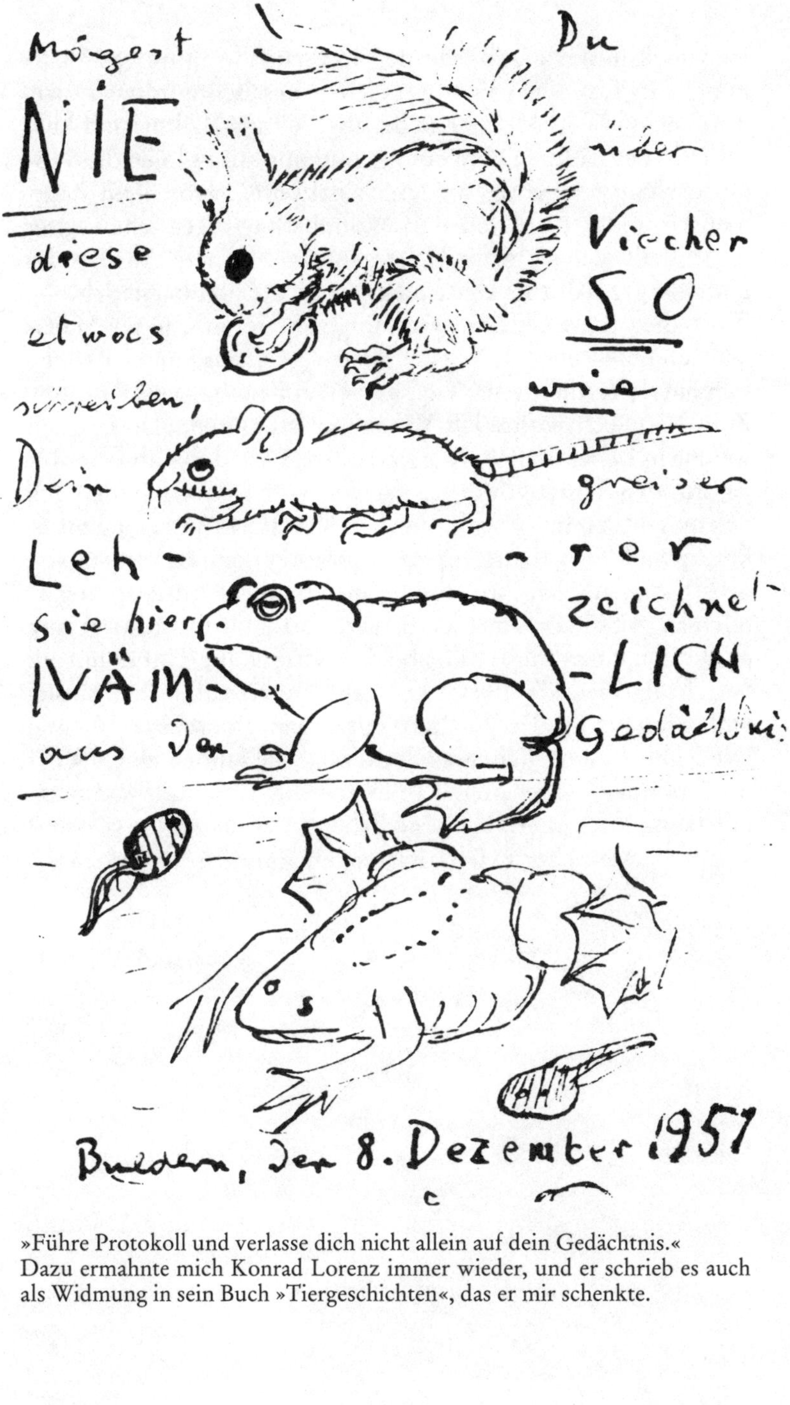


»Führe Protokoll und verlasse dich nicht allein auf dein Gedächtnis.« Dazu ermahnte mich Konrad Lorenz immer wieder, und er schrieb es auch als Widmung in sein Buch »Tiergeschichten«, das er mir schenkte.

menstock in der Hand, mit der Straßenbahn in unsere Wohnung. Ein Taxi war uns zu teuer. Wir besaßen nun zwar zwei Zimmer und eine kleine Küche, aber keinen Balkon und kein Grün in der näheren Umgebung, und nur kurz schien die Sonne durch unsere Fenster an der Straßenseite. Ich bin kein Stadtmensch und litt unter diesen Wohnbedingungen, aber unser Aufenthalt war nicht für lange geplant. Mit dem Ausbau des Altenberger Instituts sollten auch wir dorthin übersiedeln.
Wir teilten unsere kleine Wohnung mit Tieren. Zu den Hausmäusen gesellten sich Wüstenmäuse (Meriones persicus), die sich emsig vermehrten. Wir besaßen außerdem weiße Ratten. Zum Vergleich wollte ich Wildratten studieren, also fing ich welche in Lebendfallen. Kanalarbeiter, die in der Nähe mit Reparaturen beschäftigt waren, waren so nett, sie aufzustellen. Ich bekam ein Pärchen. Beide Tiere rochen stark, sie waren groß, kräftig und sehr scheu. Der Rattenbock entkam einmal aus seinem Käfig. Als ich ihn endlich in einer Ecke hatte, sprang er mich an mit einem schrillen Schrei, und nur mit Mühe gelang es mir, ihn einzufangen. Die beiden wurden nie zahm, und ich begriff, daß ich Wanderratten von klein an aufziehen mußte, wollte ich zahme Tiere halten, mit denen ich arbeiten konnte. Die Kanalarbeiter halfen auch diesmal, sie fanden einen Wurf noch blinder Junge. Meine Frau zog die Tiere mit Kondensmilch und Vitaminen auf. Sie gediehen gut, vermehrten sich und wurden Stammeltern vieler Rattengenerationen.

# Mucki und Fritzi

Die Wohnung in der Weyergasse war ein kleiner Zoo, und es kamen immer neue Tiere dazu. Im Juni 1950 brachten Freunde ein kleines Eichhörnchen, das aus dem Nest gefallen war. Es war ein kohlrabenschwarzes Weibchen mit blendendweißem Bauch, ein entzückendes kleines Jungtier, das noch in meine Hand paßte, aber bereits mit offenen Augen umherlief. Meine Frau zog es mit Milch und Vitaminpräparaten auf. »Es« war eine »Sie«. Wir nannten sie »Mucki«, denn als Stimmfühlungslaut äußerte sie ein leises »Muck, muck«, wenn wir sie in die Hand nahmen, und später auch, wenn wir mit ihr spielten. Sie wuchs zu einem lebhaften kleinen Wesen heran. Wir besorgten ihr einen Käfig, etwa hundert mal hundert mal fünfzig Zentimeter groß. Wir hatten ein Nistkästchen und Kletteräste hineingebaut, und sie akzeptierte den Käfig als ihr Heim. Da ihr Bewegungsdrang jedoch so stark war wie ihre Neugier, ließen wir sie oft frei im Zimmer laufen.

Im Dezember desselben Jahres brachten uns Bekannte einen kleinen Eichkater mit fuchsrotem Fell und weißem Bauch. Er war als Findling aufgezogen worden und daher zahm. Er war etwa so alt wie Mucki, und wir tauften ihn Fritzi. Er bekam einen großen Käfig im Wohnzimmer.

Um die Tiere, die sich bisher nicht gesehen hatten, aneinander zu gewöhnen, ließ ich sie am 11. Dezember für eine Stunde im Zimmer frei. Das eine näherte sich immer wieder vorsichtig dem anderen, und das Männchen rief dabei »muck, muck«, ein freundlicher Kontaktlaut, wie ich später herausfand, aber bei jeder schnellen Bewegung des anderen schossen sie voreinander davon. Beide zeigten immer wieder ein Imponierlaufen. Sie bewegten sich dabei ruckartig, jeden Sprung betont abbremsend, wobei die Krallen die Unterlage hörbar beharkten. Dazu

gaben sie im gleichen Rhythmus einen Schnalzlaut von sich. Zwischendurch wedelten sie mit ihren buschigen Schwänzen, weit nach rechts und links ausholend. Nach einer Stunde sperrte ich das Männchen mit seinem Nistkasten in den Käfig des Weibchens. Dort war Fritzi recht eingeschüchtert und quietschte abweisend, wenn Mucki in seine Nähe kam. Beide verkrochen sich schließlich in ihre Kästen.
In den folgenden Tagen (12. bis 14. Dezember) griff Mucki ihren offenbar unerwünschten Gast immer wieder an, so daß er kaum zum Futter kam. Auch wenn ich beide im Zimmer laufen ließ, verfolgte sie ihn. Wie sollte das weitergehen? Falls sie die Hosen anbehält, wird aus der Zucht nichts, befürchtete ich.
Also sperrte ich ihn wieder in seinen Käfig. Sie dagegen durfte ihren nach Belieben verlassen und konnte daher auf seinem Käfig herumklettern. So hoffte ich, daß die beiden miteinander bekannt würden. Zwei Stunden am Tag hatte auch er Auslauf. Bei dieser Gelegenheit griff ihn Mucki bis zum 28. Dezember an und verfolgte ihn. Er wehrte sich interessanterweise nie. Dann kehrten sich die Rollen um. Am 29. biß er zum erstenmal Lorle. Seine Hoden waren nun auffällig sichtbar und seine Aggression offenbar im Zusammenhang damit gesteigert. Vom 30. Dezember bis 4. Januar standen Mucki und Fritzi sich gleichberechtigt gegenüber. Beide wichen einander aus.
Danach gewann er die Oberhand und jagte Mucki in wilder Verfolgung durch das Zimmer, wenn er seine zwei Stunden Ausgang hatte. Meine Frau und Anna Guggenberger attackierte er in dieser Zeit oft. Sie brauchten sich nur im Zimmer zu bewegen, und schon legte er als Drohgebärde die Ohren zurück, wetzte surrend die Schneidezähne aneinander und griff an. Er war geradezu in Berserkerstimmung geraten. In Ermangelung eines Rivalen richtete sich seine Aggression gegen uns. Außerdem nagte er unsere Schränke an, und zwar nicht explorativ und vorsichtig wie sonst, sondern so kräftig, als wollte er dabei Aggressionen abreagieren. So verging der Januar.
Im Februar geriet Mucki in Nestbaustimmung. Am 22. zeigte sie zum erstenmal Brunstschwellungen. Er folgt ihr jetzt mit »Muck, muck, muck«-Rufen, also in deutlicher Kontaktgestimmtheit. Manchmal verstellte er ihr den Weg, indem er sich

quer vor ihr postierte, dann betont den Schwanz auf seinen Rücken legte und sich so in seiner ganzen Pracht präsentierte. Sie flüchtete zunächst und wehrte ihn mit Quietschlauten ab. Aber sie kamen sich in dieser ersten Brunst näher und blieben in der Folge oft beieinander, ohne sich zu jagen oder abzuweisen. Sie begegneten sich friedlich im Zimmer, und ich wagte es daher, die beiden am 18. März in ihrem Käfig zusammenzusperren. Sie vertrugen sich, obgleich Fritzi mittlerweile auch mich heftig attackierte. Seine aggressive Handlungsbereitschaft war also deutlich erhöht. Am 24. März zeigte eine leichte Schwellung eine neue Brunst des Weibchens an. Er warb mit häufigem »Muck, muck« und Imponierlaufen. Am 30. März erfolgte um vier Uhr morgens die erste Paarung.

In den folgenden Tagen kühlte sich die Beziehung merklich ab, und ab dem 5. April verfolgte sie ihn, deutlich bemüht, ihn aus ihrem Revier zu vertreiben. Er wehrte sich nicht, sondern zog sich, »muck, muck« rufend, zurück. In den folgenden Tagen griff sie ihn immer heftiger an, biß ihn sogar, ohne daß er sich wehrte, so daß ich die beiden wieder trennte. Seine »Weibchenbeißhemmung« war bemerkenswert. Mucki geriet nun in eine gesteigerte Nestbaustimmung und trug alles weiche Zeug, das sie fand, in ihren Käfig. Socken, Papiertaschentücher, nichts war vor ihr sicher. Sie vergriff sich sogar an unseren Haaren und versuchte ausdauernd, sie auszurupfen. Sie entwickelte eine ausgesprochene Raffgier.

Um es transportieren zu können, faltete sie das Nestmaterial zu einem kleinen Bündel, und zwar mit einer interessanten stereotypen Bewegung: Sie packte das Material mit den Zähnen, strich dann mit den Vorderbeinen über den Kopf nach unten beidseitig am Nestmaterial entlang und stopfte es schließlich zwischen die Zähne, indem sie es mit den Vorderbeinen anhob. Sie wiederholte dieses Abstreifen und Stopfen viele Male, bis etwa ein Papiertaschentuch zu einem kleinen Knäuel zusammengeschoben war, mit dem sie unbehindert klettern und springen konnte.

Am Vormittag des 7. Mai war es soweit. Nach genau 38 Tagen Tragzeit warf Mucki sechs nackte, blinde Junge. Als ich den Nachwuchs zum Vermessen aus dem Nest holte, war sie etwas

aufgeregt, griff uns aber nicht an. In den folgenden Tagen gewöhnte sie sich daran, daß wir die Jungen gelegentlich herausnahmen. Nur wenn eines zu pfeifen begann, dann holte sie es von der Hand und trug es ins Nest zurück. Offensichtlich handelt es sich beim Pfeifen um einen Notruf.
Ich habe die Paarbildung bei Mucki und Fritzi ausführlicher geschildert, da dieses Beispiel einen treffenden Eindruck vermittelt von den Schwierigkeiten, mit denen einzelgängerische Arten fertig werden müssen, wenn sie sich zur Paarung zusammenfinden. Eichhörnchen sind Nager, die als Erwachsene nur zur Fortpflanzung zusammenkommen, sonst aber für sich leben und Artgenossen aus ihrem Revier vertreiben. Hätte ich die beiden dauerhaft in einem Käfig zusammengesperrt, dann hätten sie sich bekämpft. Im Zimmer konnte Fritzi Mucki umwerben und sich ihr schrittweise nähern. Das in das Revier des Weibchens eindringende Männchen muß zunächst die Oberhand gewinnen. Es verfolgt das Weibchen und zeigt ein deutliches Imponiergehabe. Dann folgt die Werbephase, in der er ihre Kontaktscheu abbaut. Unter anderem setzt er dazu Verhaltensweisen aus dem Jungtierrepertoire ein. Er verwendet den Kontaktlaut, den Junge äußern, um beieinander und bei der Mutter zu bleiben.
Das war der Beginn meiner Eichhörnchenzucht. Ein Junges war ein prächtiges Männchen, rot wie Fritzi, wir nannten es Pseudofritzi. Ein Weibchen war schwarz wie Mucki, und wir tauften es folgerichtig Pseudomucki. Sie sollten bereits im westfälischen Buldern aufwachsen, wohin wir im Frühjahr 1951 übersiedelten. Dort vermehrten sie sich weiter, ebenso wie Mucki und Fritzi. So konnte ich das Sozialleben dieser Tiere verfolgen wie auch die Jugendentwicklung bestimmter Verhaltensweisen, etwa des Nußöffnens oder des Futterversteckens. Dabei stellte ich durch Aufzucht unter kontrolliertem Erfahrungsentzug fest, daß Lernen eine wichtige Rolle spielt bei der Entwicklung einer effizienten Nußöffnetechnik.[29]
Eichhörnchen, die Erfahrung sammeln konnten, öffnen eine Haselnuß auf geschickte Weise. Sie nagen nacheinander auf beiden Breitseiten der Nuß je eine kurze, tiefe Furche hin zur Spitze. Immer wieder versuchen sie zwischendurch, ihre unteren

Schneidezähne als Hebel einzusetzen. Sind die Furchen tief genug, dann gelingt es ihnen schließlich, die Nuß in zwei Hälften zu sprengen. Unerfahrene Eichhörnchen dagegen zernagen die Nuß. Sie legen viele überflüssige Furchen an und bemühen sich wiederholt, die unteren Nagezähne zur Teilung der Nuß einzusetzen, was aber erst gelingen kann, wenn die Furchen richtig plaziert sind. Das richtige Setzen der Furchen wird erleichtert durch die Tatsache, daß es sich parallel zur Faserung der Nuß leichter nagen läßt als quer dazu. Des weiteren bereitet es den Eichhörnchen am wenigsten Mühe, an der Breitseite zu nagen. Dies bewirkt, daß die Nagefurchen jeweils längs der breiteren Seiten hin zur Nußspitze entstehen. So leitet die natürliche Struktur der Haselnuß die Aktivität der Tiere in eine bestimmte Richtung.

Manchmal allerdings verbaut ein individueller Anfangserfolg die Entwicklung der effektivsten Technik. Da ich den Versuchstieren Nüsse erst gab, als sie herangewachsen und kräftig waren, kamen sie bei ihren ersten Versuchen recht schnell zum Ziel. Eines hatte zum Beispiel an der Basis der Nuß ein Loch genagt und ein kleines Stück Schale herausgebrochen. An dieser Methode hielt das Tier dann fest und perfektionierte sie zunächst, indem es drei kurze Furchen senkrecht hintereinander nagte. Es blieb bei der Technik des Kappenabsprengens, wendete sie aber später am oberen Teil der Nuß an, wo die Schale dünner ist.

Angeboren ist Eichhörnchen nur das Interesse an der Nuß, das Bedürfnis, sie zu benagen und immer wieder die Nagezähne hebelnd einzusetzen in dem Versuch, die Schale zu sprengen. Nagen und Sprengen stehen ihnen wie fertige Werkzeuge zur Verfügung, aber deren richtigen Einsatz müssen sie lernen. Das ist sinnvoll, denn es gibt verschiedene Nüsse. Es stellt einen Selektionsvorteil dar, wenn die Eichhörnchen in der Lage sind, sich individuell an unterschiedliche Nüsse anzupassen, indem sie bei deren Öffnung die jeweils wirkungsvollste Methode anwenden.

Im Herbst vergraben Eichhörnchen Nüsse als Vorräte. Im Freien suchen sie dazu auffällige Geländepunkte auf, etwa den Fuß eines Baumes, Baumstrunks oder einen Felsen. Dort scharren

sie ein Loch, legen darin die Nuß ab, stoßen sie mit einigen kräftigen Stößen der Schnauze fest und schaufeln die Erde wieder darüber. So verstreuen sie Nüsse über ein großes Gebiet. Indem sie die Landmarken systematisch absuchen, finden sie die meisten Nüsse wieder, aber nicht alle. Und davon hat die Nuß ihren Vorteil - denn auf diese Weise wird sie gepflanzt.
Um die Entwicklung des Vorräteversteckens zu untersuchen, zog ich Eichhörnchen einzeln in Gitterkäfigen auf, in denen sie nichts vergraben konnten. Sie erhielten überdies nur ein Pulverfutter, so daß sie nicht lernen konnten, mit festen Objekten umzugehen. Um den Streß der isolierten Aufzucht zu mildern, spielte ich täglich mit den Tieren. Außerdem hatten sie Sicht-, Geruchs- und Hörkontakt mit ebenso aufgezogenen Tieren in Nachbarkäfigen. Da Eichhörnchen schnell heranwachsen, brauchte ich sie nicht lange zu isolieren.
Dann gab ich den so erwachsen gewordenen Eichhörnchen Nüsse. Die ersten verzehrten sie. Waren sie satt, dann begannen sie, mit einer Nuß im Maul suchend herumzulaufen. Ich hatte die Käfige immer geöffnet und konnte beobachten, was sie taten. Sie kletterten im Zimmer umher und zeigten ein auffälliges Interesse an vertikalen Gegenständen: Am Fuß eines Stuhl- oder Tischbeins, an der Kante des Bücherbords oder auch in der Zimmerecke fingen sie heftig zu scharren an. Nach einigen Versuchen legten sie die Nuß ab, dann stießen sie die Frucht mit der Schnauze fest und vollzogen schließlich in der Luft die Zuscharrbewegungen mit den Vorderbeinen und die Festdrückbewegung, als hätten sie zuvor tatsächlich gegraben. Danach schauten sie verdutzt auf die Nuß, so als hätten sie eigentlich deren Verschwinden erwartet, und nahmen sie wieder auf, um ihr Glück an einem anderen Ort zu suchen. Zu unserem Leidwesen lernten sie es ziemlich schnell, die Nüsse in unseren Blumentöpfen zu vergraben.
Das Bewegungsprogramm und das Bedürfnis, Nüsse zu verstecken, sind den Eichhörnchen zur Gänze angeboren. Scharren, Ablegen, mit der Schnauze feststoßen, Zuscharren, Festdrücken - das lief stereotyp auch in der Zimmerecke ab, wo sie gar nichts aufgraben konnten. Ebenso war ihnen angeboren, das Graben an vertikalen Hindernissen, also an auffälligen

Landmarken, zu versuchen, und angeboren war schließlich die Erwartung - das Leitbild -, daß die Nuß aufgrund dieser Tätigkeit zuletzt verborgen und unsichtbar sein müsse. Dieses Leitbild bewirkte, daß die Tiere es schließlich lernten, an welchen Orten sie Nüsse am besten vergraben konnten. Das war allerdings fast das einzige, was hier gelernt wurde. Wir haben also den interessanten Fall vor uns, daß Eichhörnchen in der Technik des Nußöffnens erstaunlich viel lernen, daß sie aber nach einem fast fertigen Programm handeln, wenn es ums Nußverstecken geht. Es handelt sich um die längste angeborene Verhaltenssequenz, die ich bis heute bei einem Säugetier finden konnte.

Im Sommer 1950 hatte ich mein Probejahr am Piaristengymnasium erfolgreich abgeschlossen und war vorübergehend arbeitslos. Eine Zeit, die ich nutzte, um in einer Handelsschule das Schreibmaschineschreiben zu lernen, mir Grundkenntnisse des Französischen anzueignen und mein Wissen über die Nager zu vertiefen. So beobachtete ich zum Beispiel freilebende Wanderratten an den Uferböschungen des Donaukanals, zog Wüstenmäuse auf und brachte sie zur Zucht und betreute weiter meine Eichhörnchen. Ich bereitete außerdem meine Übersiedlung nach Altenberg vor.
Aber dann erhielt Konrad Lorenz die Nachricht, die Max-Planck-Gesellschaft sei bereit, ihn einzuladen und eine Forschungsstelle für Vergleichende Verhaltensforschung einzurichten. Lorenz hatte bis dahin kein Unterkommen an der Universität Wien gefunden, und auch die Bewerbung um einen Lehrstuhl in Graz war vergeblich gewesen. So verließ er das Altenberger Institut wieder, bevor die Arbeit richtig begonnen hatte. Niko Tinbergen, der ihm auch in schweren Tagen ein treuer Freund geblieben war, bemühte sich daher, ihn nach England zu holen, wohin er selbst ausgewandert war. Das erfuhr Erich von Holst, der Lorenz ebenfalls als Freund und Wissenschaftler schätzte und am Max-Planck-Institut für Meeresbiologie in Wilhelmshaven in der Verhaltensphysiologie tätig war. Konrad erzählte mir damals, Holst habe ihm geschrieben, daß Deutsche gerade in dieser schweren Zeit nicht auswandern soll-

ten. Und seine Bemühungen hatten Erfolg. Erich von Holst kannte den Baron Gisbert von Romberg, der ein kleines Wasserschloß in Buldern besaß und sich für Verhaltensforschung interessierte. Der Baron stellte eine Wassermühle und eine Kegelbahn zur Verfügung sowie ein paar Räume in einem Wirtschaftstrakt. Das sei aber nur als Provisorium gedacht, erklärte Holst. Lorenz könne auch Mitarbeiter mitnehmen, verwaltungsmäßig würde die Forschungsstelle dem Institut für Meeresbiologie angegliedert. Lorenz akzeptierte das Angebot und fuhr mit Wolfgang Schleidt und Ilse Prechtl nach Buldern. Lorle und ich durften ein halbes Jahr später folgen.

# Tierethologie

# Buldern

Wir verließen Wien mit einem lachenden und einem weinenden Auge. Ich habe Deutschland nie als Ausland betrachtet, sondern als meine weitere Heimat, aber die Beziehungen, die man zu einer Gemeinschaft entwickelt, sind abgestuft in ihrer Intensität. Ich empfinde eine starke affektive Bindung an Wien und seine ländliche Umgebung sowie an die Alpen, in denen ich mit meinem Vater prägende Sommerferien meiner Kindheit verbracht habe. Ich bin Wiener und Österreicher. Aber so, wie Bayern, Westfalen oder Sachsen über ihre lokalpatriotischen Gefühle hinaus Deutsche sind, so bin ich mir auch als Wiener dieser Zugehörigkeit zur deutschen Kulturnation bewußt, und sie ist ebenfalls im positiven Sinne affektiv getönt. Damit meine ich, daß dieses Gefühl des Eingebundenseins in eine größere Kulturnation weder meine Beziehung zu Österreich mindert, noch zu einer chauvinistischen Abgrenzung gegenüber anderen europäischen Nationen führt. Ich bin Österreicher, Deutscher und Europäer, und ich kann mir kaum vorstellen, daß ein Angehöriger einer europäischen Nation, der sich mit der Kulturgeschichte unseres Kontinents auseinandergesetzt hat, anders empfinden kann. Die Liebe zur eigenen Nation ist kritisch geworden. Anders als in den Generationen vor uns geht mit ihr kein überheblicher Dominanzanspruch einher. Wir haben uns in den europäischen Bruderkriegen der vergangenen Jahrhunderte bis in die jüngste Gegenwart unendlich viel Leid zugefügt, aber wir haben uns auch kulturell gegenseitig bereichert, so daß das Verbindende das Trennende überwiegt. De Gaulles Vision vom Europa der Vaterländer scheint nun auch den Osten erfaßt zu haben.

Mit unserer Übersiedlung nach Westfalen zogen wir also nicht in die Fremde, aber doch in eine andere Landschaft mit Dör-

fern und Höfen, die anders aussahen, und mit Leuten, die einen anderen Dialekt sprachen. Mit ihnen fanden wir schnell herzlichen Kontakt. An die ebene Landschaft mit den Weiden, Hecken und Wäldern, die den Horizont begrenzen, und an das atlantische Klima mit den vielen Regentagen im Herbst, Winter und Frühling haben wir uns schwerer gewöhnt. Wir fuhren oft in die nahen Baumberge, um wieder einmal hügeliges Land zu sehen, aber bald entdeckten wir den Reiz der münsterländischen Landschaft mit ihren Moorgebieten, den sogenannten Venns, zu denen ich in der Folge viele Exkursionen unternahm.
Als wir Ende Mai 1951 ankamen, zogen wir zunächst in ein Zimmer in der Wohnung der Familie Lorenz in der Mühle. Dort stand ein Klavier, auf das ich den Eichhörnchenkäfig mit Fritzi, Mucki und den noch blinden Säuglingen stellen konnte. In eine andere Ecke stellte ich Käfige mit Wanderratten, Nachkommen jener Jungen, die aus dem Wiener Kanal stammten. Lorle und ich fanden auch noch etwas Platz in dem Zimmer, Küche und Bad teilten wir mit unseren Gastgebern. Wir waren zuversichtlich. In den ersten Tagen kam der damalige Präsident der Max-Planck-Gesellschaft, Otto Hahn, zu Besuch: Er sah sich auch unser Zimmer an. Die Eichhörnchen hatten gerade Ausgang und liefen frei herum - er war beeindruckt.
Unser eigentliches Heim sollte die Kegelbahn werden, aber sie herzurichten bedeutete noch viel Arbeit. Zuerst rodeten wir das Gebüsch um das Gebäude herum. Die Kegelbahn war ein freistehendes Gebäude in der Nähe des Schlosses im Park. Sie bestand aus einem großen Raum, der etwa vier mal vier Meter maß, dem sich ein kleiner Waschraum anschloß. In ihrem schmalen Längstrakt teilte man uns außerdem noch zwei Meter zu, und daran schloß sich eine Futterküche an, auf die meine Tierräume folgten. Wolfi Schleidt und ich teilten uns damals ein Assistentengehalt. Vom ersten Monatssalär von rund 250 Mark leisteten wir uns unsere erste große Anschaffung: ein Bett von Schreinermeister Boeing. Wir ließen es über Eck konstruieren, so daß wir auch eine schöne Sitzecke hatten, stellten unsere Schränke auf, einen großen Tisch, Bücherborde aus Ziegeln und Brettern und hatten bald ein behagliches Heim, in dem wir sogar Gäste unterbrachten.

So zum Beispiel, als wir 1952 die Gastgeber des ersten internationalen Ethologenkongresses waren. Beatrice Lorenz, damals noch Oehlert, aus wohlhabender Familie und Studentin der Zoologie, war einer der Teilnehmer, die wir in unserem einzigen Zimmer aufnahmen. Sie hat mir vor kurzem die Situation geschildert, die sich ihr bot, als sie eintraf:

»Ich kam am Abend vor dem Beginn des Kongresses. Es war wohl Ende März, Anfang April, eine Zeit, zu der in meiner Heimat schon der Frühling Einzug gehalten hat. Aber Westfalen ist ein kaltes, nördliches Land. So hatte ich das Auto, mit dem mich unser Chauffeur in diesen fernen Norden bringen sollte, vollgepackt mit meinem ganzen Hausrat, um für alles gerüstet zu sein. Wir erreichten endlich das Dorf Buldern und bogen in die schmale Straße ein, die von dort zum Schloß führt. Es regnete in Strömen, Wasser von oben, Wasser in riesigen Pfützen, Kälte! Endlich das Schloß, festlich beleuchtet. Schwungvoll fuhr der Chauffeur vor, aber Irrtum! Man bedeutete mir, der Lorenz wohne da hinten in der Mühle. Dort ging es eine enge, dunkle Wendeltreppe hinauf - und war wieder falsch. Ich solle bei den Eibls wohnen in der Kegelbahn. Also wieder durch Pfützen und über Kopfsteinpflaster bis in die finsterste Ecke des großen Hofes. Die Haustür führte in den langen, schmalen Raum, durch den früher die Kugeln rollten. Der diente Euch als Raum für die Tierhaltung und zugleich als Küche. Der große Rattenkäfig dort hat mich im ersten Augenblick schon etwas erschreckt, muß ich gestehen. Aber dann kam Deine Frau und hat mich so lieb empfangen, daß ich Kälte und Nässe und Ratten gleich vergaß. Wir gingen zusammen ins Wohnzimmer, das war das etwas verbreiterte Ende der Kegelbahn. Dort saß schon eine Kongreßteilnehmerin, eine ältere Person, der war das große Sofa vor dem Eßtisch zum Schlafen zugeteilt. Daneben stand noch ein kleines, schmales Sofa, das war für mich vorgesehen. Damit meine Beine beim Schlafen nicht herunterhingen, wurde das Fußende mit einem Stuhl verlängert. Lorle nahm mir meinen Mantel ab: ›Wo hängen wir den nur hin, alles ist voll. Hoffentlich ist Ihr Koffer klein und flach, hier oben zwischen Schrank und Decke, das ist der einzige noch freie Platz.‹ O

Schreck! Ich ging also zum Auto, stopfte ein paar Dinge in meine kleinste Tasche und bedeutete dem Chauffeur, die übrigen sechs Koffer und Kisten müsse er wieder zurückbringen. (Er hat zu Hause einen schauerlichen Bericht gegeben, auf den hin meine Mutter mir per Eilpost ein Paar Gummistiefel und dicke Socken schickte.) Inzwischen hatte Lorle das Abendessen vorbereitet, und das war so gut und liebevoll hergerichtet, daß sich meine Stimmung gleich hob. Lorle hat von da an immer das Abendessen für uns Junggesellen bereitet; wir wurden wie selbstverständlich von ihr verwöhnt, noch jetzt denke ich voll Dankbarkeit daran. Nach dem ersten Schreck - vielleicht verzeihlich in einer solchen Regen- und Kältenacht - sah ich auch, daß diese Kegelbahn keineswegs ein finsteres Rattenloch war, sondern ein feines, gemütliches Wiener Bürgerzimmer. Jetzt allerdings war es hier wirklich äußerst eng. Nach mir kam noch eine Bremer Studentin, die auch im Wohnzimmer schlafen sollte, und zwar auf einer Luftmatratze. Diese war leider nicht mehr dicht; mehrmals jede Nacht weckten mich seltsame Pf-Pf-Pustgeräusche, wenn die Arme ihre Matratze neu aufblies. Wie war ich da zufrieden mit meinem kurzen Sofa.
Erinnerst Du dich noch an den kleinen Affen, der in dem an das Wohnzimmer anschließende Kabinettchen lebte? Dieser Raum, nach meiner Erinnerung nicht größer als etwa sechs Quadratmeter, war Klo und Waschraum für uns alle. Es gab kein Licht dort, man mußte eine Taschenlampe mitnehmen, eine Kerze war wegen des Äffchens nicht angebracht. Als mir beim ersten Mal im Dunkeln der Affe ins Genick hupfte, bin ich sehr erschrocken, aber inzwischen war ich schon auf alles gefaßt. Und dank Eurer warmherzigen Gastfreundschaft fühlte ich mich auch von Anfang an so wohl in Buldern, daß mich nichts mehr erschüttern konnte.
Das war also für mich der Anfang dieses Kongresses, auf dem ich alle Größen der Verhaltensforschung kennenlernen durfte. Zu den Vorträgen kamen wir nun alle in das große Schloß. Ich wäre neugierig zu hören, was Dir von diesem Schloß - außer den großartigen Vorträgen natürlich - noch in der Erinnerung geblieben ist. Mir zwei Dinge: einmal der Kamin, dessen Haube von zwei nackten, steinernen Damen gestützt wurde, was

zu mancherlei Scherzen anregte; dann noch die Toiletten: groß und fürstlich, aber leider ohne eine Möglichkeit, die Türen abzuschließen. So sang ich immer ganz laut, wenn ich dort war, was mir viel Spott einbrachte. Das witzig-fröhliche, treffende, aber unböse Spotten habe ich bald in Eurem Kreis gelernt. Erinnerst Du Dich noch an Tinbergens Abschlußrede, die ganz seriös begann und allmählich, fast unmerklich, in Scherz überging? Und doch ernst war. Die bewundernswerte Lebenseinstellung, die sich in dieser Art zeigt, habe ich erst in Buldern kennengelernt. Auch darum erinnere ich mich so gern und so genau an diese Zeit.«

In Buldern setzte ich die begonnenen Arbeiten fort. Ich züchtete Eichhörnchen und beobachtete deren Jugendentwicklung, verglich Hausratten mit Wanderratten und holte mir Hamster vom Neusiedler See, und zwar Jungtiere, die ich aufzog, so daß sie zahm wurden.

Durch Vermittlung von Konrad Lorenz lernte ich Heinz Sielmann kennen. Heinz Sielmann hatte damals den ersten abendfüllenden Kulturfilm, »Lied der Wildbahn«, veröffentlicht und war gerade dabei, einen neuen zu drehen, und zwar über Eichhörnchen. Lorenz erzählte ihm von meiner Arbeit. Sielmann besuchte mich, wir fanden uns sympathisch und kamen überein, zunächst einen Streifen über Frösche zu machen. Es entstanden ein Hochschulunterrichtsfilm, ein Streifen für Schulen und ein Kulturfilm - »Konzert am Froschtümpel« -, der 1954 auf den Berliner Filmfestspielen vom Bundesinnenminister mit dem ersten Preis in seiner Gattung ausgezeichnet wurde. In dieser Zusammenarbeit lernte ich einiges über die Schwierigkeiten der Tierfilmerei, aber auch über deren Freuden. Das Material war damals sehr kostbar, und wir durften davon möglichst wenig vergeuden. Gleichzeitig aber kam es darauf an, ein Verhalten von Anbeginn an zu erfassen und nicht erst loszufilmen, wenn der Ablauf bereits im Gang war. Das schulte, die kleinsten Intentionsbewegungen zu erkennen, die einem bestimmten Akt, den man dokumentieren wollte, vorangingen. Wir lernten damals die Frösche und ihre Tücken gründlich kennen und schafften es, die verschiedenen Phasen der Paarung ein-

schließlich der Laichakte zu dokumentieren. [30] Und wir lernten natürlich auch uns kennen und wurden gute Freunde.
Als nächstes Projekt beschlossen wir, einen Film über den europäischen Hamster zu drehen. Dazu richteten wir ein großes Freigehege, das wir mit Gras bepflanzten, und einen Kunstbau im Querschnitt ein. Ich konstruierte ihn aus einem Drahtgeflecht und Beton. Im Querschnitt sah man durch Glas eine Vorrats- und eine Wohnkammer sowie einen schräg nach oben führenden Laufgang und eine von oben steil zur Nestkammer herabführende Fallröhre, den Fluchtgang. Der Bau besaß auch einen Auslauf, den wir mit Rasen bepflanzt hatten. In jedem Gehege hielt ich ein Weibchen, das ich mit einem Männchen verpaarte. Wir konnten so die Phasen der Annäherung über Tage und die Paarung im Bau unter Tage filmen. Als dann die Jungen geboren waren, dokumentierten wir das Brutpflegeverhalten der Mutter in der Nestkammer, das Verhalten der Jungen im Bau und die ersten überirdischen Ausflüge. [31]
Hamster sind Einzelgänger. Wie die Eichhörnchen haben sie daher bei der Paarbildung anfangs Schwierigkeiten. Das Erscheinen des Männchens im Revier des Weibchens löst zunächst Aggression und Flucht aus. Ein Männchen, das in das Gebiet eines Weibchens eindringt, nimmt dessen Revier durch Duftmarkieren in Besitz. Er besitzt dazu Drüsen an den Flanken, deren Sekret er an Grasbülten und dergleichen abstreift, indem er abwechselnd die eine und die anderen Flanke darüberreibt. Dann folgt er dem Weibchen, das meist flieht, zwischendurch aber immer wieder anhält, als würde es sich vergewissern, daß er ihr auch weiterhin hinterherläuft. Es handelt sich um eine ritualisierte Flucht. Das Männchen gibt bei der Verfolgung einen Ruf von sich, der dem eines Jungtiers ähnelt, das aus dem Nest gefallen ist. Dieser »Ruf des Verlassenseins«, ein Kindchensignal also, dürfte die Aggressionen und Fluchttendenzen des Weibchens bremsen. Wir kennen Vergleichbares von anderen Tieren. Zuletzt verschwinden beide im Bau, und auch dort markiert das Männchen zunächst die Wände mit dem Sekret seiner Flankendrüsen, ehe es sich dem Weibchen zuwendet. Der Paarung geht ein längeres Treiben im Bau voran. Die letzte Kontaktscheu wird durch Fellpflege abgebaut. Das Männchen leckt

das Fell des Weibchens, und schließlich kommt es zur Paarung. Ist das Weibchen trächtig, dann vertreibt es das Männchen, das sich interessanterweise nicht zur Wehr setzt. Auch hier zeigt sich, ähnlich wie bei den Eichhörnchen, eine ausgesprochene Weibchenbeißhemmung. Ich hatte, als ich davon noch nichts wußte, einmal ein Männchen nach der Paarung längere Zeit mit einem Weibchen in einem Terrarium gehalten mit dem Ergebnis, daß das arme Männchen nach einigen Tagen arg zerbissen in einer Käfigecke saß und sich nicht einmal mehr ans Futter traute. Dabei sind die Männchen viel schwerer und größer als die Weibchen! Wären sie nicht gehemmt und würden sie sich wehren, dann würde das Weibchen unterliegen.

Wir filmten die Jugendentwicklung im Bau anfangs durch die Glasplatte. Später lernten wir, daß wir sie entfernen durften; der Bau war so gelungen konstruiert, daß die Tiere nur in ihren Gängen liefen und nie zu entkommen trachteten. Wir konnten sogar Scheinwerfer verwenden. So schafften wir es, die ganze Jugendentwicklung - vom blinden Nestling bis zum selbständigen Jungtier - zu drehen, und dabei entstand wieder eine Filmmonographie für Schule und Hochschule.

1952 brachte uns ein Bauer einen Wurf junger Iltisse, goldige Kerlchen, allerdings mit einem etwas strengen Geruch. Für mich ergab sich so die willkommene Gelegenheit, ein kleineres Raubtier näher kennenzulernen. Lorle und ich zogen die Iltisse auf. Wir stützten uns auf unsere Erfahrungen mit den Hamstern und brachten die Iltisse im folgenden Jahr in einem neuen Kunstbau zur Zucht. So konnten Sielmann und ich auch deren Paarungsverhalten und Jugendentwicklung im Film festhalten. [32] Unser Kulturfilm »Die Iltiskoppel« wurde 1956 mit dem Bundesfilmpreis ausgezeichnet.

Heinz Sielmann hatte sich in diesem Jahr in eigener Regie an ein weiteres äußerst schwieriges Unterfangen herangewagt. Er wollte die Brutbiologie der Spechte filmen. Nachdem der Trick mit dem Hamsterkunstbau so gut geklappt hatte, kam ihm der Gedanke, eine Spechthöhle im Freien anzuschneiden und mit einer Glasplatte abzudecken, um das Brutgeschehen und die Aufzucht der Jungen zu filmen. Wen er auch fragte, erklärte, das klappe nie. Aber Heinz ließ sich nicht beirren. Neben einer Spechthöhle in einer alten Buche baute er sich eine Art Hochstand mit Zelt. Dann öffnete er den Stamm und setzte eine Glasplatte ein. Es gelangen ihm sensationelle Aufnahmen vom Brüten, von der Brutablösung und von der Aufzucht der Jungen. Dieser und die anderen Beiträge aus der Pionierzeit des Tierfilms werden heute noch im Unterricht in Schule und Hochschule verwendet.[33] Für mich waren die Arbeiten daran große Erlebnisse, und sie machten mich mit dem Filmen vertraut.

Ich hatte mich mittlerweile vollkommen auf Säugetiere konzentriert. Meine Frau hatte ein kleines Wildkaninchen aufgezogen, und wir hielten ein zahmes weibliches Buschbaby (Riesengalago, Galago crassicaudatus) frei in der Kegelbahn. Tagsüber schlief es im kleinen Badezimmer, nachts spazierte es umher in unserem Wohnzimmer, in dem wir auch schliefen. Wir waren daran gewöhnt, schließlich lebten darin noch andere Tiere, zum Beispiel das Kaninchen und dann in Käfigen Hermeline und Mauswiesel.

Anfangs war das Buschbaby scheu, aber ich wußte um die Bedeutung der sozialen Fellpflege. Viele Säugetiere belecken und beknabbern sich gegenseitig und stiften so ein freundliches Band. Otto Antonius, seinerzeit Direktor des Tiergartens Schönbrunn, hat berichtet, daß er einen wilden Onagerhengst, der ihn immer wieder durchs Gitter attackierte, wenn er sich seinem Gehege näherte, friedlich und freundlich stimmte, indem er ihn mit dem Schlüssel an der Kruppe kratzte, als der Zufall es wollte, daß das Tier ihm kurz den Rücken zuwendete, weil etwas anderes es vom Angriff abgelenkt hatte. Als er ihn zu kraulen begann, zuckte der Hengst zusammen, und es schien einen Augenblick, als ob er auf ihn losgehen wollte. Aber dann gab er sich dem Genuß des Hautreizes hin, und seitdem trabte er immer freundlich zum Gitter, sobald Antonius sich ihm näherte, und präsentierte ihm die Kruppe zum Kraulen.

Ich erinnerte mich daran und begann abends, wenn der Galago erwachte, ganz vorsichtig, ihn mit dem Zeigefinger an Schulter und Körperseiten zu streicheln. Zuerst schnappte er nach mir, aber es dauerte nicht lange, und er bot sich mir richtiggehend zum Kraulen dar. Besonders gerne wollte er unter dem

Arm an Achsel und Brust gekrault werden, und er forderte mich schließlich dazu sogar auf, indem er den Arm anhob, sobald er meiner ansichtig wurde.
Das Buschbaby hatte allerdings eine Angewohnheit, die schließlich dazu führte, daß es aus unserem Zimmer ins Bad verbannt wurde: Es verteilte Duftmarken. Wie es das tat, blieb uns zunächst verborgen. Wir bemerkten nach einiger Zeit an der Wand, auf den Kästen, überall, wo es hinstieg, dunkle Trittsiegel, die stark nach Harn rochen. Eines Tages ertappte ich es. Da saß es friedlich da und ließ seinen Harn auf eine Handfläche rinnen und verrieb ihn anschließend auf der Fußsohle, dann harnte es in die andere Hand, um die andere Fußsohle auf die gleiche Weise zu behandeln. Sorgfältig und mit Hingabe imprägnierte es seine Füße mit Harn, und dann erst ging es auf Exkursionen. Die Duftspuren, die es hinterläßt, helfen dem nächtlich in Bäumen kletternden Buschbaby, sich im Gezweig zu orientieren. Zugleich deklariert es das Gebiet für andere Artgenossen als besetzt.[34]
Einmal konnte das Buschbaby entfliehen. Es war am späteren Nachmittag. Ich hatte das Fenster versehentlich offengelassen, und als ich es entdeckte, saß es bereits auf dem Dach der Kegelbahn. Kein Locken half. Es schielte bereits sehnsüchtig nach den Zweigen einer großen Buche. Ich versorgte mich mit einer Banane, erkletterte das Dach und saß dann vielleicht zwei Meter von meinem Galago entfernt - aber das Weibchen wollte nichts von mir wissen. Ich schälte die Banane und aß sie in meiner Aufregung zur Gänze selbst, statt sie dem Tier zu geben. Dann allerdings erwachte ich durch das Lachen meiner Frau, die diese höchst eigenartige Fehlleistung beobachtet hatte, und wetzte die Scharte aus, indem ich mit einem Sprung das Buschbaby faßte und festhielt, obwohl es mich biß. Zurückgebracht in unser Zimmer, war es dann gleich wieder friedlich.

# Die erste »Xarifa«-Expedition

Ich war auf dem besten Weg, mich als Mammologe zu spezialisieren, als im Frühsommer 1953 eine überraschende Einladung die Weichen meiner Laufbahn in eine ganz neue Richtung stellte. Ich fütterte gerade meine Iltisse, als Lorenz zu mir kam: »Sag, hättest du nicht Lust, mit Hans Hass auf ein Jahr in die Karibische See und zu den Galápagosinseln zu fahren? Ich habe schon die Lorle gefragt, und sie wäre damit einverstanden.« Obwohl wir im September unser erstes Baby erwarteten! Lorenz wußte das, denn Lorle half damals als Sekretärin aus, und wir lebten ohnehin wie eine Familie. Er hatte also zuerst ihr Einverständnis geholt und war dann zu mir gekommen. Zur Begründung des überraschenden Angebots sagte er: »Du wirst schon irgend etwas Gescheites auf dieser Expedition lernen.« Ob es mir Spaß machen würde, zwischen Fischen zu tauchen? Na und ob! Das war keine Frage. Ich war Feuer und Flamme. Allerdings verstand ich nichts vom Tauchen, und das Meer hatte ich erst vor kurzem zum erstenmal in Wilhelmshaven vom Ufer aus betrachtet und mich davon überzeugt, daß es salzig war, indem ich einen Finger an der Mole eintauchte. Von den Meeresfischen kannte ich nur Kabeljau und Heringe, und die nur aus der Auslage in den Fischgeschäften.

Lorle redete mir ebenfalls zu. Sie erkannte, daß sich mir eine einmalige Gelegenheit bot. Ich werde ihr immer dafür dankbar sein, denn diese Expedition eröffnete mir in der Tat neue Welten.

Wie war Hans Hass darauf verfallen, mich einzuladen? Nun, ursprünglich hatte er sich an Bernhard Hassenstein gewandt, der damals als Assistent von Erich von Holst in Wilhelmshaven arbeitete. Aber Hassenstein hatte bereits eine Brasilienreise geplant, und da er mich kannte, nannte er Hass meinen Na-

men. So kam es, daß dieser bei Konrad Lorenz anfragte, ob ich verfügbar sei. Ich war es.
Ich fuhr nach Vaduz, um mich dort Hans Hass vorzustellen. Wir wollten uns in Buchs am Bahnhof treffen. Ich stieg aus, erkannte ihn gleich von weitem und ging schnurstraks auf ihn zu. Aber er sah über mich hinweg, dahin, dorthin, und erst als ich direkt vor ihm stand und ihn ansprach, stutzte er. Er hatte sich einen älteren, würdigen Wissenschaftler vorgestellt, einen Experten der Verhaltensforschung, aber nicht einen 25jährigen. Er beeilte sich auch gleich zu bemerken, der freie Platz auf dem Schiff sei noch nicht ganz sicher, er müsse zuerst seinen »Direktor« fragen. Damit meinte er seinen Manager, der die geschäftlichen Dinge der Expedition betreute, um Hass zu entlasten. Mich hat das nicht weiter gekümmert, ich war mir ziemlich sicher, daß der »Direktor« zustimmen würde. Ich war damals in einer zuversichtlichen, durch wenig Selbstzweifel geplagten Phase. Meine Phasen wechseln in langen Zyklen.
Ich wurde in einem kleinen Hotel untergebracht und für den Abend zum Ehepaar Hass nach Hause eingeladen. Ich kreuzte wohldressiert auf, fand Lotte Hass hinreißend, Hans Hass so sympathisch wie interessant und plauderte munter drauflos. Ich erzählte von meinen Hamstern, Iltissen und Eichhörnchen. Das muß den Meeresbiologen Hass angesprochen haben. Wir hörten Musik, und nach mehreren Gläsern Wein erklärte Hass, er habe schon mit seinem Direktor gesprochen, ich könne mich als Teilnehmer der ersten »Xarifa«-Expedition betrachten. Ich war im siebten Himmel!
Wieder daheim, bereitete ich mich gründlich vor auf die Reise. Ich las die Bücher von Hans Hass, die ich zum Teil bereits kannte. Aber nun las ich sie mit neuem Interesse. Neben der lebendigen Schilderung der Tauchabenteuer fesselten mich die Beobachtungen über Korallenfische, wie die Erzählung vom reitenden Trompentenfisch. Hass war damals vor allem durch diese eher populären Bücher bekannt, die auch heute noch durch ihre Frische den Pioniergeist jener Zeit spiegeln.[35] Darüber hinaus hatte ihn sein Film »Abenteuer im Roten Meer« populär gemacht. Daß er die von ihm entwickelte Methode des Schwimmtauchens als erster für eine wissenschaftliche Unter-

suchung eingesetzt hatte, wußten und wissen nur wenige.[36] Ich studierte ferner William Beebes Arbeiten[37] und schrieb ihm und Jocelyn Crane, einer engen Mitarbeiterin von ihm, die uns gerade besucht hatte. William Beebe schickte mir ein paar Filme und einige wertvolle Fischbestimmungsbücher, die mir auf der Reise halfen. William Beebes farbige Beschreibungen und sein Blick fürs Detail begeisterten mich, und ich war aufs höchste gespannt auf das, was mich erwartete.

Im Sommer stellte ich mich Kapitän Johannes Diebitsch auf der »Xarifa« in Hamburg vor. Als ich an Deck kam, erklärte er, daß er keine weiteren Seeleute brauche. Offenbar meinte er, ich wolle anheuern. Daß ich ein Wissenschaftler war, sah man mir in der Tat nicht an. Aber auch er akzeptierte mich, obwohl er zunächst die »Herren Wissenschaftler« insgesamt nicht ganz für voll nahm. Ich musterte als Wissenschaftler auf »große Fahrt« an und bekam ein Seemansbuch. Das ist eine Art Paß für Seeleute.

Das große Abenteuer begann mit einer kleinen Panne: Stolz liefen wir von Hamburg aus, aber bereits in Cuxhaven - es roch nach Hering - legten wir wieder an. Unser Koch war nämlich abhanden gekommen, ausgebüchst kurz vor der Abfahrt! Er hatte einen schlechten Traum gehabt! Die Fahrt mit den Haifischforschern war ihm nicht geheuer. Woher sollten wir nun einen neuen Koch nehmen? Hass fuhr von Schiff zu Schiff, und er hatte Glück: Ein Kapitän hatte einen Koch abzugeben, allerdings müßten wir dann auch noch seinen Steward mitnehmen, hieß es. So hatten wir also einen Mann mehr an Bord.

Hans Hass hatte außer mir auch den Darmstädter Zoologen Georg Scheer angeheuert, der auf eine unkonventionelle Laufbahn zurückblickte. Während des Kriegs hatte er als Techniker bei Wernher von Braun an der Entwicklung der V-Raketen mitgearbeitet. Seine wahre Leidenschaft aber galt der Ornithologie, und als der Krieg aus war, wollte er weder nach Amerika noch nach Rußland gehen, wie viele seiner Kollegen es taten. Er hatte den Mut, eine neue Laufbahn zu beginnen, und studierte Zoologie in Darmstadt. Er war achtzehn Jahre älter als ich, lebhaft und dennoch ein überaus ordentlicher Mensch. Ich war ebenfalls munter, konnte aber keineswegs der Pedanterie

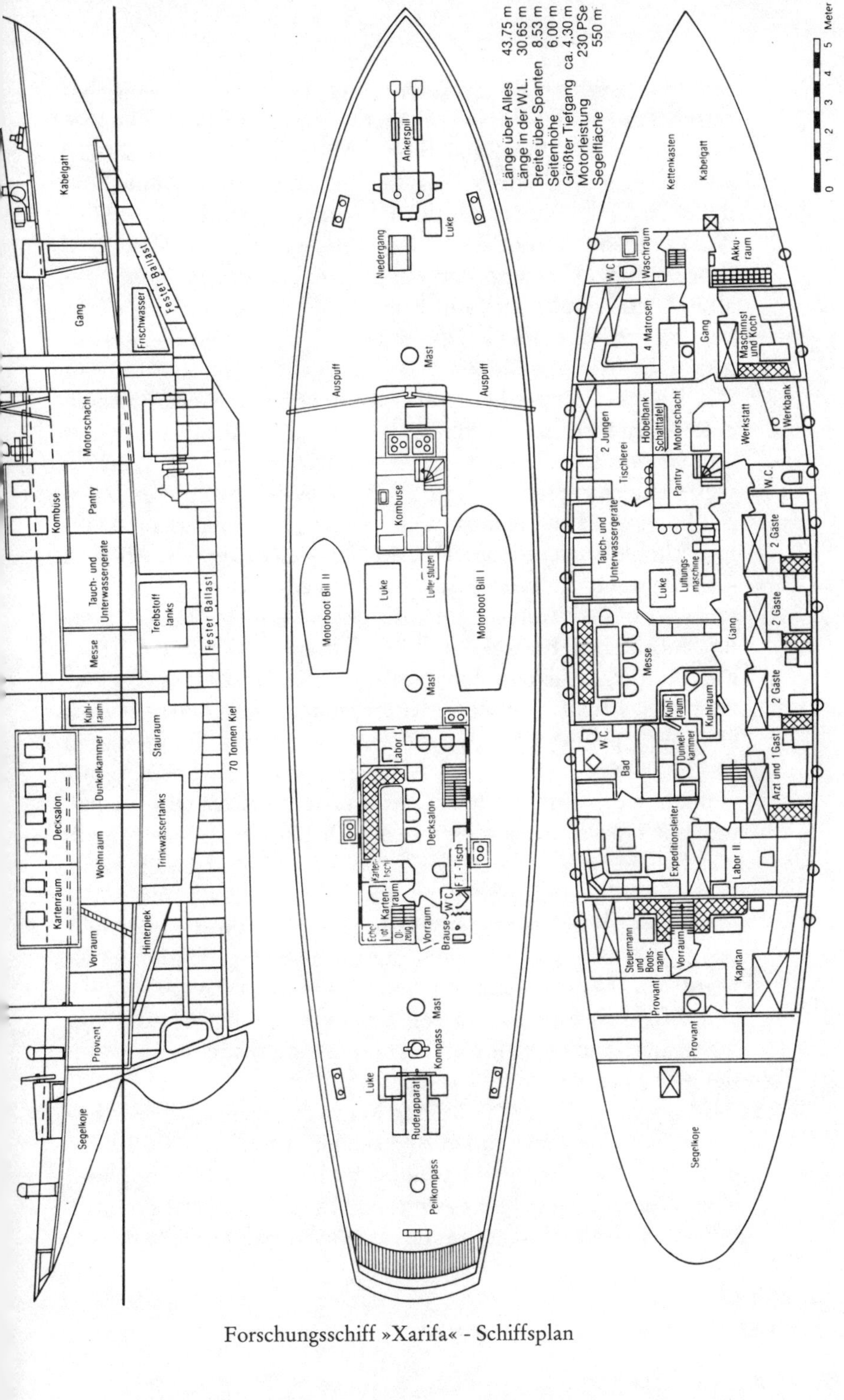


Forschungsschiff »Xarifa« - Schiffsplan

gezichen werden. Offen gestanden, ich war sogar ein wenig chaotisch, fand mein Schreibzeug nicht, ließ da und dort etwas liegen, was andere manchmal nervte. Aber ich paßte mich schnell an und lernte viel von Scheer. Wir wurden bald Freunde, und daran hat sich bis zum heutigen Tag nichts geändert.
Auf der ersten Etappe dieser Expedition bis zu den Malediven fuhr auch Wulf Emmo Ankel mit, ein Zoologieprofessor der alten Schule, kultiviert, mit breitem Wissen und pädagogisch begabt. Ihm verdanke ich die ersten anschaulichen Einführungen in die Meeresbiologie.
Als Schiffsarzt hatte Dr. Heino Sommer angeheuert. Er besaß eine Amateurfunkerlizenz und stellte den Kontakt mit der Außenwelt her. Heino Sommer gehörte zu jenen Bedauernswerten, die ewig seekrank sind. Überdies litt er zu diesem Zeitpunkt an frischer Liebe zu seiner künftigen Frau, was ihm gelegentlich ein leicht magenkrankes Aussehen verlieh. Aber im Grunde war er ein lustiger und liebenswerter Kumpan, und keine Seekrankheit konnte ihn am Funken hindern. Dank seines unermüdlichen Kontakteinsatzes hatten wir immer Verbindung mit irgendeinem Amateurfunker in der Welt und konnten so Nachrichten senden oder empfangen. Funkamateure aus aller Welt bemühten sich um Kontakt mit uns. Seine eiserne Disziplin hatte Sommer im Krieg erworben. Er erzählte mir einmal, wie er Funker wurde. Er wurde im Krieg eingezogen, und nach der Musterung fragte ein Offizier bei einem Appell, welche der Einberufenen Klavierspieler seien. »Klavierspieler vortreten!« hieß es, und Heino trat vor, glücklich und voller Hoffnung, da er meinte, er würde zum Musikkorps überstellt werden. Weit gefehlt! Es ging nur um die Fingerfertigkeit. Er wurde Funker und dazu verdammt, in einem Panzer zu funken. Darin ist es heiß und eng, die Luft ist schlecht, und ihm war dauernd übel. Eine gute Voranpassung für sein neues Metier als funkender Schiffsarzt.
Als Bootsmann hatte Hass einen Mann angeheuert, der ihn bereits 1942 auf seiner großen Ägäisexpedition durch die Sporaden und Kykladen geführt hatte. Er nannte sich Xenophon, hieß aber in Wirklichkeit Alphons Hochhauser und stammte aus der Steiermark. Da ihm das Realgymnasium nicht behagt

inige der traditionellen Völker, die ich
esuchte.
*ben links:* Himba-Frauen. Sie färben ihre
örper mit einem Pigment aus Eisenoxid und
ett. Die meisten tragen heute noch ihren
aditionellen Schmuck.

*Oben rechts:* Alte Frau vom Volk der !Kung-Buschleute mit traditionellem Haarschmuck.
*Unten links:* Kuku-Kuku-Frauen (Neuguinea).
*Unten rechts:* Eine Gruppe von Yalenang. Sie sind Mek-Sprecher wie die Eipo, ihre Dialekte sind jedoch verschieden.

*Oben:* Erstkontakt im Fa-Tal. Die Männer sind leicht mißtrauisch und warten mit verschränkten Armen ab. Ängstlich hält sich eine Frau am Arm des Mannes fest *(links)*. Bald löst sich die Angst, beide lächeln *(rechts)*. *Unten:* Mit der Kamera auf Ansitz. Ein Eipo erklärt mir mit der »Sehr«-Geste, einer ritualisierten Kopfschutzreaktion, wie »furchtbar« gut ihm Tabak schmecken würde.

*)ben links:* !Kung-Mädchen mit reichem ;lasperlenschmuck. Die runden Plättchen or der Stirn dienen der Zierde und gleich-eitig als Amulett dem Schutz.

*Oben rechts:* Balinesin, die mit einem Opfergeschenk zu einem Schrein tanzt.
*Unten:* Eine G/wi-Buschfrau entkernt mit einem Grabstock Melonen.

*Oben:* Die Forschungsstelle für Humanethologie in der Max-Planck-Gesellschaft im Erlinger Schlößchen in Erling-Andechs.

*Unten:* Kirche und Kloster Andechs im Winter.

hatte, war er mit vierzehn Jahren von zu Hause davongelaufen. Er zog als Gelegenheitsarbeiter durch die Mittelmeerländer und landete schließlich in Griechenland, wo er im Golf von Vólos eine neue Heimat fand und sich den Dynamitfischern anschloß. Er wurde Raubfischer und Wahlgrieche. Hager und mit scharfgeschnittenem Gesicht, unterschied er sich äußerlich nicht von einem Einheimischen. Hass vergleicht sein Aussehen in seinem Buch »Menschen und Haie« scherzhaft mit dem eines »tuberkulösen Raubmörders«. Xenophon sprach perfekt Griechisch, kannte die Mythologie und war voller Geschichten. Wenn unsere Bordkatze sich in einer bestimmten Richtung sitzend putzte, dann war dies für ihn ein untrügliches Zeichen für einen aufkommenden Sturm. Nichts konnte ihn davon abbringen. Er war ein liebenswerter Sonderling, der uns als treuer Helfer in Erinnerung bleibt. Im Alter zog er sich wieder in die Nähe von Vólos zurück. Als er merkte, daß es mit ihm zu Ende ging, grub er sich in der Nähe seines Hauses ein Grab. Dann bestieg er den Pelion und legte sich in den Schnee.

Hass hatte für sein Schiff hohe Kredite aufgenommen. Er mußte sich gegenüber den Geldgebern verpflichten, einen abendfüllenden Film herzustellen, es sollte ein Mittelding zwischen Spielfilm und Kulturfilm sein. Die Zeit für abendfüllende Kulturfilme war damals noch nicht reif. Hans Hass hatte für diese schwierige Aufgabe zwei Spitzenkameramänner angeheuert, Konstantin Irmin Tschet für Ober- und den Engländer Jimmy Hodges für Unterwasseraufnahmen. Hodges war ein perfekter Taucher, der sich im Krieg als solcher bei der Marine bewährt hatte. Wir wollten ihn in London abholen.

Kapitän Diebitsch war ein besonnener, ruhiger Mann. Als er dann unsere nicht immer ungefährlichen Taucheinsätze verfolgte, lernte er uns achten, und wir wurden von ihm und den anderen Seeleuten akzeptiert, zumal wir auch mit auf Wache gingen. Diebitsch ist später als Kapitän mit dem Segelschulschiff »Pamir« untergegangen und ertrunken.

Als Erster Offizier fuhr mit Heinrich von Geldern und als Zweiter Hein Becker. Die beiden waren ein recht gegensätzliches Paar: Geldern, ein reservierter, kultivierter Seeoffizier der alten Schule, aber gelegentlich etwas zu schneidig, und Becker, ein Mecklenburger, der überall anzupacken wußte, aber nicht so leicht aus sich herausging. Er tarnte ein herzensgutes Wesen hinter einer rauhen Schale. Mit von der Partie waren außerdem ein Maschinist namens Biastok sowie der Koch und der Steward, die in Cuxhaven an Bord gekommen waren. Der Koch zeigte auch akrobatisches Talent, vor allem, wenn er Alkohol getrunken hatte, und er überraschte uns einmal damit, daß er auf der Mastspitze turnte. Aber er kochte gut, er und der Steward waren immer bester Laune.

Die Ruderwache zu zweit dauerte jeweils vier Stunden. Dabei übernahm jeder für ein oder zwei Stunden das Steuer, vor uns der Kompaß, hinter uns das Ruderrad, das wir mit der Hand bedienten. Bei Stürmen trugen wir einen breiten Gürtel um den Bauch und waren rechts und links durch einen Tampen am Schiff befestigt. Während ich das niederschreibe, fällt mir ein, daß ich damals die seemännischen Ausdrücke nicht beherrschte, und ich habe sie bis heute nicht verinnerlicht. Für die Seeleute war es schrecklich, daß diese Landratte von rechts und links auf dem Schiff sprach und von runden Fenstern statt Bullaugen. Trotzdem, auch wenn eine Landratte am Ruder stand, glitt das Schiff auf seinem sicheren Kurs. Ich verbinde mit den Nachtwachen am Ruder die schönsten Erinnerungen an diese Fahrt. Unvergeßlich, wenn das Mondlicht in den Segeln schimmert, die Mastspitzen ihre Acht in den Himmel zeichnen, der Wind die Segel bläht und das Wasser rauscht und vor dem Bug phosphoreszierend aufleuchtet.

Hans Hass besaß eine natürliche, freundliche Autorität. Er hatte bereits durch seine Leistung überzeugt, und jeder akzeptierte ihn gerne als Expeditionsleiter. Er ließ sich nichts anmerken von den großen Sorgen, die ihn wegen der aufgenommenen Kredite bedrückten. Er strahlte Zuversicht aus, war doch ein Traum seines Lebens in Erfüllung gegangen, und wir vertrauten ihm. Dieses Vertrauen hat er nie enttäuscht. Lotte Hass war das kultivierende Agens unserer Gruppe. Man hört immer wieder die naive Vorstellung, daß eine Frau auf einer solchen Expedition Unfrieden und Konflikte stiften würde, zumal wenn sie so hübsch und strahlend war wie Lotte Hass. Weit gefehlt! Sie sorgte für gute Laune, arrangierte kleine Feste, kannte die

Geburtstage der Besatzung, und wir alle gaben uns viel zivilisierter, als es ohne sie der Fall gewesen wäre. Wir pflegten uns, waren höflich, und das ganz automatisch, ohne daß wir über die Gründe dieses Verhaltens viel nachgedacht hätten.
Die »Xarifa« war wunderschön: ein weißer Dreimastsegelschoner, 44 Meter lang, 350 Tonnen Wasserverdrängung, 555 Quadratmeter Segelfläche. Sie lief unter deutscher Flagge. Wir hatten Platz umherzugehen. In einer großen Kombüse nahmen wir die Mahlzeiten ein, und je zwei Wissenschaftler belegten eine kleine Kajüte mit Stockbetten. Jeder konnte dort Kleidung und andere Habseligkeiten in einem eigenen Spind verstauen. Das Licht fiel ein durch ein Bullauge.
Unser erstes Ziel war London. Die Nordsee war bewegt und ich neugierig überall unterwegs. Hans Hass, der meine Aktivität sah, meinte listig, ich könne den Matrosen, die unten mit den Tauchgeräten beschäftigt waren, helfen, das Zeug zu verstauen. Ich war gerne nützlich und willigte ein, hatte ich doch keine Ahnung, daß dies der beste Weg war, die erste Seekrankheit zu erwerben. Im Stauraum wurde mir schnell schlecht, und grün zog ich mich in meine Kajüte zurück. Nach unserem kurzen Aufenthalt in London, wo Jimmy Hodges an Bord kam, nahmen wir Kurs auf die Azoren. In der Biskaya überfiel uns der erste gewaltige Sturm. Der Großbaum des mittleren Mastes ging dabei zu Bruch, das Schiff rollte und schlingerte, hob sich aus den Wellentälern, um sich dann im Fall wieder tief in eine anrollende Woge zu bohren. In hohen Fontänen ergossen sich die Sturzseen über Deck. An diesem Tag bekamen wir nur Erbsensuppe in dicken Porzellantassen zu essen. Ich glaube, die Seeleute nannten sie Mack. Ich war, dank der unerbetenen Hilfe von Hass, schon seefest, und daher genoß ich die Bewegung des Schiffs, das Rollen und Stampfen und die wilde See.
So schnell, wie das Wetter uns überfallen hatte, wurde es wieder ruhig, und es folgten unbeschreiblich schöne Tage. Wir waren etwa auf dem halben Weg zu den Azoren. Wulf Emmo Ankel lag bäuchlings am Bug der »Xarifa« und spähte auf die blaue Fläche, auf der weiße Schaumflocken trieben. Und dann erkannte er die, auf die er gewartet hatte. Es waren die kleinen Schaumflöße der Janthina, der Veilchenschnecke. Hunderte

trieben vorbei. Unter jedem hing eine Schnecke. Hass hielt auf Ankels Wunsch das Schiff an. Dieser fischte einige der Schaumflöße aus dem Wasser und zeigte uns dann die Janthina. Ihr Gehäuse war wirklich veilchenblau, der Körper tiefblau. Sie saß rückenabwärts auf ihrem Floß, das sie sich mit dem Fuß aus Schleimblasen herstellt.

Die Schnecke ist blind und läßt sich von der Strömung des Meeres treiben. Sie formt das Vorderende ihres Fußes zu einem Löffel, holt damit eine Luftblase unter die Wasseroberfläche und umgibt sie dort mit einem rasch erhärtenden Schleim. Diesen winzigen Luftballon fügt sie an die bereits vorhandenen, und so entsteht das Floß, unter dem sie reist. In ihrem Leben ist sie zunächst ein Männchen, dann ein Weibchen, und nur das Spiel von Wind und Wellen führt die Geschlechter zueinander und bringt sie zu ihrer Nahrung, die aus tierischer Beute besteht. Stößt sie zum Beispiel auf eine Segelqualle (Velella), dann greift sie mit ihrer zahnbewehrten Zunge zu und reißt Brocken von ihr ab.

Auch die Segelqualle schwebt an der Wasseroberfläche, im Gegensatz zur Veilchenschnecke aber mit Hilfe von luftgefüllten Räumen, die im Schirm sitzen. Eine ganz andere Schwebetechnik wiederum hat die Nacktschnecke Glaucus entwickelt: Sie schluckt Luft und nutzt so den Darm als Schwimmblase.

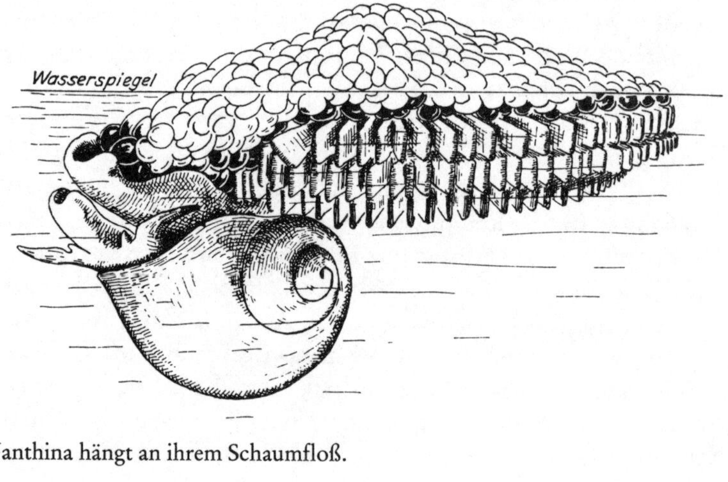


Janthina hängt an ihrem Schaumfloß.

Was geschieht mit dieser blauen Flotte, mit Janthina, Glaucus und Velella, wenn der Golfstrom sie in die nördlichen Regionen verfrachtet? Dann sterben sie, ihre Larven sinken in tiefere Wasserschichten ab, und von dort kehren sie mit einer Gegenströmung zurück zum Ausgangspunkt ihrer Reise, wo sie wieder auftauchen.[38] Mich faszinierte diese Lebensgemeinschaft, und viele Jahre später entdeckte ich in der blauen Schwimmkrabbe (Planes minutus), die, auf der Veilchenschnecke sitzend, mitreist, einen weiteren Vertreter der blauen Flotte. Das war auf den Galápagosinseln.
Am 11. September 1953 liefen wir eine Bucht an der Nordseite der Azoreninsel Sao Miguel beim Fischerhafen Capellas an. Über das Meer waren wie Glühlämpchen die Lichter zahlreicher Fischer verstreut, die zu unserem Boot strömten, und auch vom Ufer ruderten Boote an mit Bananen, Weintrauben und anderen frischen Lebensmitteln. An Bord entwickelte sich ein munterer Handel, dem eine Verbrüderung mit Bier folgte. Am nächsten Tag umrundeten wir die Insel und ankerten schließlich im Hafen von Ponta Delgada. Unsere Absicht war, unter Wasser zu filmen, wie Pottwale von Ruderbooten aus mit Handharpunen erlegt wurden.[39] Während Hass die Situation erkundete und sich mit den Walfängern unterhielt, unternahmen wir einige Exkursionen auf der Insel. Sie ist vulkanischen Ursprungs, und die rege Wellentätigkeit hat an der Küste schöne Aufschlüsse ausgewaschen. Schwarze und rote Aschenlagen wechseln. Das Land ist in weiten Teilen kultiviert, angepflanzt werden Wein, Bananen, Ananas, Feigen. Der Boden ist fruchtbar, wenn er bearbeitet wird, was hier zunächst bedeutete, viele Tonnen von Steinen aufzusammeln. Sie umgeben als Mauern die relativ kleinen Feldparzellen und schützen sie vor dem Wind.
Im Hafen von Ponta Delgada beobachtete ich junge Meeräschen und machte mir meine ersten Gedanken über das Schwarmverhalten. Vor allem aber fieberten wir auf die Begegnung mit den Pottwalen. Wiederholt gab es falschen Alarm. Wir fuhren erwartungsvoll mit den Booten hinaus und lagen dann stundenlang tümpelnd vor der Küste auf der Lauer - und nichts geschah.

Die Pottwale gehören zu den Zahnwalen. Ein auf dem Schädel sitzender bindegewebiger Fettbehälter, dessen Funktion noch nicht geklärt ist, läßt den Kopf von der Seite kastenartig aussehen. Die bis zu 23 Meter langen Tiere sind regelmäßige Besucher der Azoren, wo sie in erster Linie nach Tintenfischen jagen, die sie in 500 bis 1000 Meter Tiefe erbeuten. Dazu sind sie fünfzig bis neunzig Minuten unter Wasser, ohne zu atmen! Ihren Sauerstoffvorrat nehmen sie im Blut mit. In der Tiefe dürften sich gelegentlich dramatische Kämpfe mit der Beute abspielen. Die Tintenfische, die der Pottwal verschlingt, erreichen nämlich stattliche Ausmaße. Wir fanden im Magen eines Pottwals einen, dessen Körper zwei Meter lang war und dessen Fangarme fünf Meter maßen! Es wurden sogar schon fünfzehn Meter große Tintenfische gefunden. Am Schädel der Pottwale findet man oft Saugnapfabdrücke von Tintenfischen mit zehn bis fünfzehn Zentimetern Durchmesser. Aus einem Walmagen schöpften wir eimerweise die Hornkiefer verdauter Tintenfische, die wie Papageienschnäbel aussahen. Der fünfzehn Meter lange Pottwal, den wir untersuchten, hatte außerdem drei Haie verschlungen. Der längste, ein Drescherhai (Alopias), maß 3,10 Meter.

Beobachtungsstationen an der Küste meldeten es den Fischern, wenn Wale auftauchten. Diese ließen sich dann mit ihren Motorbooten per Sprechfunk in die Nähe der Wale führen. Die letzten 1000 bis 2000 Meter ruderten sie. Eines Tages war es endlich wieder soweit. Wir konnten beobachten, wie die schnittigen Boote der Walfänger sich an einen an der Oberfläche ruhenden Wal heranpirschten und ihm von Hand die scharfen Harpunen in den Leib jagten. Es war überraschend, wie leicht sich diese hochintelligenten Säuger übertölpeln ließen. Aber nach der langen Nahrungssuche in der Tiefsee sind die Wale ermattet und brauchen etwa zwanzig Minuten, um ihren Sauerstoffwechsel zu regulieren.

Ein harpunierter Wal taucht blitzschnell ab und zieht das Boot, von dem aus die Harpune geworfen worden ist, mit einer Geschwindigkeit von etwa sechs Knoten hinter sich her. Die anderen Boote versuchen, ihm den Weg abzuschneiden. Sie warten, bis der Wal wieder auftaucht, und durchstoßen dann mit langen, scharfen Lanzen seine Lungen. Es ist ein häßlicher Anblick, wenn der gequälte Riese mit der Ausatemluft hohe Blutfontänen zum Himmel schickt. In immer kürzeren Abständen zwingt die Atemnot das Tier an die Oberfläche, bis es schließlich im eigenen Blut ertrinkt. Das kann bis zu drei Stunden dauern.

Das Meer färbte sich weithin rot, und bald durchfurchten die Rückenflossen der angelockten Weißspitzenhaie die Wasseroberfläche. Hans und Lotte Hass und Jimmy Hodges schwammen zu einem harpunierten Wal und filmten ihn sowie andere, die unverletzt vorbeischwammen. Eine dieser Aufnahmen erschien später auf einer Doppelseite im amerikanischen Magazin »Life«. Es handelte sich um das erste Dokument dieser Art. Der Mut der Filmer war bewundernswert, denn es wimmelte von Haien, die, vom Blut angelockt, gewaltige Brocken aus dem Walkörper herausrissen. Die Haie schwammen recht dreist um die Taucher herum. Mit Kamera und einem kurzen Stock erwehrten diese sich jedoch der neugierigen Geschöpfe. Sie waren nicht angriffslustig, aber lästig.

Merkwürdig war ein Erlebnis mit Lotsenfischen, von dem mir Jimmy Hodges berichtete. Sie schwammen wiederholt von den Haien über dreißig Meter direkt auf ihn zu, so daß er immer wieder wegtauchen mußte, weil sie so lästig waren. Ein Wal spuckte kurz vor dem Verenden einen Tiefseekalmar aus, der zwei unterschiedlich große Augen besaß. Eines hatte einen Durchmesser von 8 Zentimetern, das andere nur von 4,5 Zentimetern. Man nimmt an, daß dieser Tintenfisch sich in der Tiefsee mit dem großen Auge an dem spärlichen Licht orientiert, das von oben kommt.

Wir beobachteten noch eine weitere Pottwaljagd, und bei dieser Gelegenheit wurde Jimmy Hodges von einem drei Meter langen Weißen Hai angeschwommen. Er schnupperte vielleicht einen halben Meter von Hodges Flossen entfernt, ohne daß dieser es merkte. Hass, der das sah, machte ihn durch Schreien auf die Gefahr aufmerksam. Hodges drehte sich um und boxte dem Hai mit der Kamera auf die Schnauze, woraufhin dieser zu Hass schwamm, der nur eine winzige Fotokamera dabeihatte. Aber es gelang den beiden, den Hai abzuweisen. Er folgte nachher

noch lange in engen Kreisen unserem Boot. Ich sah zum erstenmal einen Hai aus nächster Nähe und auch die schönen gestreiften Lotsenfische, die ihn begleiteten.
Ich und die anderen Tauchunerfahrenen durften damals noch nicht ins Wasser. Unsere Tauchabenteuer begannen erst in der Karibischen See. Auf dem Weg dorthin erlebten wir am 8. Oktober in der Nacht vor der Insel Teneriffa wieder einen außergewöhnlich heftigen Sturm mit böigen Winden, die zum Teil Windstärke 10 bis 11 erreichten. In der Nacht zum 9. gab es einen wahren Hexentanz, und es konnte keine Rede davon sein, in den Hafen der Insel einzulaufen. So mußten wir die »Xarifa« gegen den Wind stellen und, langsam mit Motorkraft gegen ihn anfahrend, ausharren. Wir waren ziemlich durchgerüttelt, als gegen 21 Uhr über Amateurfunk die Nachricht für mich eintraf: »He has got a son!« Professor Ankel hielt eine kleine Ansprache. 53 cm lang, 7,5 Pfund schwer mit dunklen Haaren - ein Grund zum Feiern! Und das haben wir trotz der Schaukelei ausgiebig getan.
Auf Teneriffa hielten wir uns nicht lange auf. Ich nutzte die Zeit, um die berühmten Drachenbäume anzuschauen und weit hinaufzufahren auf den 1500 Meter hohen Vulkan Pico de Teide. Danach überquerten wir in zügiger Fahrt mit dem Passat den Atlantik. Am 30. Oktober ankerten wir im Hafen der kleinen Karibikinsel Saint Lucia. Hier erfuhr ich zum erstenmal den Zauber einer Tropeninsel. Auf ihr leben vor allem Schwarze, Nachfahren früherer Sklaven englischer Herren. Ihre Landschaft wird von üppigen Urwäldern und Bergen geprägt. Abends war die Luft erfüllt vom zarten Glockengeläut der Antillenfrösche (Eleutherodactylus martinicensis) und den tiefen Rufen der Riesenkröten (Bufo marinus). Eine Unmenge von Leuchtkäfern ergoß sich wie ein Funkenregen über die Landschaft.
Das erste, was ich tat, war, auf Froschjagd zu gehen. Meine frühe Prägung brach durch. Nur dauerte es lange, bis ich Erfolg hatte, denn es piepte zwar von allen Seiten, aber immer, wenn ich nahe herangekommen war, hörten die Kerle auf zu rufen. Ich suchte außerdem zunächst an der falschen Stelle, nämlich auf dem Boden, bis mir die Erleuchtung kam, daß die Sänger auf

den Blättern saßen. Antillenfrösche laichen an Land ab, und die Eier entwickeln sich innerhalb weniger Tage zu Fröschen und lassen dabei das sonst übliche Stadium der Kaulquappe aus. Wir blieben nur kurz auf St. Lucia, um neuen Proviant zu laden, und wollten so schnell wie möglich weiter nach Los Roques, einer Inselgruppe vor Venezuela, die sich durch besonders schöne Korallenriffe auszeichnet. Hier sollte unser Tauchabenteuer beginnen.

Am 4. November entdeckten wir vormittags am Horizont den Felsen, nach dem die Inselgruppe benannt ist. Allmählich nahmen seine Umrisse Form an, und dann konnten wir auch kleine, vorgelagerte flache Inseln erkennen mit weißem Korallensand und niederem Buschwerk. Wir ankerten im Schutz eines solchen Eilands. Es war 600 Meter lang und gut 200 Meter breit. Noch am selben Nachmittag zog ich los, mit Maske, Schnorchel und Flossen, um mir die Korallenriffe anzusehen, sowie mit festem Schuhwerk und Proviant, um die Insel zu erforschen.

Die kleine Insel beherbergte mehrere Lebensgemeinschaften. Am Ufer hatte die Brandung einen Wall aufgeworfen, der höher als die Insel war und damit eine Art natürlichen Damm bildete. Dieser Wall bestand aus von der Brandung herangeschwemmten Korallentrümmern unterschiedlicher Größe: aus Bruchstücken von Muscheln, Schneckenschalen, Schwämmen, Fächern von Hornkorallen und dergleichen mehr. Nur an einer ruhigen, leicht eingebuchteten Stelle ging der Sandstrand ohne Wall ins Meer über. Die Insel war im wesentlichen aus Korallengeröll und grobem weißem Sand aufgebaut. Auf dem ufernahen Saum des flachen Bodens wuchs ein niedriges, sukkulentes Kraut. Die Osthälfte der Insel bedeckte eine sonnenverbrannte, schüttere Wiese. Das harte Gras wuchs in kleinen Büscheln, und zwischen ihnen trat der weiße Sandboden zutage. Hornkorallen verrieten, daß die Trockenwiesen bei Stürmen weitgehend überschwemmt werden. Vereinzelt standen hier auch niedere Büsche. Im Westteil fand ich Mangroven.

Auf den Trockenwiesen lebten zahlreiche schwarze Renneidechsen (Cnemidophorus lemniscatus nigricolor). Ihre Farbe ist eine Anpassung an die starke Sonnenbestrahlung. Dieses

Phänomen nennt man »Inselmelanismus«, und man kennt es auch aus anderen Regionen. Die Reptilien waren scheu und flüchteten sofort unter Korallenblöcke oder in Erdlöcher. An einer Stelle wuchsen mehrere große Kugelkakteen, etwa mit den Maßen von Zuckermelonen, über und über mit langen, festen Stacheln bewehrt. In einem kleinen, von hohen Mangrovenbüschen umstandenen Salzwassersee fischten Reiher, kleine graue Ibisse und andere Vögel.

Als ich zum Ausgangspunkt meiner Exkursion zurückkam, wo ich unter einem kleinen Busch meinen Proviant in einem Papierbeutel abgelegt hatte, entdeckte ich einen weiteren Landbewohner: den Einsiedlerkrebs Coenobita. Einige von ihnen hatten den Beutel zerfleddert und sich über meinen Proviant hergemacht. Sie waren gerade dabei, die spärlichen Reste meiner Bananen und Orangen zu vertilgen. Offenbar hatte sie deren Geruch hervorgelockt, denn sonst hatte ich auf der Insel keine Einsiedlerkrebse gesehen. Als ich aber begann, Steine umzudrehen, sah ich, daß unter jedem größeren Dutzende der kleinen Krebse den heißen Tag überdauerten. Unter einem Treibholz fand ich siebzig von ihnen! Sie steckten in den bunten Häusern der Trochusschnecken. Erschreckt zogen sie sich in ihre unterschiedlich viel Platz bietenden Gehäuse zurück und verschlossen mit einer großen violetten Schere und einem roten Schreitbein deren Öffnungen. Ich verstaute einige in einem Beutel, um sie an Bord in ein Terrarium zu setzen. Auf dem Boot ließ ich sie erst einmal in dem Beutel, um pünktlich am Abendessen teilzunehmen. Kurze Zeit darauf wurde ich in den Decksalon gerufen - da marschierten meine Krebse vergnügt umher. Umgehend packte ich sie ins Terrarium.

Am 5. November unternahm ich den ersten Ausflug mit dem Sauerstoffkreislaufgerät. Es handelte sich dabei um eine spezielle Apparatur. Aus einer kleinen Sauerstoffflasche füllte man nach Bedarf durch Druck auf einen Knopf einen Atemsack auf dem Rücken, der durch einen Schlauch mit einem Mundstück verbunden war. Durch dieses atmete man nicht nur ein, sondern auch aus. Ein Ventil sorgte dann dafür, daß die verbrauchte Luft durch einen zweiten Schlauch wieder in den Atemsack zurückgeblasen wurde. Dabei passierte sie eine Kalipatrone, die

das Kohlendioxid aufnahm und band, so daß die Luft wieder atembar wurde. Dieses Kreislaufgerät hatte den großen Vorteil, daß man keine Luftblasen ins Wasser abgab und die Fische nicht verscheuchte. Auch ließ sich der Atemsack in jeder Tiefe so tarieren, daß er einen wie eine Schwimmblase trug. Er hatte allerdings seine Tücken. Ganz abgesehen davon, daß das Gerät gefährlich war, wie später leider zu berichten sein wird, hielten die Mundstücke nicht immer dicht.
Erwartungsvoll stieg ich aus dem kleinen Beiboot, mit dem wir an eine schöne Riffstelle gefahren waren, und - war schnell wieder oben mit dem Mund voll Seewasser. Ich schluckte brav, aber es schmeckte mir nicht besonders. Lotte Hass im Boot meinte, das seien nur Faxen, und erklärte mir, daß ich den Mund richtig um das Mundstück schließen müsse, und schickte mich wieder hinunter. Aber es waren keine Faxen, ich kam gleich wieder hoch. Daraufhin probierte Hans Hass das Gerät aus und schluckte auch. Ich bekam ein anderes und konnte nun das Erlebnis genießen.
Wir schwammen in ein zum Teil abgestorbenes Elchhornkorallenriff hinab. An den ausladenden Stöcken wimmelte es von Fischen. Die meisten waren mir unbekannt, nur die Papageifische, die an den Korallen knabberten, identifizierte ich auf Anhieb, und dann die häufig vorkommenden kleinen Riffbarsche. Ich schaute gerade zu, wie einer von ihnen einen Papageifisch, der um ein Vielfaches größer war als der Barsch, in die Schwanzflosse zwickte, weil er in seinem Revier weidete, da deutete Jimmy Hodges mit der Hand in eine Richtung, und ich sah meinen ersten großen Hai unter Wasser, und dann noch einen. Sie näherten sich uns neugierig und keineswegs aggressiv. Jimmy stieß einen Ruf aus, und fort waren die Haie. Später sagte Hass, wir würden hier Haie nicht oft beobachten können. Er habe bei seiner ersten Expedition in die Karibik viele Wochen ergebnislos nach ihnen gesucht. Mir haben die Haie gut gefallen. Auffällig war, daß die umgebenden Fische sie ignorierten. Ich habe dann Haie bei den Galápagosinseln und im Indischen Ozean genauer kennengelernt und mit ihnen experimentiert - aber darüber später.
Nachdem die Haie verschwunden waren, saß ich etwas nach-

denklich inmitten dieses eindrucksvollen bunten Fischgewimmels. Mir kamen Bedenken: Würde ich mich hier in so kurzer Zeit zurechtfinden? Und vor allem: Ich war als Wissenschaftler auf dieser Expedition. Welche verhaltenskundlichen Fragen konnte ich in diesem prächtigen Durcheinander aufgreifen? Wie die in mich gesetzten Erwartungen erfüllen? Ganz wohl war mir nicht.
Die Ratlosigkeit unter Wasser aber währte nur kurz, dann kam das Problem angeschwommen. Ein großer, grauer Zackenbarsch (Epinephelus striatus) näherte sich mit langsamen Bewegungen seiner lappigen Brustflossen. Über einem Korallenblock, etwa eineinhalb Meter vor mir, legte er eine Pause ein. Und prompt tauchten mehrere kleine Fisch auf und begannen, den Körper des Raubfisches abzusuchen. Der öffnete weit das Maul und spreizte die Kiemendeckel ab. Einer der kleinen Fische schlupfte unter den Kiemendeckel und zupfte an den Kiemen herum, ein anderer verschwand im Maul. Der Barsch verharrte ruhig, als hätte ihn ein Gähnkrampf befallen. Die kleinen Fische - ich bestimmte sie später als Neongrundel (Elacatinus oceanops) - schwammen ungeniert durch sein Maul und seine Kiemen ein und aus, andere suchten die Körperoberfläche ab. Bei genauerem Hinsehen erkannte ich, daß die Kleinen offenbar parasitische Krebse, Fischläuse gewissermaßen, suchten, und ich sah des weiteren, daß der Zackenbarsch sich mit diesen Putzern auf einfache Weise verständigen konnte. Wollte er durchatmen, dann schloß er das Maul zur Hälfte und öffnete es wieder weit. Auf dieses Zeichen hin verließen die Neongrundeln das Maul des Zackenbarsches. Dann klappte er noch kurz mit den Kiemendeckeln, und die dort Putzenden kamen wieder zum Vorschein. Wollte er weiterschwimmen, dann schüttelte er kurz den Körper einige Male, und die Grundeln kehrten zu ihrer Wohnkoralle zurück, um auf den nächsten Fisch zu warten. Ich sah in bunter Folge Drückerfische, Seebarben, große Lippfische und andere zur Koralle kommen, die offenbar so etwas wie eine Barbierstube im Riff war. Ich hatte die Putzsymbiose entdeckt!
Ich studierte diese erstaunliche zwischenartliche Beziehung, über die es, wie ich später beim Literaturstudium feststellte, nur

ein paar verstreute Hinweise gab, die sich auf die Tatsache bezogen, daß Fische gelegentlich aneinander herumpicken. Daß es sich um eine wichtige, regelmäßige Partnerschaft im Riff handelt, bei der sich einzelne Fische auf das Putzen spezialisiert haben und sie mit dem Wirt kommunizieren - das hatten die Meeresbiologen noch nicht erkannt. Ich prägte damals die Begriffe »Putzer« und »Putzsymbiose«. Ich beschrieb, welche Arten als Putzer tätig sind und wie Putzer und Wirt sich miteinander verständigen.[40]

Auf der zweiten »Xarifa«-Expedition 1958 konnte ich dann im Indischen Ozean mein Wissen über Putzsymbiosen vervollständigen und auch einige bemerkenswerte Unterschiede zur Karibischen See feststellen. Während es dort noch eine Reihe von Putzern verschiedener Art gab, von denen die Neongrundeln auf dieses Gewerbe spezialisiert zu sein schienen und die anderen nur gelegentlich putzten, lebt im Indischen Ozean ein Fisch (Labroides dimidiatus), der ausschließlich diesem Gewerbe nachgeht. Ich habe diesen Putzerfischen des Indischen Ozeans und ihren Wirten viele Stunden zugesehen und dabei Interessantes beobachtet. Fische, die geputzt werden wollen, stellen sich oft in auffälliger Haltung regungslos über den Putz-

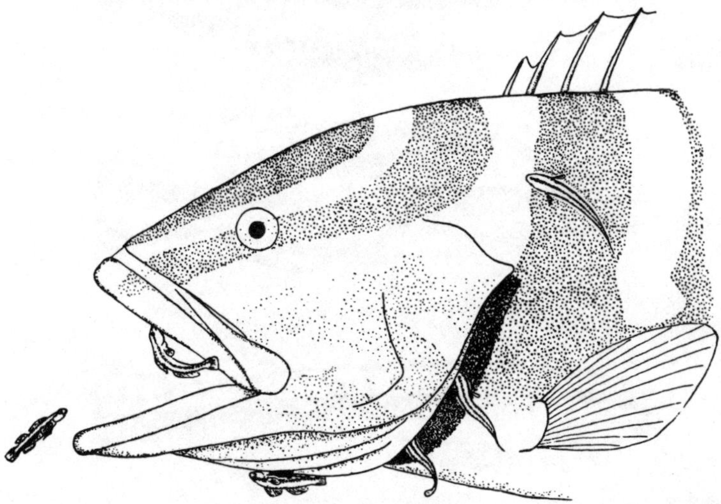

Der Kopf eines Zackenbarsches wird von Neongrundeln geputzt.

stationen auf. Einige dunkelgefärbte Arten, wie die Nasenfische der Gattung Naso, wechseln in ein helles Farbkleid, so daß die parasitischen Krebse besser sichtbar werden für den Putzer. Indem sie das Maul öffnen, die Kiemendeckel abheben und die Flossen spreizen, signalisieren sie dem Putzer ihre Bereitschaft, sich putzen zu lassen, und machen ihm den Körper zugänglich. Hatten die Fische vom Putzen genug, dann signalisierten sie dies auf die gleiche Weise, wie ich sie für die Karibik beschrieben habe. Die Putzerlippfische teilten ihrem Wirt immer mit, wo sie putzten, indem sie diese Stellen mit den Bauchflossen fein in schnellem Rhythmus alternierend betasteten. Manchmal luden sie einen Fisch zum Putzen ein durch einen speziellen »Putzertanz«, ein auffälliges Wippschwimmen. Auch uns Taucher forderten sie so auf. Sie wippten vor uns und vor großen Fischen besonders auffällig und aufgeregt, als wollten sie deutlich machen, daß sie Putzer seien, um nicht gefressen zu werden.

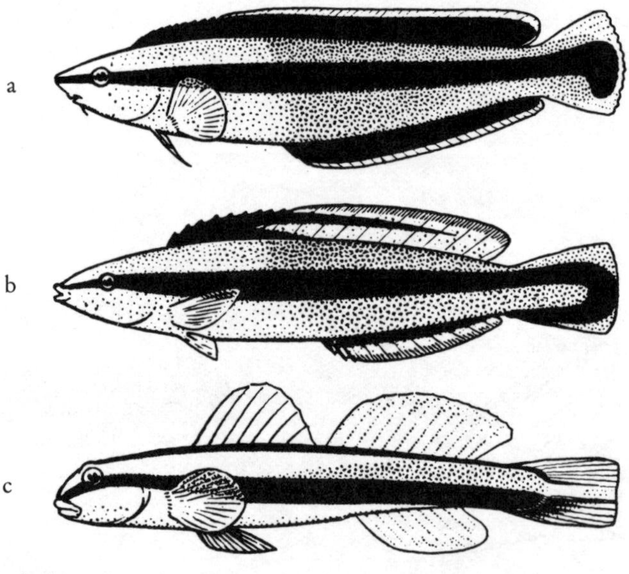


Nachahmer (a) und Putzer (b: Labroides, c: Elacatinus).
Blaue Stellen erscheinen punkiert.

Der längliche blaue Putzerlippfisch Labroides ist auffällig gefärbt. Er trägt einen schwarzen Streifen an beiden Körperseiten. Nur wenige Arten konkurrieren mit diesem deutlich uniformierten Fisch um die Planstelle fürs Putzen. Es gibt aber einen interessanten Nachahmer, den Säbelzahnschleimfisch (Aspidontus taeniatus). Er besitzt die gleiche Uniform, und ich verwechselte ihn zunächst mit dem Putzerlippfisch Labroides, nur fiel mir auf, daß die Wirtsfische flohen, wenn manche »Putzer« sich ihnen näherten. Als ich dann einen dieser vermeintlichen Putzer fing und er mich so heftig in den Finger biß, daß dieser stark blutete, wußte ich, daß ich es mit einer anderen Fischart zu tun hatte. Ich verstand bald, was der Fisch mit seiner Mimikry bezweckte. Es war ein Räuber, der anderen Fischen aus Haut, Kiemen und Flossen Stücke herausbiß. Um nahe an seine Opfer heranzukommen, bediente er sich der Tarnung. Er ahmte nicht nur die Putzeruniform nach, sondern auch den Putzertanz.[41]

Über Putzsymbiosen ist in der Zwischenzeit viel beobachtet und gearbeitet worden.[42] Heute wissen wir, daß die Putzerfische wichtige Aufgaben erfüllen. Fängt man sie von einem Riff weg, dann verödet dieses. Viele Fische wandern ab, und diejenigen, die bleiben, verpilzen und leiden an Parasiten. Inzwischen sind weitere Putzer entdeckt worden, zum Beispiel Putzergarnelen. Das Phänomen, auf das ich damals stieß, ist weltweit verbreitet.

Auch Bewohner der Hochsee besuchen Putzstationen im Riff, um sich von Parasiten säubern zu lassen. Auf der zweiten »Xarifa«-Expedition beobachteten wir im Riffkanal des Addu-Atolls der Malediven, wie mehrere Riesenmanta über einem Korallenblock von mehreren Metern Durchmesser kreisten. Wie Raumschiffe waren diese gewaltigen Rochen aufgetaucht. Über dem Korallenblock bremsten sie ihre Geschwindigkeit, und Dutzende von Lippfischen schwammen zu ihnen hoch und suchten den Körper der Rochen ab. Diese öffneten auch ihre Kiemenspalten weit und gewährten so den Putzertrupps Einlaß. Haie werden ständig von Putzern begleitet. Der Schiffshalter, der sich mit seiner zum Saugnapf umgestalteten Rückenflosse auch am Hai festsaugen und so ohne Kraftaufwand

mitreisen kann, sucht den Raubfisch nach Egeln ab, die sich besonders in seiner Kiemenregion festsetzen. Als unser Ingenieur auf der zweiten Expedition, Kurt Hirschel, einmal nahe der vor einer Malediveninsel ankernden »Xarifa« im Meer badete, näherte sich ihm ein Schiffshalter. Er suchte wohl »Anschluß«, da er ohne Hai war. Und bot auch gleich seine Dienste an: Aufmerksam erkundend schwamm er an Hirschels Körper auf und ab. Dem machte es zunächst Spaß, bis ihm der Schiffshalter, wohl im Glauben, einen fetten Egel gefunden zu haben, fest in eine Brustwarze biß. Da er die Attacken hartnäckig wiederholte, war Hirschel schnell aus dem Wasser. »Der hat ein Maul wie ein Reibeisen«, erklärte er uns atemlos.
Aber zurück zur ersten Expedition. Am 9. November 1953 schrieb ich meiner Frau:

»Von meinen submarinen Beobachtungen ist zu melden, daß ich recht gut vorwärtskomme. Langsam klärt sich die Fülle. Gestern beobachtete ich genau an derselben Stelle wie vorgestern in einer kleinen Grotte. Ich war überrascht, genau dieselben Fische wie vortags dort an denselben Stellen zu finden. Dort war ›mein‹ kleiner Kofferfisch, da saß jener gelbflossige Zackenbarsch, und genau um dieselbe Zeit schwamm ein schöner grauer Grouper vorbei. Es ist so wunderschön, und mit dem Pullover friere ich schon weniger. Das Tauchgerät ist mir schon ganz vertraut, die Flossen auch, und so gleite ich, halb ein Fisch, schwerelos durch diese zauberhafte Welt. Ich kann mit meinem Sauerstoffgerät meine Schwere regeln (der Rückensack fungiert als richtige Schwimmblase) und so in jeder Tiefe im Wasser schweben. Eine kleine Grundel macht mir Spaß. Die lebt auf ihren Korallen und läßt sich um nichts in der Welt davon verscheuchen. Schwimmt ein großer Fisch vorbei, so schwimmt sie auf ihn los, läuft seinen Kopf entlang, über die Schnauze und frißt dort etwas. Sie scheut sogar das Maul der räuberischen Grouper nicht und wird komischerweise nicht verschlungen. Ein zähneputzender Fisch - den schaue ich mir näher an.«

Ich verfolgte aber auch andere zwischenartliche Vergesellschaftungen. Hass wies mich zum Beispiel auf den reitenden Trompetenfisch hin. Der lange, stabförmige Fisch schwimmt oft auf dem Rücken von Papageifischen dahin. Hass hatte das als erster beschrieben, aber es war offengeblieben, warum der Fisch dies tut. Hass meinte, der Fisch könnte sich zu tarnen versuchen, um so an seine Beute heranzukommen. Ich beobachtete anfangs, daß nur die Trompetenfische, deren Kopf einen bläulichen Schimmer aufwies, andere Fische anschwammen und dann an ihnen herabglitten, als würde es sich um eine sexuelle Annäherung handeln. Aber meine interessante Hypothese von der sexuellen Verirrung des Trompetenfisches mußte ich bald korrigieren. Vielmehr schließt er sich größeren Fischen an, um sich über ihnen zu verstecken. Wenn etwa die Papageifische fressen, dann lockt das kleine Fische herbei, und die schnappt der Trompetenfisch sich dann aus seiner Deckung heraus.

Diese Beobachtungen gelangen mir schon in den Riffen von Bonaire, unserer nächsten Station. Davor lag allerdings ein mehrtägiger Aufenthalt im Hafen des venezolanischen La Guaira. Die Hafenpolizei hielt uns dort fest, weil wir es ver-

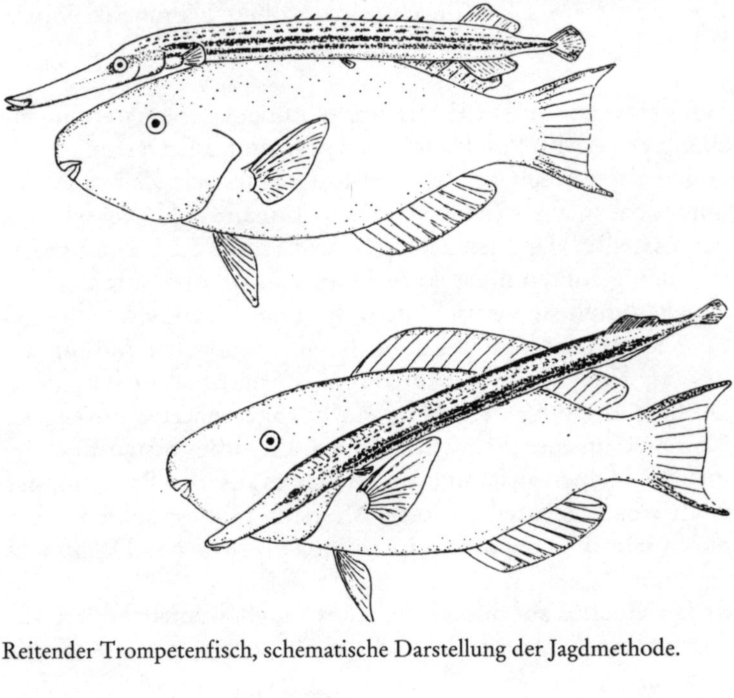

Reitender Trompetenfisch, schematische Darstellung der Jagdmethode.

säumt hatten, eine Genehmigung für das Tauchen in Los Roques einzuholen. Bis sich die überflüssige Aufregung in Wohlgefallen auflöste, bot sich uns die Möglichkeit, auf Landexkursionen Eindrücke vom südamerikanischen Kontinent zu sammeln. Ich sah meine ersten Kolibris und im Museum in Caracas Aufnahmen von Yanomami-Indianern, mit denen eine Expedition zum oberen Orinoko soeben Kontakt aufgenommen hatte. Ich stellte mir vor, wie schön und wie spannend es wäre, diese Menschen kennenzulernen. Sechzehn Jahre später sollte sich dieser Wunsch erfüllen.

Am 19. November ankerten wir vor der niederländischen Antilleninsel Bonaire. Sie bedeckt eine Fläche von 281 Quadratkilometern. Ihre höchste Erhebung ist der Monte Brandaris mit 240 Metern. Ihr vorgelagert ist die flache Insel Klein-Bonaire. Bonaire hatte damals etwa 7000 Einwohner, die meisten lebten in dem kleinen Städtchen Kralendijk. Die Insel ist trocken, Kandelaberkakteen und vom Wind in eine Richtung gekämmte niedrige Diwidiwibäume bestimmen das Landschaftsbild. Bonaire ist vor allem durch seine großen Flamingokolonien bekannt und darüber hinaus durch die Korallenriffe an seiner Küste.

Hans Hass hatte hier 1939 als junger Student seine ersten Tauchabenteuer erlebt. Voll Freude und gespannter Erwartung stand er damals an Deck, als die Insel auftauchte. Sein Zelt schlug er unter dem einzigen Baum von Klein-Bonaire auf. Aber wie sich herausstellte, war er ein eher unerwünschter Gast. Die Einheimischen glaubten nicht so recht an sein lauteres Interesse am Tauchen, und sie verdächtigten ihn und seine Gefährten, daß sie gekommen seien, um die Riffe auszuforschen und mit U-Booten Kontakt aufzunehmen, also Spionage zu betreiben. Diesmal allerdings war Hass ein hochgeschätzter Ehrengast. Man hieß uns herzlich willkommen. Einer der ersten Besuche galt der kleinen Insel und der Stelle, an der der Baum immer noch stand. Ich habe diesen Moment photographiert, aber durch eine Fehlentwicklung ging das historische Dokument verloren.

In den Wochen auf Bonaire haben wir täglich getaucht. Ich studierte meine Putzerfische und das Schwarmverhalten der Fi-

sche im freien Wasser und fand im Lauf der Zeit heraus, wozu dieses auffällige Verhalten diente. Es handelt sich um eine Anpassung gegen Raubfische. Das mag zunächst verwunderlich erscheinen, denn man meint, wenn so viele Fische gemeinsam auftreten, dann müßte es einem Raubfisch leichtfallen, aus dem vollen zu schöpfen. Diese Vermutung trifft aber nicht zu. Raubfische fixieren nämlich vor dem Zuschnappen ein bestimmtes Opfer, nähern sich ihm dann und reißen es schließlich mit einer Art Saugschnappen ins Maul. Wenn Beutefische im Schwarm durcheinanderschwimmen, dann sieht sich der Räuber mit einer Vielzahl von wechselnden Zielpunkten konfrontiert. Er kann kein bestimmtes Opfer ins Auge fassen, und dieser »Konfusionseffekt« ist es, der den einzelnen im Schwarm schützt.[43] Ich habe beobachtet, wie Stachelmakrelen Anchovis jagen. Sie umkreisen den Schwarm im Trupp und versuchen, einzelne Tiere abzusprengen. Einmal vom Schwarm isoliert, werden sie mühelos fixiert und erbeutet.
Neben unseren Forschungsarbeiten halfen wir Hans Hass bei seinen Unterwasseraufnahmen als Akteure in verschiedenen Rollen. Wir probierten bereits in den ersten Tagen unsere Unterwasserscheinwerfer aus. Wasser filtert bekanntlich alle roten Farbtöne aus, so daß alles in einem bläulichen Licht erscheint. In wenigen Metern Tiefe wird Rot als Braun und noch tiefer als Schwarz wahrgenommen. Mit unseren großen Scheinwerfern, die über Kabel vom Schiff mit Strom versorgt wurden, beleuchteten wir die Korallenstöcke. Sie erstrahlten in den buntesten Farben - Rot, Violett, Gelb -, vor allem die Höhlen und abgestorbenen Teile der Korallen, wo Schwämme und andere Tiere wuchsen. Diese bunte Palette wollte Hass im Film festhalten.
Wir schauspielerten auch, und das war für Kameraleute und Akteure keine leichte Aufgabe. Zunächst wollte das Wetter nicht immer so, wie wir es wünschten. Es war windig, große Wolken zogen über den Himmel und verdeckten die Sonne. Wir brauchten aber die Sonne, da ein Farbfilm eine geringere Lichtempfindlichkeit aufweist als ein Schwarzweißfilm. Hass sprach an Bord die geplanten Sequenzen durch. Er zeichnete sie sich auf einer Aluminiumtafel auf, die er unter Wasser mit-

nahm. Dann tauchten wir ins Riff hinunter. Oben auf dem Schiff hatte Xenophon die Aufgabe, uns zu melden, wenn ein großes Wolkenloch zu erwarten war. Dann ließ er als Zeichen an einem Seil eine kleine Stahlflasche zu uns herab. Daraufhin begannen wir unsere Aktion.

Eine der ersten Szenen, in denen wir uns als Filmschauspieler erprobten, zeigte, wie Scheer und ich uns vor einem Hai in eine Höhle zurückzogen, um dann daraus herausschauend das Ereignis zu »kommentieren« - wir sollten so tun, als könnten wir unter Wasser sprechen. In Wirklichkeit gaben wir unartikulierte Laute von uns. Man möchte meinen, das sei eine einfache Filmszene gewesen, aber einmal schwammen wir zu schnell, einmal zu langsam, dann verschwand die Sonne im entscheidenden Augenblick, oder ich stieß an eine Koralle und wühlte alles auf - kurz: Es war zum Verzweifeln, sowohl für Hans Hass als auch für uns. Wir hatten damals keine Tauchanzüge, sondern versuchten uns gegen die Kälte durch Pullover zu schützen. Aber nach einer halben Stunde froren wir jämmerlich, zumal wenn wir untätig auf das Erscheinen der Flasche warteten, die die Sonne ankündigte. Aber schließlich klappte es.

In dieser Höhle lebte übrigens ein großer Zackenbarsch, der überhaupt nicht scheu war und mit sichtlichem Interesse beobachtete, wie wir in seine Behausung hinein- und hinausschwammen. Er war so zahm, daß ich ihn anschließend am Kiemendeckel und an den Seiten mit den Fingerspitzen streicheln konnte. Das akzeptieren Fische interessanterweise, wohl weil sie körperliche Kontakte von Artfremden durch die Putzer gewohnt sind.

Einmal hatten Scheer und ich die Aufgabe, einen großen Spiegel im Riff abzusetzen. Das Experiment sollte im Film zeigen, wie Fische ihr Spiegelbild als fremden Artgenossen bekämpfen. Wir mußten also den Spiegel absetzen, uns darin betrachten, einen kurzen »Kommentar« fingieren und uns dann zurückziehen, um das Feld den Fischen zu überlassen. Aber auch dieser Auftrag erschien einfacher, als er war. Wir schwebten mit dem Spiegel hinunter, setzten ihn im Riff ab, sagten unseren Spruch auf und - hörten schon das »Umpf, Umpf,

Umpf« hinter uns, mit dem Hass sich bemerkbar machte. Aha, wir hatten irgend etwas falsch gemacht, also retour an die Oberfläche. Dort erklärte uns Hass, daß wir zu schnell gewesen seien. Das hieß, noch einmal tauchen, Spiegel nehmen, mit ihm ein Stück weg- und dann wieder zum Riff zurückschwimmen. Wieder »umpf, umpf, umpf« - diesmal hatten wir den Spiegel nicht schön seitlich herangebracht und ihn daher beim Schwimmen verdeckt. Noch ein Anlauf, aber nun war plötzlich die Sonne weg. Es war wie verhext! Nach dem x-ten Mal setzten wir den Spiegel etwas zu fest im Riff auf. Erschrocken sah ich, wie zwei Sprünge von unten quer durch das Glas liefen und die drei Spiegelteile in sich zusammensackten. Ich erkannte im zersplitternden Spiegel, wie Hans Hass entsetzt seine Hände ausbreitete. Aber die Fische bekämpften ihr Spiegelbild auch in den Scherben, und so wurde es dann doch eine aufschlußreiche Szene.

Ich machte mehrere Ausflüge auf die Insel und sammelte Renneidechsen (Cnemidophorus) und kleine Frösche (Pleurodema brachyops), die ich in einem Terrarium lebend nach Hause bringen wollte. Deshalb hatte ich Lorle gebeten, mir als Futter Mehlwürmer zu schicken. Sie tat es, und ich erfuhr von der glücklichen Ankunft der Sendung durch einen erschreckten Ausruf von Lotte Hass, die zwischen Paketen und Briefen mehrere herumkrabbelnde Würmer entdeckt hatte. Sie beschwerte sich bitter über die unhygienischen Verhältnisse bei der Post. Ich tat ebenfalls erstaunt und befremdet und steckte das leicht beschädigte Päckchen unauffällig weg.

Am 14. Dezember segelten wir nach Curaçao, um nach einem kurzen Stopp dort die Reise nach Galápagos anzutreten. Unterwegs legten wir noch ein Pause in Panama ein. Ich nutzte sie für nächtliche Exkursionen in den Regenwald, während die anderen das Nachtleben von Colón genossen. Um mich nicht zu verlaufen, watete ich, mit einer Taschenlampe ausgerüstet, in den bauch- bis brusttiefen kleinen Wasserläufen. Ich fing Helmbasilisken, die in den Büschen über dem Wasser schliefen. Aufgeschreckt sprangen die Jungtiere auf die Wasseroberfläche herab und schossen dann aufrechtstehend auf ihr dahin, indem sie mit den Hinterbeinen so schnell gegen das Wasser traten, daß sie nicht einsackten. Ich erfuhr später, daß die Panamaer sie deshalb »Christuseidechsen« nennen. Ich sah in diesen Nächten grüne Leguane bei der Eiablage und einmal sogar ein grabendes Gürteltier. Durchgefroren, quatschnaß und müde, aber voller neuer Eindrücke, kam ich in den frühen Morgenstunden an Bord zurück.

# Galápagos

Ich kam mit großen Erwartungen nach Galápagos. Bei William Beebe hatte ich von den drachenähnlichen Meerechsen, den Landleguanen, von Elefantenschildkröten und Seelöwen gelesen. Von Bussarden, die so zahm sein sollten, daß man sie berühren konnte, und von einer faszinierend wilden Landschaft. Ist man so hoffnungsvoll eingestimmt, dann enttäuscht einen oft die Wirklichkeit. Meine Phantasien aber wurden übertroffen.

Wir hatten eine gute Jahreszeit gewählt. Die Sonne strahlte zumeist aus einem blauen Himmel, und der warme Äquatorialstrom hatte den kalten Humboldtstrom nach Süden abgedrängt. Nur zum Tauchen war es stellenweise noch recht kühl. Galápagos war für mich eine Liebe auf den ersten Blick, und sie hat sich auf den zehn Galápagosreisen, die ich bis heute unternommen habe, nicht abgeschwächt, sondern vertieft.[44]

Die ersten großen Eindrücke sammelte ich im Süden des Archipels. Wir ankerten im Norden der Insel Española vor der winzigen Insel Osborn. Als das Rasseln der Ankerkette verklungen war, hörten wir das heisere »Ou-ou«-Gebrüll eines Seelöwenbullen und den vielstimmigen Chor blökender Jungtiere und Weibchen durch das Rauschen der Brandung. Wir konnten sie vom Schiff aus sehen. Viele Weibchen und Jungtiere lagerten zwischen den Felsen auf dem flachen Teil der Insel, die sich wie eine Zunge gegen Española erstreckt. Andere tummelten sich in der Brandung und vergnügten sich mit Wellenreiten. Sie schwammen von hinten auf eine anrollende Wellenfront und ließen sich auf ihrem Kamm bis vor die Küste tragen. Bevor die Welle sich brach, tauchten sie unter ihr durch, schwammen wieder hinaus und begannen das Spiel von neuem. Im Seichten saß ein Weibchen, das immer wieder einen Stein in die Luft warf und mit dem Maul auffing, und vor der Küste patrouillierte ein stattlicher Seelöwe auf und ab. Von ihm stammte das alles übertönende »Ou, ou, ou«. Ich konnte es kaum erwarten, auf der Insel abgesetzt zu werden.

In den ersten Tagen war ich damit beschäftigt, die Seelöwen zu beobachten. Dem Seelöwenbullen behagte dies weniger. Bereits bei der Landung hatte er etwas gegen mich. Ich mußte mit der Leine des Bootes an Land schwimmen, da die Brandung so stark war. Hein Becker hatte das Beiboot ein Stück vor der Brandung verankert, und ich sollte es mit dem Tau langsam zum Strand ziehen. Während ich mit dem Seil ans Ufer strebte, umkreiste mich der Seelöwe mit seinem heiseren Territorialruf, aber noch hatte er gottlob Respekt vor mir. Später, als ich mich allein in seiner Seelöwenkolonie aufhielt und als wir tauchten, griff er uns wiederholt an. Wir mußten aufpassen.

Ich habe über meine Beobachtungen bei den Seelöwen[45] in meinem Galápagosbuch ausführlich berichtet, daher möchte ich hier nur einiges herausgreifen. Bereits am ersten Abend lernte ich, daß Weibchen und Jungtiere einander persönlich am Ruf erkennen. Wenn ein Weibchen nach einem Ausflug ins Meer zu ihrem Jungen ans Ufer zurückkehrt, dann ruft es, und ihr Junges antwortet. »Bäh, bäh, bäh«, tönt es in allen Tonlagen vom Meer und vom Ufer her, und in diesem Stimmengewirr erkennen die Mütter ihre Jungen und umgekehrt diese ihre Mütter. Nur selten irrt sich ein Jungtier und watschelt grüßend zur falschen Mutter. Das bekommt ihm schlecht. Weibchen schnappen nach fremden Jungen, beißen sie auch und beuteln sie derb, wenn sie sie an einer Hautfalte erwischen. Begegnen sich Mutter und Kind am Ufer, dann begrüßen sie sich mit Geblöke, Schnauze gegen Schnauze, und pendeln aufgeregt mit dem Kopf, so daß die Nasen fast aneinander reiben.

Die Tage, die ich mit der Beobachtung der Seelöwen verbrachte, waren nicht nur erkenntnisreich - sie haben mir zudem größtes Vergnügen bereitet. Vor allem die drolligen Jungtiere, die sich in Spielgruppen im Seichten versammelten und unentwegt in Bewegung waren. Sie balgten sich, spielten mit Steinchen, und einmal auch mit meinen Flossen, die ich arglos am Ufer abgelegt hatte. Von da an war ich vorsichtiger.

Das Männchen vertrieb fremde Bullen, die sich ihm näherten. Er war aber nicht nur ein eifersüchtiger Pascha, sondern schützte auch die Jungen. Schwammen diese ins Meer hinaus, dann schnitt er ihnen den Weg ab und trieb sie ins Seichte zurück. Er verhinderte so, daß sie Haien zum Opfer fielen, die vor Seelöwenkolonien darauf warten, daß sich Jungtiere hinaus verirren. Ich sah hier und später auch an anderen Orten mehrere durch Haibisse Verletzte.

Die winzige Insel, vor der die »Xarifa« ankerte, erhebt sich mit einer steilen Böschung etwa 25 Meter über den Meeresspiegel und bricht an der Nordseite als steile Klippe zum Meer ab. Osborn ist offenbar ein Rest einer einst größeren Insel, die im Lauf der Zeit durch die Brandung abgetragen wurde. Die Vegetation war spärlich, einzig über der Gezeitenzone der schmalen Landzunge gediehen immergrüne Cryptocarpussträucher. In ihrem Schatten lagerten junge Seelöwen und einige Weibchen. Im ersten Drittel des Hangs wuchs eine der für Galápagos typischen Baumopuntien. Der senkrechte, unverzweigte braune Stamm war übermannshoch und verzweigte sich dann in mehrere Äste aus fleischigen, grünen Kakteen. Ein großer Kaktusfink (Geospiza conirostris) stocherte in einer Kaktusfrucht herum.

Der Fink kümmerte sich nicht im geringsten um mich, wohl aber tat dies eine Spottdrossel, die erwartungsvoll vor meinen Füßen ausharrte und zu mir heraufblickte. Ich lernte später, daß diese Spottdrosseln so zahm sind, daß sie auf dem Rand eines Bechers landen, den man in der Hand hält, und mittrinken. Beim Aufstieg in die nur schütter mit dürren Kräutern und Büschen bewachsene Halde aus lockerem Lavageröll besuchte mich ein Bussard. Er rüttelte über mir, kam näher, rüttelte wieder und setzte sich dann drei Meter von mir entfernt auf einen Felsblock. Wir haben uns neugierig angeschaut, dann wurde ich zudringlich, nahm ein Stöckchen und kitzelte ihn am Bauch. Er biß in das Stöckchen, flog aber nicht auf. Das war meine erste Begegnung mit zahmen Galápagosvögeln. Mich hat sie ungeheuer beeindruckt.

Von der oberen Kante der senkrechte Klippe im Norden hatte ich einen schönen Ausblick auf das Meer. Weit draußen sah ich einige große Fische und auch mehrere Haie. Auf den Felsen hockte wie ein Drache ein Prachtexemplar einer Meerechse. Aus William Beebes Erzählungen und von Photographien hatte ich diese Reptilien als düster gefärbt in Erinnerung. Aber diese schmückten leuchtendrot marmorierte Seiten, ein smaragdgrüner Rückenkamm und ein grünes Schädeldach. Ich habe mich mit den Echsen später befaßt und festgestellt, daß die bunte Meerechse eine eigene Inselrasse darstellt. Ich nannte sie Amblyrhynchus cristatus venustissimus (von »venustus«: »schön«).[46] Die Inselrasse von Española und den umgebenden Inselchen gehört in der Tat zu den schönsten Meerechsen des Archipels. Beim Abstieg begegneten mir dann noch einige Lavaeidechsen, die im Süden der Inselgruppe etwa dreißig Zentimeter lang werden. Auch sie zeigten wenig Furcht.

Wir lagen über eine Woche vor Osborn. Nach einem kurzen Aufenthalt auf Floreana umrundeten wir den Süden von Isabela. Wir besuchten mehrere Plätze dieser gewaltigen Insel und auch Fernandina bei Punta Espinosa. Dort stieß ich auf große Ansammlungen von Meerechsen. An manchen Stellen lagen sie zu Dutzenden eng gedrängt nebeneinander. Es war gerade Beginn der Paarungszeit, und die Männchen begannen, auf den Lavafelsen kleine Bezirke für sich und ihre Weibchen abzugrenzen. Sie verteidigten diese gegen Rivalen, und zwar auf ganz besondere Art.[47]

Kam ein Rivale in die Nähe, dann bedohte ihn der Revierinhaber zunächst. Dazu richtete er sich steif auf seinen vier Beinen auf und stelzte auf und ab vor dem Gegner, die Breitseite bietend, das Maul aufreißend und mit dem Kopf nickend. Dieses Verhalten konnte einen Rivalen davon abhalten, in das Revier einzudringen. Manchmal allerdings reichte es nicht aus. Dann standen die Echsen zunächst einander kopfnickend gegenüber. Nach kurzer Frontaldrohung kam es zum Kampf. Und obgleich die Rivalen in Beißintention mit offenem Maul gedroht hatten, bissen sie einander beim Kämpfen nicht. Sie stürzten aufeinander los, und kurz vor dem Zusammenstoß senkten sie den Kopf, so daß sie Schädeldach gegen Schädeldach aufeinanderprallten. Nun versuchte jeder, den anderen vom Platz zu schieben. Es konnte eine Weile dauern, bis dies gelang oder ei-

ner der Kontrahenten aufgab. Dann legte er sich in Demutsstellung flach vor dem Sieger hin, woraufhin dieser in Drohstellung darauf wartete, daß der Besiegte das Feld räumte.
Dieser Kampf der Meerechsen war also ein Turnier, das nach genauen Regeln ablief und in dessen Verlauf die Gegner ihre Kräfte maßen, ohne sich zu verletzen. Mit dieser Beobachtung wurden meine Interessen in eine neue Richtung gelenkt, und zwar auf die innerartliche Aggression und ihre verschiedenen Ausdrucksformen im ritualisierten und im Beschädigungskampf. Zu diesem Thema habe ich während der folgenden Jahrzehnte viel Material gesammelt, und ich erforsche es noch heute - nun natürlich bei uns Menschen.
Ich lernte aber nicht nur unberührte Natur kennen, sondern fand auch Zeichen der Zerstörung. Die großen Elefantenschildkröten, die den Inseln ihren Namen gaben, wurden von den Siedlern geschlachtet - an vielen Stellen sah ich die sonnengebleichten Panzerknochen. Amerikanische Thunfischjäger stellten den seltenen Pelzrobben nach und erschlugen auch Seelöwen. Ich war alarmiert, denn wenn das so weiterging, würde die einmalige Tierwelt der Inseln bald vernichtet sein. Angesichts dieser Gefahr konnte ich nicht unbeteiligter Chronist bleiben. Dazu waren diese Inseln als Laboratorium der Stammesgeschichte zu wertvoll.
Nirgendwo sonst auf der Erde wird einem das Wirken der Evolution so unmittelbar vor Augen geführt wie hier! Charles Darwin hatte hier die Eingebung, daß Arten einem Wandel unterworfen sind, als er die heute nach ihm benannten Finken sah. Diese kleinen, unscheinbaren Finken gleichen einander weitgehend, nur in ihrer Schnabelform unterscheiden sie sich auffällig. Darwin erkannte richtig, daß diese Ähnlichkeit kein Zufall ist, sondern Ausdruck natürlicher Verwandtschaft. Und er entwickelte den Gedanken, daß diese verschiedenen Arten von einer Form abstammen, die irgendwann die Inseln erreicht hat. Die natürliche Auslese hat dann verschiedene Anpassungstypen ausgeprägt, die als Insektenfresser, Kaktusfinken oder Kernbeißer dank ihrer unterschiedlichen Spezialisierung auf derselben Insel existieren, ohne miteinander zu konkurrieren. Gefördert durch die geographische Isolierung der verschiede-

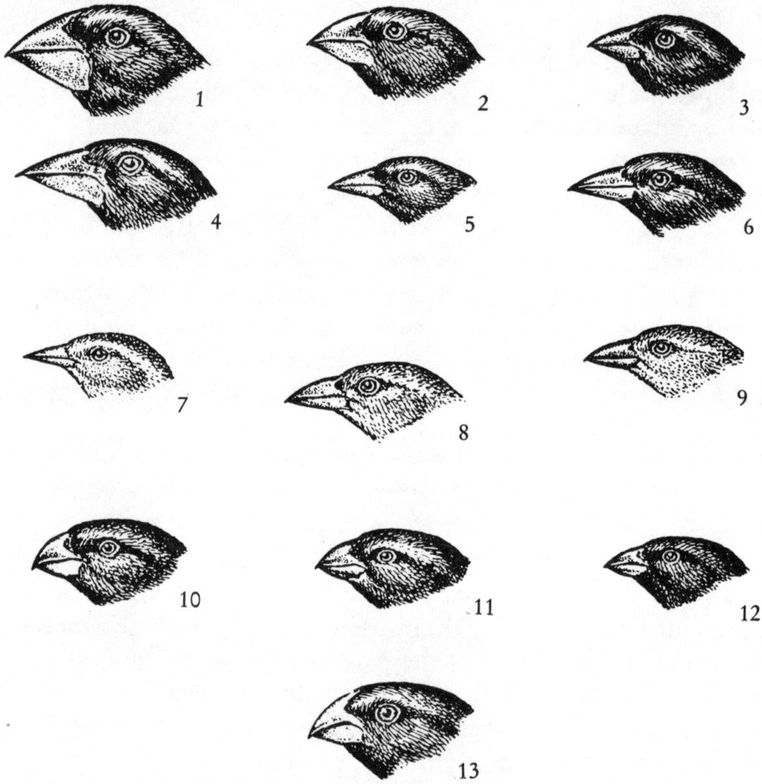


Schnabelform der Darwin-Finken

Gemischtköstler mit Bevorzugung von pflanzlicher Kost

1. Großer Grundfink: *Geospiza magnirostris;*
2. Mittlerer Grundfink: *Geospiza fortis;*
3. Kleiner Grundfink: *Geospiza fuliginosa;*
4. Großer Kaktus-Grundfink: *Geospiza conirostris;*
5. Spitzschnäbeliger Grundfink: *Geospiza difficilis;*
6. Kaktus-Grundfink: *Geospiza scandens.*

Insektenfresser

7. Insektenfressender Fink (Sängerfink): *Certhidae olivacea;*
8. Werkzeug benutzender Spechtfink: *Cactospiza pallida;*
9. Mangrovenfink: *Cactospiza heliobates.*

Gemischtköstler mit Bevorzugung von Insektennahrung

10. Großer Insektenfressender Baumfink: *Camarhynchus psittacula;*
11. Mittlerer Insektenfressender Baumfink: *Camarhynchus pauper;*
12. Kleiner Insektenfressender Baumfink: *Camarhynchus parvulus.*

Pflanzenfresser

13. Vegetarischer Baumfink: *Platyspiza crassirostris.*

nen Inseln, konnten sich die Finken in verschiedene Populationen aufspalten und schließlich in bestimmte ökologische Nischen einpassen. Darwin entdeckte damals auch die Wandelbarkeit der Schildkröten, die von Insel zu Insel verschiedene Panzerformen aufweisen.
Der Gedanke, die Lebenswelt der Inseln könnte durch die zunehmende Besiedlung zerstört werden, bedrückte mich. Ich entwarf daher nach Abschluß der Reise eine Denkschrift für die UNESCO und für die Internationale Union für Naturschutz in Brüssel (IUCN), in der ich auf die Gefahren hinwies und vorschlug, Reservate und eine biologische Station einzurichten. Diese solle die Naturschutzmaßnahmen vor Ort kontrollieren, um so das Gebiet vor der Zerstörung zu bewahren, und die Erforschung vor allem der bedrohten Arten vorantreiben. Ich schrieb außerdem an führende Zoologen wie Erwin Stresemann, Jean Delacour, Dillon Ripley und viele andere. Das Echo war höchst erfreulich. Die Adressaten interessierten sich für meine Vorschläge, diskutierten sie, und 1957 wurde ich von der UNESCO aufgefordert, eine Galápagosexpedition durchzuführen mit dem Ziel einer genauen Bestandsaufnahme. Gleichzeitig sollte ich nach einem Platz für eine biologische Station Ausschau halten und weitere Vorschläge für den Schutz der Fauna und Flora der Inseln erarbeiten.
Der kalifornische Zoologe Robert Bowman zeigte sich ebenfalls aufgeschlossen für meine Anregungen und bemühte sich darum, an der Expedition teilzunehmen. Auf Empfehlung von Dillon Ripley erkärte ich mich damit einverstanden. Auch die Illustrierte »Life« bekundete ihr Interesse an dem Unternehmen. Die Redaktion fragte mich, ob ein Photograph und ein Künstler uns begleiten und später berichten dürften. Das konnte unserer Sache nur nützlich sein. Es stellte sich heraus, daß der Photograph kein Geringerer war als Alfred Eisenstaedt, weltweit einer der bekanntesten Vertreter seiner Zunft und zugleich ein sympathischer Expeditionsgefährte, der alle Strapazen guten Mutes ertrug und dem ich menschlich viel verdanke. Wir konnten uns auf deutsch unterhalten, da er in Berlin geboren und aufgewachsen war. Auch der Maler und Graphiker Rudi Freund war ein anregender und angenehmer Reisegefährte.

Von Robert Bowman habe ich viel gelernt. Er war ehrgeizig, und es bereitete ihm offensichtlich Schwierigkeiten, daß ich aufgrund meiner Initiative von der UNESCO mit der Mission betraut war und sie leitete. Seine Frustration äußerte sich vor allem darin, daß er Eisenstaedt und mich oft aufzog und daß er weniger kommunikativ war, als ich es erhofft hatte. Im übrigen verlief diese Reise jedoch zu aller Zufriedenheit, und die Spannungen sind längst vergessen. Zurück bleibt die Erinnerung an eine großartige Expedition zu einer Zeit, als noch keine Touristenboote Tausende von Besuchern in das Inselgebiet schipperten. Die Siedlungen waren klein, ohne Elektrizität und ohne befahrbare Straßen, und nur in Abständen von vielen Wochen kam ein Boot vom Festland, um Post und Waren anzuliefern und Trockenfisch und Ziegen für die Rückreise zu laden.

Wir konnten uns auf eine Insel für die Station einigen und auch eine Reihe von Vorschlägen entwickeln, die die UNESCO dann im Prinzip akzeptiert hat.[48] In der Folge wurde die Charles Darwin Foundation in Brüssel gegründet, und auf Santa Cruz nahm die Charles Darwin Station ihre Arbeit auf. Ich gehöre bis heute dem Exekutivkomitee der Stiftung an, die die Station mitbetreut.

1960 besuchte ich mit Heinz Sielmann die Inseln und beriet ihn bei der Herstellung eines abendfüllenden Galápagosfilms, zu dem ich auch die Unterwasseraufnahmen beisteuerte.[49] Der Film »Landung auf Eden« war ein großer Erfolg und wurde auf den Berliner Filmfestspielen 1962 mit dem Goldenen Bären ausgezeichnet. Aber ich bin der Chronologie weit vorausgeeilt. Kehren wir zurück in das Jahr 1953.

Bei der Insel Genovesa nahm die »Xarifa« Abschied von den Galápagosinseln, als die Fregattvögel balzten. Auf dem Rückweg besuchten wir die Kokosinsel. Das kleine, üppig bewaldete Eiland hat im Lauf der letzten hundert Jahre viele Abenteurer angelockt, die nach angeblich hier vergrabenen Reichtümern suchten. Einer von ihnen, Kapitän Gißler, blieb viele Jahre. Wir fanden seine verfallene Hütte in der Waferbucht, auch ein altes Wrack, das wir untersuchten. Hier sah ich

zum erstenmal große Hammerhaie, und Hass wurde von einem Tigerhai angegriffen, er konnte ihn aber durch eine plötzliche Bewegung mit der Kamera abschrecken.
Die nächste Station waren die San-Blas-Inseln an der Ostküste der Panamaischen Landenge. Dort leben die Cuna-Indianer, die sich selbst verwalten und ihre kulturelle Identität sorgsam pflegen. Deshalb lassen sie keine Besucher auf ihren Inseln übernachten. Die Frauen tragen wunderschöne, in Applikationstechnik gearbeitete Blusen und alten Goldschmuck.
Wir liefen ein zweites Mal Bonaire an, um zu tauchen. Dort starb Jimmy Hodges. Wir machten Tonaufnahmen von harpunierten Fischen. Hass wollte diese über ein Mikrophon wieder ausstrahlen, um so Haie anzulocken. Jimmy hatte einen Fisch harpuniert und folgte Hass. Er trug, wie wir alle, das beschriebene Sauerstoffgerät und ist vielleicht etwas zu tief getaucht. Er drehte um und schwamm mit ruhigen Bewegungen zur Oberfläche, so daß keiner von uns auf den Gedanken kam, es könnte ihm unwohl sein. Der an der Reling der »Xarifa« stehende Kapitän Diebitsch sah ihn auftauchen. Jimmy streifte seine Maske ab, rief um Hilfe und versank. Hass fand ihn kurze Zeit darauf in zwanzig Meter Tiefe tot im Riff. Die Ursache des Unglücks konnten wir nicht herausfinden. Die Sauerstoffkreislaufgeräte sind gefährlich, wenn man tiefer als zwanzig Meter hinabtaucht. Eine weitere Gefahrenquelle ist der Reststickstoff im Atemsack. Es ist wichtig, den Sack vor dem Gebrauch auszusaugen, um ihn vom Luftstickstoff zu befreien. Nun hatte Jimmy an diesem Tag zu Demonstrationszwecken wiederholt das Gerät angelegt und vielleicht zum Schluß das Aussaugen vergessen. Bei den Aufnahmen atmeten wir nur flach, um nicht allzu große Auftriebsunterschiede zu bewirken durch das abwechselnde Füllen und Absaugen unseres Atemsacks. Enthält der Atemsack Luft statt reinem Sauerstoff, dann merkt ein Taucher das nicht, denn das von ihm ausgeatmete Kohlendioxid würde durch die Kalipatrone absorbiert, und nicht Sauerstoffmangel erleben wir als Atemnot, sondern die Anreicherung von Kohlendioxid.
Jimmys Tod traf uns schwer. Er verließ uns am Karfreitag, den 16. April. Vier Tage nach dem Unfall tauchten wir zu der Stel-

le hinunter, wo er gestorben war. Hass ließ uns dort gemeinsam nach der Maske, der Harpune und dem Mikrophon suchen. Das fiel uns nicht leicht, hat uns aber geholfen, den Schock zu überwinden. In den folgenden Tagen widmeten wir uns wieder unserer Unterwasserarbeit.

Nach rund neunmonatiger Fahrt ankerten wir in Genua, wo Georg Scheers Frau und Lorle bereits auf uns warteten. Sie waren in einem Messerschmitt-Kabinenroller aus Deutschland gekommen.

Nach der Rückkehr stellte Hass den Film »Unternehmen Xarifa« her. Es war der erste abendfüllende Spielfilm, der die Unterwasserwelt der Meere in Farbe vorstellt, eine Pionierleistung, die durch unser mangelndes schauspielerisches Talent nicht gemindert wurde. Der Film besitzt vielleicht gerade dadurch eine naive Frische. Er wurde international gut aufgenommen. Einige unfreundliche Kritiker behaupteten, der Film zeige, daß Hass nicht an der Forschung, sondern am Geldverdienen interessiert sei. Nur Ahnungslose oder Böswillige konnten so reden, denn die Ausstattung der »Xarifa« und die Expedition hatten viel mehr gekostet, als der Film je hätte einspielen können. Das wußte auch Hass, aber er war besessen von der Idee, für Österreicher und Deutsche eine schwimmende meeresbiologische Station aufzubauen. Sie sollte Forschern die Möglichkeit bieten, schwimmtauchend einen der reichsten Lebensräume der Erde zu erforschen - und diese Idee verfolgte er weiterhin. Mir war es vergönnt, daran mitzuwirken.

# Der Natur/Umwelt-Streit

Zurück in Buldern, sah ich zum erstenmal meinen Sohn Bernolf. Über Funk und durch die gelegentlichen Briefe hatte ich die vielen Einzelheiten erfahren, die die gesunde Entwicklung eines kleinen Menschenkindes dokumentieren. Ich war nun höchst aufgeregt und gespannt, ihm persönlich gegenüberzutreten. Er schaute keineswegs erbaut, als ich an sein Bettchen herantrat. Mißtrauisch blickte er durch die Gitterstäbe und wandte sich dann ab, weinerlich das Gesicht verziehend. Aber diese Fremdenfurcht hat er schnell abgebaut. Daß Lorle sich nicht vor mir fürchtete, ließ auch ihn Zutrauen fassen.

In den folgenden Tagen lief ich viel mit ihm umher, trug ihn auf den Schultern und zeigte ihm die Schildkröten, die Gänse, die Fische in den Aquarien, meine Iltisse und Eichhörnchen. Meine Frau hatte die Tiere in der Zwischenzeit versorgt. Ich konnte nun meine Arbeit mit den Säugern fortsetzen, und dabei halfen mir mittlerweile hinzugewonnene Erfahrungen. Die »Xarifa«-Expedition hatte meine Beobachtungsgabe weiter geschult und mich gelehrt, rasch Phänomene von Interesse zu erkennen und im Feld zu bearbeiten. In gewisser Hinsicht war die Reise ein Großpraktikum in Ökologie, Verhaltensforschung und Stammesgeschichte. Ich knüpfte an, wo ich aufgehört hatte: bei meinen Experimenten zum Beutefang isoliert aufgezogener Iltisse. Das Ziel dieser Arbeit war, nachzuweisen, was angeboren war im Verhalten der Säuger.

Mittlerweile war nämlich in den USA in der angesehenen Zeitschrift »Quaterly Review of Biology« Daniel Lehrmans Kritik der Lorenzschen Instinkttheorie erschienen.[50] In dieser Veröffentlichung erklärte der New Yorker Psychologe, er halte den Begriff »angeboren« für wertlos, da man ein Tier nie völlig erfahrungslos aufziehen könne und daher das Angeborensein nicht nachzuweisen sei - das Argument war nicht neu, wir sind oben bereits darauf eingegangen. Im übrigen bedeute »angeboren« lediglich »nicht gelernt«.

Als Belege für seine Argumente führte Lehrman Versuche von B. F. Riess an, die zeigen würden, daß das Nestbauen der Ratte erlernt sei. Riess hatte Ratten in Käfigen mit weitmaschigen Gitterböden aufgezogen, durch die alles hindurchfiel. Die Ratten wurden nur mit Pulverfutter ernährt, das sie aus an der Käfigwand montierten Glasbehältern mit enger Öffnung leckend aufnehmen konnten. Sie hatten keinerlei Nestmaterial und konnten daher keine Erfahrungen im Umgang mit beweglichen Objekten sammeln. Die Hypothese war, daß Ratten erst durch die Praxis, etwa beim zufälligen Zusammentragen von Materialien an einem Ort, entdeckten, daß verschiedene Objekte vor Auskühlung schützen, und dann gezielt dazu übergingen, solche wärmeisolierenden Gegenstände zu sammeln. Riess testete die so unter Erfahrungsentzug aufgezogenen Ratten in einer eigenen Versuchskiste (»Testbox«), an deren Seiten Papierstreifen herabhingen. Die Ratten zogen diese in die Kiste, trugen sie aber darin ziellos hin und her und bauten kein Nest. Dies beweise, so Lehrman, daß das Nestbauen der Ratte gelernt werde.

Nun kannte ich damals Ratten sehr gut. Ich wußte zum Beispiel, daß sie in fremder Umgebung, wie in einer Testbox, zunächst nicht bauen, sondern erkunden. Ich vermutete hier einen entscheidenden Fehler in Riess' Versuchsanordnung. Des weiteren erschien mir die Fragestellung zu simpel. Kein Experte für Säugerverhalten würde ergründen wollen, ob ein so komplexes Verhalten wie der Nestbau angeboren oder erlernt sei. Vielmehr würde er differenzierter nach den speziellen auslösenden Reizsituationen, nach bestimmten Bewegungsweisen und motivierenden Faktoren forschen und im übrigen die Frage stellen, wie das Lernen zur Integration des Verhaltens zu einem funktionellen Ganzen - in diesem Fall zum Nestbau - beiträgt.

Ich zog Ratten nach der Riessschen Methode auf. Als ich bald feststellte, daß sie in Ermangelung einer Alternative gelegentlich ihren Schwanz packten und wie Nestmaterial zum Schlafplatz trugen, amputierte ich bei den Säuglingen, die ich isoliert aufzog, die Schwänze. Als die Tiere herangewachsen waren, testete ich ihr Nestbauverhalten. Ich setzte sie dazu allerdings nicht in eine Testbox, sondern beließ sie in dem ihnen vertrauten Wohnkäfig. Das Nestmaterial legte ich in eine Raufe an einer Käfigwand. Etwa ein Drittel der Ratten baute sofort ein Nest. Warum nur ein Drittel? Eine Untersuchung der Schlafgewohnheiten gab mir schnell einen Hinweis auf die Antwort. Diejenigen Tiere, die sofort ans Nestbauen gegangen waren, hatten eine Ecke des Käfigs als festen Schlafplatz gewählt, die anderen dagegen hatten ihn öfter gewechselt. Sie konnten sich in dem unstrukturierten Käfiginneren nicht für einen Platz entscheiden. In einer weiteren Versuchsreihe montierte ich in die Käfige eine senkrechte Blechplatte vor eine Käfigecke, so daß ein kleines Abteil entstand, in dessen Schutz sich die Ratten zurückziehen konnte. Die Tiere wählten es bevorzugt als ihren Schlafplatz, und bot man ihnen Nestmaterial, dann bauten alle in kurzer Zeit. Auch die in dieser Hinsicht vollkommen unerfahrenen Ratten trugen das Nestmaterial an einen Ort, nämlich ihren Schlafplatz, und sie bearbeiteten es mit einer Reihe von typischen Bewegungsweisen, die ihnen offenbar wie fertige Werkzeuge zur Verfügung standen. Sie zeigten sich dabei aber weniger geschickt als erfahrene Ratten. So scharrten sie immer wieder auf dem eben angelegten Nest und zerstörten es auf diese Weise. Da Ratten in der Natur Erdbauten anlegen, beginnen sie dabei normalerweise mit Scharren. Hier äußerte sich offenbar ein Grabebedürfnis, das sich im Experiment als fehlangewendet erwies. Ratten müssen lernen, die ihnen zur Verfügung stehenden, das heißt angeborenen, Verhaltensweisen zur richtigen Zeit einzusetzen. Das Grundprogramm in Form einer Reihe von Verhaltensweisen und des Wissens um die passenden auslösenden Reizsituationen ist ihnen angeboren. Riess' Hypothese, die Ratte müsse es lernen, ihr Nest zu bauen, war widerlegt.[51]

Lehrmans Einwand, man könne das Angeborensein nicht nachweisen, da man ein Tier nie völlig erfahrungslos aufziehen könne, entgegnete Lorenz später mit dem Argument, daß letzteres wohl zutreffe, daß aber eine völlige Isolation von allen Einflüssen gar nicht nötig sei. Wenn man ein Verhalten als »Anpassung« betrachte, dann setze dies voraus, daß irgendwann eine Interaktion zwischen dem angepaßten System und jenen Umweltgegebenheiten, auf die es paßt, stattgefunden haben muß.[52] Das demonstrieren zum Beispiel Mimikryfälle auch in für Laien leicht einsichtiger Weise. So gibt es Heuschrecken, die in täuschender Weise in ihrer Färbung und im Körperbau Blätter oder Ästchen der Pflanzen, auf denen sie ruhen, nachahmen, und sie verfügen zugleich über die dazu passenden Verhaltensrezepte, so daß sie die Pflanzen aufsuchen, auf denen sie nicht auffallen.

Der Vorgang der Anpassung erfordert eine Auseinandersetzung mit der Umwelt, und dies vollzieht sich im Verlauf der Evolution über die bekannten Mechanismen von Mutation und Selektion, ferner durch Lernen aus individueller Erfahrung und beim Menschen außerdem durch Unterrichtung und die damit verbundene kulturelle Tradierung.

Nun kann man einem Organismus während seiner Jugendentwicklung Informationen über eine spezifische Passung vorenthalten. Entwickelt eine isoliert aufgezogene Blattheuschrecke dennoch Blattmimikry in Aussehen und Verhalten, ohne je mit Blättern konfrontiert worden zu sein, dann weiß man, daß die Information im Erbgut einkodiert gewesen sein muß und die Anpassung damit stammesgeschichtlicher Natur ist.

Ziehe ich einen Vogel vom Ei an schallisoliert auf und singt er dann bei Eintritt der Geschlechtsreife dennoch artspezifische Strophen, dann habe ich nachgewiesen, daß die Information über Gesangsmelodie und Rhythmus genetisch festgeschrieben ist. An der Richtigkeit dieser Aussage würde sich nichts ändern, sollte jemand belegen, daß der Vogel das Atmen, immerhin eine Vorbedingung für das Singen, über Konditionierungsprozesse während seiner Embryonalentwicklung erwirbt, denn das beträfe eine andere Ebene der Passung.

Mäuse putzen bekanntlich ihren Kopf mit einer recht stereotypen Folge von Bewegungen. Sie streichen mit einer von hinten mit beiden Vorderbeinen über den Kopf, die Ohren und die Schnauze geführten Bewegung nach vorne über die Schnauze. Nachdem sie das einigemal wiederholt haben, lecken sie die vor

die Schnauze gehaltenen Hände ab. Neugeborene Mäuse beherrschen diese Fähigkeiten noch nicht. Der amerikanische Physiologe J. C. Fentress machte dazu folgendes Experiment. Er amputierte neugeborenen Mäusen die Vorderbeine. Als sie herangewachsen waren, stellte er fest, daß die Kopfputzbewegungen auch bei diesen Mäusen, die keine Möglichkeit zur Übung gehabt hatten, auftraten. Die Beinstummelchen bewegten sich synchron im normalen Rhythmus der Kopfputzbewegung von hinten nach vorne, und zu dem Zeitpunkt, an dem sie über die Augen gestrichen hätten, pflegten die Mäuse diese zu schließen, und nach einigen solcher Streichbewegungen hielten die Stummel still, als würden sie die Pfoten vor die Schnauze halten, und die Mäuse leckten ins Leere.
Dieses Experiment ist unschön, aber aufschlußreich, und ich erwähne es in der Hoffnung, daß nicht weitere Versuche dieser Art nötig sind, um das Angeborene nachzuweisen. Lorenz hat es auch als das stammesgeschichtlich Angepaßte definiert. Wir sprechen heute von »stammesgeschichtlichen Anpassungen« und unterscheiden sie von kulturell und individuell erworbenen, verwenden aber auch mit der gleichen Bedeutung weiterhin den Begriff »angeboren«. Angeboren bedeutet in diesem Zusammenhang, daß die solchen Verhaltensleistungen zugrundeliegenden neuronalen Strukturen in ihrer Vernetzung untereinander und mit den Sinnes- und Erfolgsorganen heranwachsen bis zur Funktionsreife in einem Prozeß der Selbstdifferenzierung aufgrund der im Erbgut festgelegten Entwicklungsanweisungen, so, wie wir es von vielen anderen Organsystemen kennen. Lehrman hatte mit seiner Kritik die Diskussion angestoßen, die zur experimentellen und begrifflichen Klärung dieses Grundbegriffs der Ethologie führte. Ich konnte dazu beitragen durch meine Experimente mit Kleinsäugern.[53]

Unser privater Lebensstandard verbesserte sich rasch. Wir lebten nach der »Xarifa«-Expedition nicht mehr in der Kegelbahn, sondern übersiedelten in den ehemaligen Gesindetrakt des Schlosses, wo uns drei Zimmer und eine Küche zur Verfügung standen. Wir kamen uns vor wie Schloßbesitzer.

Zentrum des gesellschaftlichen Lebens war die Mühle, die allen Mitarbeitern und ihren Angehörigen offenstand. Meist am Abend trafen wir uns dort in der Küche, tranken Kaffee oder Wein, diskutierten und scherzten ungezwungen. »Wir«, das waren: die Familie Lorenz mit den Kindern Agnes, Dagmar und Thomas, Mario von Cranach und dessen Bruder Edzard sowie deren Mutter, Guido Hückstedt, Freund des Hauses und technischer Assistent, Monika Magg, Lorenz' Sekretärin und eine langjährige Freundin meiner Frau, Uli Weidmann, ein Schweizer Arbeitsgast, Wolfgang Schleidt, Beatrice Oehlert und immer wieder Besucher und neue Dissertanten, von denen einige dem Institut über viele Jahre verbunden blieben, wie Wolfgang Wickler und Jürgen Nicolai. An regnerischen Tagen suchten wir die Mühle auch nach dem Mittagessen heim, und Gretel Lorenz bewirtete uns mit Kaffee. Sie war eine großartige Frau. An sonnigen und warmen Tagen trafen wir uns auf der Terrasse eines kleinen Hauses, das Lorenz für die Gänsebeobachtung gebaut hatte. Dort erzählte er über seine Gänse und kommentierte, was sich gerade vor unseren Augen abspielte.

Mit dem Schloßherrn Baron Gisbert von Romberg hatten wir bis zu seinem Tod eine gute Beziehung. Von Zeit zu Zeit trank er, und dann brauchte er Gesellschaft. Er gab sich dem Alkohol in solchen Phasen gleich mehrere Tage hin, von nur kurzen Pausen unterbrochen, und das konnte ein einzelner von uns nicht durchhalten. Wir wechselten uns daher ab. Einmal, während der Weihnachtsfeiertage, wurde ich abkommandiert. Ich hielt einige Stunden wacker durch, aber dann kapitulierte ich. Wolfi Schleidt löste mich ab, und ihn haben wir dann vergessen. Das hat er uns eine Zeitlang übelgenommen, aber nicht ernstlich.

Die nächste größere Stadt war das etwa dreißig Kilometer entfernte Münster in Westfalen, eine bezaubernde, damals allerdings stark zerstörte Stadt mit Universität, Theater und Konzerten. Zur Universität pflegten wir intensive Kontakte. Bernhard Rensch war dort Ordinarius für Zoologie, ein Forscher mit einem enormen Wissen, der engagiert die Entwicklung der Ethologie verfolgte.

Am 27. April 1955 kam unsere Tochter Roswitha zur Welt. Diesmal konnte ich meine Frau in die Klinik fahren. Unser Sohn Bernolf - mittlerweile eineinhalb Jahre - begrüßte sie eine Woche danach auf seine Weise. Meine Frau zeigte ihm das kleine rosige Etwas, Bernolf sah es sich genau an und konstatierte nach einer Weile: »Wauwau.« Er klassifizierte seine Schwester offenbar als ein Wesen, das einem jungen Hunde ähnlich war, als ein kleines Säugetier also. In der Tat beobachten wir, daß ein Kind zunächst dazu neigt, Allgemeinbegriffe zu bilden. Hat es ein Huhn als »Pipi« kennengelernt, dann wird es wahrscheinlich den ersten Spatzen, den es danach sieht, auch als »Pipi« ansprechen, und man muß ihm dann klarmachen, daß es sich um einen Sperling handelt. Und war der erste Säuger, den ein Kind mit Namen nennen kann, eine Kuh, dann wird es dazu neigen, auch Hunde oder Katzen als Kuh zu bezeichnen. Diese Neigung, allgemeine Merkmale herauszugreifen und danach zu kategorisieren, ist eine Leistung der Gestaltwahrnehmung, die es dem Kind erleichtert, sich in der Welt zurechtzufinden.
Als Roswitha gestillt wurde, wandelte sich das sachliche Interesse in Eifersucht. Bernolf fand offensichtlich, daß diese Form der Zuwendung zu weit gehe, und wollte Roswithas Kopf von der Brust wegziehen. Daran gehindert, drehte er sich abrupt ab, packte meinen Finger und sagte: »Geh ma.« Kindern scheint es zunächst Schwierigkeiten zu bereiten, ihre Liebe zu Mutter und Vater mit nachgeborenen Geschwistern zu teilen. Geschwisterliche Rivalität habe ich in allen Kulturen, die ich besuchte, beobachtet. Während Kinder bereit sind, Nahrung und Spielsachen abzutreten, und bereits früh spontan freundliche Kontakte anbahnen, müssen sie mühsam lernen, daß die Mutter auch Mutter eines nachgeborenen Geschwisters ist.

# Seewiesen

Buldern war von Anfang an nur als ein Provisorium gedacht gewesen, und 1956 entdeckte Lorenz den Eßsee als einen Platz, der sich ausgezeichnet für den Aufbau eines neuen Instituts eignete. Erich von Holst und er kamen überein, der Max-Planck-Gesellschaft diesen Ort vorzuschlagen. Der Plan wurde angenommen, und 1957 konnten wir nach Seewiesen übersiedeln. Unsere Familie war mittlerweile auf fünf Personen herangewachsen: Anna Guggenberger hatte sich uns angeschlossen, um mitzuhelfen, die Kinder aufzuziehen.
Das neue Institut bestand aus vier größeren zweigeschossigen Gebäuden am Seeufer. Die Häuser waren im bayerischen Landstil gebaut und paßten gut in die Gegend. Lorenz zog in den ersten Stock des dem See am nächsten liegenden Gebäudes. Im Erdgeschoß befand sich ein Aquarien- und Käfigtrakt, in dem auch meine zwei Arbeitsräume untergebracht waren. Von meinem Schreibtisch aus konnte ich durch eine Glaswand in das Tierzimmer blicken. Ich hatte dort Innenkäfige installiert, von denen die Tiere in geräumige Außenkäfige wechseln konnten. Das zweite große Gebäude beherbergte Wohnung und Arbeitsräume von Erich von Holst und seinen Mitarbeitern. Dann gab es ein Verwaltungsgebäude mit Mensa, einem großen Vortragsraum und einer Bibliothek, und schließlich ein Wohnhaus für die Assistenten. Darin bezogen wir eine ebenerdige Wohnung. Sie hatte vier Zimmer, eine Küche und ein Bad - wir waren glücklich. Es war auch sonst ein gewisser »Wohlstand« ausgebrochen. Ich hatte Vorträge gehalten, und wir konnten uns für 2000 Mark einen gebrauchten Volkswagen leisten. Außerdem hatten wir unseren ersten Eisschrank gekauft und bei Tischlermeister Boeing einige Schränke und andere Möbel anfertigen lassen.

Die engen Bindungen zur Familie Lorenz und zwischen den Mitgliedern des Instituts blieben erhalten. Wir trafen uns weiter oft in seiner Wohnung. Ein anderer beliebter Aufenthaltsort war das sogenannte Birkenhaus, ein Häuschen, das Erich von Holst am Rande des Moors unter Birken und Fichten hatte errichten lassen. Es war für gesellige Zusammenkünfte vorgesehen, und so trafen wir uns dort gelegentlich an den Abenden und spielten so geistreiche Spiele wie »Fang den Hut«, hörten Musik oder unterhielten uns. Die Gruppe um Erich von Holst wuchs schnell mit unserer zusammen.

Erich von Holst war Balte. Er hatte sich als Physiologe einen Namen gemacht, als er die zentralnervösen Automatismen entdeckte und die Regelkreise in der Wahrnehmung erforschte. Seine Entdeckung hatte ihn mit Lorenz zusammengebracht. Konrad Lorenz hatte in den dreißiger Jahren immer wieder betont, daß Tiere sich spontan verhielten. Der damals vorherrschenden Reiz-Reaktions-Psychologie Pawlowscher Prägung zufolge aber war ein Verhalten immer Antwort auf einen Reiz. Das paßte nicht zu dem, was Konrad Lorenz beobachtet hatte. Er sah, daß Tiere von sich aus aktiv waren, und zwar in ganz spezifischer Weise »gestimmt«. Sie suchten dann nach Reizsituationen, die es erlaubten, bestimmte Verhaltensweisen, etwa des Jagens, ablaufen zu lassen. Fanden sie dazu länger keine Möglichkeit, dann wurde der Drang, dieses Verhalten zu realisieren, so groß, daß sie schwellerniedrigt auch auf Ersatzobjekte ansprachen, die normalerweise keine Jagdhandlungen auslösten. Es gab Fälle, in denen sich das Verhalten sogar im »Leerlauf« verwirklichte.

Oft wurde in diesem Zusammenhang das Beispiel eines zahmen Stars zitiert, der in einem Käfig eingesperrt war. Der Vogel wurde gut gefüttert, hatte aber keinerlei Gelegenheit zu jagen. Dieser Vogel flog nun von Zeit zu Zeit spontan von seiner Sitzstange hoch, schnappte nach etwas nicht Vorhandenem, kehrte zu seiner Sitzstange zurück, machte dort die Totschlagbewegung und schluckte. Dann hatte er wieder für eine Weile seine Ruhe. Das Verhalten war unabhängig vom Sättigungsgrad des Vogels. Lorenz entwickelte die Vorstellung, daß sich spezifische Erregung zentral staue und danach dränge, sich in be-

sonderen Bewegungsabläufen zu entladen. Für dieses Konzept dynamischer Instinkte lieferte Holst den experimentellen Nachweis.[54]
Er arbeitete unter anderem mit Aalen. Durch Einstich trennte er das Rückenmark vom Hirn und erzeugte so Rückenmarkpräparate. Wirbeltiere erhalten Sinnesmeldungen über die dorsalen Wurzeln. Kommandos an die Muskulatur dagegen werden allein über die ventralen Wurzeln weitergegeben. Durchtrennt man die dorsalen Wurzeln, dann erhält man Rückenmarkpräparate, die nur noch das zeigen, was das zentrale Nervensystem (Rückenmark) ohne Anstoß und koordinierende Rückmeldungen von außen erzeugt. Nach der klassischen Reflextheorie nahm man an, die Schlängelbewegung eines Aals sei ein Kettenreflex. Das vom Hirn angestoßene Bewegungskommando würde sich als Welle von vorne nach hinten ausbreiten, indem die Kontraktion eines Muskelsegments über innere Sinnesreize die Kontraktion des nächsten Segments auslöse. Nach dieser Vorstellung müßte also das Rückenmarkpräparat, das keine Meldungen von der Peripherie empfangen kann, bewegungslos bleiben. Das war aber nicht der Fall. Sobald die künstlich beatmeten Präparate aus dem Operationsschock erwachten, begannen sie zu schlängeln, und zwar hemmungslos bis zum Tod. Damit war nachgewiesen, daß es im Zentralnervensystem dieses Fisches automatische motorische Zellgruppen gibt, die motorische Impulse erzeugen und deren Tätigkeit über zentrale Koordination so aufeinander abgestimmt ist, daß ein wohlgeordnetes Impulsmuster an die Muskulatur geschickt wird, das koordinierte Schwimmbewegungen bewirkt. Das war eine Entdeckung, die ein Umdenken einleitete. Heute wissen die Biologen viel über diese zentralen Generatoren.
Holst war ein einfallsreicher Denker, ein ausgezeichneter Experimentator und in den Diskussionen scharf, fast erbarmungslos, wenn er die Schwächen eines anderen bloßstellte. Darin unterschied er sich wesentlich von Lorenz, der sich bei schwächeren Vortragenden bemühte, das Positive herauszustellen, und dieses auch zu finden wußte. Lorenz richtete Schwächere auf, Holst warf sie zu Boden. Er war in dieser Hin-

sicht kompromißlos. Beobachtungen ließ er jedoch gelten, und ich fand in seinen Augen Gnade. Vielleicht war ich für ihn auch eine Art Verkörperung früherer romantischer Vorstellungen, denn einmal bemerkte er scherzhaft, daß er sich schon immer gewünscht habe, einen richtigen Naturforscher kennenzulernen. Holst war aber nicht nur ein brillanter Wissenschaftler, sondern auch hochmusikalisch. Er baute Geigen und spielte vorzüglich Violine. Bei seiner Hausmusik hörte ich oft zu. Wir durften auch ohne formelle Einladungen kommen. In dieser Hinsicht war sein Haus ähnlich offen wie das von Konrad Lorenz. Sie ergänzten sich auf glückliche Weise.

1958 wurde das Institut erweitert um zwei Abteilungen unter Leitung von Gustav Kramer und Jürgen Aschoff. Kramer, bekannt durch seine Untersuchungen über die Wanderorientierung von Staren und Tauben, verunglückte jedoch, bevor er seine Abteilung aufbauen konnte. Mit Aschoff gewann das Max-Planck-Institut für Verhaltensphysiologie einen überragenden Forscher. Er arbeitete über die Aktivitätsperiodik von Tier und Mensch und erbrachte unter anderem den Nachweis, daß auch unter konstanten Bedingungen ausgebrütete und gehaltene Hühner eine ihnen demnach offenbar angeborene 24-Stunden-Periodik der Aktivität zeigen. Er wies diese circadiane Periodik noch bei vielen anderen Tieren nach und schließlich auch beim Menschen. Hier fand er verschiedene circadiane Uhren, die alle etwas verschieden gehen, was zu Desynchronisationserscheinungen führt, wenn Menschen von äußeren Zeitgebern wie dem Hell-Dunkel-Wechsel abgeschirmt sind. Diese stimmen nämlich die inneren Uhren aufeinander ab.[55]

Aschoff residierte in Andechs, in dem kleinen Schlößchen, in dem heute meine Forschungsstelle untergebracht ist. Ich habe im Kreis seiner Familie viele anregende Stunden verbracht. Heute sehe ich ihn leider nur selten und vermisse seine lebhafte, anregende Art. Er kredenzte immer einen guten Wein und verstand es, herrliche Feste zu organisieren.

Lorenz, Holst und Aschoff haben den internationalen Ruhm Seewiesens begründet. Ich schätze mich glücklich, daß ich die Zeit, in der diese drei großen Geister in Seewiesen wirkten, miterleben durfte. In dieser anregenden Atmosphäre entwickelte ich meine Gedanken zu einem »Grundriß der vergleichenden Verhaltensforschung«, der 1967 erschien, ein Werk, in dem ich die Auffächerung der Biologie des Verhaltens in verschiedene Zweigdisziplinen und die theoretischen Grundlagen des Gebietes erörtere. Außerdem erweiterte ich meine Säugetierhaltung, indem ich Spitzhörnchen (Tupaja), Zwergmangusten (Helogale) und Pinseläffchen (Callithrix penicillata) in das Forschungsprogramm aufnahm.

Mein Eintritt in die Ära Seewiesen beschränkte sich allerdings zunächst nur auf eine Stippvisite. Anfang Juli 1957 brach ich auf zu meiner Expedition auf die Galápagosinseln im Auftrag der UNESCO, von der ich erst Mitte November heimkehrte, und Ende November war ich bereits mit der zweiten »Xarifa«-Expedition zum Indischen Ozean unterwegs. Erst elf Monate danach, im November 1958, sah ich die Meinen wieder.

# Die zweite »Xarifa«-Expedition

Diese zweite Expedition unterschied sich in mancher Hinsicht grundsätzlich von der ersten.[56] Hans Hass war nicht mehr verpflichtet, einen abendfüllenden Kulturfilm zu produzieren. Allerdings hatte er nach wie vor die Bürde der Finanzierung zu tragen. Er wollte dies leisten mit Hilfe einer Fernsehreihe, die er frei nach seinem Entwurf gestalten durfte. Das war zwar nicht weniger anstrengend, bereitete aber mehr Freude, denn er konnte die Entdeckungen so, wie Glück und Ausdauer sie uns bescherten, in Einzelfilmen präsentieren. Die Reihe umfaßte schließlich 26 Teile, die ich auch heute noch mit großem Vergnügen betrachte. Ursprünglich hatte Hass gehofft, daß Institutionen wie die Deutschen Forschungsgemeinschaft Zuschüsse bewilligen würden. Aber nur die Max-Planck-Gesellschaft und das Land Nordrhein-Westfalen erklärten sich bereit zu helfen.

Wir hatten für diese Expedition ein beratendes Komitee einberufen, und Hass, mit dem ich mittlerweile eng befreundet war, hatte mir die Aufgabe übertragen, als Wissenschaftlicher Direktor das Forschungsprogramm dieser Reise zu organisieren. Ich war damals in gleicher Funktion auch für sein »Internationales Institut für Submarine Forschung« in Vaduz tätig. Georg Scheer, der sich auf der ersten Expedition so bewährt hatte, war wieder mit dabei. Außerdem hatten wir als Ichthyologen (Fischkundler) Wolfgang Klausewitz vom Senckenbergmuseum eingeladen, ferner den Kieler Meeresbiologen Klaus Gerlach, der es vor allem auf die Kleinlebewelt in den Korallen abgesehen hatte, und schließlich Ludwig Franzisket vom Zoologischen Institut der Universität Münster, der die Physiologie von Korallen untersuchen wollte.

Die Zusammenarbeit war fruchtbar, und als Ergebnis erschienen viele Fachpublikationen. Kapitän war Hein Becker, den wir auf der ersten Expedition als tatkräftigen und verläßlichen Zweiten Offizier schätzengelernt hatten. Kurt Hirschel war wieder als Techniker und Kameramann mit von der Partie. Wo immer es ein technisches Problem gab, wo immer etwas Neues konstruiert werden mußte, er fand die Lösung.

Und dann begleitete uns noch ein Koch, diesmal ohne Steward. Er hieß Johann Schödl und führte, als wir ihn anheuerten, eine Würstchenbude auf der Hamburger Reeperbahn. Er hatte sich gelegentlich auch als Freistilringer betätigt, und er wußte lustig davon zu erzählen. Wir erfuhren unter anderem, was ein »dänischer Kuß« ist: kein besonders herzliches, sondern eher ein schmerzliches Ereignis, denn der Angreifer pflegt dabei seine Stirn in das Gesicht seines Gegners zu rammen. Wir mochten ihn alle sehr, denn er tischte uns reichlich auf. Halbe Hühner, Spargel, die besten Cremesuppen und noch Nachtisch. Wir Wissenschaftler lobten ihn, und das spornte ihn an, bis er eines Tages zu Hass kam und ihm erklärte: »Herr Doktor, wir müssen jetzt weiter. Wir haben nichts mehr zu essen.« Hass war begreiflicherweise erschrocken - wir waren auf den Malediven und hatten gerade die Hälfte des Programms der ersten Etappe dieser Expedition absolviert. Es stellte sich heraus, daß Schödl als Küstenschiffahrer nicht hauszuhalten verstand. Ging der Proviant aus, dann lief man eben einen Hafen an, so war er es gewohnt.

Und wir waren mit schuld an dem Desaster. Wir hatten Schödl schließlich dazu ermuntert, mehr zu verbrauchen, als uns als Tagesration zustand. Was tun? Auf den Malediven gab es eigentlich nichts zu kaufen außer Kokosnüssen, auf der Insel Male außerdem eine Art Zwieback und Trockenfisch. Der war so hart, daß wir ihn erst genießen konnten, nachdem Hirschel die Idee hatte, ihn mit der Hobelmaschine in feine Scheiben zu schneiden. Mit diesem Proviant versorgten wir uns. Außerdem landete im Kochtopf, was das Meer uns lieferte, vor allem Fisch und häufig Langusten. Schließlich fanden wir im Schiff noch einige Säcke Spaghetti, die ursprünglich für eine italienische Besatzung vorgesehen waren.

Die »Xarifa« lief diesmal unter österreichischer Flagge. Heimathafen war Wien. Die Fahrt ging durch das Rote Meer. Ich kam erst in Aden an Bord, da ich für die Abfahrt aus Genua nicht rechtzeitig von den Galápagosinseln zurückgekommen war. Unser erstes Reiseziel waren die Malediven, die damals taucherisches Neuland und dem Tourismus weitgehend unbekannt waren. Nur im Süden, auf dem Addu-Atoll, gab es einen Stützpunkt der Briten mit Flughafen. Die Bewohner der vielen Inseln leben traditionell von Fischfang, Gartenbau und Kokosnüssen, verträumt und eingesponnen in eine Welt, die in vielem unseren Vorstellungen von einem Südseeparadies entsprach. Ich habe über diese Inseln und unsere Arbeit in den Korallenriffen in einem Buch über die Malediven ausführlich berichtet. Darum will ich mich hier kürzer fassen.
Würde mich jemand fragen, welche der beiden »Xarifa«-Reisen mich am meisten beeindruckt habe, dann wüßte ich darauf keine Antwort, denn jede war in ihrer Art großartig. Die erste bescherte mir vor allem die Bekanntschaft mit den Galápagosinseln mit all den Anregungen, die sie mir vermittelten. Zum erstenmal hatte ich Korallenriffe betreten, und dort hatte ich die Putzsymbiose entdeckt. Die zweite Expedition führte uns jedoch in Korallenriffe, die hinsichtlich ihrer Formenvielfalt und ihres Fischartenreichtums die der Karibik weit übertrafen. Ich war diesmal auch besser vorbereitet, denn mittlerweile kannte ich Fische, und ich hatte für sie Feuer gefangen.
Über sieben Breitengrade erstreckt sich eine Kette von Atollen von eigenartigem Aufbau. Es handelt sich um mehrere ineinandergeschachtelte Atollsysteme - Großatolle, die aus kleinen Atollringen aufgebaut sind und eine Vielzahl von Unterwasserlandschaften aufweisen. Innenriffe, Außenriffe, Riffbuckel, die starken Strömungen ausgesetzt sind, Lagunenriffe, die vom Lagunenboden der Großatolle emporwachsen und ihrerseits wieder zu neuen Kleinatollen zusammenfinden.
Mich interessierte nicht nur das Verhalten der Fische, sondern auch ihre Ökologie, ihr morphologisches, farbliches und ethologisches Eingepaßtsein in die verschiedensten Nischen. Ich sammelte und photographierte viel. Über 400 Arten, die meisten in vielen Exemplaren, zählte die Ausbeute, und manches

darunter war neu. So die Röhrenaale, die weite Sandflächen wie Aalwiesen bedecken. Jeder dieser Fische bewohnt eine mit Schleim verfestigte Röhre im Sand, in die er sich zurückziehen kann. Und er verläßt sie nie ganz. Ist er ungestört, dann streckt er zwei Drittel seines oberen Körpers aus der Röhre heraus und schnappt sich Kleinlebewesen. Zuerst glaubten wir, es würde sich um eine Wiese von Algen handeln, die da hin und her wogte. Ich machte die ersten Aufnahmen von diesen Tieren, und zusammen mit Klausewitz beschrieb ich sie als neue Art: Xarifania hassi. Man könnte sein Leben mit dem Studium der adaptiven Radiation der Fische im Korallenriff verbringen. Ich entdeckte hier unter anderem auch den Putzernachahmer, von dem ich bereits sprach. Flossen und das Atemgerät wurden mir in dieser Zeit zu körpereigenen Organen.
Hass und ich tauchten damals viel gemeinsam. Beim Atoll Gaha Faro hatten wir ein aufregendes Erlebnis. Wir inspizierten ein auf die Außenriffplatte aufgelaufenes Wrack, dessen Heck in 15 bis 25 Meter Tiefe über den Riffabhang hinausragte. Die Außenseite des Wracks war über und über mit Korallen bewachsen und von Fischschwärmen umwogt. Einige der Kajüten waren noch erhalten. In den dunkleren Räumen drängten sich Fische, außerdem verschiedene Arten von Zacken- und Dornenaustern, von denen wir einige sammelten. Nachdem wir das Wrack durchstöbert hatten und nichts Neues mehr fanden, erkundeten wir auch den Steilhang unter dem Wrack und tauchten weiter in die Tiefe ab. Dabei begegneten wir einem großen Rochen, der langsam am Riffabhang entlangschwamm. Als er uns sah, versteckte er sich in einer Höhle. Ich jagte ihn aber für Hans heraus, und dabei stieß der Rochen mit mir zusammen und dann auch noch mit einem Korallenblock, der polternd den Riffabhang hinunterkollerte. Sekunden später sausten zwei Grauhaie angriffsgestimmt aus der Tiefe zu uns herauf. Sie suchten aufgeregt flach über dem Riff. Da dachte ich mir: »Das wäre doch endlich einmal die Gelegenheit, mit Haien zu experimentieren!«[57]
Der Hai gilt als Tiger der See, und obgleich er kaum jemanden in Gefahr bringt, besteht eine fast irrationale Angst vor diesem eleganten Raubfisch. Im Mittelmeer und in den tropischen

Meeren tummeln sich alljährlich Millionen von Menschen, und nur wenige fallen Haien zum Opfer, obgleich es dort Menschenhaie gibt. Die Gefahr, die einem Schwimmer von Motorbooten droht, ist um ein Vielfaches größer. Schiffbrüchige und Passagiere notwassernder Flugzeuge fernab der Küsten müssen den Hai dagegen fürchten. Die Amerikaner entwickelten daher im letzten Krieg Abwehrmittel, die den Seenotausrüstungen beifügt wurden. Kupferazetat sollte Haien angeblich den Appetit verderben. Es war in großen Becken an gefangenen Haien erprobt worden, nicht aber im Freien. Dennoch gab man es den Flugbesatzungen und Seeleuten mit, schon aus psychologischen Gründen. Hier hatten wir nun eine Möglichkeit, das Mittel unter natürlichen Bedingungen zu erproben.
Dazu mußten wir zunächst testen, ob sich Haie unter Wasser ködern lassen. Ich gab Hans ein Zeichen und schoß einen Zackenbarsch. Hass übernahm meine Rückendeckung, während ich den Fisch von der Harpune schnitt. Ich stopfte den noch blutenden Köder in ein Korallenloch, dann setzten wir uns auf den Riffabhang und sahen zu. Zu den beiden Haien hatte sich mittlerweile ein dritter gesellt. Wie Hunde schnüffelten sie, aufgeregt hin und her pendelnd, über das Riff dahin. Einer hatte den Fisch schnell gefunden, packte ihn, sauste ins freie Wasser, schüttelte den Kopf und zersägte so den Zackenbarsch. Er verschluckte den halben Körper. Der Kopf mit dem anderen Teil sank im Wasser herab und wurde vom nachfolgenden Hai geschnappt. Das Sägen hatte die anderen Haie aufs äußerste erregt. Ich schoß schnell einen zweiten Fisch und legte ihn zwei Meter vor mir auf das Riff. Mittlerweile waren fünf Grauhaie da, alle zwei bis zweieinhalb Meter lang, und versuchten den Fisch zu erwischen, während ich ihn noch von der Harpune löste. Mit ihr konnte ich die allzu Zudringlichen gut abweisen.
Interessanterweise schüttelten die Haie bereits den Kopf, während sie uns umkreisten und über uns schwammen, als hätten sie etwas zu zersägen. Ihnen lief gewissermaßen das Wasser im Mund zusammen. Wir lernten damals, daß das Kopfschütteln und -rucken ein Zeichen für Angriffslust ist. Wenn einer einen Fisch zersägte, dann durchzuckte es die anderen wie

ein Blitz, und sie schnappten wahllos nach allem. In solchen Augenblicken mußten wir stillhalten, denn Bewegungen der Flossen lockten sie an. Die Haie waren im Zustand der Erregung unberechenbar. Einmal zersägte einer seinen Bissen direkt über mir, so daß ein Stück Fisch auf mich herabsank. Ich merkte das erst an der heftigen Bewegung über mir, als ein anderer Hai das Stück auffing. Es war eine prickelnde Situation, aber wir waren damals in einer übermütigen Stimmung und fühlten uns im Wasser zu Hause, so daß wir die Aufregung genossen. Hans machte wunderschöne Aufnahmen.
An Bord diskutierten wir danach lange, wie wir die Situation nutzen könnten. Wir beschlossen, das Haiabwehrmittel Kupferazetat zu prüfen. Ich schoß in bewährter Manier einen Fisch und stopfte ihm ein Beutelchen mit Kupferazetat ins Maul. Dann hielten wir still und beobachteten, was geschah. Schnüffelnd näherten sich die Haie und überschwammen den Köder, als hätte sie das Präparat abgestoßen. Aber sie machten nur einen Bogen, schwammen zurück und nahmen den Köder auf, obwohl ihm das Kupferazetat aus den Kiemen »rauchte«. Sie schüttelten den Köder und zersägten ihn. Das Haiabwehrmittel schreckte sie nicht im geringsten ab. Schließlich wurde die Situation unübersichtlich. Wir zählten vierzehn große Grauhaie, vielleicht waren es sogar mehr. Auch Schwarzspitzenhaie waren herangeeilt, und dann die wendigen kleinen Weißspitzenhaie, die geschickt in Spalten und Löcher schlüpften und sich den Köder holten. Die größeren Haie hatten damit Schwierigkeiten. Aber auch sie waren beweglicher, als wir dachten. Wir haben viel über das Verhalten der Haie gelernt. Ergebnis dieser aufregenden Tage war die Einsicht, daß Kupferazetat eine beruhigende Wirkung nur auf den ausübt, der daran glaubt. Wenn er nicht ins Wasser fällt.

Ein mehrwöchiger Aufenthalt auf der Insel Ceylon, heute Sri Lanka, erlaubte es mir, die alten Kulturstätten der Singhalesen und das Leben der heutigen Bevölkerung näher kennenzulernen. Der österreichische Honorarkonsul, Dr. Wimalakirti, hatte in Wien studiert und eine Wienerin geheiratet. Die beiden nahmen uns gastlich auf, und da er einer alten singhalesischen

Familie angehörte, erhielten wir viel Hintergrundinformation, auch über den Konflikt zwischen Tamilen und Singhalesen, der sich damals bereits anbahnte. Wir lernten auch einige Taucher kennen, unter anderem Arthur Clark, der sich in der Zwischenzeit als Verfasser von Science-fiction-Romanen einen großen Namen gemacht hat. Er hatte als erster über stationär im Raum schwebende Satelliten geschrieben, eine Idee, die heute in die Tat umgesetzt worden ist.

Während seine Crew auf Ceylon ein halb touristisches, halb wissenschaftliches Leben führte, arbeitete Hass in London bei der BBC fieberhaft an den ersten Teilen seiner Fernsehreihe, um die nächste Etappe unserer Reise finanziell abzusichern. Gerlach, Franzisket und Klausewitz verließen uns, ebenso unser Koch Schödl, dessen Stelle ein junger Tamile einnahm mit dem etwas eigenartigen Namen Deadley. Er kochte ausgezeichnet, nur mußten wir uns erst an die Schärfe seiner Speisen gewöhnen.

Dann steuerten wir die Nikobaren an. Seit die Fregatte »Novara« 1858 die Inseln besucht hatte, war kein österreichisches Forschungssschiff hier gelandet. Die Inseln wurden überhaupt nur selten besucht, und nach seiner Unabhängigkeit hatte Indien die Andamanen und Nikobaren zu einer Art Sperrgebiet erklärt, die Regierung in Neu-Delhi erteilte für sie kaum Einreisegenehmigungen. Hans Hass hatte förmlich darum gebeten, aber nie eine Antwort erhalten. Da die Zeit drängte, fuhren wir los in der Hoffnung, die Angelegenheit an Ort und Stelle regeln zu können. Wir ankerten vor der kleinen Insel Kondul im Norden von Groß-Nikobar. Ein kleines Segelboot kam uns entgegen, und wir freuten uns schon auf den Kontakt mit den Eingeborenen. Aber dann betraten vier mit Maschinenpistolen bewaffnete Uniformierte das Schiff. Es waren Inder von einem Militärposten, die hier eine Funkstation betrieben und die Inseln bewachten. Wir empfingen sie freundlich, bewirteten sie, drückten jedem eine Flasche Whisky in die Hand und versprachen, uns bei ihrem vorgesetzten Offizier zu melden. Im übrigen, so erklärten wir, hätten wir einen Motorschaden und müßten wohl einige Tage bleiben, um ihn zu beheben. Nach dem internationalen Seerecht durfte uns das niemand verweigern. Der Kommandant des kleinen Postens verhielt sich anfangs reserviert und wußte nicht, was er tun sollte. Hass zeigte ihm seine Bücher und die Unterwasseraufnahmen, und das beeindruckte ihn. Er meinte, wir könnten den Schaden beheben, und er werde telegraphisch um eine Einreiseerlaubnis für uns bitten. Die kam natürlich nie, aber jeder hatte sein Gesicht gewahrt.

Mit Georg Scheer erkundete ich die kleine Siedlung der Nikobarer, die etwas abseits vom Militärposten lag. Sie war noch ganz im hier traditionellen Stil gebaut und bestand aus einem großen bienenkorbartigen Tanzhaus und mehreren Familienhäusern, alle auf Pfählen errichtet. In den kleineren Familienhäusern sah es aus wie in etwas verlotterten völkerkundlichen Museen. Aus den Winkeln glotzten uns Figuren aus Holz entgegen mit Perlmutt in den geschnitzten Augenhöhlen. Sie waren unterschiedlich groß und befanden sich in verschiedenen Phasen der Verrottung, ausgehöhlt und zerfressen von Schaben. Geflügelte Figuren mit Menschengesichtern und gleichfalls starrenden Perlmuttaugen hingen an den Decken der Hütten, und an den Wänden waren Holzplatten angebracht, in die Szenen aus dem Leben der Nikobarer eingraviert und eingefärbt waren: Schweine, die aus einer Schüssel fraßen, tanzende Inselbewohner, Häuser und Fische. Die Figuren mit den starrenden Augen sollten die Geister verscheuchen, die Bildtafeln hingegen sie ablenken und freundlich stimmen. Vor allem die Geister der Verstorbenen, die »Iwis«, wurden gefürchtet, denn diese würden sich bemühen, in die Körper der Lebenden einzudringen. Aber da ein Lebender bereits einen eigenen Iwi habe, führe das zu Konflikten, die man als Krankheit erlebe. Begreiflich, daß die Nikobarer sich dagegen schützten.

Mit dem Hinweis, daß wir für unsere Reparaturarbeiten eine ruhige Bucht suchen müßten, verlegten wir unser Schiff in den Ganges Harbour, eine landschaftlich reizvolle Bucht im Norden Groß-Nikobars. An einer Seite umfaßten sie steil aufsteigende, mit primärem Regenwald bestandene Berghänge. In die Bucht mündete ein kleiner Fluß mit mehreren Armen durch ein Gewirr von Mangroven und Nipapalmen. Süß- und Meereswasser mischten sich hier, und die Unterwasserfauna bestand aus einem seltsamen Durcheinander von Korallen- und Flußfischen. Wir erforschten das Gewirr der Mangrovenwurzeln unter Wasser, und ich sah zum erstenmal Schützenfische, die es verstehen, mit einem Wasserstrahl Insekten von Zweigen über der Wasseroberfläche herunterzuschießen. An einer anderen Stelle der Bucht entdeckten wir Felsriegel, die sich unter Wasser fortsetzten und stellenweise bedeckt waren von Hunderten von Riesenanemonen, deren jede eine Familie von Anemonenfischen beherbergte.

Wir fanden mehrere Arten von Seeanemonen und Anemonenfischen. Diese Exemplare der Gattung Amphiprion können sich unbeschadet aufhalten zwischen den Tentakeln der großen, nesselnden Anemonen. Sie kuscheln sich sogar fest in die Fangarme hinein, ohne daß ihnen etwas passiert. Die Tentakel sind über und über mit Nesselbatterien besetzt, deren Zellen je einen Stift tragen. Berührt ein Beutetier diesen Stift, dann explodiert die Nesselzelle. Es gibt davon verschiedene Arten. Werden die sogenannten Penetranten ausgelöst, dann durchstößt bei der einen ein harpunenartiges schlauchförmiges Gebilde die Hautoberfläche des sie berührenden Tieres und injiziert ein starkes Gift. Andere schleudern klebende Fäden aus, die das Opfer an einen Fangarm der Anemone binden. Diese Entladung der Nesselzellen darf nicht stattfinden, wenn die Fangarme einer Pflanze sich gegenseitig berühren, und das wird verhindert durch den Schleim, den ein Tentakel absondert und mit dem er mitteilt, daß er zum Körper der Anemone gehört. Die Frage war: Schützt die Fische ein besonderes Verhalten, das zur Adaption der Seeanemone führt, wie einige es vermuten, oder schützt sie ein Schleim, mit dem sie vortäuschen, ein Teil der Pflanze zu sein? Und wenn ja, wie wirkt dieser? Gibt es Arten, die gegen mehrere Anemonen geschützt sind, oder sind sie es immer nur gegen eine? Und endlich: Übernehmen die Fische den Schleim von ihrer Wirtsanemone, oder erzeugen sie ihn selbst? Schließlich wollte ich wissen, ob nur die Anemonenfische davon profitieren, daß sie sich gefahrlos zwischen den nesselnden Tentakeln verbergen können, oder ob auch die Anemonen einen Vorteil haben von dieser Beziehung.

Die Versuche im Riff ergaben, daß Amphiprion in der Tat durch einen Schleim geschützt wird, der bei einer Art gegen die Nesseln einer bestimmten Pflanze wirkt, während ein anderer Fisch dadurch vor zwei Anemonen sicher ist und beide bewohnen kann.[58] Der Schleim wird vom Fisch erzeugt. Tiere, die man längere Zeit von einer Anemone isoliert hat, können sich unbeschadet wieder in der Pflanze verbergen. Neuere Untersuchungen japanischer Autoren[59] ergaben, daß den Anemonenfischen die Schleimproduktion angeboren ist, wie auch die Fähigkeit, die für sie geeignete Pflanze zu erkennen mittels eines chemischen Sinnes. Läßt man in ein Aquarium mit Jungfischen Wasser aus einem Tank einströmen, in dem sich eine Anemone befindet, zwischen deren Tentakeln diese Fischart normalerweise lebt, dann versammeln sich die Larven an diesem Einströmrohr und nicht an einem anderen, aus dem Wasser ohne »Anemonengeschmack« zuströmt. Was die Fische von ihrem Leben in der Pflanze haben, ist auch klar. Sie sind hier vor Raubfischen sicher, die sich nicht die Schnauze verbrennen wollen, indem sie nach einer Beute in einer nesselnden Anemone schnappen. Aber auch die Pflanze geht nicht leer aus. Sie wird von den Fischen gesäubert und verteidigt gegen kleine Meeresschildkröten, die Anemonen unbeschadet fressen können.

Ich experimentierte, sammelte viele Fische und unternahm verschiedene Exkursionen. In den Wäldern entdeckte ich Bruthügel von Großfußhühnern. Diese überlassen das Brutgeschäft der Gärungswärme von Blättern und anderen pflanzlichen Überresten, die sie zu großen Haufen zusammenscharren und mit Erde bedecken, nachdem sie ihre Eier darauf abgelegt haben. Auch den kleinen Fluß erkundete ich zusammen mit Hein Becker in der Hoffnung, Kontakt mit den Schompèn zu bekommen, einem Eingeborenenvolk, von dem es bisher nur spärliche Nachrichten gab. Wir ruderten in einem kleinen Boot den Fluß hinauf, und ich sprang da und dort ins Wasser, um mir die Unterwasserwelt in den verschiedenen Flußzonen anzusehen. Ich entdeckte ziemlich spät, daß einige der großen Baumstämme nahe dem Ufer sich bewegten und untertauchten, wenn wir uns näherten. Es waren Estuarienkrokodile (Crocodilus porosus). Das verleidete mir das Herumplätschern, denn diese

Art gehört zu den wirklich gefährlichen Reptilien, die im ausgewachsenen Zustand gut sechs Meter Länge erreichen können. Die Schompèn fanden wir leider nicht.
Dann wurde unsere Taucheridylle gestört. Die freundlichen indischen Soldaten erschienen und erkundigten sich nach dem Stand unserer Reparaturarbeiten. Es war Zeit, daß wir sie beendeten. Demonstrativ stachen wir in See, aber da wir unsere wissenschaftlichen Aufgaben noch nicht beendet hatten, fuhren wir an die Ostseite von Groß-Nikobar in die Pigeon Bay. Wir wollten hier die Nacht verbringen und am anderen Morgen nach Norden, zur unbewohnten Insel Tillanchong, weitersegeln, um dort unsere Taucherkundungen abzuschließen.
Als ich am frühen Morgen an Deck trat, erspähte ich ein kleines Auslegerboot mit einem jungen Mann, der in einiger Entfernung vorsichtig unser Schiff umrundete. Als er mich sah, kam er heran und bot mir ein grünes Blatt an. Es glich jenen, die in Südostasien gekaut werden zusammen mit Betelnüssen und Kalk. Ich gab ihm dafür ein paar Angelhaken, und das Boot entfernte sich. Schade, daß der Kontakt so flüchtig war, dachte ich. Aber es dauerte nicht lange, da tauchte der Besucher wieder auf zusammen mit zwei weiteren jungen Männern, alle drei mit wirren Haaren, Ohrpflöcken und bis auf einen einfachen Durchziehschurz völlig nackt. Wir luden sie ein, an Bord zu kommen. Ihr Verhalten zeigte, daß ihnen so gut wie alles fremd war. Sie untersuchten unsere Hemden und einer mit besonderem Interesse auch Lotte Hass, die sie in ihrer Verpackung nicht so recht einzuordnen wußten. Wir gaben ihnen Obstsaft. Sie rieben sich mit der flachen Hand auf dem Bauch und schmatzten, um zu signalisieren, daß das Getränk ihnen schmeckte. Weitere Gesten machten uns klar, daß zwei von ihnen nichts lieber hätten als unsere Hemden, während jener, der sich für Lotte interessierte, ein Auge auf deren buntes Strandhöschen und das dazugehörige Bikinioberteil geworfen hatte.
Wir hatten zunächst Bedenken, ihren Wünschen zu entsprechen. Aber es war dem Verhalten unserer Gäste anzusehen, daß die Erfüllung ihrer Bitte wohl das höchste Glück bedeuten würde. Und so gaben wir nach. Sie zogen alles an, was aber nicht so leicht war und nur mit unserer Hilfe gelang. Selbst das Zu-

knöpfen der Hemden bereitete ihnen Schwierigkeiten. Wir haben uns bemüht, ihnen durch Zeichen zu verstehen zu geben, daß wir gerne ihr Dorf besucht hätten, aber die Verständigung gelang insoweit nicht. Sie verabschiedeten sich von uns und ruderten grinsend und glücklich weg. Wir hatten die ersten Vertreter der Schompèn kennengelernt.

Als wir nach einer Stunde ans Ufer ruderten, um die Bucht zu erkunden, erwartete uns bereits eine kleine Gruppe. Den drei Besuchern hatte sich ein älterer Mann und ein Jugendlicher zugesellt. Der ältere Mann hatte ein Schweinchen bei sich, das er uns anbot. Wären wir länger geblieben, wir hätten sicher einen guten Kontakt geknüpft und auch das Dorf kennengelernt. Aber wir fühlten uns in der Nähe der Militärstation nicht sicher und schipperten bald weiter.

Auf Tillanchong entdeckten wir unter anderem eine Krakenmutter, eine neue Röhrenaalart und ein Wrack. Und dieses: Bereits im Ganges Harbour hatten wir herausgefunden, daß die Sand- und Schlammflächen unter der geankerten »Xarifa« keineswegs weniger interessant waren als die Riffe. Sie waren voller Leben, nur verstanden es ihre Bewohner, sich gut zu verbergen. Wir waren zufällig darauf gestoßen. Als unserem Maschinisten ein Filter über Bord gefallen war, mußten wir ihn vom Grund holen. Und da sahen wir ganze Heerscharen von Seeigeln, die offenbar durch die über Bord gekippten Nahrungsreste angezogen wurden. Mit jedem dieser Seeigel schwamm ein Schwarm von kleinen Kardinalfischen, die sich geschickt im Stachelwald verbargen, wenn wir heranschwammen. Sie finden so Schutz vor Raubfischen, ähnlich wie die Anemonenfische in der Anemone. Als Gegenleistung putzen die Kardinalfische den Seeigel.

Georg Scheer fand auf dem sandigen Grund zwei ganz besondere Korallen. Eine etwa pfenniggroße lag frei wie ein geripptes Scheibchen auf der Oberfläche. Schaute man genauer hin, dann bemerkte man, daß diese Koralle langsam über den Meeresboden wanderte. Sie lebt mit einem kleinen Wurm in Symbiose, der von ihrem Korallenskelett umwachsen ist. Durch eine kreisrunde Öffnung am anderen Ende kann er seinen Körper herausstrecken und die Koralle vorwärts schieben und sie auf-

richten, wenn sie umgekippt ist. Erst diese Gemeinschaft hat es der Koralle ermöglicht, die losen Sandflächen zu besiedeln. Allein würde sie vom Sand verschüttet.
Die aus vielen Polypen zusammengesetzte Blasenkoralle verankert sich mit einer rübenartigen Wurzel im Sand. Sie wiegt einiges und fällt daher nicht so leicht um. Sie vermehrt sich auf bemerkenswerte Weise, nämlich indem sie wie ein Kaktus Ableger bildet. Ein solcher wächst im Gewebe der Koralle aus vielen Polypen mit einem eigenen kleinen Kalkkörper heran. Ist er reif, dann bläht sich der Weichkörper des Ablegers auf wie ein kleiner Ball, indem er Flüssigkeit aufnimmt. Er erhält Auftrieb, und sobald er sich abgelöst hat, kann er von der Strömung weggetragen werden, um sich woanders als fertige kleine Korallenkolonie niederzulassen. Eine weitere besondere Anpassung an den Sand, denn einzelne Korallenlarven würden darauf keine Möglichkeit finden, sich festzusetzen und zu einem Korallenstock heranzuwachsen.
Die Fische des Sandbodens zeigen ebenfalls erstaunliche Adaptionen. Um nicht gefressen zu werden, bohrt sich zum Beispiel der etwa fünfzehn Zentimeter lange Kieferfisch einen senkrechten Schacht in den Sand, den er mit Hilfe von Korallenstücken befestigt. Daß es auch mit Bierflaschendeckeln funktioniert, demonstrierte ein solcher Fisch unter unserem Schiff, indem er diesen Zivilisationsmüll rund um ein Loch im Sand anordnete. Nur weil mir sein sonderbarer Bau auffiel, stieß ich auf dieses Phänomen.
Das Leben auf dem Sand war reich und reizvoll durch seine vielen Spezialanpassungen. Wenn Sturm oder Regen eine Ausfahrt unmöglich machten, tauchten wir direkt vom Schiff aus und untersuchten den Meeresboden am Ankerplatz. Und so fanden wir vor Tillanchong die Krakenmutter.

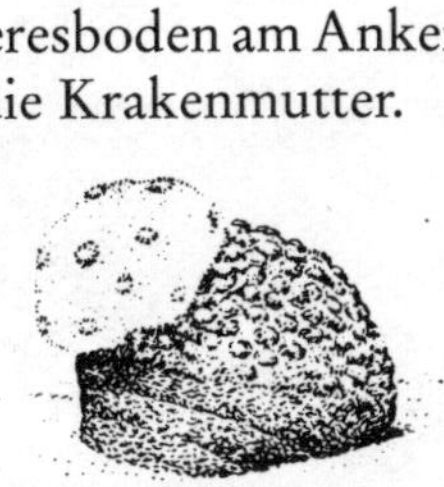

Ist der Ableger der Blasenkoralle herangewachsen, nimmt er Wasser in sich auf und läßt sich von der Strömung forttragen.

Eines Tages brachte Hans Hass eine große geschlossene Herzmuschel an Bord. Wir setzten sie in ein Aquarium und beobachteten sie: Langsam öffnete sich die Muschel, ein dünner fadenarmiger Fortsatz tastete sich heraus, glitt kurz und scheu über die Außenseite der Schalen und zog sich wieder zurück. Da wurde uns klar, daß irgend etwas anderes, nur keine Herzmuschel, im Schutz der Schalen hauste. Ein neuerliches vorsichtiges Tasten und erschrecktes Zurückzucken. Die Schale schloß sich wieder. Dann wieder langsames Aufklappen, und nun schoben sich ganz langsam zwei Augen aus der Schale heraus und blickten aufmerksam und fast menschlich in die Run-

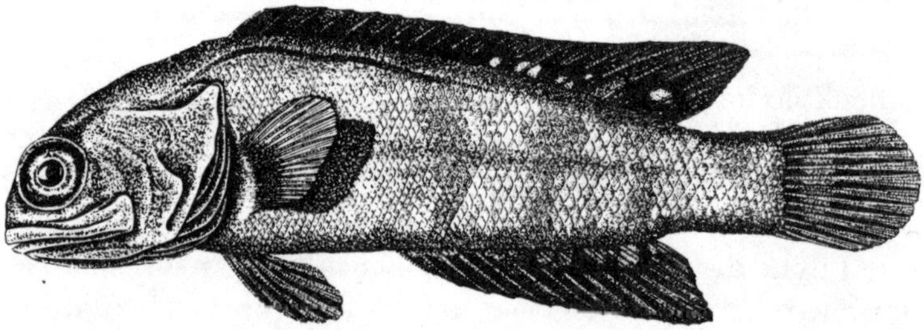

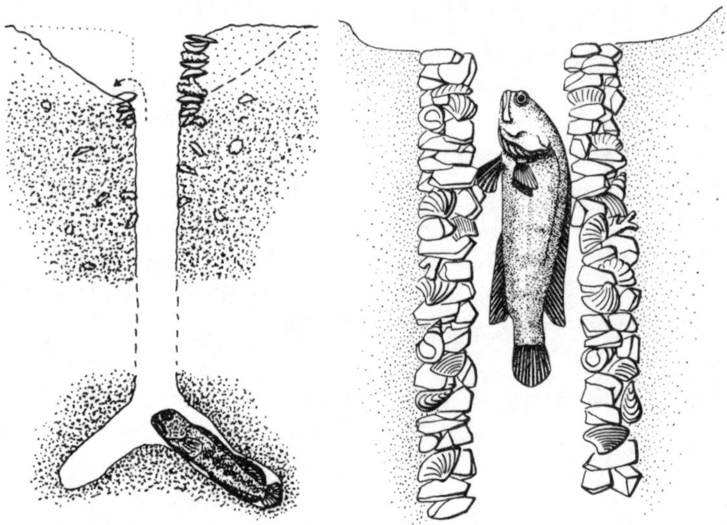

Der brunnenbauende Kieferfisch der Nikobaren, eine Sandanpassung.

de. Da wußten wir's: Wir hatten einen kleinen Kraken gefangen, der sich auf dem Sand die Muschel als Heim ausgesucht hatte. In dem Aquarium lebten noch andere Bewohner, unter anderem eine Schnecke, die arglos die Schale hinaufkroch. Der kleine Krake ertastete sie, wurde im schnellen Wechsel rot und blaß, lugte etwas über den Rand der Muschelschale und schob die Schnecke weg. Und dabei sahen wir auch den Grund seiner Reizbarkeit. Der Krake war eine Sie und vor allem eine Mutter, die ein Gelege verteidigte. Sie saß darauf und barg es schützend mit einigen ihrer Fangarme, während andere mit ihren Saugnäpfen die Muschelschalen zusammenhielten.
Die Krakenmutter wurde für die nächsten Tage unser Filmstar. Wir filmten, wie sie die Laichschnüre säuberte, wie sie ihre Brut gegen Krebse und andere Tiere verteidigte. Eines Tages war es soweit, die Jungen schlüpften. Die Mutter half dabei, indem sie mit ihren Saugnäpfen die reifen Eier umfaßte und zum Aufspringen brachte. Unentwegt strichen die Fangarme über die Eischnüre. Hunderte von kleinen Oktopuslarven wirbelten wie Schneeflocken durch das Aquarium. Sie alle strebten dem Licht entgegen.
Plötzlich verließ die Krakenmutter ihre Schale und kroch, die Eischnüre in den Armen haltend, die Aquarienscheibe hoch, als wollte sie die letzten ihrer Larven aus den Schnüren schütteln. Dann erfaßte eine Lähmung ihren Körper. Sie sank auf den Boden hinab und lag dort mit verkrampften Fangarmen heftig atmend, und wir verfolgten, wie ihr Leben innerhalb weniger Minuten erlosch, während ihre Jungen vor Lebensgier das Weite suchten. Ich erfuhr später aus der Literatur, daß dies die Regel ist.
Tillanchong bescherte uns noch ein Abenteuer besonderer Art. Wir entdeckten das »Lampen-Wrack«, das heißt, ich sah es beim Erkundungsschwimmen und meldete begeistert meinem Freund: »Hans, ich habe da ein riesiges Schiff gefunden!« Nach einigem Suchen spürten wir es wieder auf, aber da kam mir das zusammengedrückte Wrack schon viel kleiner vor, und Hass meinte: »Wegen dem Schifferl hast du dich so aufgeregt?« Aber es wurde für uns dann doch ein Fund besonderer Art. Die Aufbauten des Motorseglers waren mit Korallen bewachsen, und

in seinem Inneren gerieten wir in eine Kammer mit schönen, handgearbeiteten Messinglampen. Sie steckten alle im Schlamm, und wir buddelten sie aus: kleine Lämpchen mit winzigen Petroleumbrennern und große, schwere Exemplare mit dicken Gläsern, die offenbar als Positionslampen gedient hatten. Eine war mit einer Kerze bestückt. Die Leuchten waren mit Kalk verkrustet, aber als wir sie an Deck säuberten, wurden sie wunderschön.

Uns erfaßte ein wahrer Lampenrausch. Auf der »Xarifa« hämmerten, klopften und säuberten wir, was wir heraufholten. Und immer wieder tauchten wir hinunter zum Wrack. Dabei hatte ich einen Unfall. Um zu den Lampen zu kommen, mußte man durch ein Loch an der Seite des schräg liegenden Schiffes hindurchschwimmen, dann durch eine weitere Öffnung in die Kammer hineintauchen, in der Boden und Decke nunmehr die Seiten bildeten. Licht gab es da kaum, und wir wühlten im Dunkeln. Dabei verlor ich beim Buddeln an einer Lampe die Orientierung und sah plötzlich nichts mehr. Alles war aufgewühlt und schwarz, wo war der Ausgang? Ich verhedderte mich mit den Atemschläuchen. Viel Zeit blieb mir nicht, ich hatte bereits die Sauerstoffreserve aktiviert. Aber ich unterdrückte die aufkeimende Panik, befreite ruhig die Atemschläuche von dem Querbalken, an dem sie hängengeblieben waren, besann mich und fand den Ausgang. Ich nahm die Lampe mit, denn es wäre schade gewesen, sie zurückzulassen. Mit der Restluft kam ich gerade noch gut nach oben. Seit diesem Erlebnis bin ich vorsichtig mit Wracks.

Eines Tages überflog ein Militärflugzeug unser Schiff, für uns das Signal, wieder in See zu stechen. Die Expedition führte uns nun zu einer Reihe von malayischen Inseln: Pulo Perak, Pulo Jarak, das Sembilon-Archipel, aufregend und jeder Ort umgeben von einmaligen Tauchgründen, in denen wir immer neue Erfahrungen sammelten. Die Gewässer waren planktonreich und die Strömungen stark. Pulo Perak ist eine hohe steile Felsenkuppe, weißlich vom Guano der vielen Seevögel. Ich stieg hinauf. Auf jeder einigermaßen ebenen Fläche und in allen Nischen der Wand nisteten Tölpel, Möwen und Seeschwalben. Die Luft war erfüllt von ihrem Geschrei. An steilen Stellen

wuchs Gras in derben Büscheln, und es wimmelte von Ratten, die sich von Jungvögeln, Nahrungsresten und wahrscheinlich auch von Krabben ernährten.
Mich haben überall gerade die kleinen Inseln fasziniert, weil sich auf ihnen höchst seltene Lebensgemeinschaften mit extremen Spezialisierungen herausbilden. Auf den kleinen nördlichen Galápagosinseln leben beispielsweise die spitzschnäbeligen Grundfinken vom Blut der Seevögel, denen sie, wenn sie brüten, die Haut an der Basis der Federkiele aufreißen, außerdem öffnen sie deren Eier. Seevögel sind auf winzigen Inseln ein in vielfacher Weise genutzter Markt.
Von einem Beiboot aus erkundeten wir schnorchelnd das Gewässer um Pulo Perak, dessen Felsen senkrecht in die Tiefe abfallen - und wir waren schnell wieder im Boot, denn mehrere Haie hatten sich zudringlich genähert. Wir hatten nichts gegen sie und wußten auch mit ihnen umzugehen. Nur muß man sie dazu im Auge behalten können. Ein Schnorchler schafft das nicht, er befindet sich »pflückreif« an der Wasseroberfläche. Wir zogen also unsere Geräte an und tauchten hinunter. Wie wirbelnde Schneeflocken umgab uns das Plankton. Wir hielten uns an der Steilwand, die bewachsen war mit den schwarzen Bäumchen der Dendrophyllakorallen, mit Drusen der orangeroten Tubastrea und Büschen von Hornkorallen. Bereits in zehn Meter Tiefe sahen wir die langen gewundenen Drähte der Dörnchenkorallen. Schwärme von Kardinalfischen und Rötlingen suchten Schutz im Felsenwuchs.
Wegen des starken Planktongehalts des Wassers nahm die Helligkeit schnell ab, und die Haie, die dauernd in unserer Nähe blieben, waren nur zu sehen, wenn sie unvermittelt ganz nah auftauchten, sonst sahen wir sie nur schemenhaft vorbeigleiten. Aber wir hatten die Felswand im Rücken und fühlten uns sicher. In etwa vierzig Meter Tiefe war die Wand ausgehöhlt, ich vermute, es handelte sich um eiszeitliche Brandungskehlen. Ich schwamm in eine der wenig tiefen Höhlen und sah mich dem größten Zackenbarsch gegenüber, der mir bis dahin begegnet war. Ich hätte leicht in sein Maul gepaßt, und da ich wußte, daß Perlentaucher gelegentlich mit Kopf und Schultern darin landen und der Kerl neugierig auf mich zuruderte, zog ich

mich zurück. Er hätte mich zwar wieder ausgespuckt - ein Zackenbarsch kann niemanden verschlucken -, aber man trägt bei einem solchen irrtümlichen Angriff arge Abschürfungen durch die kleinen Zähne des Fischs davon und verliert überdies leicht seine Maske. Vierzig Meter unter der Wasseroberfläche wäre eine Begegnung dieser Art alles andere als angenehm gewesen. Ich glaube, daß mein Blitzlichtreflektor sein Interesse erweckt hatte. Schade, daß ich ihn nicht aufnahm, ich war dazu zu erschrocken.
Die vielleicht einen Kilometer lange Insel Pulo Jarak ist bewaldet. Im Saumriff herrschen hohe, massive Korallenblöcke vor. Mir ist ein gut ein Meter hoher und einen halben Meter breiter becherförmiger rosa Schwamm in Erinnerung, der mit unübersehbar vielen zehn bis fünfzehn Zentimeter langen weißen Seegurken besetzt war, die ihre Tentakel in die Strömung hielten. Ein seltsamer Anblick. Im Becher saß ein roter Korallenbarsch mit blauen Punkten.
Ein Abstecher nach Penang erlaubte es Scheer und mir, einen Ausflug auf das Festland in die Camerun Highlands zu machen. Das war damals ein Ferienplatz für englische Kolonialbeamte. Wir hatten Kontakt mit einem Offizier aufgenommen, denn wir wollten die in den Wäldern beheimateten Sakai besuchen, die damals vom Jagen mit Blasrohren und vom Sammeln leben. Die Kolonialbehörde hatte sie allerdings wegen der regen Tätigkeit kommunistischer Rebellen in Lager zusammengefaßt. Ich wurde hier zum erstenmal mit der Frage konfrontiert, wie Naturvölker überleben können.
In Singapur endete unsere Reise. Nun ging es über einige Zwischenstationen zurück nach Hause. Dort machte ich mich zunächst daran, meine meeresbiologischen Beobachtungen zu veröffentlichen. Ich nahm dann meine Arbeit mit Säugern wieder auf. Die Eichhörnchen waren so munter wie zuvor. Pseudomucki und Pseudofritzi hatten wieder Junge bekommen. Anna Guggenberger übernahm auch die Aufgabe, meine Tiere zu betreuen. Viele der einzeln aufgezogenen gingen durch ihre Hand. Wir nahmen auf, was uns gebracht wurde: einmal einen kleinen Steinmarder, dann ein Hermelin, ein Kaninchen, einen Feldhasen, Agutis oder Rehkitze - es war auch für unse-

re Kinder anregend. Die Tatsache, daß ich in den ersten Jahren an meiner Arbeitsstätte wohnte, glich die Entbehrungen aus, die meine Reisen mit sich brachten. Denn hier konnten die Kinder mich auch tagsüber besuchen, von der Wohnung zum Labor waren es ein paar Schritte. Beruf und Privatleben waren in diesen Jahren ineinander verwoben. Dazu trug auch die familiäre Verbundenheit der kleinen Wissenschaftlergemeinde bei. Meine säugetierkundlichen Arbeiten, meine Beiträge zum Natur/Umwelt-Streit und meine Berichte über die erste »Xarifa«-Expedition hatten mich bekannt gemacht. Zusammen mit dem amerikanischen Psychologen Sol Kramer, der zu dieser Zeit als Gastforscher bei uns arbeitete, veröffentlichte ich einen Essay über Ethologie, in dem wir unseren Beitrag zum Natur/Umwelt-Streit in englischer Sprache vorstellten.[60] 1959 erreichte mich die Einladung zu meinem ersten internationalen Symposium »On Brain Mechanisms and Learning« in Montevideo, eine Gelegenheit, die ich für eine Rundreise durch Südamerika nutzte. Eine weitere wichtige Station in meinem Werdegang war eine Gastprofessur in Chicago, die ich Eckhard Hess zu verdanken hatte. Ein Trimester lang unterrichtete ich an seinem Institut für Verhaltensforschung. Eckhard und seine Frau Dorle luden mich oft ein und brachten mich mit vielen interessanten Menschen zusammen. Mit dem Ethologen und Wolfexperten Erich Klinghammer, damals Mitarbeiter von Hess, bin ich seit dieser Zeit freundschaftlich verbunden.
In Chicago wohnte ich im vornehmen Quadrangle Club, in dem ich allerdings nicht die Mahlzeiten einnahm, denn das wäre mir damals als Verschwendung erschienen. Ich wollte möglichst viel sparen, planten wir doch, in Bayern ein Haus zu bauen. Außerdem wollte ich eine kleine Reserve für die anschließende Reise an die Westküste bilden. So kaufte ich meine Nahrungsmittel im Supermarkt und erhitzte sie auf einem Elektrokocher im Glashaus des Instituts.
Die Freundlichkeit der Amerikaner hatte ich schon bei vielen Gelegenheit erfahren. Aber was ich im Land selbst erlebte, übertraf meine Erwartungen noch. Dabei begegnete ich auch jüdischen Emigranten, die aus Österreich und Deutschland vertrieben worden waren und allen Grund hatten, mir als An-

gehörigem eines Volkes, das so viel Unglück über sie und die Ihren gebracht hatte, reserviert gegenüberzutreten. Aber nichts dergleichen geschah, und ich fühlte mich oft beschämt.
Nach Abschluß meiner Vorlesungen flog ich nach Hawaii, wo ich mich brieflich bei dem Meeresbiologen und Ethologen Ernie Reese angemeldet hatte. Er erwartete mich und brachte mich zur Coconutinsel auf die Biologische Station, wo ich ein Gästezimmer bekam. Es folgten drei anregende und auch lustig-ausgelassene Wochen auf Oahu. Ernie untersuchte damals das Verhalten höherer Krebse, besonders der Einsiedlerkrebse und des Palmendiebs, und tauchte so gern wie ich. Durch ihn und seine spätere Frau Ilze lernte ich auf mehreren Besuchen die Inselwelt von Hawaii näher kennen.
Ähnlich wie beim Galápagosarchipel handelt es sich um zum Teil noch aktive Vulkaninseln, die ihre Lebenswelt über die Weiten des Ozeans erhielten, als Treibgut oder durch die Luft. Auch bei den auf Hawaii lebenden Kleidervögeln - den Drepani didae - läßt sich eine adaptive Radiation feststellen. Nur weichen dic verschiedenen Kleidervogelarten viel stärker voneinander und von der finkenartigen Stammform ab als die Darwin-Finken, wohl weil mehr Zeit verstrich, seit ihre Vorfahren die Insel erreichten. Wir finden hier Insektenfresser, Kernbeißer, Fruchtfresser, ja sogar einen Specht, der seinen unteren spitzen Schnabel wie einen Meißel einsetzt, während er den oberen, doppelt so langen als Sonde benutzt, um Insekten aus den geöffneten Gängen herauszustochern. Das hätte ich gerne gesehen - aber die Gattung Heterorhynchus galt als ausgestorben. Mittlerweile hat man einige der Kleidervögel in entlegenen Tälern der Insel Maui wiederentdeckt. Ihren Namen verdanken sie übrigens der Tatsache, daß die polynesischen Einwanderer aus ihren Federbälgen Prunkkleider für die Häuptlinge anfertigten. Einige davon kann man heute im Bishop Museum bewundern. Sonst ist von der polynesischen Kultur wenig übriggeblieben, und was von der Bevölkerung überlebte, bildet heute eine kleine Minorität.
Auf dem Rückweg flog ich nach Los Angeles und war für eine Nacht Gast des amerikanischen Millionärs Allen Hancock, der einige wichtige Expeditionen finanziert hat, auch solche zu den

)ben: Das alte Tor des Wasserschlosses
on Buldern.

Unten: Meine Frau und ich bei Rodungsarbeiten vor der Kegelbahn (1951).

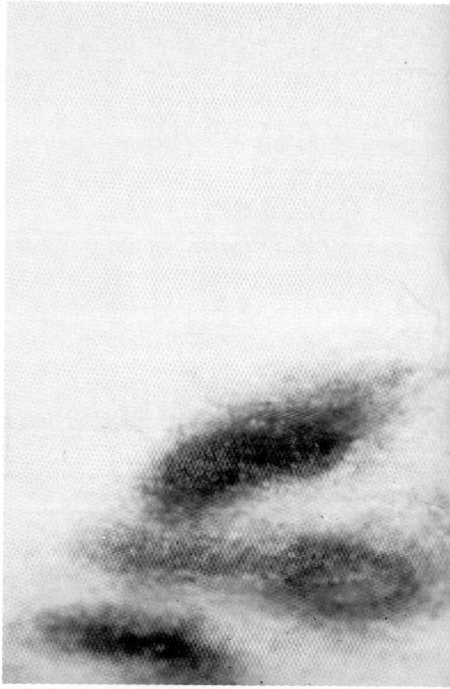

*Oben:* Unser Riesengalago *(links)* und seine harnmarkierten Trittsiegel an der Wand unseres Zimmers *(rechts).*

*Unten:* Teilnehmer des Bulderner Ethologenkongresses (1952). Konrad Lorenz stellt seine Graugänse vor. Mit dem Eimer: Uli Weidmann, links von Lorenz: Gerard Baerends und Wolfgang Schleidt.

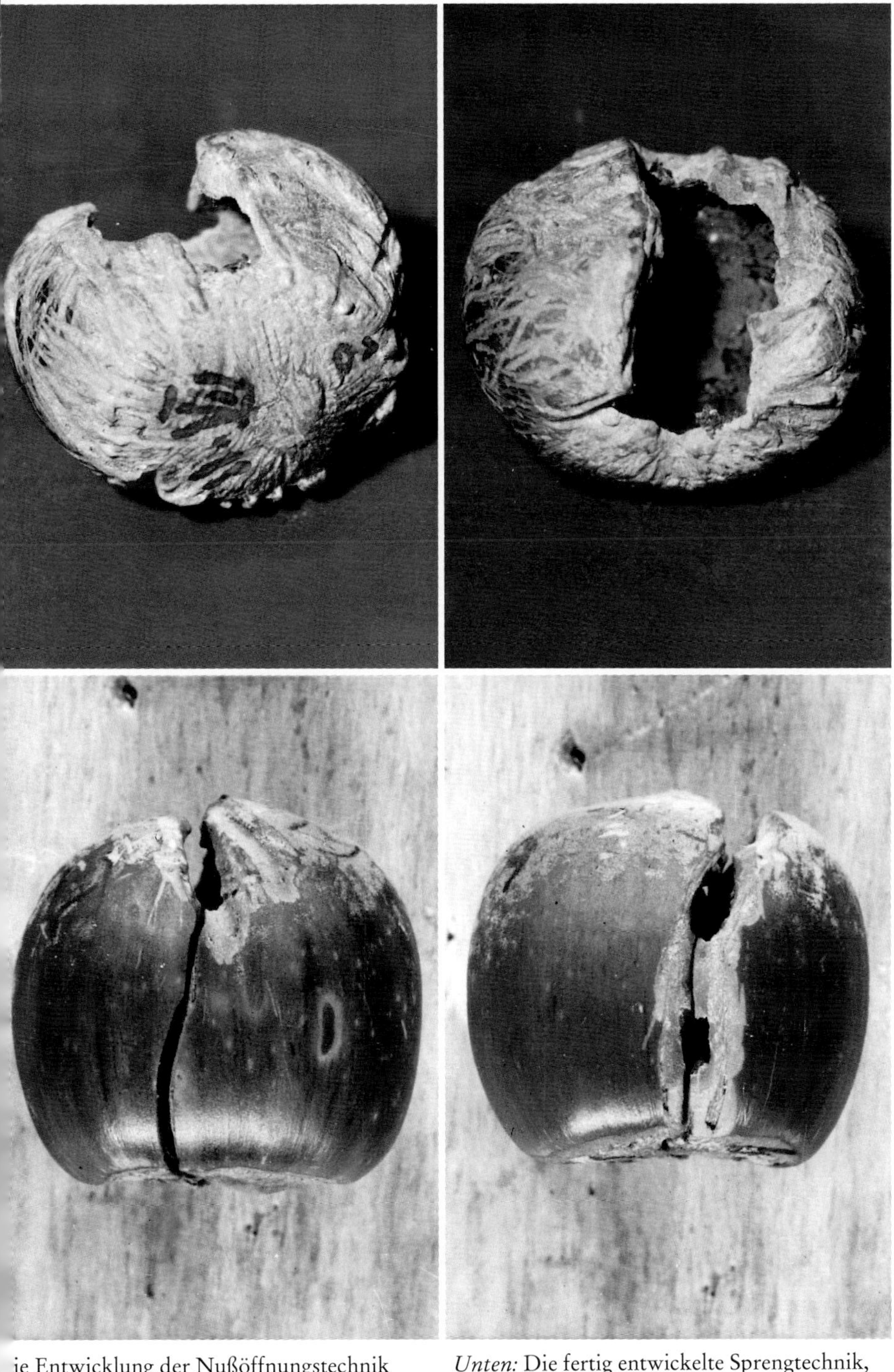

ie Entwicklung der Nußöffnungstechnik
s Eichhörnchens.
*ben:* Die durch viele überflüssige
agespuren zerfurchte Haselnuß eines
erfahrenen Eichhörnchens.

*Unten:* Die fertig entwickelte Sprengtechnik, effizient mit Furche und Gegenfurche, ohne überflüssige Nagespuren.

15

Aus unserer Filmarbeit in Buldern.
*Oben:* Eine männliche Erdkröte versucht, einen Gummistiefel zu umklammern, den er für ein Weibchen hält.

*Unten:* Heinz Sielmann und ich bei Aufnahmen vor dem Hamsterbau.

Galápagosinseln. Ich zeigte ihm meine Dias von dort. Der damals bereits alte und körperlich gebrechliche, aber geistig sehr rege Mann war bewegt, als er die Bilder der Inseln sah, die er in früheren Jahren auf seiner Yacht »Valero III« des öfteren besucht hatte.
Anschließend traf ich in Berkeley Alfred Eisenberg, einen jungen Säugetierkundler, mit dem ich korrespondierte. Wir fuhren mit dem Wagen die Küste entlang nach La Jolla. Am Scripps Institute in La Jolla machte mich Eisenberg mit dem Fischspezialisten Jay Rosenblatt bekannt, der mich bei den mexikanischen Coronadosinseln unter Wasser führte. Es war trotz Tauchanzug beißend kalt in diesen Tangwäldern, die aus dreißig Metern Tiefe emporwuchsen. Die Kälte stach mir in Nacken und Gesicht, und ich hatte nach einem Abstieg genug. Auch weil ich Angst hatte, denn beim Hinabtauchen wurde es schnell dunkel, ich fürchtete, mich in dem Pflanzengewirr zu verirren. Ich zog es vor zu schnorcheln. Aber die Erinnerung an die Tangwälder mit den roten Garibaldifischen und den roten Krebsen ist mir geblieben.
Amerika war 1960 auf dem Höhepunkt seiner wirtschaftlichen, politischen und kulturellen Macht. Es strahlte Zuversicht aus. Wir erleben heute, daß das Land schwierige Zeiten durchmacht. Die Zahl der Armen steigt, in den großen Städten wächst die Unsicherheit, die Drogensucht ist zur Plage geworden, und die Spannungen zwischen den Ethnien verschärfen sich. Sie könnten die Einheit des Staates schwächen, eines Tages sogar seinen Zerfall bewirken.
Amerika hatte im westlichen Lager die Hauptlast des kalten Kriegs zu tragen. Im Wettkampf des Hochrüstens hat es die Sowjetunion schließlich in die Knie gezwungen, aber auch die eigenen Kräfte erschöpft, und vor allem konnte es nicht gleichzeitig in die Rüstung sowie in die Erschließung und Erhaltung der Märkte im zivilen Sektor investieren. Japan und Westeuropa dagegen haben hier einen großen Vorsprung gewonnen. Sie waren zunächst auch aus Not dazu gezwungen. Die Amerikaner glaubten offensichtlich, es könne ihnen etwa in der Auto- und Elektronikproduktion niemand den Rang ablaufen. Sie haben ihre Konkurrenten unterschätzt, und außerdem planten sie

nicht auf lange Sicht. Viele Menschen in den Vereinigten Staaten leben auf Kredit und über ihre Verhältnisse. Zu den wirtschaftlichen kommen schwere soziale Herausforderungen. In diesem Land, das lange Zeit als das reichste der Welt galt, wachsen Armut und Kriminalität. Schon 1961 riet man mir ab, abends von der 57. Straße, in der das Institut für Verhaltensforschung lag, zum Quadrangle Club zu gehen, in dem ich wohnte. Es sei zu gefährlich.

Damals glaubte man noch an die Wunder der Erziehung und an einen immer weiter zunehmenden Wohlstand, wodurch alle Schwierigkeiten sich in baldiger Zukunft quasi von selbst lösten. Außerdem würden sich soziale und ethnische Unterschiede ausgleichen im großen Schmelztiegel USA. Aber dort wird nach wie vor der Begriff der Gleichheit mißverstanden. Gleichheit vor dem Recht ist eine selbstverständliche Forderung der liberalen Demokratie, aber das heißt nicht, daß alle Menschen gleich sind. Wir finden vielmehr unzählige Unterschiede zwischen Menschen hinsichtlich ihrer Individualität, ihres Geschlechts und ihrer Zugehörigkeit zu Ethnien und Rassen. Es handelt sich, wenn man dies festhält, nicht um Wertungen, sondern darum, Tatsachen zur Kenntnis zu nehmen. Ebenso wie man das Faktum akzeptieren muß, daß Menschen dazu neigen, sich nach ethnischen Kriterien zusammenzutun, vor allem wenn die kulturellen Unterschiede zwischen den Gruppen groß sind.

Mit der Öffnung des Landes für außereuropäische Immigranten hat Amerika vermutlich seine assimilatorische Kraft überschätzt. Es entstand ein Mosaik von miteinander konkurrierenden Ethnien. Hochrechnungen in »Time Magazine« aus dem Jahr 1990 zeigen, daß in der Mitte des kommenden Jahrhunderts die weiße Bevölkerung in der Minorität sein wird.[61] In Kalifornien ist nach einer diesem Bundesstaat gewidmeten Nummer des Magazins von Dezember 1991 der Zustand bereits erreicht, und einer der Berichterstatter stellt die nachdenkliche Frage: Wie weit entfernen wir uns von Europa? Schon diese Frage zu stellen erfordert Mut, denn als »politically correct« gilt für viele, wenn man sich auch als Amerikaner europäischer Herkunft antieuropäisch gebärdet.

Es wird dabei übersehen, daß Europa der Welt nicht nur Tod und Elend brachte durch kriegerische Expansion, sondern auch viel gegeben hat. Die Europäer sind nicht besser und nicht schlechter als andere und haben Wertvolles zur Menschheitskultur beigetragen. Vertreter europäischer Kultur treten bis heute ein für individuelle Freiheit, Nächstenliebe, Menschenrechte und die Emanzipation der Frau. Europäer haben die moderne Naturwissenschaft begründet, als Pioniere der Aufklärung gewirkt und der Welt unvergleichliche künstlerische Leistungen geschenkt, man denke zum Beispiel an die italienische Renaissance und die Wiener Klassik. Immer wieder haben Europäer sich selbst und das, was ihre Väter vertraten, in Frage gestellt. Das hat sie vor Erstarrung geschützt. Die Nachfahren der europäischen Einwanderer in den Vereinigten Staaten sollten ihre Wurzeln nicht verkümmern lassen.

# Auf Kapitän Cooks Spuren

Obwohl ich mich zunehmend auf die Humanethologie verlegt hatte, faszinierte mich das Tierleben weiterhin. Auch meine Freude am Tauchen hatte nicht nachgelassen. Eine gute Gelegenheit, auf diese Leidenschaften zurückzukommen, bot sich, als Hans Hass mich 1971 einlud, ihn auf einer Tauchexpedition nach Australien, Tahiti und Rangiroa zu begleiten. Er wollte aus Anlaß der 200-Jahr-Feier der Weltumsegelung von James Cook per Schiff und Flugzeug jene Orte besuchen, die der berühmte britische Entdecker dereinst angelaufen hatte. Die Tour, in deren Ergebnis eine Filmreihe entstehen sollte, war in zwei Etappen unterteilt. Die erste führte zum Großen Barriereriff nahe dem australischen Queensland. Wir mieteten ein Boot, schipperten die Küste entlang und besuchten die Upolu- und Michaelmasinseln. Hans drehte in den Vogelkolonien, und wir tauchten in den Korallenbänken. In der Umgebung von Cairns unternahmen wir Exkursionen in die Mangroven und filmten Weberameisen und Schlammspringer. In der noch heute Piониercharakter tragenden Stadt nahmen wir Alltagsszenen auf und verglichen unsere Eindrücke mit den Schilderungen von Cook und Joseph Banks, der den britischen Entdecker begleitet und dabei Tagebuch geführt hatte. Die Kleinlebewelt hatte sich am wenigsten verändert, ebensowenig das Leben der Riffe, die nach wie vor ungezählte Wunder verbergen. Wir entdeckten Erstaunliches auf jeder Station dieser Reise, auf Thursday Island zum Beispiel eine Raupe, die an Land lebt und sich einen Köcher gebaut hat wie eine Köcherfliegenlarve. Wir besuchten Perlbänke, filmten tarngefärbte Gottesanbeterinnen, die auf Termitenbauten auf Beute lauerten, und Zikadenlarven, die in Gruppen auf Blattstielen saßen und von Ameisen gemolken wurden wie bei uns die Blattläuse.

Auf der Possessioninsel nahmen wir das Cook-Denkmal auf. James Cook hatte hier in einem symbolischen Akt den ganzen Kontinent für die englische Krone in Besitz genommen - eine gute Investition. Auf Cape York filmten wir ein Exemplar einer anderen Köcherraupenart, die in ihrem Kokon wie eine Flechte aussieht und damit gut geschützt ist - es handelt sich bei diesen Raupen um Vertreter der Psychiden. Wir dokumentierten auf dieser nach Norden ins Meer hinausragenden Landzunge das nördlichste Grasbüschel des Kontinents.
In Cooktown, unserem nächsten Ziel, gewannen wir den Eindruck, daß sich seit der Stadtgründung nicht viel verändert hat. In einem Lokal hingen an den Wänden Malereien aus der Goldgräberzeit, ein gewisser Garnet Agnew hatte sie für »Board and Lodging« verfertigt. Hans filmte ein schönes »Ja« mit Augenbrauenheben eines australischen Eingeborenen.
Wir arbeiteten uns langsam nach Norden vor. Nach einem Besuch der Lizardinsel, die damals noch unbesiedelt war, fuhren wir zu den viele Kilometer langen, bandförmigen Ribbonriffen, die dreißig bis vierzig Meilen vor der Küste liegen. Die Riffbänder sind durch breite Kanäle unterbrochen, durch die das Wasser beim Gezeitenwechsel ein- und ausströmt. Bei Ebbe liegt die Riffplatte frei, sie ist zur Landseite hin oft mit schönem weißem Korallensand bedeckt, ein Dorado für Schnecken- und Muschelsammler.
Vom Meer her donnert meist eine starke Brandung gegen die Platte, der Zugang zu den Tauchstellen ist daher oft mühsam. Wir verankerten das Boot an der ruhigeren, dem Lande zugewandten Seite. An der gegenüberliegenden wäre dies nicht möglich gewesen, da hier das Meer zu tief ist, das Außenriff ragt oft dreißig und mehr Meter senkrecht aus dem Wasser hervor, und schließlich herrschen hier starke Strömungen. Wir bestiegen das Riff, und da wir durch die Brandung nicht an das Außenriff kamen, mußten wir uns tiefe Kanäle oder Tümpel suchen, die durch einen unterirdischen Kanal und oder ein Höhlensystem mit der Riffkante verbunden sind. So tauchten wir unter der Brandung hindurch. Es ist so aufregend wie faszinierend, durch die tiefen Schluchten und Höhlensysteme zur Riffwand vorzutauchen. Dann setzt man sich in der Wand in

einen Höhlenausgang wie in eine Loge und schaut den großen Fischen zu, die langsam gegen die Strömung anschwimmen. Man muß sich nur den Weg zurück merken! In den Höhlen leben wunderschöne Schleier von Moostierchen, über die Hans Hass seine Dissertation geschrieben hat.
Ich unterbrach dann meine Reise mit Hans, um eine Exkursion zu den Buschleuten einzuschalten. Danach traf ich mich wieder mit ihm zur zweiten Etappe der Cook-Tour. Sie führte uns nach Rangiroa, Morea und Tahiti. Dort erlebten wir eine menschliche Begegnung besonderer Art.
Nachdem wir das moderne Leben Tahitis angeschaut und in einigen typischen Episoden festgehalten hatten, fuhren wir an der Nordküste der Insel nach Osten bis Tautira, wo die Straße endet. Der östliche Teil der Insel ist wild, und dort, so hatten wir gehört, solle ein verschrobener Einsiedler leben. Er sei Kapitän gewesen und habe sich mit fünfzig Jahren pensionieren lassen, um hier ein großes Stück unkultiviertes Land zu kaufen. Er wolle dort seinen Lebensabend genießen, Landwirtschaft betreiben und seine Bücher lesen, denn er sei ein Bibliophile. Diesen Einsiedler wollten wir kennenlernen. Er lebte in einem kleinen umfriedeten Areal, in dem ein paar Dutzend Kokosnußpalmen standen, und bewohnte ein mit Palmblättern gedecktes Häuschen, dessen Grundfläche etwa zweieinhalb mal vier Meter betrug. Er kam uns freudestrahlend entgegen, als wir uns rufend anmeldeten, ein zierlich gebauter älterer Herr, bärtig, mit wirrem Kopfhaar, einer Hakennase und lebendigen Augen unter buschigen Brauen. Sein Oberkörper war nackt, er war barfuß und nur mit einem Rock aus Sackleinen bekleidet. Er begrüßte uns auf französisch. Hans Hass erzählte ihm von unserer Reise und daß wir einen Film über Tahiti drehen würden und dafür auch ihn interviewen wollten. Wir würden gerne wissen, wie es ihm gehe, wie er hier lebe und wie es um seine Pläne, Landwirtschaft zu betreiben, bestellt sei.
Die Antworten sprudelten nur so aus unserem Gastgeber heraus, er freute sich, uns über sein Leben berichten zu können. Ja, er sei Kapitän eines Handelsschiffes gewesen, und er habe sich immer für Reiseliteratur interessiert. Er besitze den Bougainville in Originalfassung und viele andere Reiseschriftstel-

ler. Ja, welche er denn gelesen habe? Nein, dazu sei er noch nicht gekommen, denn die wilden Kühe! Und jetzt entblätterte sich das kleine Drama des Alltags in dieser zauberhaften Tropenidylle! Die wilden Kühe beschäftigten ihn den lieben langen Tag. Darum habe er den Zaun gebaut, aber sie würden immer wieder einbrechen und sein Gemüse auffressen. Immer wieder müsse er die Kühe vertreiben und den Zaun reparieren. Nein, zur Anlage von Plantagen sei er noch nicht gekommen, das sei alles noch Wildnis, denn die wilden Kühe ...

Liebenswürdig, wie er war, bereitete er uns Tee und erzählte weiter. Er führte uns in sein Hüttchen. Eine Längswand bestand aus übereinandergestellten Seemannskisten, jede mit einem dicken Schloß gesichert. Das sei seine Bibliothek, aber er habe noch keine Zeit gefunden, die Kisten zu öffnen, denn die wilden Kühe ... In der Hütte stand ein Bett, und ein kleines Feuerchen glomm, gespeist von fasrigen Kokosnußhüllen. Und dann türmten sich in diesem Raum Pyramiden von Flaschen und Konservenbüchsen, und ebensolche befanden sich auch im Garten. Er führe genau Buch, erzählte er uns, was er zu sich nehme, und deshalb bewahre er die leeren Konserven und Flaschen auf. Einmal im Monat fahre er in die Stadt, um seine Pension abzuholen. Er zeigte uns einen Verschlag, darin lag ein Motorboot, an der Seite standen mehrere Benzinfässer, und ein halbes Dutzend brandneuer starker Außenbordmotoren hing an der Wand.

Das sei seine Reserve, für den Fall, daß es einmal bei einem Atomkrieg Versorgungsschwierigkeiten gebe. Und dann begann er auf die Regierung zu schimpfen; daß diese die Straße noch nicht weitergebaut habe und er mit dem Boot fahren müsse, komme teuer. Gäbe es eine Straße, dann könnte er von seiner Pension noch viel mehr sparen. Er lebe ja sonst sehr bescheiden und würde gerne noch mehr Geld auf die Seite legen. »Und wissen Sie weshalb? Als junger Mann habe ich immer davon geträumt, wie schön es wäre, wenn ich einen reichen Onkel in Amerika hätte, den ich einmal beerben würde. Nun, Messieurs, ich habe in der Provence eine Nichte und einen Neffen, die wissen gar nichts von mir! Ich bin für die so ein Onkel aus Amerika! Was werden die für Augen machen, wenn die mich

beerben! Ich habe schon über 7000 Dollar angespart!« Seine Augen funkelten vor Freude!
In seiner völligen Einsamkeit lebte dieser Mann von der Vorstellung, daß er mit einer Familie verbunden sei, der er irgendwann einmal Gutes erweisen könne. Das gab seinem Leben Inhalt. Er schaute uns noch lange nach und winkte, als wir mit dem Boot wieder nach Taotira zurückfuhren, um dort unser Auto zu besteigen. Nachdenklich fuhren wir nach Tahiti zurück.

# Humanethologie

# Auf der Suche nach neuen Wegen

In den frühen sechziger Jahren fühlte ich mich gedrängt, meine meeresbiologischen und säugetierkundlichen Arbeiten abzuschließen und etwas Neues zu beginnen. Ich hätte zwar gerne Biber oder Fischotter gehalten, aber das verbot sich in Seewiesen wegen der Wildgänse. So beschaffte ich mir Tupajas, Spitzhörnchen, die auf der ersten Entwicklungsstufe der Primaten stehen und deren Merkmale verbinden mit denen von Insektenfressern. Sie vermehrten sich und waren interessant zu beobachten, aber doch nur eine weitere Variante von Kleinsäugern. Ich übergab sie und andere Tiere schließlich Robert Martin, einem graduierten Studenten aus England, der in Seewiesen Ethologie lernen wollte. Er promovierte über die Tupajas und ist heute Ordinarius in Zürich.

Von den Galápagosinseln hatte ich ein Pärchen junger Spechtfinken mitgebracht. Zusammen mit Heinz Sielmann beobachtete und filmte ich ihren Werkzeuggebrauch. Mich begeisterte, daß die Vögel sogar spielten. Waren sie satt, dann verbargen sie die Mehlwürmer in Spalten und Ritzen, um sie spielerisch mit einem Stöckchen herauszustochern - und sie dann von neuem zu verstecken. Mein Wunsch war, die Jugendentwicklung dieses Verhaltens zu verfolgen und durch Vergleich mit anderen Darwin-Finken herauszubekommen, auf welche stammesgeschichtlichen Vorläufer es zurückzuführen ist. Die Schwierigkeit war nur, weitere Vögel auf Galápagos zu fangen, zu ernähren und heil nach Europa zu bringen. Miguel Castro, ein Siedler, der uns 1957 und 1960 mit seinem Boot geführt hatte, sammelte für mich auf den Inseln Specht-, Kaktus-, Mittlere und Kleine Grund- sowie Baumfinken. Aber obwohl die Fluggesellschaft alle heiligen Schwüre geschworen hatte, die Vögel wohlversorgt und unversehrt nach Europa zu transportieren,

gingen sie unterwegs verloren. Die Finken wurden erst gefunden, als es zu spät war.
Jetzt war ich innerlich bereit, die tierethologische Phase meiner Laufbahn abzuschließen und neue Wege zu gehen. Ich schrieb für das »Handbuch der Biologie« einen umfangreichen Beitrag, in dem ich die Verhaltensforschung am Tier aus meiner Sicht darstellte.[62] Auf dieser Grundlage erarbeitete ich dann meinen »Grundriß der vergleichenden Verhaltensforschung«, das erste Lehrbuch, in dem das Gebiet als Ganzes umrissen und vorgestellt wird: von der Verhaltensmorphologie über die Verhaltensphysiologie und Ökologie bis hin zur Ontogeneseforschung.[63] Das Buch war fast ein symbolischer Schlußstein und zugleich ein Neubeginn. Natürlich interessierte und interessiere ich mich nach wie vor für die Verhaltensforschung am Tier, aber ich wollte mich nun mit dem Menschen beschäftigen. 1967 konnte ich auf zwanzig Jahre tierethologische Arbeit zurückblicken. Ich hatte mir eine solide Basis des Wissens erarbeitet und war daher auch methodisch-theoretisch bereit, in die Humanethologie einzusteigen.
Wichtige Weichenstellungen waren schon zuvor erfolgt. 1963 reichte ich an der Münchner Zoologischen Fakultät meine Habilitationsschrift ein, und zwar gegen die Bedenken meines väterlichen Freundes Konrad Lorenz, der aus einem mir bis heute nicht einleuchtenden Grund davon abgeraten hatte. Er erklärte, er verstehe sich nicht gut mit dem Ordinarius für Zoologie, Hans Joachim Autrum, und es könne sein, daß ich Schwierigkeiten bekäme. Aber es gab keine Probleme. Ich lernte vielmehr Autrum als unbestechlichen und aufrechten Vertreter bester Zoologentradition kennen und schätzen.
Mag sein, daß Konrad Lorenz meine Emanzipationsbemühungen mit einer gewissen Ambivalenz wahrnahm. Manchen Vätern fällt es schwer, die Abnabelung ihres, in diesem Fall geistigen Sohnes zu akzeptieren. Lorenz kam nicht zu meiner Antrittsvorlesung, die damals sogar Adolf Butenandt, der Präsident der Max-Planck-Gesellschaft, besuchte. Er hatte vielleicht auch Angst, ich könnte kritisiert werden und mir Blößen geben, und er hätte sich für mich geniert. Er hielt mich noch nicht für so selbständig, daß er solche Vorkommnisse nicht auf

sich bezogen hätte. Wie dem auch sei, seine Ablehnung hat mich zwar gekränkt, aber nur, weil ich in ihm wirklich eine Art Vater sah und seine Anerkennung gerne gewonnen hätte. Möglicherweise hielt er sich aus erzieherischen Gründen in dieser Hinsicht zurück. Meine Zuneigung zu ihm hat das nicht getrübt. Sonst war er von einer einmaligen Großzügigkeit, was die Freiheit meiner Lebensgestaltung anging. Er hat mich oft beraten, und dies meist gut. Folgte ich seinem Rat einmal nicht, dann nahm er es hin. Und nach meiner Habilitation konnte ich frei meinen Weg bestimmen. Ich hatte in seinen Augen die Meisterprüfung bestanden.

Als ich meine Arbeit abgegeben hatte, verspürte ich das Bedürfnis eines Szenenwechsels. Ein Ausflug mit Freunden war gerade das richtige. Er führte erst nach Ostafrika und dann durch Kenia, Tanganjika und Uganda. Anschließend flogen wir in den Sudan. Wir wollten tauchen und dann mit dem Auto über Ägypten und die Nordafrikastraße durch Libyen, Tunesien und Italien heimfahren. Wir erlebten schöne Tage in den Nationalparks, aber was mich mehr und mehr faszinierte, waren die Menschen, besonders die Massai, und ich wünschte mir, einmal länger unter ihnen zu wohnen, um ihren Alltag zu beobachten.

Es traf sich günstig, daß Hans Hass damals eine dreizehnteilige Fernsehserie über den Menschen plante. Dem ursprünglichen Konzept zufolge wollte er dessen Stammesgeschichte, Morphologie, Physiologie und Genetik vorstellen. Ich schlug vor, Facetten menschlichen Verhaltens zu berücksichtigen, um die Serie reizvoller zu gestalten. Die Idee gefiel ihm, und er lud mich ein, als ethologischer Berater mitzumachen.

Es war für diesen Zweck wichtig, ungestellte Dokumente des Alltagsverhaltens zu beschaffen, und das erwies sich als schwieriger als gedacht. Hans Hass experimentierte in Wien damit, Menschen unbemerkt aufzunehmen. Dabei wurde klar, daß wir überaus wachsam sind und selbst ein aus der Entfernung auf uns gerichtetes Teleobjektiv in kurzer Zeit bemerken und dann unser Verhalten ändern. Wir sichern nämlich, vor allem wenn wir allein oder in kleinen Gruppen sind. Dann sieht man, daß wir immer wieder aufblicken und wie geistesabwesend mit den

Augen den Horizont abtasten. Nur einen kurzen Augenblick lang, aber das genügt, um auffällige Änderungen in unserer Umwelt wahrzunehmen. Dieses Verhalten läßt sich mit dem Sichern fressender Sperlinge oder Rehe vergleichen, es folgt denselben Gesetzmäßigkeiten. Monika Wawra, eine Mitarbeiterin meines Instituts, hat festgestellt, daß hier wie dort die Aufblickhäufigkeit und die Gesamtzeit des Aufblickens geringer wird mit der Zunahme der Gruppengröße. Einer, der allein ißt, blickt häufiger auf als einer, der dies in der Gruppe tut.
Hans Hass löste das Problem mit einem ebenso einfachen wie genialen technischen Kniff: Er setzte vor die Linse seiner Filmkamera eine Objektivattrappe mit eingebautem Prisma und seitlichem Fenster. Mit diesem »Spiegelobjektiv« war es möglich, Menschen zu filmen, ohne daß die Kamera auf sie wies. Er experimentierte ferner mit Zeittransformationen und filmte in Zeitlupe, was schnelle Bewegungsabläufe besser beobachtbar machte, und benutzte auch einen Zeitraffer. Damit beschritt er einen neuen Weg in der Dokumentation menschlichen Verhaltens. Diese hatte sich bis dahin darauf beschränkt, relevante Ausschnitte zu erfassen. Wenn zum Beispiel jemand töpferte, dann sah man zuerst, wie er seinen Tonklumpen knetete, dann, wie er den Boden formte, dann, wie er ein oder zwei Wülste aufsetzte usw. So wurden verschiedene Etappen vorgeführt, Zeitsprünge wurden durch Zwischenschnitte überbrückt: einen zuschauenden Hund, das Gesicht des Töpfers, Kinder und dergleichen. Wie durch ein Wunder entstand so vor den Augen des Betrachters in fünfzehn Minuten ein Gefäß. Gewiß ein interessantes Dokument, aber eines, das nicht den gesamten Ablauf zeigte.
Würde jemand versuchen, anhand einer solchen Aufnahme herauszufinden, wieviel Arbeit, gezählt an Handbewegungen, zur Herstellung des Topfes nötig gewesen war und wieviel bei Anwendung einer anderen Herstellungstechnik aufgewandt werden mußte, dann würde sie ihm wenig helfen. Wählt man dagegen statt der normalen 25 Bilder pro Sekunde eine Aufnahmefrequenz von 6,25 Bildern pro Sekunde, dann kann man auf einer 120-Meter-Kassette statt der üblichen zehn Minuten das Vierfache ohne Unterbrechung festhalten, in unse-

rem Fall also den vollständigen Vorgang des Töpferns. Die einzelnen Bewegungen laufen dann zwar schnell vor dem Auge ab, aber sie sind noch zählbar, und der Betrachter erkennt, wie unter den formenden Händen das Gefäß wächst. Dabei werden mit einer zweiten Kamera die einzelnen Handbewegungen in Normalfrequenz oder sogar mit Zeitlupe aufgenommen, um auch sie analysieren zu können. Mit dem gleichen Verfahren lassen sich Rituale vollständig und auswertbar aufzeichnen.
Zeitrafferaufnahmen erlauben es späteren Forschergenerationen, die so entstehenden Dokumente der Wirklichkeit zu bearbeiten. Sie liefern ferner eine Statistik gewisser Aktionen. Hans Hass filmte junge Eltern mit ihren Kindern an einem Strand, und zwar mit drei Bildern pro Sekunde. Einzelne Handbewegungen bleiben erkennbar, und auf eine Kassette paßt immerhin ein ununterbrochener Vorgang von 88 Minuten. Der Betrachter kann also auszählen, wie oft sich das Kind von den Eltern entfernt, mit wem es Kontakt aufnimmt, wie häufig es sich an die Mutter wendet, an den Vater, was der Vater wie viele Male mit dem Kind tut usw. Unsere Aufnahmen belegen zum Beispiel, daß die Mütter vor allem fürsorglich tätig sind. Sie reichen dem Kind etwas zu essen, sie reiben es mit Sonnencreme ein, und sie zeigen diese fürsorgliche Aktivität auch gegenüber ihrem Mann. Haben die Kinder Kummer, dann wenden sie sich an die Mutter, beim Spielen wird dagegen der Vater bevorzugt. Hass filmte, wie Väter Kopfstände und andere Kunststückchen aufführen, die ihr kleiner Sohn dann nachahmt.
Man sieht in solchen Zeitrafferaufnahmen auch Regelmäßigkeiten, die einem in der Normalfrequenz entgehen. Bei einem Zeitungsverkäufer, der seine Ware vor einem Reisebüro in der Wiener Kärntnerstraße ausgelegt hatte, zeigen sie, daß der Mann nie mit dem Rücken zum Fenster stand, sondern immer die Deckung eines breiten Wandpfeilers suchte. Dort pendelte er mit dem Rücken zur Wand hin und her, seine Ware feilbietend, ein interessantes Beispiel für das archaische Schutzbedürfnis des Menschen. Mit der Zeittransformation hatte Hass überdies ein interessantes didaktisches Mittel der Verfremdung geschaffen. Es ging ihm darum, den Menschen aus dem Blickwinkel eines Wesens von einem anderen Stern darzustellen.

1964 flogen wir nach Ostafrika, mit der Kamera samt Spezialobjektiv und einem von einem Wiener Mechaniker gebastelten Zusatzgerät für Zeitrafferaufnahmen. Den kurzen Aufenthalt in Nairobi nutzten wir schon für Aufnahmen. Hans wollte im Zeitraffer zeigen, wie sich Aufläufe bilden und wie sich Menschen in der Masse verhalten. Die gewünschten Verhaltensweisen löste ich zum Beispiel aus, indem ich eine Zehnschillingnote auf einen Gehsteig legte und dann weiterging. Lag der Geldschein frei auf dem Boden, dann wurde er in der Regel schnell von einem Passanten aufgehoben. Beschwerte ich ihn jedoch mit einem Stein oder zog ich mit Kreide einen Kreis um ihn, dann bildete sich eine diskutierende Gruppe, sobald ich weg war. Einmal hob ein Weißer den Schein auf, steckte ihn ein und ging weiter - die diskutierende Gruppe folgte ihm: Sie wollte ihm klarmachen, daß es Unrecht war, diesen offenbar von jemandem als sein Eigentum markierten Geldschein mitzunehmen.
Wir mieteten uns einen Geländewagen mit Chauffeur und einem Gehilfen, besorgten uns eine Campingausrüstung und ein Zelt und fuhren los. Zunächst ging es nach Süden. Wir besuchten einige Nationalparks und die Olduvaischlucht, in der der britische Paläontologe Louis Leakey Australopithecinen und ihre primitiven Werkzeuge ausgegraben hatte, Dokumente der Menschwerdung, die Hans in seinem Film zeigen wollte. Unterwegs hielten wir an, wenn sich irgend etwas Interessantes bot, etwa ein Barbier, der im Freien einem Kunden die Haare schnitt, in ein Kartenspiel Vertiefte, Frauen, die Früchte verkauften. So fuhren wir gemütlich bis in die Massaisteppe nach Naberera. Dort, an der Wasserstelle, filmte Hans in Zeitlupe und Zeitraffung das Wasserschöpfen. Und weiter ging es über Mwanza nach Kigoma.
Wir hatten uns brieflich bei der englischen Primatenforscherin Jane Goodall angemeldet. Damals wurde bekannt, daß es ihr gelungen sei, wildlebende Schimpansen an ihre Gegenwart zu gewöhnen, so daß sie sie aus nächster Nähe beobachten konnte. Wir wollten die mutige Zoologin und ihre Affen kennenlernen und, wenn möglich, einige Schimpansen filmen. Wir nahmen ein Boot von Kigoma und ließen uns ins Gombe-Re-

servat bringen. Jane wohnte damals mit ihrem Mann in Zelten, sie nahmen uns herzlich auf, wir waren die ersten Besucher. Sie gestattete uns zu filmen, was ich sehr großzügig fand. Sie hatte nur die Sorge, daß die Schimpansen uns nicht akzeptieren würden und unsere Gegenwart die Tiere verscheuchen könnte.

Sie ließ daher für uns beide ein Versteck bauen, in dem wir bequem sitzen konnten, durch einen Vorhang den Blicken der Schimpansen entzogen. Was sich vor uns abspielte, war großartig: Da saß die mittlerweile zur geschichtlichen Figur gewordene Schimpansin Flo mit einem Jungen, das vor ihr und mit ihr spielte, ein etwas älteres Geschwister war auch dabei. Dazu entdeckten wir zwei erwachsene Männchen. Einer hockte ruhig an einem Baum und schaute nur umher; da er weiße Augäpfel besaß, konnten wir erkennen, wie sein Blick wanderte. Er sah ungemein menschlich aus. Diese weißen Augäpfel, die so charakteristisch sind für uns Menschen, wurden offenbar im Dienst der Kommunikation entwickelt. Wir verfügen über eine äußerst differenzierte Augensprache und können uns mit Augenbewegungen Mitteilungen über Distanz zuschicken, ohne auch nur einen Ton von uns zu geben. Für den Menschen als Jäger und Krieger war dies von großer Bedeutung, ein starker Selektionsdruck hat uns gewissermaßen das Augenweiß angezüchtet. Als Mutante tritt es offenbar auch bei den Schimpansen auf, allerdings nur selten. Mir drängte sich damals die Frage auf, ob es sich hier um ein Vestigium, also einen Überrest eines einst verbreiteten Merkmals, handeln könnte, oder um ein Oriment, um einen Beginn, um Neuentwickeltes, aber noch nicht zur Blüte Gelangtes. Ich neige dazu, das gelegentliche Auftreten des Augenweiß bei Schimpansen als Vestigium zu interpretieren.

Der holländische Zoologe Adriaan Kortlandt hat vor vielen Jahren das Verhalten von Wald- und Savannenschimpansen miteinander verglichen und festgestellt, daß letztere Zweige für die Verteidigung viel geschickter einsetzen können als Waldschimpansen. Sie schlagen gezielt von oben herab auf ausgestopfte Schimpansen und werfen relativ genau mit Steinen und Ästen nach Feinden. Waldschimpansen zeigen ähnliche Verhaltensweisen, aber viel weniger effektiv. Kortlandt vertritt die These, daß es sich hier um vestigiale Formen des Waffengebrauchs handelt, der viel besser entwickelt war bei den Ahnformen dieser Tiere, die in der Konkurrenz mit unseren australopithecinen Vorfahren unterlagen und aus den Savannen wieder abgedrängt wurden in den Wald, der für die Hominisation nicht der geeignete Lebensraum ist. Unsere Ahnen entwickelten in der Savanne jene Eigenschaften, die sie zum Menschen machten. Sie richteten sich auf, um über das Gras zu sehen, wenn sie über freies Gelände von Baumgruppe zu Baumgruppe wanderten, sie konnten dabei einen Stock als Waffe in der Hand tragen und waren wohl auch gezwungen, tierisches Eiweiß in größerem Maß in ihre Nahrung einzubeziehen.

Wir saßen andächtig eine Weile in unserem Versteck, da erschien eine behaarte dunkle Hand, schob sich hinter den Vorhang vor unser Gesicht und riß mit einem Ruck den Vorhang weg. Unser Versteck brach zusammen, und wir saßen völlig ungeschützt, Angesicht zu Angesicht mit einem männlichen Schimpansen. Wir erstarrten, er betrachtete uns neugierig, berührte mich kurz mit dem Handrücken, dann stupste er mich ein paarmal und setzte sich ruhig an unsere Seite. Sonst geschah nichts, auch die anderen nahmen uns gelassen zur Kenntnis. Wir konnten uns nun tagsüber frei bewegen, Hans filmte das Sichern der Schimpansen, das nach dem gleichen Muster abläuft wie bei uns. Ich schaute den Müttern mit Jungen zu. Einmal forderte mich ein halbwüchsiger Schimpansenmann zum Spielen auf, indem er mich mit dem Handrücken ein paarmal anstupste. Ich ging darauf ein, unsere Hände faßten einander, und wir zogen uns ein bißchen hin und her - aber ich war doch eher zurückhaltend, denn der Kerl war erstaunlich kräftig. Abends saßen wir lange im Zelt beisammen, ich erzählte Jane von Lorenz, von unserer Arbeit, und ich sprach auch über das, was ich hier beobachtet hatte. Wir konnten uns gegenseitig manch wichtige Anregung geben. Ich wünschte mir, die Schimpansen einmal selbst längere Zeit beobachten zu dürfen. Dieser Wunsch ging später in Erfüllung.

Von Kigoma fuhren wir dann nach Norden, den Elizabethsee entlang bis hinauf nach Uganda. Im Kongo gab es damals blu-

tige Unruhen, in Fort Portal saß vor einem Regierungsgebäude eine Gruppe von Flüchtlingen, Frauen, einige mit Kindern. Eine hat sich in meine Erinnerung eingeprägt: Sie saß aufrecht, fast unbeweglich da und sagte keinen Ton, aber aus ihren Augen floß ein nicht enden wollender Strom von Tränen. Ich erfuhr, sie habe ihren Mann verloren.
Über den Murchison Park in Uganda ging es weiter hinauf nach Norden und dann nach Westen durch weitgehend unbewohnte Savanne. Wir hatten unser Zelt und waren nicht auf Rasthäuser angewiesen. Einmal überraschte uns ein heftiger Regen. Erst am späten Nachmittag kam die Sonne heraus, aber es war alles quatschnaß, als wir unser Zelt aufschlugen. Ich sammelte nasse Hölzchen auf, schnitt sie mit dem Taschenmesser in feine Späne und baute daraus kleine Pyramiden, und auf diese Weise gelang es mir schließlich, ein Feuer zu entfachen. Ich war ganz in meine Arbeit vertieft. Als ich aufschaute, sah ich direkt in das neugierige Gesicht einer großen Giraffe, die auf mich herabblickte. Das war mir noch nie passiert und ist es auch nie wieder. Sie trollte sich leicht erschreckt von dannen. Daß sie sich herangewagt hatte, war außergewöhnlich. Mit Tieren machten wir auf dieser Fahrt auch sonst keine schlechten Erfahrungen, nur einmal hätten uns beinahe die Moskitos aufgefressen, und ein anderes Mal entdeckten wir am Morgen Löwenspuren um unser Zelt herum. Sachkundige hatten uns vorher beruhigt, Löwen würden niemanden aus einem Zelt herausholen, es sei denn, man ließe den Eingang offen oder ein Bein oder den Kopf im Freien. Aber das haben wir peinlich vermieden, besonders nach dem Besuch der großen Katzen.
Durch das Gebiet der Acholi erreichten wir das Territorium der Karamojo. Nachdem wir viele Stunden durch unbewohntes Gelände gefahren waren, stießen wir auf einen Wall aus abgehackten Büschen, offenbar eine Kralumfriedung. Wir fuhren darauf zu und blieben prompt mit einem Rad in einem Erdferkelloch stecken. Während wir uns überlegten, wie wir den Wagen wieder flottmachen könnten, kamen mehrere abenteuerliche Gestalten auf uns zu. Die Männer überragten uns an Körpergröße, sie waren nackt, einige trugen allerdings einen Schulterumhang. Auffallend war ihre Haartracht: Es handelte

sich um haubenartige Aufsätze aus Lehm, die zum Teil rot gefärbt waren und in die sie als Schmuck Straußenfedern gesteckt hatten. Sie waren bewaffnet mit Holzkeulen und Speeren mit Eisenspitzen. Einige führten auch kleine schemelartige Gebilde bei sich, von denen keines dem anderen glich. Wir lernten später, daß es Nackenstützen waren. Mit ihrer Hilfe können die Männer schlafen, ohne ihre kunstvollen Haartrachten zu beschädigen. Uns war nicht ganz behaglich, waren wir doch in einem Sperrgebiet gelandet, in dem es keinerlei Polizeikontrolle gab. Aber die Männer waren nur freundlich interessiert. Sie halfen uns, den Wagen aus dem Erdferkelloch zu befreien. Dann näherten sich auch einige Frauen.
Sie waren ebenfalls stattliche Erscheinungen. Sie waren nur mit einem Lederschurz bekleidet, den Oberkörper hatten sie glänzend eingefettet und, wie mir schien, mit einem schwarzen Pigment gefärbt. Einige schmückten sich mit dicken Wülsten von Glasperlenketten um den Hals und mehreren Metallreifen, wovon sie auch größere an den Ohren angebracht hatten. In der Unterlippe sahen wir bei vielen einen Lippenpflock. Wir filmten, tauschten einige von den schönen Nackenstützen ein und bereiteten uns schließlich ein Abendessen, während sich die Karamojo in ihren Kral zurückzogen. In der Dämmerung hörten wir Händeklatschen und einen merkwürdigen tiefen Gesang, in den sich Brüllaute mischten, die von Stieren hätten stammen können. Wir schauten zu und sahen ein seltsames Schauspiel: Frauen und Männer standen im Kreis, klatschten und sangen, während einer in ihrer Mitte hohe Sprünge aufführte. Wir nahmen unser Tonbandgerät und gingen in den Kral. Wir nickten den Tanzenden freundlich zu, aber sie beachteten uns nicht. Sie waren ganz vertieft in ihr Ritual. So zogen wir uns wieder diskret und auch etwas ängstlich zurück. Das Singen und Brüllen steigerte sich, untermalt von schrillen Trillerlauten. Wie wir später herausfanden, geraten die Frauen bei diesen Tänzen allmählich in eine Art Ekstase, und sie feuern dann die Männer durch ihr schrilles Trillern an. Wir fürchteten uns. Konnte es nicht sein, daß diese Leute sich gegen uns einstimmten?
Wir verließen unser Zelt und versteckten uns zwischen den Felsen eines nahen Abhangs. Das Trillern und Singen ging weiter,

aber da es keinerlei Anzeichen für feindliche Akte gab, krochen wir nach einer Weile wieder zurück. Als wir am nächsten Morgen aufwachten, waren unsere Karamojo schon wieder zur Stelle, vergnügt und freundlich. Hans zeigte ihnen eines seiner Bücher mit Aufnahmen von Fischen und Tauchern, wir konnten uns nur durch Zeichen verständigen, aber das ging ganz gut. Wir durften in den Kral und dort Aufnahmen machen.
Beeindruckt hat mich, wie die Karamojo das Blut ihrer Rinder anzapfen. Neben der Milch stellt es einen wichtigen Bestandteil ihrer täglichen Nahrung dar. Sie fangen ein Rind, legen eine Schlinge um seinen Hals, die sie leicht anziehen, so daß die Halsvenen stark heraustreten. Mit einem kleinen Pfeil schießen sie auf die Vene, und das im Strahl herausspritzende Blut wird in einer Holzschüssel aufgefangen. Ist es genug, dann wird die Schlinge gelockert, das Rind schüttelt sich kurz und trollt sich, als wäre nichts geschehen. Das Blut wird ungekocht mit der Milch verrührt und getrunken.
Wir bogen nach Süden ab und kamen ins Gebiet der Turkana. Sie gehören wie die Karamojo den Nilotohamiten an und sind wie sie kriegerische Rinderhirten. Einige besitzen auch Kamele. Sie unterscheiden sich in ihrem Äußeren von den Karamojo durch Haartracht, Bekleidung, Schmuck und Waffen. So tragen die Männer lange Wurfspeere mit dünnem Schaft. In Teilen des Landes herrschte damals durch eine große Trockenheit Hungersnot, und bei Lorugumu ließ die britische Kolonialregierung Lebensmittel verteilen. Viele Frauen zerklopften mit Steinen die äußere dicke Schale einer Palmfrucht, einer Art Notnahrung. Überall hörte man das Geräusch. Viele Menschen waren krank, eine Frau mit einem Säugling hatte eine vereiterte Brust, es war qualvoll, nicht helfen zu können. Bei den Samburu, einem weiteren Nilotohamitenvolk, machten wir Aufnahmen von Tänzen. Mit einem Charterflugzeug besuchten wir ferner die Elmolo am Ostufer des Lake Rudolph, eine kleine, isolierte Gruppe, die zwar einige Ziegen hält, aber praktisch nur vom Fisch- und Krokodilfang lebt.
Wir sammelten auf dieser großen Fahrt, die wir in Nairobi beendeten, neben technischen vor allem Erfahrungen mit Menschen. Wir hatten auch gelegentlich experimentiert, um be-

stimmte Gesichtsausdrücke hervorzurufen. Dabei war mir in der Regel die Aufgabe des Auslösers zugefallen. Ich mußte hübsche Mädchen anlachen und anreden, damit Hans Verlegenheit filmen konnte. Hätte er mich zur selben Zeit aufnehmen können, dann wäre auch meine Verlegenheit dokumentiert worden. Ich mußte am Anfang große Hemmungen überwinden.
Einmal handelte ich mit einem Karamojo um eine besonders schöne Nackenstütze. Da hatte Hans den guten Einfall, daß ich versuchen solle, den Mann zu ärgern, damit er diesen Gesichtsausdruck filmen könne. Ich tat also etwas ganz und gar Unübliches: Er wollte zunächst vier Silberschillinge, ich bot drei, als er dann dreieinhalb forderte, bot ich zwei, und so ging ich mit meinen Offerten immer tiefer, statt ihm langsam entgegenzukommen. Schließlich zuckte der Mann schon ärgerlich mit den Mundwinkeln, und ich merkte, daß er seine Keule fester umfaßte. Da gab ich ihm die ursprünglich erbetenen vier Schillinge, und wir schieden als Freunde.
Zurück in Nairobi, holten wir unsere Frauen ab, die wir eingeladen hatten. Wir wollten ihnen die Nationalparks zeigen, aber auch etwas von unserer Arbeit. Wir fuhren nach Süden zum nächsten Massaikral, steuerten ihn zielsicher an und hielten - über einem am Boden liegenden dürren Strauch, dem wir keine Bedeutung beimaßen. Daß er dazu diente, nachts den Eingang zum Kral zu verrammeln, daß er also gewissermaßen die Eingangstür war, konnten wir nicht wissen. Die Frauen, Kinder und Männer kamen freundlich auf uns zu, nur ein junger Krieger schien etwas gegen uns zu haben. Als Hans das Stativ mit der Kamera auf dem Dach des Landrovers aufbaute, bedeutete er uns, daß er das nicht wünsche. Hass erklärte ihm, daß er Überblicksaufnahmen von der Gegend machen wolle. Der junge Mann sprach sogar etwas Englisch, aber es nutzte nichts.
Nun wären wir normalerweise in einer solchen Situation sofort zum Einlenken bereit gewesen und hätten abgebaut, denn wir wollten ja keine Verärgerung riskieren. Diesmal war aber unsere psychische Situation eine besondere. Wir hatten unseren Frauen erklärt, wie problemlos die Arbeit mit dem Spiegelobjektiv sei, und Hans bestand darauf, die Aufnahmen zu ma-

chen. Da griff der Massai nach dem Stativ und wollte es vom Wagen zerren, ich überlegte nicht lange, sprang vor und riß die Hand des Kriegers weg, bevor er zufassen konnte. Er war verblüfft - ich offen gestanden auch -, sprang einige Schritte zurück, holte mit seiner Keule aus und schleuderte sie auf mich. Sie traf mich am Oberschenkel und zerbrach. Das ärgerte den jungen Krieger erst recht, und ratsch zog er sein Kurzschwert. Ein unangenehmes Geräusch, wahrhaftig! Aber ehe ich richtig erschrecken konnte, hielten die anderen ihre Speere gekreuzt wie eine Barriere zwischen uns, drängten den Angreifer zurück und redeten ihm begütigend zu.

Wie sich später herausstellte, war der Mann angetrunken und aufgebracht, weil wir den Strauch überfahren hatten. Wir beließen es bei diesem Experiment, bauten die Kamera ab und verteilten Süßigkeiten an Frauen und Kinder. Die Episode war für uns lehrreich, denn sie hatte gezeigt, daß wir, obgleich Ethologen, keineswegs gefeit waren gegen archaische Reaktionsklischees. Hier waren wir in die Falle des »Gesichtwahrens« geraten: Wir gaben nicht nach, weil wir - unbewußt - uns vor unseren Frauen nicht blamieren wollten. Das war natürlich unsinnig, denn unsere Frauen hätten es als vernünftige Alternative begrüßt, wenn wir eingelenkt hätten.

Auf der Afrikareise hatten wir eine gute Sammlung von Zeitlupen- und Zeitrafferaufnahmen zusammenbekommen. Wir wollten sie nun ergänzen durch Filme aus anderen Regionen. Im Jahr darauf unternahmen wir deshalb eine Weltreise. Sie begann mit dem Karneval in Rio. Weitere Stationen waren die peruanische Stadt Cuzco, dann Mexico City, Kalifornien, Hawaii, Tokio, Kioto, Hongkong und Bali. Wir waren diesmal gut vorbereitet aufgrund unserer Erfahrungen in Afrika. Wir wußten, wie wir einfache Reaktionen, beispielsweise Verblüffung, auslösen konnten. Wir hatten verschiedene Scherzartikel dabei, so eine Dose, die aussah, als würden Erdnüsse darin aufbewahrt. Öffnete man sie, dann ließ eine Spiralfeder eine Stoffschlange hervorschnellen. Die Reaktion darauf war immer die gleiche: Die Leute erschraken kurz, schauten verblüfft und lachten dann herzlich oder zeigten Verlegenheit. Diese befiel auch mich, denn ich hatte die Aufgabe, mich neben die »Testkandidaten«

zu setzen, ihnen freundlich die Dose mit den Nüssen anzubieten, und dazu braucht man eine gewisse Überwindung.
Darüber hinaus versuchten wir weiterhin, ungestellte soziale Interaktionen aus dem Alltagsverhalten aufzunehmen. Wir filmten Mütter mit Kindern in Peru, Touristen in Disneyland und auf Hawaii, das Familienleben auf Bali und vieles andere mehr. Schließlich ließen wir uns in Japan von traditionellen Kabukischauspielern eine von uns vorbereitete Liste von Gesichtsausdrücken vormimen. Dabei sollten sie sich in bestimmte Situationen versetzen. Zum Beispiel in die eines Feldherrn, der sich nach verlorener Schlacht dem Sieger unterwirft, oder eines Vaters, dessen Sohn durch sein Betragen die Familie entehrte. So dokumentierten wir situationsbezogene Ausdrücke der Wut, Trauer, Freude, Eifersucht. Sie waren stark ritualisiert, bestimmte Elemente des universalen Mimikmusters wurden übertrieben, andere unterdrückt. Bei Wut öffneten die Akteure die Mundwinkel und zogen sie zugleich herab, so daß sich die Eckzähne zeigten. Es entstanden ferner Zornesfalten, und wenn sich dieser Gemütszustand steigerte, begannen die Gesichtsmuskeln zu zucken. Der Schauspieler schielte, was in dramatischer Weise den nahen Verlust der Selbstbeherrschung signalisiert und oft einem tätlichen Angriff vorausgeht. Eifersucht spielte der den weiblichen Part vertretende Darsteller, indem er ein Tüchlein zum Mund führte, in dieses Tüchlein biß und mit dem Kopf Pendelbewegungen ausführte - eine interessant stilisierte Form der Aggressionsableitung.
Ihren Höhepunkt erreichte diese Reise auf Bali. 1965 gab es wegen der antiwestlichen Agitation der indonesischen Staatspräsidentin Sukarno keinen nennenswerten Fremdenverkehr, aber auch vorher war das, was man heute Massentourismus nennt, unbekannt. Die großen Hotelkästen, die heute die Küste verunzieren, existierten noch nicht, der Tempel des Meeresgottes Baruna an der Sanurküste bot einen offenen Blick aufs Meer. In Sanur gab es kleine Hotelbungalows, die bezaubernd eingerichtet waren. Die Leute waren liebenswert und froh über die wenigen Besucher, das Leben spielte sich auf den Dorfstraßen ab. Heute hat der Autoverkehr alles überrollt. Es gab viele Tempelfeste, Opfer an den Straßen, Wanderschauspieler, die um-

herzogen, und wir filmten diesen bunten Alltag und sammelten alte Holzschnitzereien ebenso wie die damals in großer Zahl verkauften Holzfiguren des mittlerweile berühmt gewordenen Tjokot. Uns faszinierten die kleinen geschnitzten und blattgoldverzierten Schreine, verschiedenartigen Idole und Götterfiguren, geflügelten Löwen und Schutzgeister, die man über Kinderbetten hängt.

Ich begeisterte mich vor allem für Holzskulpturen, die einer alten Kulturschicht zuzuordnen sind und deren Funktion es war, Übel von Haus, Garten und Feld abzuhalten. Mit teilweise obszön anmutenden Gebärden und Gesten verscheuchten sie die bösen Geister, die Gesundheit, Glück und Eigentum der Menschen bedrohten. Figuren mit ganz ähnlichem Verhalten sind auch in unserer Kultur zu finden an alten Kirchen und ebenso in vielen anderen Regionen der Erde. Sie zeigen alle Drohgesichter, weisen oft das Gesäß und präsentieren ihren Phallus, ein Dominanzgestus, den wir bereits bei nichtmenschlichen Primaten finden. Wenn eine Gruppe von Meerkatzen frißt, sitzen immer einige Männchen mit dem Rücken zur Gruppe und stellen ihre auffällig gefärbten Geschlechtsorgane zur Schau. Das ist eine Drohung gegen gruppenfremde Artgenossen. Sexuelles Aufreiten als Dominanzdrohung ist bei Säugetieren weit verbreitet.[64]

Auf der Rückreise nach Deutschland hatten wir Pech: Bei dem kurzen Flug von Denpasar nach Jakarta ging unsere gesamte Filmausbeute von Bali verloren. Hans Hass hatte das Paket nach Österreich adressiert, und wir vermuteten, daß irgend jemand Austria mit Australia verwechselte und das Paket verschwinden ließ. Die Indonesier waren damals auf Australien nicht gut zu sprechen. Den Verlust haben wir bis heute nicht verschmerzt. Glücklicherweise hatten wir genug Material für die dreizehnteilige Fernsehreihe gedreht. Vor allem aber hatten wir Erfahrungen gesammelt, die es lohnenswert erscheinen ließen, ein kulturenvergleichendes Dokumentationsprogramm aufzubauen.[65]

# Kinder der Nacht und der Stille

Eine wichtige Station auf meinem Weg zur Humanethologie bildete die Arbeit mit Taubblinden. Ich hatte mich einige Zeit darum bemüht, mit solchen Kindern arbeiten zu können. Ein taub und blind geborenes Kind wächst in Nacht und ewiger Stille heran, etwas, was wir uns kaum vorstellen können. Diese Kinder können ihre Mitmenschen nicht sehen und nicht hören. Die wichtigsten Kanäle, über die ein Mensch ein soziales Modell wahrnimmt, sind ihm damit verschlossen. In keinem Versuch der isolierten Aufzucht bei Tieren werden dem heranwachsenden Geschöpf Erfahrungen so radikal vorenthalten wie diesen armen Kindern durch das Experiment der Natur. Für mich, den die Frage beschäftigt, ob auch beim Menschen stammesgeschichtliche Programmierungen nachweisbar sind, war es von großem Interesse, zu erfahren, wie solche Kinder sich verhalten. Träfe die Annahme der Milieutheoretiker zu, daß wir als unbeschriebenes Blatt zur Welt kommen, um erst durch Lernen alle unsere Fähigkeiten und Eigenschaften zu erlangen, dann müßten sich die taubblind Geborenen in ihrem Verhalten auffällig unterscheiden von solchen Kindern, die ohne eine Behinderung aufwachsen.

Im Taubblindeninstitut in Hannover fand ich nun eine Gelegenheit, ein sechsjähriges taub und blind geborenes Mädchen kennenzulernen. Sabine litt, wie es schien, unter keinen weiteren schweren geistigen Behinderungen. Sie hatte eine gute Beziehung zu ihrer Mutter, suchte aktiv den Kontakt zu ihr und spielte mit ihr, und war sie allein, dann erkundete sie ihre Umgebung und suchte beispielsweise nach ihrem Lieblingsspielzeug, einer Bank mit Rädern, auf der sie herumfahren konnte. Ich filmte ihr Verhalten beim Spielen, beim Umgang mit Menschen und konnte feststellen, daß sich dieses Kind verhielt wie

andere Kinder auch.[66] Spielte die Mutter mit Sabine, dann lächelte sie, setzte die Mutter sie allein irgendwo ab, dann konnte sie sich darüber ärgern, sie weinte zornig und strampelnd. Sie lachte herzlich, wenn ihre Mutter oder ihre Betreuerin sich etwas mit ihr balgten und sie dabei kitzelten. Reichte man ihr etwas zum Mund, was sie nicht mochte, dann rümpfte sie die Nase, schloß die Augen und wendete sich ab, ein Ur-Nein, das in Kopfschütteln überging, wenn man das Angebot wiederholte. Schildkröten etwa mochte sie gar nicht; bot man ihr eine Landschildkröte an, dann stieß sie diese weg, schüttelte den Kopf und hielt dann die Hand abweisend in einer Halt-Gebärde vor sich. Sie konnte in dieser Situation sogar ärgerlich werden, wenn man ihr das Ungewünschte aufdrängen wollte. Dann stampfte sie mit den Füßen auf, wendete sich mit einem Ruck ab, warf den Kopf in den Nacken, biß die Zähne zusammen, und manchmal biß sie sich in die Hand in einer gegen sich selbst gerichteten Abreaktion ihres Ärgers.
Sabine zeigte all die wesentlichen Ausdrucksbewegungen, die eine bestimmte Emotion begleiten. Sie unterschied ferner in ihren Reaktionen deutlich zwischen ihr bekannten und fremden Personen, die sie erkannte mit Hilfe ihres Geruchsinns und indem sie sie mit einer Hand abtastete. Bekannte Personen lösten Reaktionen der Kontaktsuche und Zuwendung aus, vor fremden Personen zog sie sich zurück, und suchten diese den Kontakt, dann wich sie aus.
Sabines Gesichtsmuskeln bewegten sich wohlkoordiniert nach dem uns vertrauten Muster, so daß Lachen, Weinen, Lächeln, der Ausdruck des Unmuts oder der Ablehnung klar zu unterscheiden waren. Das ist keineswegs selbstverständlich, denn immerhin spielen bei der menschlichen Mimik mehr als zwanzig verschiedene Gesichtsmuskeln mit, die zum Teil paarig angelegt sind, so daß bei regelloser Kontraktion der Muskeln in verschiedenen Intensitätsstufen und unterschiedlichen Kombinationen eine große Zahl von verschiedenen Gesichtsausdrücken entstehen könnten. Wir würden dies als Grimassieren wahrnehmen. Die kleine Sabine aber zog keine Grimassen. Da sie ihr Wissen über Gesichtsbewegungen, die mit bestimmten Gefühlen einhergehen, nicht von sozialen Modellen ihrer Um-

welt kopiert haben kann, mußte es ihr als stammesgeschichtliche Anpassung angeboren sein.
Dagegen wurde nun eingewandt, Sabine könnte das Gesicht der Mutter mit ihren Händen abgetastet und daher gelernt haben. Das ist theoretisch möglich, würde aber eine ganz besondere Lerndisposition verlangen, um das mit den Händen Abgegriffene in eigene Gesichtsbewegungen zu übertragen. Ich habe später in Heidelberg taub und blind geborene Contergankinder gefilmt. Auch sie lächelten, lachten und weinten normal, obwohl sie mit ihren Handstummeln das Gesicht eines Mitmenschen nicht abtasten konnten. Bliebe noch die Möglichkeit, daß die Mutter durch ihre Antworten bestimmte Verhaltensweisen der kleinen Sabine geformt, weil bevorzugt hätte. Dazu müßten sie aber als erkennbare Verhaltensmuster bereits von Anbeginn auftreten. Es würde sich in diesem Fall nur darum handeln, bereits Vorhandenes zu bekräftigen.
Um die Bildungsfähigkeit taub und blind Geborener ist es schlecht bestellt. Offenbar verkümmern einige Hirnfunktionen trotz besten Bemühens, wenn ein Mensch keine visuellen oder akustischen Erfahrungen sammeln kann. Außerdem sind die taub und blind Geborenen in vielen Fällen stark hirngeschädigt. Ertauben Kinder dagegen erst im Alter von ein bis zwei Jahren, dann sind ihre Chancen für die weitere Entwicklung gut. Helen Keller, die am 27. Juni 1880 zur Welt kam und seit dem zweiten Lebensjahr blind und taub war, erwarb mit Hilfe ihrer Lehrerin Anne Sullivan Macy Sprache und Schrift. Sie studierte und verfaßte später eine bemerkenswerte Autobiographie, in der sie unter anderem beschreibt, wie sie als Kleinkind verzweifelt versuchte, aus diesem Gefängnis der Stille und Nacht auszubrechen, bis jene Pflegerin ihr den Weg zeigte. Sie erfand dazu einen Code aus Tastzeichen, die mit den Fingern auf die Handfläche gegeben werden. Mittlerweile wurde ein Tastalphabet entwickelt. Ein taubblindes Kind wird darin unterrichtet, indem man ihm zum Beispiel einen Apfel in die Hand gibt oder einen Ball und dann »Apfel« oder »Ball« Buchstabe für Buchstabe mit den Tastzeichen in die Hand schreibt.
Es gibt einen dramatischen Schweizer Film, der das erste Lernerlebnis eines kleinen taubblinden Mädchens festhält. Man

sieht, wie das Kind aufmerksam mit der Hand »lauscht«, und als es endlich den Bedeutungszusammenhang zwischen Zeichen und Objekt erfaßt hat, hüpft es vor Freude in die Höhe. Ist dieser Durchbruch einmal geschafft, lernen die Kinder mit großem Eifer und überraschend schnell.
Ist eine Verständigung über das Tastzeichenalphabet möglich, dann erkennt man, daß in den früh Ertaubten und Erblindeten viel mehr Anlagen vorhanden sind, als die meisten vermuten. Harald, der mit achtzehn Monaten nach einer Meningitis taub und blind geworden ist, zeigte als Zehnjähriger zum Beispiel in gewissen Situationen Verhaltensweisen, die man nur als schlechtes Gewissen interpretieren kann. Er wurde gelegentlich ärgerlich, etwa wenn man ein Versprechen nicht einhielt, seltener, wenn ein Wunsch nicht erfüllt wurde. Einmal wollte er von seiner Lehrerin mit dem Wagen spazierengefahren werden, das mochte er sehr. In einem Anfall von Verärgerung biß er die Lehrerin und zerriß ihre Jacke. Danach stand er still am Platz und saugte an seinem Daumen, und nach einer Weile streckte er seine Hand offen aus, eine Geste, die er immer benutzte, wenn er Kontakt suchte und zum Gespräch einlud. So signalisierte er auch seinen Willen zur Versöhnung, und er entspannte sich nur, wenn man darauf einging. Nachdem er wieder einmal die Lehrerin gebissen hatte, entdeckte er am nächsten Morgen zufällig die Wunde an ihrem Arm. Bis dahin hatte er gelacht und gespielt, aber damit hörte er nun abrupt auf, und nach einer Pause tastete er in ihre Hand: »Weh.« Es war offensichtlich als Frage gemeint, und er bewegte sich langsam, als wäre er traurig. Als die Lehrerin antwortete: »Wer hat das gemacht?« erwiderte er: »Harald.« Sie tastete daraufhin: »Morgen wird es wieder gut sein«, und bald war er wieder vergnügt und spielte weiter.
Ich filmte in den folgenden Jahren in Heidelberg und auf Taiwan taubblind Geborene in verschiedenen Situationen und begann auch, mit Blindgeborenen zu arbeiten. Dabei ging es mir zunächst darum, stammesgeschichtliche Anpassungen beim Menschen nachzuweisen, indem ich diese furchtbaren Experimente der Natur auswertete. Ich trug mich schon damals mit dem Gedanken, ein eigenes humanethologisches Institut in-

nerhalb der Max-Planck-Gesellschaft aufzubauen, und betrachtete diese Untersuchungen als Pilotprojekt. Vom Verhalten der taubblind und blind Geborenen habe ich viel gelernt, aber mehr noch hat mich das Schicksal dieser Menschen bewegt, und ich lernte die Pfleger und Lehrer bewundern, die sich darum bemühen, den Behinderten das Leben lebenswert zu gestalten.

# Pilotstudien in Neuguinea

1967 veröffentlichte ich zusammen mit Hans Hass einen Aufsatz unter dem Titel »Neue Wege der Humanethologie«[67], in dem wir unsere Filmtechnik - Spiegelmethode und Zeittransformation - vorstellen und darauf hinweisen, wie wichtig es sei, das Alltagsverhalten in sogenannten traditionellen Kulturen zu dokumentieren, da darüber nur spärliches Datenmaterial vorliege. Wir erklärten außerdem, daß die Zeit dränge, weil diese Kulturen, besonders bei den Naturvölkern, durch den Kontakt mit der modernen Zivilisation auszusterben drohten.
Ich stand an der Schwelle zum vierten Lebensjahrzehnt, das richtige Alter, um Neues zu unternehmen. Ich wollte herausbekommen, wie ich allein auf mich gestellt mit der Dokumentationsarbeit in schwierigeren Situationen zurechtkommen würde, und entschied mich, in Neuguinea mein Glück zu versuchen. Neben der beschriebenen Kamera samt Zusatzgerät für den Zeitraffer packte ich ein Stativ und eine größere Zahl von Dreißig-Meter-Filmrollen ins Reisegepäck. Legt man heutige Maßstäbe zugrunde, dann handelte es sich um eine geradezu primitive Ausrüstung. Aber sie wog nicht viel. Ein gravierender Nachteil war allerdings, daß ich das Federwerk der Kamera schon nach ein paar Metern Film wieder aufziehen mußte. Ich konnte also nur im Zeitraffer längere Verhaltensabläufe festhalten, bei Zeitlupe und Normalfrequenz wurden die Sequenzen nach einigen Metern unterbrochen. Ich ärgerte mich, wenn die Kamera stoppte, bevor ein interessantes Ereignis beendet war. Es war nicht immer leicht, den richtigen Augenblick für die Betätigung des Auslösers zu finden, aber das schulte mich, kleine Intentionsbewegungen zu erkennen, zu beobachten und zu verstehen.
Auf dem Weg zu meinem Reiseziel lag Bali, das mir so gut ge-

fallen hatte. Ich plante also einen Aufenthalt dort ein. Nachdem ich meine Arbeit in Neuguinea erledigt haben würde, wollte ich auch Samoa besuchen, wohin mich der australische Anthropologe Derek Freeman eingeladen hatte. Ich kannte ihn von seinen Besuchen in Seewiesen. Nach Bali begleitete mich der Maler Peter Klitsch, dessen Stil mich anspricht. Man ordnet ihn heute als Romantiker der sogenannten Wiener Schule zu. Mich interessierte, wie er als Künstler seine Eindrücke von dieser Insel und ihrem kunstsinnigen Volk verarbeiten würde. Auf Bali malen, musizieren und schnitzen die Menschen; sie schmücken sich und ihre Umgebung mit Blumen und flechten aus Palmblättern bezaubernde Opfergaben für Geister und Götter. Das macht sie so sympathisch wie faszinierend, und die künstlerischen Äußerungen des Menschen wollte ich im Rahmen meiner kulturenvergleichenden Untersuchungen ebenfalls erfassen.

Ich sammelte Informationen über dämonenabweisende Figuren, und manche konnte ich erwerben. Der kurze Aufenthalt auf Bali bescherte mir vor allem aber eine Reihe von Zeitlupenaufnahmen menschlicher Mimik, so auch vom schnellen Brauenheben beim Grüßen, das ich später als Augengruß beschrieb. Besonders angetan hatte es mir der Ausdruck der Verlegenheit, der eine Ambivalenz zwischen Zuwendung und Abkehr spiegelt, wie er auch beim Flirt zu beobachten ist. Viele Verkäuferinnen boten damals am Strand Batikstoffe, Schnitzereien, Muschelkettchen und dergleichen zum Kauf an. Sie waren recht aufdringlich, allerdings in freundlicher und lustig-naiver Art, und wenn man feilschte und dabei ein Kompliment einflocht, konnte man reizende Verlegenheitsgebärden beobachten.

Peter Klitsch, unternehmungslustig und mit einem gesunden Selbstbewußtsein gesegnet, war ein Experte im Auslösen weiblicher Verlegenheit. Er hat außerdem vieles skizziert, und ich verdanke ihm zwei wunderschöne Ölbilder aus dieser Zeit. Ich machte ihn mit Han Snel bekannt, der als Maler in der Geschichte der Kunst Balis eine große Rolle spielt und mit dem wir seither in Verbindung stehen.

Im australischen Neuguinea lebten 1967 viele neusteinzeitliche

Völker, die eben erst von Regierungspatrouillen besucht worden waren. Ich hatte mich vorher bei australischen Völkerkundlern nach einigen erkundigt, und sie hatten mir geraten, zu den Kuku Kuku im östlichen Bergland zu reisen. Mit einem Missionsflugzeug flog ich von Lae nach Menyamya. Von dort brachte mich ein Offizier zur Missionsstation in Kwaplalim. Man empfahl mir das Dorf Ikumdi, mit dem erst sieben Monate zuvor Soldaten Kontakt aufgenommen hatten. Ich warb zwei missionierte Kuku Kuku an, die mich führten und meine Ausrüstung trugen. Sie waren mit Shorts und Hemden bekleidet, und einer sprach leidlich Englisch.
Diese erste Exkursion ist mir gut in Erinnerung geblieben. Meine Frage, ob wir unser Ziel an einem Tag erreichen könnten, beantworteten die beiden mit einem höflichen Ja, und nach dieser beruhigenden Auskunft zog ich zuversichtlich los. Wir marschierten durch Täler und über Bergkämme, auf glitschigen und steilen Lehmpfaden, auf denen ich unentwegt ausrutschte, dann wieder durch hohes trockenes Gras, in dem sich die Hitze staute, so daß es mir den Schweiß aus allen Poren trieb. Zuletzt fragte ich bei jedem sich vor uns auftürmenden Bergkamm, ob denn dahinter endlich unser Dorf liege. »Ja, ja«, erklärten die beiden, und hatten wir endlich die Höhe erklommen, dann sagten sie: »Nein, noch nicht in diesem Tal, im nächsten.« Nach acht Stunden kamen wir in eine winzige Siedlung, einige grasgedeckte Rundhütten, die ein Zaun aus zugespitzten Brettern umfriedete. Aber es war nicht Ikumdi, sondern Hyatingli, aus dem meine Träger stammten. Aus ihrer Sicht war es nur logisch, daß sie die Gelegenheit nutzten, um die Ihren wieder einmal zu sehen, und ich hielt meinen Ärger zurück, als mir der englisch sprechende Führer erklärte, daß es von hier aus nicht weit sei nach Ikumdi. Die Nacht verbrachte ich in einem Rasthaus, das Patrouille-Offiziere für sich gezimmert hatten. Darin fand ich keinerlei Einrichtungsgegenstände. Zunächst war es vollgedrängt mit Kindern und Alten, die meinen Trägern Proviant zum Kauf offerierten. Es regnete draußen, und die Menschen trugen Umhänge aus Rindenstoff. Sie werden hergestellt, indem man die Rinde mit einem Steinschlegel auf einer Holzunterlage klopft. Die Männer besaßen dicke Grasschurze und als

Schmuck Stirnbinden aus Konusschneckenscheiben, einen Nasenpflock, um den Hals eine große mondsichelförmige Scheibe aus Perlmutt und über die linke Schulter und unter dem rechten Arm dicke Lagen von Orchideenbast und Kauriketten über die Brust. Die Frauen waren ebenfalls mit Grasschurz und Rindenumhang bekleidet.
Ich erholte mich schnell von den Strapazen des Marsches, und am nächsten Morgen brachen wir zeitig auf. Ich war wieder guten Mutes, denn das Ziel sollte ja nah sein. Ich weiß nicht, wie viele Bergkämme ich wieder erkletterte und hinabstieg, mehr rutschend als gehend, alles war naß: die Baumstämme, über die wir kletterten, die Lehmhänge und die Felsen. Es goß in Strömen, und ich machte meine erste unangenehme Bekanntschaft mit Landblutegeln. Es dauerte wieder acht Stunden, bis wir unser Ziel erreichten, und ich fragte mich unterwegs, ob ich eigentlich bei Sinnen sei, mich auf diesen Marsch ins Ungewisse einzulassen. Im kleinen Ikumdi stapfte ich bis zu den Knien im Morast zu der Hütte, die eine Regierungspatrouille zwei Monate zuvor gebaut hatte. Darin war es wenigsten trocken, aber der auf Pfählen stehende Bau hatte nur eine dünne Lage von gespaltenem Bambus als Boden, und es zog gräßlich. Ich war völlig durchnäßt, aber nach einer Tasse heißen Instantkaffees und einer Dose Corned Beef fühlte ich mich besser. Für meine Träger kaufte ich ein Schweinchen, woraufhin mir der fremdsprachkundige in Pidgin-English versicherte, daß er mich liebe.
Am nächsten Morgen wachte ich durchfroren, aber guter Dinge auf. Die Kleidung war noch völlig durchnäßt und verdreckt, die Sonne schien jedoch, und ich fand es faszinierend, in einem Dorf zu sein, das nur zweimal Kontakt hatte mit der Außenwelt. Bei ihrem ersten Besuch waren die Regierungssoldaten beschossen worden, und sie hatten daraufhin alle Waffen und Schilde eingesammelt, deren sie habhaft werden konnten. Fünf Monaten später tauchte die Patrouille noch einmal auf, um sich von der freundlichen Seite zu zeigen, und davon profitierte ich in einem gewissen Maß. Ich konnte mich in dem schönen kleinen Dorf frei bewegen, die Gärten besichtigen, wo die Toten auf Plattformen bestattet wurden, um dann als Wächter zu die-

nen. Ich sammelte Beobachtungen zum Grußverhalten und filmte verschiedene Ausdrucksbewegungen. Ich blieb fünf Tage in Ikumdi. Und während ich mir in der letzten Phase unseres Gewaltmarsches geschworen hatte, das wilde Bergland Neuguineas nie mehr zu betreten, wuchs nun meine Freude an der Arbeit mit jedem Tag, und ich beschloß, irgendwo im Bergland Neuguineas bei Menschen wie diesen eine Langzeitstudie zu versuchen im Rahmen meines geplanten Dokumentationsprogramms. Ich wollte dabei nicht nur das nichtverbale Verhalten, die Mimik und Gesten der Menschen im Film festhalten, sondern auch wissen, wie sie dachten, worüber sie sich unterhielten und wie sie zusammenlebten. Der Rückmarsch nach Kwaplalim dauerte nur neun Stunden, denn wir sparten den Umweg über Hyatingli. Wir kamen durch mehrere Siedlungen und wurden dort immer wieder durch Händegeben begrüßt. Meine Füße waren so geschwollen, daß ich zuletzt meine Schuhe auszog, und das war ein Fehler. Ich holte mir eine schwere Hakenwurminfektion, die Diagnose wurde allerdings erst zwei Jahre später gestellt.

Ich wollte noch andere Gruppen kennenlernen, bevor ich mich für eine bestimmte entschied. Die nächsten, die ich zu besuchen beabsichtigte, waren die Woitapmin, aber wegen schlechten Wetters mußte die Maschine in Tari zwischenlanden. So lernte ich auch die Huli kennen, die ihre Gesichter auffällig bemalen und Perücken aus Haaren tragen, in die sie Blumen stecken. Ich filmte dort einen besonders schönen Augengruß. Von Oksapmin lief ich nach Divana, wo ich übernachtete, und dann brachte mich ein anstrengender Marsch nach Bimin. Der Weg führte unter anderem über eine senkrechte Felswand. Als Leiter waren drei Bäume übereinander zusammengebunden, eine wacklige Angelegenheit.

Die Männer der Woitapmin trugen Peniskalebassen, auffällig war auch die Verzierung ihrer Nasen; einige hatten in den Nasenflügeln Tierkrallen, andere Federkiele und in der Nasenscheidewand Eberzähne. Auch hier gelangen mir Aufnahmen von verschiedenen Ausdrucksbewegungen, darunter schöne der Verlegenheit.

Mein nächstes Ziel war die westsamoanische Insel Upolu. Dort empfing mich in Sa'anapu Derek Freeman, der mit seiner Frau in einem Fale lebt, dem traditionellen Haus der Samoaner. Es besteht aus einem runden Fundament aus Lavagestein, in dem die das Dach tragenden Holzpfähle stecken. Zwischen die Pfähle werden nach Bedarf feine, aus Kokosblättern geflochtene Matten gespannt. Die Häuser sind geräumig, und ich fand bei Freemans bequem ein Unterkommen. Sie trennten mit einer Matte einfach einen Sektor für mich ab.

Hier hatte ich es mit einer polynesischen Kultur zu tun, über die ich bereits einiges gelesen hatte bei der berühmten amerikanischen Ethnologin Margret Mead. Das war allerdings nicht die allerbeste Vorbereitung, wie sich herausstellte. Derek Freeman zeigte mir, daß in Margret Meads Darstellungen verschiedenes nicht stimmte, und ich beobachtete es auch selbst. So heißt es bei der Wissenschaftlerin, daß die Kinder auf Samoa kollektiv aufgezogen würden und die Mutter-Kind-Bindung dahinter zurücktrete. Nun, schon am ersten Tag sah ich, wie die Geschwister einen schreienden kleinen Knaben zurückhalten mußten, der unbedingt die Mutter zum Fischen begleiten wollte. Wenig später erlebte ich, wie eine Mutter eine ganze Nacht um ihre kleine Tochter trauerte, die, im weißen Kleidchen vor ihr aufgebahrt, in einem Sarg lag. Mit ihr hielten andere Familienmitglieder und Dorfbewohner Totenwache, und sie versuchten, die Mutter zu trösten durch Lieder, die sie auf der Ukulele begleiteten, der kleinen viersaitigen polynesischen Gitarre.

Margret Mead hatte nur flüchtig hingesehen. Kinder in solchen traditionellen Gesellschaften sind eingewoben in ein reiches soziales Beziehungsnetz. Sie haben Spielgefährten beiderlei Geschlechts und aller Altersklassen, zahlreiche Onkel und Tanten und viele andere Personen, mit denen sie im Alltag ständig Kontakt haben. Aber die Bindung an die Mutter und an den Vater ist von herausragender Bedeutung. So suchen Kinder vor allem bei der Mutter Trost. Margret Mead kam mit der Vorstellung einer nach ihrem Dafürhalten idealen Gesellschaft auf Samoa und wollte diese hier vorfinden. Es sollte eine egalitäre, permissive, friedliche Gesellschaft ohne bevorzugte Bindungen sein. Nach ihren Darstellungen hat Krieg nie eine größere Rolle gespielt, der Krieger nie einen bedeutenden Platz in der samoanischen Gesellschaft innegehabt, und Mut ist nie eine wichtige Tugend gewesen. Ihr entging, daß auf jeder Münze »Malie toa« - »tapferer Krieger« - steht, dies ist zugleich der höchste Häuptlingstitel. Der Sage nach hatten die Tonganer sich vor etwa 700 Jahren auf den Inseln Sawaii, Upolu und Tutuila als Eroberer niedergelassen. Die Samoaner erhoben sich jedoch und vertrieben die Besatzer. Der Führer der abziehenden Tonganer, Talaifei'i, sprach der Sage nach beim Abschied Worte der Anerkennung[68]:

| | |
|---|---|
| Malie toa, malietau | Tapferer Krieger, tapfer gefochten. |
| \`Ou te le toe sau | Ich komme nicht wieder |
| I Samoa i se aliulutau | Nach Samoa, um Krieg zu führen, |
| 'A'lè a 'ou sau | Sondern ich komme nur, |
| I aliulafalau | Um eine Reise zu machen. |

Von Egalität sind die Samoaner weit entfernt. Es gibt eine Hierarchie von Häuptlingen, und wie einem die Kawaschale gereicht wird und wo man beim Empfang eines Gastes sitzt, das hängt ab vom Rang. Geradezu grotesk ist schließlich Meads Behauptung, daß es romantische Liebe in unserem Sinne auf Samoa nicht gebe. Derek Freeman hat zahlreiche Dokumente über Mord und Selbstmord aus Eifersucht und Liebeskummer gesammelt, und wir wissen durch seine als auch durch andere Beobachtungen, daß die Samoaner ihre Sexualität durch strikte Tabus kontrollieren und keineswegs promiskuitiv sind. Wenn ich den wunderschönen Strand bei Sa'anapu entlangspazierte, dann folgte mir immer ein Schwarm junger Mädchen, lachend und scherzend, sie unterhielten sich gern mit mir und probierten die englischen Sätze aus, die sie konnten, und wenn ich antwortete, lachten sie. Ich konnte aufschlußreiche Reaktionen der Verlegenheit und Koketterie filmen. Aber das beschriebene Verhalten bedeutete nicht, daß sie sich leichtfertig mit einem Mann eingelassen hätten.
Die Samoaner sind heute Christen, und sie sind es mit Hingabe. Da sich verschiedene Missionen um ihr Seelenheil bemühten, findet man in einem Dorf oft die Kirchen mehrerer Reli-

gionsgemeinschaften. Sonntags tönt aus ihnen vielstimmiger Gesang mit Trompetenbegleitung. Mit der Mission kam auch die europäische Bekleidung. Die Frauen tragen am Sonntag bunte Kleider, die Männer Wickelröcke aus Stoffbahnen, auch die Kinder sind aufgeputzt, und man steckt sich Hibiskusblüten ins Haar.

Derek zeigte mir die Insel Savai'i. Er hatte Häuptlingsrang und war in jedem Dorf bekannt und hoch angesehen. Da ich als naher Verwandter von ihm galt, wurden auch mir alle Ehren zuteil. In jedem Dorf wurden uns die Ehrenplätze im Versammlungshaus der Männer zugewiesen, erhielten wir Kawa gereicht, ein aus den Wurzeln einer Pfefferpflanze gewonnenes berauschendes Getränk, das man vor uns zubereitete, danach gab es in Bananenblättern gedünsteten Fisch und Gemüse. Anstrengend war, daß wir mit überkreuzten Beinen sitzen mußten, eine Stellung, die ich nicht gewohnt bin, und der Kawa mundete mir nicht besonders. Die Speisen dagegen schmeckten ausgezeichnet.

Derek urteilte hart über die durch Vorurteil und Flüchtigkeit einseitig verzerrten Schilderungen und Bewertungen Margret Meads. Ich begriff ihn von der Sache her, aber seine moralische Entrüstung lernte ich erst im Lauf der Jahre verstehen, als ich immer wieder erleben mußte, daß im Dienst irgendeiner Ideologie Wissen über andere Völker falsch dargestellt oder einfach unterdrückt wurde. Wir diskutierten damals auch über Desmond Morris' Buch »Der nackte Affe«. Derek fand, daß darin ein allzu vergröbertes biologistisches Bild präsentiert werde - der Mensch sei mehr als bloß ein nackter Affe. Ich hatte das Buch im »Spiegel« besprochen unter der Überschrift »Der nackte Affe und obenauf ein Kopf« und im Text erklärt, daß Morris den Kopf wohl übersehen habe. Das war aber mehr als Scherz gemeint, denn ich wußte, daß Morris einen Schocker geschrieben hatte, um die Leser aufzurütteln und auf bestimmte Zusammenhänge menschlichen Verhaltens aufmerksam zu machen. Diese Form der intellektuellen Therapie war angebracht, denn damals herrschte in allen Wissenschaften vom Menschen eine naive Milieutheorie, und sie bestimmt bis zu einem gewissen Grad immer noch das Denken und Handeln vieler Politiker, vor allem in den Vereinigten Staaten. In Rußland dagegen hat man mittlerweile gelernt, falsche Hypothesen über Bord zu werfen.

Im Jahr 1968 widmete ich mich der Auswertung der bisher erarbeiteten Filme, dabei entstand unter anderem meine Arbeit über den Augengruß[69], und ich machte mir Gedanken über den Aufbau des geplanten kulturenvergleichenden Dokumentationsprogramms. Ich wollte Kulturen, die traditionell leben und verschiedene Formen der Wirtschaft praktizieren, in Langzeitstudien beobachten. Sie sollten in unterschiedlichen Gebieten leben und unterschiedlichen Rassen angehören. Der Bogen sollte sich von altsteinzeitlichen Jägern und Sammlern über neusteinzeitliche Pflanzer und Rinderhirten bis zu Bauernkulturen nichtwestlicher Prägung spannen.

Das Goethe-Institut bezahlte mir 1969 eine Reise zu den Yanomami-Indianern am oberen Orinoko in Venezuela, die auch Waika genannt werden. Ich verpflichtete mich dafür, vor dieser Reise und danach Vorträge zu halten. Im Jahr zuvor hatte ich Inga Steinvorth-Goetz in München angesprochen, da ich von ihren Expeditionen ins Gebiet der Yanomami gehört hatte. Sie zeigte sich meinen Plänen gegenüber aufgeschlossen und versprach, mir zu helfen. Sie hat meine Arbeiten über viele Jahre entscheidend gefördert. Später lernte ich auch ihre Tochter Elke kennen, die sich bereit erklärte, mich auf meiner ersten Expedition zu den Yanomami zu führen. Mit einem Privatflugzeug ihrer Mutter flogen wir zu einer Mission der Salesianer nach Ocaña. Dort lebte Padre Luigi Cocco, der die Yanomami gut kannte und dem ich viele Informationen über sie verdanke.

Gleich zu Beginn hatten wir das Glück, daß uns der Häuptling eines kleinen Dorfes der Gegend einlud, ihn auf einer Reise zu den Shipariotheri zum Palmfruchtfest zu begleiten. Wir fuhren in einem Einbaum los, Elke, ich, der Häuptling mit seiner Frau und zwei Söhnen, von denen einer noch ein Brustsäugling war. Etwa zehn Familien begleiteten uns, jede im eigenen Boot. Schon die Fahrt auf dem Ocamo war ein Erlebnis! Die Mutter stillte den Kleinen, gelegentlich hielt sie ihn über den Rand des Bootes, dann verrichtete er sein Geschäft, und zwischendurch herzte und spielte sie mit ihm und lutschte an seinem Penis. Auch der Vater tat dies. Ich stellte später fest, daß es sich beim Penislutschen um eine übliche Form der Zuwendung bei den Yanomami handelt, mit der Väter und Mütter Kinder im Säuglingsalter bedenken. Der ältere Bruder des Kleinen wollte es einmal dem Vater gleichtun, aber während er nuggelte, pinkelte ihn sein Bruder an, sehr zur Erheiterung der Mutter. Ihm hat das allerdings gar nicht gefallen. Deutlich verstimmt, zog er sich von seinem kleinen Bruder zurück.

Nach einigen Stunden suchten wir uns einen Lagerplatz am Ufer, wo wir noch lange vor Einbruch der Dunkelheit kampierten. Die Begleiter des Häuptlings schlugen für uns im Busch eine kleine Lichtung, spannten unsere Hängematten zwischen Bäume und bauten für jeden von uns ein kleines Schutzdach gegen Regen. Sie reichten uns Bananen und geräuchertes Affenfleisch, das sehr hart war. Elke aß mutig einige Stücke. Mir war als besonderer Leckerbissen eine Affenhand serviert worden, sie war schwarz, aber schaute schrecklich menschenähnlich aus. Ich zupfte höflich an einigen Sehnen und Muskelfasern und gab die Hand dann schnell weiter. Alle lagen in ihren Hängematten an kleinen Feuern und aßen, Männer lausten ihre Frauen, und fanden sie eine schöne Laus, dann reichten sie diese ihrer Frau auf der flachen Hand zum Essen. Säuglinge wurden liebkost, und ein einzelner Mann mittleren Alters bemühte sich um Elke. Er suchte Blickkontakt, lächelte, hob immer wieder schnell im Augengruß die Brauen, und zwischendurch züngelte er ungeniert.

Am folgenden Morgen brachen wir gegen sieben Uhr auf und fuhren noch etwa drei Stunden einen Seitenfluß des Ocamo hinauf, dann banden wir unser Boot fest und marschierten in den Wald. Bald kam uns eine kleine Delegation der Gastgeber entgegen. Die Männer waren mit Federn geschmückt und bemalt, unser Häuptling und ein Mann aus dem »Empfangskomitee« hockten sich einander gegenüber und begannen ein Zwiegespräch, das halb Gesang war. In schnellem Rhythmus folgten Rede und Gegenrede. Ich habe später noch viele dieser ritualisierten Kontraktgesänge aufgenommen und in den letzten Jahren einige durch Mitarbeiter meines Teams übersetzen las-

sen. Wir wurden auf diese Weise willkommen geheißen, zugleich aber auch aufgefordert, noch etwas zu warten, da die Vorbereitungen zum Fest noch nicht abgeschlossen seien.
Am anderen Morgen brachen wir gegen acht Uhr dreißig auf und erreichten nach eineinhalb Stunden den Platz vor dem Dorf. Dort standen auf Bananenblättern Körbe mit geräuchertem Geflügel, gekochten Palmfrüchten und Bananen, mit denen wir bewirtet wurden. Nachdem alle gegessen hatten, badeten unsere Begleiter, danach bemalten und schmückten sie sich. Ich ging mit Elke ins Dorf voraus und erlebte dort dann den Einzug der Besucher. Er begann damit, daß unser Häuptling mit seinem kleinen Sohn auf dem Dorfplatz eine Runde tanzte. Er gebärdete sich dabei kriegerisch, präsentierte Pfeil und Bogen, zeigte einen entschlossenen Gesichtsausdruck und stampfte mit den Beinen. Er verband dieses offensichtliche Imponiergehabe mit einem freundlichen Appell: Sein Sohn tanzte ihm zur Seite und schwenkte grüne Wedel. Diese Kombination aus aggressiver Selbstdarstellung und beschwichtigendem Signal habe ich bei allen Festen im Begrüßungstanz der Yanomami gesehen. Ich beobachtete unterschiedliche Variationen davon: Statt Kindern tanzten junge Frauen palmwedelschwingend mit, oder es tanzte ein sich kriegerisch Gebärdender eine Runde, und danach folgte ein Krieger ohne Waffen und mit grünen Blättern in den Händen. Aber immer waren es die beiden gegensätzlichen Appelle, die die Grußsituation gemeinsam prägten.
Mir fiel schon damals auf, daß wir im Grunde nicht viel anderes tun, wenn wir bei einem Staatsbesuch den Gast mit militärischem Gepränge der angetretenen Ehrenkompagnie empfangen. Mit dieser militärischen Selbstdarstellung - früher schoß man sogar Salut - verbindet sich stets ein freundlicher Appell, zum Beispiel über ein kleines Kind, das dem Gast Blumen überreicht.
Für mich war das Eintanzen ein Schlüsselerlebnis. Mir wurde klar, daß Universalien offenbar nicht nur in Form der in allen Kulturen gleichen Verhaltensweisen vorliegen wie etwa beim mimischen Ausdruck, sondern daß Menschen in vielen Fällen auch ähnlich handeln. Dabei folgt ihr Verhalten allgemeingül-

tigen Regeln. Wir Menschen können uns über einen Tanz, über Salutschießen, über prahlerische Reden oder einen festen Händedruck als stark vorstellen, und die freundlichen Appelle können durch mittanzende Kinder, Lächeln, freundliche Reden oder das Übergeben von Geschenken vermittelt werden. Hier können viele Verhaltensweisen unterschiedlichen Ursprungs zum Zuge kommen, kulturell Geprägtes ebenso wie Angeborenes. Das Erscheinungsbild der Grußrituale wechselt, die ihm zugrundeliegenden Regeln aber bleiben die gleichen.

Das war eine wichtige Erkenntnis, sah ich doch nun eine Ordnung in der Vielfalt menschlicher Interaktion. Ich hatte damit eine Brücke geschlagen zwischen verbalem und nichtverbalem Verhalten. Mir wurde bewußt, daß es universale elementare Interaktionsstrategien gibt. Menschen in aller Welt handeln in bestimmten Situationen nach demselben Prinzip. Kinder, deren Verhalten meist motorisch abläuft, agieren in den verschiedenen Kulturen kopiegetreu. Erwachsene übersetzen ihr Tun dagegen oft in Worte nach den gleichen Regeln. Verbale Klischees ersetzen bei ihnen die nichtverbal präsentierten Auslösereize und Handlungsbeschreibungen die nichtverbalen Handlungsabläufe. Eine verbreitete Strategie, um Aggressionen zu vermindern, besteht in der Androhung des Kontaktabbruchs. Ein Kind, das beleidigt wurde, wendet sich abrupt von seinem Spielpartner ab und verweigert den Blickkontakt, indem es das Augenlid senkt. Es zeigt dem anderen die kalte Schulter und droht damit unmißverständlich an, die Freundschaft zu kündigen. In der Regel stellt der Aggressor daraufhin sein störendes Verhalten ein, und er bemüht sich oft über Dritte um eine Versöhnung. Daß die Androhung des Kontaktabbruchs so wirksam ist, ist nicht schwer zu verstehen. Die längste Zeit der Menschheitsgeschichte waren unsere Vorfahren eingebunden in kleine Gemeinschaften. Die Beziehungen zu anderen Menschen waren eine Art Sozialversicherung, und wurde ein Mensch aus einer Gemeinschaft ausgestoßen, dann war er so gut wie verloren. Begreiflich also, daß wir soziale Bindungen als unseren kostbarsten Besitz erachten, sie gegen Beeinträchtigungen mit Eifersucht verteidigen und um ihren Verlust bangen. Was kleine Kinder durch ihr nichtverbales Verhalten deutlich machen, übersetzen ältere Kinder und Erwachsene in allen Kulturen in Worte: »Ich spiele nicht mehr mit dir.« - »Ich rede nicht mehr mit dir.« Der Weg zur Erforschung einer universalen Grammatik menschlichen Sozialverhaltens war aufgetan.

Dem Häuptling folgten andere Eintänzer, einige mit Frauen, andere mit Kindern. Manchmal tanzten sie auf der Stelle und sangen dabei kurze Strophen. Wie wir später in der Forschungsstelle herausfanden, ging es auch bei diesen »Praai« genannten Gesängen um Varianten freundlicher und selbstdarstellender Appelle: »Ich bin mutig, ich bin mutig!« sang einer, ein anderer: »Wir sind Freunde, wir sind Freunde!« und ein dritter: »Ich bin hungrig auf Fleisch!« - ein verblümter Ausdruck der Mordlust. Nach einem abschließenden Rundtanz einer Gruppe von Gästen wurden die Besucher auf die Familien der Gastgeber verteilt. Jeder spannte seine Hängematte auf, um sich auszuruhen, aber auch das war eine merkwürdige Form der Selbstdarstellung: Regungslos lagen die Besucher mit offenen Augen da, viele verdeckten dabei in auffälliger Weise ihre untere Gesichtshälfte mit der Hand. Sie gaben sich selbstsicher. Warum wird in einer freundlichen Begegnungssituation so viel Unnahbarkeit und aggressive Selbstdarstellung gezeigt? Wir finden die Antwort darauf, wenn wir an das Rangstreben des Menschen denken. Wir nehmen Schwächen unserer Mitmenschen gerne wahr, um Dominanzbeziehungen herzustellen. Um dem entgegenzuwirken, stellen wir uns unentwegt als kompetent, stark und sicher dar, wir zeigen in der Öffentlichkeit nie Schwäche und wahren immer das Gesicht. Streben wir einen freundlichen Kontakt an, dann verbinden wir die Selbstdarstellung, wie beschrieben, mit freundlichen Appellen. So erreichen wir, daß wir uns auf ebenbürtiger Grundlage begegnen. Natürlich gibt es Begegnungssituationen, bei denen von vornherein eine Asymmetrie herrscht: Besucht etwa ein Rangniederer einen Ranghohen, dann tritt er unterwürfig auf.
Am frühen Morgen des nächsten Tages fand das Palmfruchtfest seinen Abschluß. Es läßt sich in drei aufeinanderfolgende Abschnitte gliedern, und zwar in die Eröffnungsphase mit Eintanzen und Begrüßung sowie der Verteilung der Gäste auf die

Gastgeberfamilien; dann in ein Stadium intensiver Interaktion sowohl auf Gruppenebene als auch zwischen einzelnen Personen; und schließlich erfolgt ein formalisierter Abschied. In der Interaktionsphase trauerten Gäste und Gastgeber unter anderem gemeinsam um die Toten - Männer und Frauen saßen klagend zusammen und tranken deren Asche, in Bananenmilch verrührt. Auch bei unseren formalisierten Zusammenkünften zu Festen pflegen wir der Toten zu gedenken. Und die Bewirtung der Gäste ist uns ebenso vertraut wie den Yanomami. In großen Trögen aus Rinde wurde heiße Bananensuppe angeboten, die Gäste schöpften daraus mit kleinen Kalebassen.

Während an der Trauer Männer und Frauen teilhatten, beschränkten sich andere bindende Rituale auf die erwachsenen Männer. Dazu gehört das Schnupfen der Droge Epena, die aus dem Rindenbast einer Liane und den alkaloidreichen Bohnen einer Akazienart gewonnen wird und die sich die Männer mit einem kurzen Rohr gegenseitig in die Nasenlöcher blasen. Dieses Mittel erzeugt einen Rausch, die Männer glauben sich in diesem Zustand mächtig und fähig die Geister, die sie auch zu ihren Feinden senden, zu beherrschen, und sie haben Visionen. Wir haben später aufgenommen, was sie unter Epena singen und sagen. Das gemeinsame Erleben und vor allem die verbalisierte, gegen Feinde gerichtete Aggression verbindet.

Bündnisse werden ferner über die genannten Kontraktgesänge geschlossen. Tagsüber mit dem »himou«, das man nur im Rahmen eines Festes beobachten kann. Der Gast richtet sich dabei an einen bestimmten Adressaten unter dessen Wohndach. Die beiden machen sich dann Versprechungen und fordern Geschenke, und sie üben auch Kritik an früherem Verhalten. Sie reden über Kriege, versuchen den anderen als Bündnispartner zu gewinnen, und der Gast spricht eine Gegeneinladung aus. Auch beim nachts abgehaltenenen »wayamou« geht es um diese Fragen: Handel, Feste, Heiratsbeziehungen und Allianzen werden vereinbart, aber dabei richtet sich der Besucher mehr an die ganze Gemeinde und weniger an eine Person.

Am anderen Morgen erhielten die Gäste Geschenke, Körbe mit Palmfrüchten, Bananen und vor allem mit geräuchertem Wild. Kurz vor dem Abmarsch kam es zu einem Massenhimou, bei

dem die Männer sich paarweise auf dem Boden des Dorfplatzes gegenübersaßen, sich umarmten und ihre Kontraktphrasen wiederholten. Dabei gestikulierten sie, einige schlugen dem Partner mit der flachen Hand auf den Rücken.[70]
Das Palmfruchtfest war ein großartiger Auftakt der Expedition. Wir besuchten danach in einem eigenen Kanu andere Dörfern am oberen Orinoko. Überall boten sich beste Beobachtungsmöglichkeiten. Es handelte sich um eine Urwaldindianergruppe, die damals noch völlig intakt war, das Gebiet war noch nicht unter die Verwaltung der Regierung geraten. Die Siedlungen beeindruckten uns, ein Yanomamidorf (Shapono) bestand aus einem Rund von Pultdächern um einen großen freien Platz herum. Jede Familie bewohnte einen Sektor unter diesem oft zusammengewachsenen Dach. Dort hatten sie zwischen den Stützpfählen ihre Hängematten aufgespannt, am Boden brannten kleine Feuer, von jedem Punkt ließ sich die ganze Dorfgemeinschaft überblicken. Das Familienleben der Bewohner spielte sich in aller Öffentlichkeit ab. Männer und Frauen liefen im Alltag, nach unseren Begriffen, nackt herum. Die Frauen waren lediglich bekleidet mit einer dünnen Schnur um die Lenden, die nur symbolischen Charakter besaß. Außerdem trugen sie Schmuck und bemalten ihre Körper mit verschiedenen Mustern. Ohne Schnur fühlten sie sich nackt. Als ich einmal die »Kleidungsstücke« einiger Frauen gegen Perlen eintauschte, gaben sie sich höchst verschämt. Sie liefen schnell zu ihrer Hängematte, holten sich eine neue Schnur, banden sie um ihre Leibesmitte, und alles war wie vorher. Die Männer banden ihren Penis hoch mit einer Kordel, die sie um die Vorhaut befestigten, auch das forderte der Anstand.
In dieser Zeit arbeitete auch der französische Ethnologe Jacques Lizot in dem Gebiet, das wir erkundeten. Nach meinen guten Erfahrungen mit Derek Freeman bemühte ich mich darum, mit ihm ins Gespräch zu kommen. Aber Lizot wies meinen Versuch schroff zurück, und ich wurde zum erstenmal mit der Territorialität eines Kollegen konfrontiert. Aber dieses unfreundliche Gebaren erwies sich als eine Ausnahme, denn unter den Völkerkundlern fand ich in der Folge stets kooperative und anregende Ansprechpartner.

Die Yanomami sind sympathische Leute. Sie sind in ihrer Neugier und in ihrem fordernden Betteln um Perlen und andere Kostbarkeiten zwar gelegentlich lästig. Aber muß man ihnen nicht zugestehen, was man sich selbst gestattet? Wir photographieren sie und erforschen ihre Sitten, warum sollen sie uns nicht ebenfalls untersuchen? Eine Episode bei den Ihirimawëtheri ist mir in lebhafter Erinnerung. Das Dorf war damals kaum von der Missionsstation aus besucht worden und immer nur von Männern. Mit Elke lernten die Ihirimawëtheri die erste fremde Frau kennen. Ihre Bekleidung, die blonden Haare, das war neu, und sie wollten es ganz genau wissen. So zupften und rupften sie an den schönen Haaren, betätschelten den Körper und versuchten, die Bluse aufzuknöpfen. Eine junge Frau schmiegte sich eng an sie im Bemühen um ihre Freundschaft, rieb ihre Lippen und Nase an Elkes Wange, beknabberte sie zart mit den Zähnen, gab ihr Blasküsse mit aufgesetzten Lippen und strich sich ihre Haare über ihren Kopf. Ich bat Elke, alles geduldig zu ertragen, und drehte so faszinierende Sequenzen.
Die Yanomami werden meist als heißblütig und gefährlich hingestellt. Sie sind in der Tat kriegerisch, aber die Vorstellung, daß man in ihrem Gebiet ständig von Pfeilen umschwirrt würde, ist absurd. Wenn wir uns neutral verhalten, werden wir in die Konflikte dieser Menschen nicht einbezogen und können uns ungefährdet in ihrem Gelände bewegen. Bei längeren Aufenthalten in den Dörfern erlebte ich auch so etwas wie explorative Aggression, wenn junge Burschen testeten, was sie sich mir gegenüber herausnehmen konnten, und dann mußte ich mit Gespür und einer gewissen Festigkeit Grenzen setzen, um eine Eskalation zu verhindern. Das gelingt, wenn man Festigkeit wohldosiert mit Freundlichkeit verbindet, so wie das jeder Yanomami beim Begrüßungstanz tut. Ich habe darüber ausführlich berichtet in meinem Buch »Das verbindende Erbe«.
Meiner ersten Yanomamiexpedition folgten weitere Vorträge für das Goethe-Institut in verschiedenen Städten der Welt. Wo immer ich war, zog ich mit meiner präparierten Kamera los und freute mich über jede Episode, die ich festhalten konnte. Meine Trophäen waren Dokumente menschlichen Verhaltens.

# Das Dokumentationsprogramm

Mit der Reise zu den Yanomami hatte ich die Phase der Pilotstudien auf dem Gebiet der kulturenvergleichenden Dokumentation abgeschlossen. Nun wollte ich ein entsprechendes humanethologisches Forschungsprogramm im Rahmen der Max-Planck-Gesellschaft aufbauen. Die Zeit war reif dafür, wenn auch nicht günstig. In London hatte der Psychoanalytiker John Bowlby eine biologische Bindungstheorie entwickelt. Sie besagt in Essenz, daß Mutter und Kind durch eine Reihe von stammesgeschichtlichen Anpassungen aufeinander abgestimmt sind. Bis dahin glaubte man zum Beispiel, ein Kind würde dressurartig an seine Mutter gebunden, weil sie ihm durch Fütterung und andere fürsorgliche Pflege angenehme Gefühle vermittle. Man sprach von einer »Fläschchenhypothese der Liebe«. Sicher wird eine Bindung durch Fütterung bekräftigt, sie ist aber interessanterweise nicht die einzige Voraussetzung.
William McGrew hatte in England ethologische Arbeiten mit Kindern initiiert, in den USA zeigten sich ähnliche Ansätze. Die extrem milieutheoretische Reiz-Reaktions-Psychologie wäre in den Wissenschaften wahrscheinlich mit milden Nachwehen abgestorben, hätte sie nicht in den Ideologen der Außerparlamentarischen Opposition (APO) ab 1967 eine populäre Stütze gefunden.
Die Diskussion entzündete sich zunächst an dem Buch »Das sogenannte Böse« von Konrad Lorenz. Die in gummistempelhafter Monotonie wiederholten Vorwürfe lauteten: Mit seinem Hinweis auf das Angeborene entschuldige Lorenz aggressives Verhalten, einschließlich der verbrecherischen Exzesse der Nationalsozialisten. Außerdem fördere eine solche Erklärung eine fatalistische Einstellung, da Angeborenes ja unausrottbar in uns verankert sei, und schließlich bezweifelten manche Lorenz'

Kompetenz, menschliches Verhalten zu interpretieren. Von Fischen und Graugänsen, hieß es, könne man nicht auf den Menschen schließen. Daß Lorenz zuerst Medizin studiert und praktische psychiatrische Erfahrung gesammelt hatte, war seinen Kritikern offenkundig entgangen. Davon abgesehen, übertrug Lorenz nichts vom Tier auf den Menschen, sondern er entwickelte aus der Forschung am Tier Arbeitshypothesen, die sich mittlerweile als relevant für das Verständnis menschlichen Verhaltens erwiesen haben.

Was die Vorwürfe der Rechtfertigung der Aggressivität und der Förderung des Fatalismus betrifft, glaubte ich lange Zeit, daß ihre Verfechter Lorenz nicht oder nur oberflächlich gelesen hatten. In seinem Buch betont er jedenfalls, daß in der heutigen Gesellschaft zwar die innerartliche Aggression als die gefährlichste menschliche Eigenschaft angesehen werden müsse. Man könne ihr aber nicht begegnen, wenn man sie als etwas Unabwendbares betrachte, sondern nur dann, wenn man ihre Ursachen studiere, also untersuche, wie sie stammesgeschichtlich herangewachsen sei. Erst wenn man die normale, eignungsfördernde Funktion dieses Phänomens begriffen habe, könne man auch seine pathologische Entartung beurteilen. Dies sei eine Voraussetzung für eine wirksame Aggressionskontrolle.[71]

Mittlerweile ist mir klar, daß viele Kritiker bewußt Passagen in Lorenz' Werk unterschlagen haben, um ein verzerrtes Bild seiner Ansichten zu präsentieren. Manche tun es bis zum heutigen Tag: So in einem Buch über Aggression und Krieg, das Jo Groebel und Robert Hinde[72] herausgegeben haben. Lorenz wird darin wiederholt angegriffen, und in einem Beitrag von Patrick Bateson[73] wird der Strohmann eines »reinen Instinkttheoretikers« aufgebaut, der nicht daran glaube, daß Aggression durch Lernen zu beeinflussen sei. Es handelt sich hier um eine Konstruktion, ich kenne keinen »pure instinct theorist«, und ich habe überdies in einem Buch[74] darauf hingewiesen, daß Lernen auf sehr vielfältige Weise unser aggressives Verhalten beeinflußt und daß der Krieg ein Ergebnis der kulturellen Entwicklung sei. Das Buch ist auch ins Englische übersetzt worden, und ich weiß, daß einige der Lorenz-Kritiker, auch Herausgeber Robert Hinde, es kennen. Es handelt sich demnach

um einen eklatanten Fall bewußter Irreführung. Dazu an anderer Stelle mehr.
Den Thesen der Ideologen versuchte ich durch Aufklärung entgegenzuwirken. Ich tat dies zunächst in meinem Buch »Liebe und Haß«, das 1970 erschienen ist. Damals war vielfach zu hören, die Biologen verträten ein Bestia-Humana-Konzept, glaubten also, daß das Böse dem Menschen angeboren sei, daß gewissermaßen die Bestie in ihm lauere. Daher zeigte ich, daß wir nicht nur ausgerüstet sind mit stammesgeschichtlich entwickelten Programmen zur Aggression, sondern auch mit wirkungsvollen natürlichen Gegenspielern in Form bandstiftender Verhaltensweisen. Ich erklärte außerdem, wie diese verhältnismäßig junge Errungenschaft mit der Brutpflege in die Welt kam. Ich habe bereits darauf hingewiesen, daß mir bei der Beobachtung der Galápagosmeerechsen klar wurde, daß diese Reptilien nur Dominanz und Unterwerfung kennen. Erst als sich mit der Fortentwicklung der Lebewesen die individuelle Brutpflege herausbildete, konnten fürsorgliche Verhaltensweisen entstehen. Sie werden ausgelöst durch Appelle des Kindes. Mit der Brutpflege und der sie begleitenden Motivation zur Fürsorge schuf die Evolution Voranpassungen, die in den Dienst der Erwachsenenbindung gestellt werden konnten. Wir finden im Werbeverhalten der Vögel und Säuger betreuende Verhaltensweisen und kindliche Appelle, die zum Zweck der Signalgebung weiter ausgestaltet worden sind.
Mein Wissen um das Verhalten der Tiere half mir, meine Argumente zu begründen. Ich hatte mittlerweile auch so viele Erfahrungen mit Menschen gesammelt, daß ich die bemerkenswerten Analogien nachweisen konnte. Der Kuß, ein Ausdruck der Zärtlichkeit, ist zum Beispiel ein ritualisiertes Kußfüttern, und die Babysprache, in der Erwachsene beiderlei Geschlechts sich in einer um eine Oktave erhöhten Tonlage kleinen Kindern zuwenden, ist auch zwischen Verliebten gebräuchlich. Wo Eltern oder die Mutter allein lange Zeit das oder die heranwachsenden Jungen betreuen müssen, entwickeln sich individuelle Bindungen. Sind solche Bindungen intensiv, nennen wir sie Liebe. Man kann die Entwicklung der individuellen Brutpflege als eine Sternstunde der Verhaltensevolution betrachten,

denn ausgerüstet mit diesem neuen affiliativen Potential eröffneten sich den höheren Wirbeltieren ganz neue Möglichkeiten gesellig-kooperativen Zusammenlebens. Die Vorherrschaft agonalen Verhaltens, die das Leben der Reptilien auszeichnet, wurde so in zunehmendem Maß überwunden. In meinem Buch gelang mir ein Brückenschlag von der Tier- zur Humanethologie. Es demonstriert, wie nützlich die vergleichende Betrachtungsweise ist, wenn wir Homologien und Funktionsähnlichkeiten im Verhalten aufdecken wollen.

Neben der Auseinandersetzung mit den Ideologen verfaßte ich 1969 zusammen mit Mario von Cranach, damals Psychologe am Max-Planck-Institut für Psychiatrie in München, eine Denkschrift, in der wir vorschlugen, ein Institut für Humanethologie zu gründen. Es sollte von zwei Direktoren geleitet werden, Cranach sollte für Entwicklungspsychologie und experimentelle Psychologie zuständig sein und ich für das kulturenvergleichende Dokumentationsprogramm. Jede der beiden zu bildenden Abteilungen sollte zunächst mit vier wissenschaftlichen Assistenten und dem nötigen technischen Personal ausgestattet werden. Aber daraus wurde nichts.

Die Max-Planck-Gesellschaft hatte in den Jahren zuvor eine rasche Wachstumsphase durchgemacht, die Zeit der großzügigen Neugründung von Instituten war vorbei. Dazu kam, daß die biologische Verhaltensforschung Lorenzscher Prägung Zielscheibe heftiger Attacken der radikalen Linken war, die in den Jahren nach 1967 zunächst Oberwasser hatten, und es daher einigen nicht ratsam schien, Forscher zu fördern, die gegen den Strom der Zeit schwammen. Der politischen Ideologie der damaligen Linken zufolge war der Mensch in allen Richtungen gleichermaßen leicht form- und manipulierbar, und wer die Existenz angeborener Dispositionen behauptete, fand kaum jemanden, der ihm zuhörte. Viele wollen es heute noch nicht. Schließlich, aber nicht zuletzt hatte ich im eigenen Institut nur in Konrad Lorenz und Jürgen Aschoff Fürsprecher, die anderen drei Direktoren standen dem Projekt ablehnend bis feindselig gegenüber.

Die Max-Planck-Gesellschaft erlaubte mir immerhin, eine humanethologische Arbeitsgruppe zu bilden. Ich durfte mir einen wissenschaftlichen Assistenten aussuchen, eine Sekretärin, einen Kameratechniker und zwei technische Assistentinnen. Als Assistenten stellte ich einen jungen Linguisten und Psychologen ein. Die völkerkundliche Forschung beruhte bis dahin zum großen Teil auf Befragungen. Ich dagegen wollte beobachten, filmen und das aufnehmen, was Menschen miteinander bereden, zu ihren Kindern sagen, spontan vortragen. Die sprachlichen Dokumente der Alltagswirklichkeit sollten dann als Grundlage von Interviews dienen. Auf diese Weise würde ich Werthaltungen und Vorstellungen von Personen festhalten, die ich später untersuchen könnte. Es schien mir unverzichtbar, vom Dokument auszugehen, das nicht durch Fragen beeinflußt war. Diese Methode hat sich bewährt.

Neben den Langzeitstudien plante ich, Stichprobenerhebungen bei möglichst vielen anderen Kulturen zu machen. Für die Langzeitstudien hatte ich bereits zwei Völker ausgewählt: zum einen die Yanomami, die als Jäger, Sammler und beginnende Pflanzer noch traditionell lebten und bei denen ich ideale Arbeitsbedingungen vorgefunden hatte. Zum anderen war mir klar, daß ich neusteinzeitliche Pflanzer in Neuguinea einbeziehen wollte, allerdings wußte ich einige Zeit nicht, welche Gruppe es sein sollte, bis ich 1975 das Volk der Eipo in West-Neuguinea kennenlernte. Als Modell einer altsteinzeitlichen Jäger- und Sammlerkultur schienen mir die Buschleute der zentralen Kalahari geeignet, handelte es sich doch um eine Wildbeutergruppe der Trockensavanne, und das ist der Lebensraum, in dem sich die Hominisation vollzogen hatte, also das ursprüngliche Biotop des Menschen.

Anfang 1970 besuchte ich zum zweitenmal die Yanomami. Die ersten zwanzig Tage begleiteten mich Inga Goetz und Padre Luigi Cocco. Wir erkundeten den oberen Ocamo und seine Nebenläufe und stellten den Kontakt her mit den bis dahin nicht besuchten Aratotheri und Otoputheri. Anschließend verbrachte ich eine Woche allein bei den Waputhawëtheri. Ich konzentrierte mich hier wie bei den anderen Kulturen in den folgenden Jahren darauf, in Zeitlupe Beispiele von Gesichtsausdrücken und typischen sozialen Interaktionen zu sammeln. Für Tonaufnahmen war meine Kamera weniger geeignet, tonsynchrone Szenen wollte ich später mit einer batteriegetriebenen Kamera drehen. Ich filmte damals meist in Schwarzweiß, und die so entstehenden Zeitlupendokumente haben sich als sehr wertvoll erwiesen bei der Bild-für-Bild-Analyse schneller Bewegungsvorgänge.

Im Sommer begann ich meine Dokumentationsarbeiten bei den Buschleuten. Dabei half mir der damals in Johannesburg (Südafrika) lebende deutsche Zoologe und Völkerkundler Hans-Joachim Heinz entscheidend. Ich hatte ihm geschrieben, nachdem ich erfahren hatte, daß er seit vielen Jahren bei den !Ko-Buschleuten anthropologische Studien anstellte und beste Beziehungen zu dieser Gruppe unterhielt. Ich kannte ihn bis dahin nur als Tierethologen. Er hatte vor vielen Jahren eine aufregende Arbeit vorgelegt über das Putzverhalten kopfloser Mutanten von Fliegen. Bei manchen Fliegen stülpt sich nach dem Schlüpfen die Kopfblase nicht aus, der Kopf bleibt also in der Brust verborgen. Das Putzprogramm dieser Insekten läuft jedoch so ab, als hätten sie einen normalen Kopf: Sie streichen mit ihren Vorderbeinen über nichtvorhandene Augen und Fühler und absolvieren auch die anderen Reinigungsbewegungen in der Luft. Später war Heinz an die Universität Witwatersrand in Johannesburg als Parasitologe berufen worden. 1961 begleitete er in dieser Funktion eine von dem renommierten südafrikanischen Anthropologen Philip Tobias geleitete Expedition zu den Buschleuten. Er sollte deren parasitische Fauna erkunden. Seit dieser Zeit faszinierten ihn diese Bewohner der Trockensavanne, und er beschloß, deren Leben zu erforschen. Er schloß sich einer kleinen Gruppe von !Ko-Buschleuten an, die bei Takatswane siedelten, und verliebte sich in ein junges Mädchen namens Namkwa, das er nach Stammesbrauch heiratete.[75] Unter den heutigen Völkerkundlern gibt es wohl kaum einen, der so gut vertraut ist mit dem Leben eines Jäger- und Sammlervolks wie Heinz. Er hatte meine briefliche Bitte um Hilfe freundlich aufgenommen. Ich möge nach Johannesburg kommen, antwortete er, dann könnten wir von dort aus mit seinem eigens für Sandpisten ausgestatteten Wagen zu den !Ko fahren. Wir waren zu dritt, außer Heinz und mir war Heide Sbrzesny mit von der Partie, eine Studentin, die sich für die Spiele der Buschleute interessierte und darüber eine exzellente Dissertation verfaßt hat.[76]

Das Leben in einem Buschleutedorf war eine völlig neue Erfahrung für mich. Ich verbrachte einige Wochen in einer verspielten und lustigen Gemeinschaft, die sich ausschließlich durch Jagen und Sammeln versorgte. Morgens zogen die Frauen mit Grabstöcken und Tragledern los, und nach zwei bis drei Stunden kamen sie mit Melonen, Wurzeln, Raupen und anderer Kost aus dem Feld zurück. Die Männer trugen mit Pfeil und Bogen sowie Schlingen zur Ernährung bei. Die Buschleute lebten in kleinen Hütten, und fasziniert beobachtete ich, wie unabhängig diese Menschen waren. Jeder konnte für sich alles herstellen, was er brauchte: Bekleidung, Jagdwaffen, Hausgeräte und die Hütte.

Mit den Buschleuten lernte ich eine mußeintensive Gesellschaft kennen, die ausgefeilte und seit Jahrtausenden bewährte Wildbeuterstrategie erfordert keinen hohen täglichen Kraftaufwand. Eine Arbeitsteilung kennen sie nicht, wenn man von der der Geschlechter absieht. Buschleute beschäftigen sich mit vielerlei Dingen, aber dabei sitzen sie meist, oft nach Geschlechtern getrennt, in kleinen Gruppen zusammen und unterhalten sich, während sie Pfeile herrichten oder Schmuckplättchen aus Straußeneischalen zurechtschleifen. Sie plaudern, das Rauchrohr kreist, und zwischendurch albern sie mit den Kindern herum. Die Erwachsenen kennen viele Spiele, Tanz- und Geschicklichkeitsspiele sowie solche, bei denen zwei Parteien sich auf ritualisierte Weise bekämpfen, etwa als Jäger und Wild.

Die Buschleute führen eine Lebensweise, der der Mensch wahrscheinlich über die längste Zeit seiner Geschichte folgte. Erst vor etwa 10 000 Jahren begann er vereinzelt Haustiere zu halten und Feldfrüchte zu kultivieren. Noch zu Beginn unserer Zeitrechnung waren zwei Drittel der Erdoberfläche von Jäger- und Sammlervölkern bewohnt, inzwischen sind sie bis auf verschwindend kleine Reste untergegangen. Von den Buschleuten gab es damals, als ich sie das erste Mal besuchte, in Botswana, Südwestafrika und Angola vielleicht noch 2000, die, auf die Gruppen der !Ko, G/wi und !Kung verteilt, noch auf traditionelle Weise lebten.

Als ich mit meiner Arbeit begann, wurden die Jäger- und Sammlervölker unserer Erde gerne als Zeugen für die angebliche ursprüngliche Friedfertigkeit des Menschen angeführt. Damit sollte die These gestützt werden, daß erst das Eigentum den Menschen habgierig und aggressiv gemacht habe. Jäger und Sammler, so hieß es getreu der romantischen Vorstellung Rousseaus, hätten in offenen Kleingesellschaften gelebt und keine Reviere besessen und verteidigt.
Der erste Eindruck, den man in einem Buschleutedorf gewinnt, entspricht diesem harmonischen Bild. Aber würde man nicht das gleiche in einem Tiroler Bergdorf feststellen, dessen Bewohner sich doch ebensowenig täglich bekriegen? Wenn man genauer hinsieht, beobachtet man in einer Buschleutegemeinschaft viele Formen aggressiver Auseinandersetzungen. Kinder streiten und bedrohen sich, Erwachsene raufen. Nach neueren Untersuchungen finden in der Buschleutegemeinschaft durchschnittlich mehr Menschen einen gewaltsamen Tod als in Chicago. Heute sind die Buschleute in der Tat nicht kriegerisch und indoktrinieren ihre Kinder nicht in dieser Richtung. Aber das mag früher anders gewesen sein. Wir kennen Berichte von Buschleutehäuptlingen, die als Kriegführer auftraten, und Felsmalereien zeigen sich bekämpfende Gruppen.
Auf dieser und auf zwei folgenden Expeditionen trug ich so viele interessante Beobachtungen zusammen, daß ich 1972 einen kurzen Zwischenbericht über die !Ko-Buschleutegesellschaft veröffentlichen konnte.[77] Ich stellte darin meine Fragestellung und Arbeitsweise und somit auch das Dokumentationsprogramm zur Diskussion. Später bezog ich dann auch die G/wi und !Kung ein in mein Projekt, das sich rasch weiterentwickelte.
1971 kamen als neue Gruppe die Himba dazu, die als Rinderhirten des Kaokolandes im Norden Namibias leben. Die Himba sind Hererosprecher, die sich noch nach überlieferter Weise kleiden und schmücken. Sie wohnen in Kralgemeinschaften in niedrigen, bienenkorbartigen Hütten, die mit einem Gemisch aus Kuhdung und Lehm bestrichen und abgedeckt sind. Anders als die Buschleute geben sie sich wehrhaft und kriege-

risch. Mut gilt viel bei ihnen, sie besingen ihn in Liedern. Eine Häuptlingshierarchie versetzt sie in die Lage, sich im Notfall schnell zu militärisch schlagkräftigen Verbänden zusammenzuschließen.

Der Gefolgsgehorsam wird im Ritual des Milchschmeckens - »Okumakera« - täglich bekräftigt. Von Rindern einer bestimmten Kategorie dürfen die Kralbewohner die Milch erst trinken, wenn der Kralherr sie freigegeben hat. Jeden Morgen sieht man, wie Frauen und Männer nach dem Melken mit ihren vollen Milchgefäßen zum Häuptling gehen und ihm die Milch zum Kosten anbieten. Er nimmt dann einen kleinen Schluck oder taucht bloß einen Finger ein und leckt ihn ab, manchmal begnügt er sich damit, das Gefäß zu berühren. Erst danach kann die Milch genossen werden. Durch dieses Ritual bekräftigen die Kralbewohner ihre Bereitschaft, sich dem Häuptling unterzuordnen. Funktionell vergleichbare Akte findet man bei uns im Morgen- und Abendappell des Militärs. Hier wie dort ist Gehorsam eine Voraussetzung für konzertierte militärische Handlungen. Die Fähigkeit dazu brauchen die Himba, um ihre Rinder vor den Nachbarn zu schützen. Wären sie dazu nicht in der Lage, dann würde ihnen ihre Lebensgrundlage schnell geraubt.

Bei den Himba handelt es sich um einen hochgewachsenen, schönen Menschenschlag. Ich arbeite nun seit über zwanzig Jahren bei ihnen und besuche immer dieselben Kralgemeinschaften. Die kleinen Mädchen, die ich in den frühen siebziger Jahren beim Spiel mit selbstgefertigten Puppen filmte, sind heute Mütter mit kleinen Kindern, die genauso mit handgemachtem Spielzeug spielen.

In Neuguinea reiste ich damals zunächst zu verschiedenen Gruppen. Bei den Medlpa in der Nähe Mount Hagens nahm ich ein Trauerritual auf und den Werbetanz Tanim het - das Kopfrollen -, bei den Daribi und später den Biami erarbeitete ich gute Stichproben von sozialen Interaktionen verschiedenster Art. Zu den Biami wäre ich gerne öfter gekommen, da die Gruppe erst kurz vor meinem ersten Besuch entdeckt worden war. Die kleinen Gemeinden wohnten in großen Langhäusern unter einem gemeinsamen Dach, eine Lebensform, die mich be-

sonders interessiert. Ich wurde jedoch in dieser Zeit vom Berliner Museum für Völkerkunde eingeladen, an einem interdisziplinären Schwerpunktprogramm der Deutschen Forschungsgemeinschaft (DFG) mitzuarbeiten, deren Ziel es war, im westlichen Bergland von Neuguinea eine Volksgruppe zu studieren, die bis dahin praktisch unbekannt war. Nur eine französische Expedition war in dieser Gegend einmal auf Bergbewohner gestoßen. Mittlerweile war in Luftaufnahmen die Lage der Dörfer festgehalten worden.
Die Initiative zu diesem Unternehmen ging aus von Gert Koch und Klaus Helfrich, beide Mitarbeiter des Völkerkundemuseums. Im Herbst 1974 stellten sie unter der Führung des Ethnomediziners Wulf Schiefenhövel, der später einer meiner engsten Mitarbeiter wurde, den Kontakt mit den Eipo her, die sich nach dem Fluß Eipomek nennen. Die Gruppe richtete ein kleines Basislager ein, besuchte verschiedene Dörfer und erarbeitete die ersten Wortlisten. Schiefenhövel legte mit Hilfe der Eingeborenen einen kleinen Landestreifen an. Bis dahin war die Gruppe aus der Luft durch Abwurf von Lebensmitteln versorgt worden. Ich konnte als einer der ersten mit einem Kleinflugzeug den »Flughafen« testen.
Das Fliegen in Neuguinea ist eine sportliche und oft aufregende Sache. Man fliegt über Bergkämme, durch Täler, bei Sonnenschein und guter Sicht, um dann auf einmal im dicken Nebel zu stecken, aus dem sich der Pilot dann mit deutlichen Zeichen des Unbehagens langsam nach oben befreit. Ich habe erlebt, wie plötzlich seitlich des Flugzeugs Bäume in der Suppe auftauchten und nur ein riskantes Manöver die Kollision verhindern konnte. Diesmal schien alles wunderbar zu klappen, es war ein strahlender Tag, der Flieger blickte ab und zu hinaus auf die herrliche Landschaft und las sonst in der Bibel. Er hatte nach sechzehn Jahren Flugerfahrung keine Angst, aber er gehörte einer fundamentalistischen Sekte an, der Asia Pacific Mission. Ich saß neben ihm und schaute hinunter auf die tief eingeschnittenen Täler, neugierig nach kleinen Weilern suchend, denn in dieses Gebiet hatte sich noch keine Expedition verirrt. Der Flug führte eipomekaufwärts. Dann sahen wir endlich die Siedlungen unseres Arbeitsgebiets und, nachdem wir

um eine Felsnase herumgeflogen waren, auch den Landestreifen. Er wirkte winzig aus der Luft! Ich nahm meinen Photoapparat, um den »Buschflughafen« aus dieser Höhe abzulichten, damit die Leute daheim einmal sehen konnten, auf welchen Pisten wir hier landeten.
Ich machte eine Aufnahme, aber bevor ich den Auslöser ein zweites Mal drücken konnte, merkte ich, daß irgend etwas nicht stimmte. Der Pilot schimpfte, das Flugzeug verlor stark an Höhe. Instinktiv riß ich die Kamera herunter, damit sie mir nicht ins Gesicht schlug. Dann ging alles sekundenschnell. Ich habe noch das häßliche Geräusch im Ohr, als das Blech splitterte und sich verbog, während wir die Felsen entlangschrammten. Die Räder flogen durch die Luft, wir prallten von den Felsen ab und wurden auf die Landepiste geschleudert, dort verloren wir den am Bauch der Maschine befestigten Frachtcontainer und schlitterten noch siebzig Meter über die Landebahn, in die wir eine tiefe Furche zogen. Dann war alles still.
Ich stieg aus. Unglaublicherweise spürte ich so gut wie nichts von einem Schock. Ich war auf den Absturz vorbereitet gewesen, hatte ihn klar und nüchtern kommen sehen, und als alles glimpflich abgelaufen war, gab es keinen Grund für einen Schock - es war befreiend. Wulf Schiefenhövel kam angerannt, er schwenkte eine Flasche Gin und hatte auch Serum bereit für alle Fälle. Aber ein Schluck Alkohol genügte. Selbst unser fundamentalistischer Pilot setzte die Flasche an. Ein Teil meiner Ausrüstung war zerstört, einige feste Kisten sahen aus, als hätte eine Riesenfaust sie zerquetscht. Manche der Sachen, die über einen weiten Bereich des Fluggeländes zerstreut waren, brannte, Zündhölzer hatten Feuer gefangen. Wir hatten unglaubliches Glück gehabt! Das Flugzeug war arg ramponiert, das Fahrgestell war abgetrennt, der Flugzeugmotor aus der Verankerung gerissen, der Propeller verbogen, die Flügelenden geknickt, ein trauriger Anblick! Auch mein Spiegelobjektiv sah entmutigend aus, aber mein Mitarbeiter Dieter Heunemann, der mit dem nächsten Flug landete, richtete es wieder her.
Ich verbrachte bei diesem ersten Besuch drei Monate in dem winzigen Weiler Malingdam in 2000 Meter Höhe. Dort bewohnte ich ein Häuschen am Rand der Siedlung mit einem

wunderschönen Ausblick auf das Tal. Ich nannte es »Nebelheim«. Morgens schien oft für ein paar Stunden die Sonne, dann wärmten sich die Dorfbewohner in ihren Strahlen, die Männer auf dem Tanzplatz vor dem Männerhaus, die Frauen dahinter auf einem eigenen Platz mit ihren Kindern. Sie plauderten, flochten Netze, versorgten ihren Nachwuchs, die älteren Kinder spielten. Dann gingen die Familien in ihre Gärten, und wir folgten ihnen. Am frühen Nachmittag setzte häufig der Regen ein, meist waren wir bereits um vier Uhr wieder im Dorf. Blieb es trocken, dann filmten wir auch zu späterer Stunde, aber meist goß es landesüblich in Strömen, und wir zogen uns in die Hütte zurück. Nebelschwaden hüllten uns ein, ein kühler feuchter Wind zog durch die Wände, und da ich im Unterschied zu den Eipo keine Feuerstelle in meiner Behausung besaß, war es oft recht kalt.

Die Leute mochten uns, sie kamen oft und brachten kleine Gaben. Frühmorgens zum Beispiel Süßkartoffeln. Wenn wir noch schliefen, legten sie ihre Gaben an unserem Lager ab und setzten sich dann beobachtend hin, um zu sehen, ob wir ihr Geschenk annahmen. Nach und nach stießen weitere Dorfbewohner hinzu, und bald war die Hütte gerammelt voll. Alle wollten den seltsamen Fremden beim Essen zusehen. Wir verteilten Kekse. In kleinen Portionen, denn wir mußten sparsam sein, da der Nachschub nicht immer funktionierte. Aber auch ein Viertel Keks wurde freudig angenommen, der Beschenkte bekundete, daß es ihm gut schmeckte, indem er laut schmatzte, hörbar Luft einsaugte und seine Hände auf den Kopf legte. Letzteres Verhalten kennen wir aus Kampfszenen überall in der Welt. Und wenn die Eipo über etwas erschrecken, legen sie eine Hand auf den Kopf und ducken sich. So reagieren andere Menschen ebenfalls. Schon bei Kindern entdecken wir diese Bewegung, auch wenn sie weinen. Sie dient zum Schutz des Kopfes, drückt also nichtverbal Furcht und Schrecken aus. Die Eipo sagen: »Das ist zum Fürchten gut.« Merkwürdig, nicht? Nach kurzem Nachdenken fällt uns auf, daß wir uns in ganz ähnlicher Weise ausdrücken, wenn uns etwas besonders gut, besonders schön, besonders lieb ist. Wir sagen dann: »Das ist furchtbar lieb.« - »Das mag ich schrecklich gern.« - »Das schmeckt sehr gut.« Dieses »sehr« ist mit dem englischen Wort »sore« stammverwandt, das »wund«, »schmerzlich« bedeutet. Offenbar sind Furcht, Schrecken und Schmerz für alle Menschen so starke Empfindungen, daß unterschiedlichste Kulturen unabhängig voneinander darauf verfielen, diese Begriffe beziehungsweise ihre nichtverbale Entsprechung zu verwenden, um zu äußern, daß etwas besonders sei.

Wir provozierten bei den Eipo auch diverse Gesichtsausdrücke, indem wir ihnen verschiedene Dinge zeigten oder anboten. Schöne Ablehnungsreaktionen sahen wir, wenn wir Knoblauchzehen offerierten. Die Eipo ekelten sich vor dem Geruch und zeigten dies, indem sie den Kopf abwandten, die Brauen hoben, die Augen schlossen und die Nase rümpften. Wiederholten wir unser Angebot, schüttelten sie verneinend den Kopf. Manchmal schoben sie außerdem schmollend die Lippen vor. Dieser Ausdruck wurde aber oft überlagert durch ein Schmunzeln - die Leute waren uns gut gesonnen und faßten das Ganze als Scherz auf. Gelegentlich erzeugten wir Verblüffung und Schreck, indem wir ihnen eine Gummispinne oder ein Gummikrokodil vorhielten. Dann zeigten die Eipo neben so universellen Reaktionen wie dem Schulterhochziehen, den Abschüttelbewegungen mit der Hand und der Kontraktion des Halsmuskels (Platysma) auch kulturell geprägte Verhaltensmuster. Frauen hoben ihre Brüste und drückten sie, stillende Mütter verspritzten dabei Milch. Dazu riefen sie sakrale Worte, ähnlich, wie wir im Schreck »Jesus, Maria!« rufen, um zum Schutz gewissermaßen das Heilige zwischen uns und die potentielle Gefahrenquelle zu stellen. Das Hochhalten der Brust ist ein beschwichtigender Appell - ursprünglich ein Hinweis auf eine Mutterschaft, entwickelte sich die Geste zur allgemeinen aggressionsabblockenden Gebärde.

Männer verhalten sich in der gleichen Situation anders. Die Eipo-Männer tragen als Bekleidung Peniskalebassen, sogenannte Phallokrypte. Wenn sie erschrecken, dann schnippen sie mit dem Daumennagel gegen die Kalebasse. Es handelt sich hier um eine spezielle Form des phallischen Imponierens. Diese Gebärde als solche ist jedoch eine Universalie, worauf ich bereits hingewiesen habe, als ich die balinesischen Wächterfiguren beschrieb. Wir haben ähnliche Verhaltensweisen ja auch bei Primaten entdeckt. Das phallische Imponieren kann kulturell in vielfältiger Weise abgewandelt sein, es kann in körperbezogenen, hinweisenden Gesten, in Schnitzwerken oder verbal ausgedrückt werden, aber im Prinzip handelt es sich stets um das gleiche.

Wir haben die Eipo wiederholt besucht und viele Meter Film und Tonbänder gefüllt. Meine Mitarbeiter Wulf Schiefenhövel und der Linguist Volker Heeschen haben die Sprache aufgenommen, Trauergesänge und ritualisierte Reden übersetzt und Interviews geführt, so daß zum erstenmal eine ausführliche Dokumentation einer intakten neusteinzeitlichen Kultur vorliegt. Bei dieser Arbeit haben wir die Eipo liebgewonnen und ihr Vertrauen erworben. Wie groß es ist, mag folgende Episode illustrieren. 1981 besuchte Volker Heeschen, der von Anfang an bei dem Projekt mitmachte, wieder einmal die Eipo. Die Menschen »seines« Weilers, der malerisch auf einer Felsnase thronte, hatten ihre Siedlung aufgegeben und waren zu den Bewohnern eines Dorfes nahe der Mission gezogen. Weihnachten zuvor hatten Missionare die sakralen Netze und Gegenstände verbrannt, nur zwei der Netze hatten alte Männer retten und in den Gärten verbergen können. Diese übergab man nun heimlich Volker Heeschen mit der Bitte, er möge sie aufbewahren in unseren Männerhäusern, damit waren die Museen gemeint. Wir hatten in dem Gebiet vieles gesammelt, und die Eipo wußten, daß diese Gegenstände in großen Häusern ausgestellt wurden, so daß spätere Generationen sehen könnten, wie sie einst gelebt hatten. Das verstanden sie gut, und daher wollten sie die Gelegenheit nutzen, wenigstens etwas zu retten von ihrer sakralen Kultur.

Die Eipo waren auch sonst aufgeschlossen. Sie beobachteten unser Verhalten genau. Als wir das erste Mal bei ihnen waren, verteilten wir uns auf verschiedene Dörfer, und Wulf Schiefenhövel nahm jeden Morgen per Funk den Kontakt mit den anderen auf. Eines Morgens bemühte er sich verzweifelt, das Gerät zum Funktionieren zu bringen. Da bemerkte ein Eipo, der neben ihm stand: »Sag, das letzte Mal, als du hier gesprochen hast, da hast du dieses Ding da hineingesteckt«, er mein-

te den Draht der Antenne. »Vielleicht solltest du das jetzt wieder tun.« Tatsächlich, Schiefenhövel hatte abends zuvor wegen eines Gewitters den Draht aus der Buchse gezogen und vergessen, ihn wieder einzustöpseln. Wir waren für sie ebenso interessant wie sie für uns, vor allem in den ersten Monaten. Einmal fragte Wulf Schiefenhövel: »Wir sind nun schon so lange hier, was denkt ihr über uns? Ihr habt uns ja auch zugesehen, was fällt euch an uns besonders auf?« »Nun«, antwortete einer, »eigentlich seid ihr uns ja recht ähnlich, nur eins: Warum schüttelt ihr ihn immer nach dem Wasserlassen?« Da wurde uns klar, daß die nur mit Peniskalebassen bekleideten Eipo diese für uns Europäer typische Verhaltensweise der Männer nicht kannten. Das Ausschütteln der letzten Tropfen ist eine hygienische Anpassung an die Stoffbekleidung.
Die Eipo gewöhnten sich rasch an die Wunder der Zivilisation. Am Anfang waren sie auf alles versessen gewesen, auf Metalle, Glas, Plastik oder Kugelschreiber. Wir mußten aufpassen, daß unsere Schreibgeräte nicht schnell als Nasenpflöcke unsere Nachbarn schmückten. Für kurze Zeit waren Coca-Cola-Dosen als Ohrenschmuck »in«, und die Metalldeckel von leeren Konservendosen wurden zu Anhängern verarbeitet. Wir versuchten das zu verhindern, um die Kultur nicht zu »verschmutzen«. Daher warfen wir anfangs alle leeren Dosen, nachdem wir sie zertrampelt hatten, sowie unbrauchbare Filme und anderen Zivilisationsmüll in unsere Abortgruben. Als wir einmal für ein paar Tage verreisten, um den Kontakt mit einer weit abgelegenen Gruppe aufzunehmen, leerten die Eipo die Grube, um sich der Schätze zu bemächtigen. Einer trug nun eine Bauchbinde aus einem etwas fleckigen langen Filmstreifen. Sie bedeuteten uns leicht vorwurfsvoll, daß wir künftig mit diesen Kostbarkeiten etwas sorgfältiger umgehen und sie ihnen überlassen sollten, was wir dann auch taten.
Nachdem der Landestreifen fertig war, lud Wulf Schiefenhövel zwei Eipo ein, einen Rundflug mit ihm zu machen. Ja, meinten sie, gerne, aber die Türen des Flugzeugs solle man aushängen, damit man besser hinausschauen könne. Als es soweit war, schleppten sie Arme voll Gesteinsbrocken herbei mit der Begründung, daß sie sie ihren Nachbarn im Fa-Tal, den Erbfein-

den, aufs Dorf werfen wollten. Die Eipo sind praktisch veranlagt und denken genauso wie wir, oder wir denken archaisch wie sie. Die Ähnlichkeit der Denkweisen verblüfft, ja erschreckt gelegentlich, wenn sie uns im Spiegel die gemeinsamen Schwächen erblicken läßt.

Als bisher letztes Volk haben wir die der Trobriander in unser Langzeit-Dokumentationsprogramm aufgenommen. Über deren Kultur hat der Völkerkundler Bronislaw Malinowski in den Jahren 1915 bis 1918 wichtige Pionierarbeiten geleistet. Wir hatten jahrelang nach einer Inselgemeinschaft gesucht, deren Mitglieder traditionell als Fischer und Gartenbauer auf einer pazifischen Insel leben. Wir hielten zunächst nach Polynesiern Ausschau, und von diesen waren die Samoaner noch am engsten mit ihren Ursprüngen verbunden. Aber auch bei ihnen hatte die moderne Zivilisation schon sichtbar Fuß gefaßt. 1979 besuchte ich mit Wulf Schiefenhövel die Trobriandinseln, die vor der Küste von Papua Neuguinea liegen. Wir machten Exkursionen auf der Hauptinsel Kiriwina. Hier war gerade die Yamsernte in vollem Gang, die Knollen dieser Pflanze bilden die Nahrungsgrundlage der Trobriander. In einem Dorf liefen Frauen und Männer wunderschön geschmückt umher mit Blumen im Haar, bemalten Gesichtern, in langen bunten Grasröcken, um das Erntefest zu feiern. In einem anderen Dorf hatten die Bewohner auf dem Dorfplatz aus den Yamsknollen kunstvoll große kegelförmige Haufen aufgeschichtet, und der Dorfhäuptling zeichnete diejenigen aus, die den größten Berg gesammelt hatten. Auf Trobriand gewinnt ein Mann über seinen Erfolg als Gärtner Ansehen. Man regt so die Produktion an und wird gleichzeitig dazu angehalten, nicht alles zu verbrauchen. Ein Teil der Ernte wird nach einem bestimmten Schlüssel vor allem nahen Verwandten überlassen. Die Kultur ist matrilinear, was bedeutet, daß zuerst die Angehörigen der mütterlichen Linie bedacht werden. Ein anderer Teil wird als Vorrat bis zur nächsten Ernte aufbewahrt, denn diese fällt nicht überall und immer gleich aus, so daß manchmal in Not geratene Nachbarn mitversorgt werden müssen.

Die Trobriander züchten unter anderem besonders große

Yamswurzeln, die mehr als eineinhalb Meter lang werden können und als besonders wertvoll gelten. Manche werden sogar in Holz eingerahmt. Man bemalt sie und verschenkt sie an besonders geschätzte Verwandte oder Freunde, und diese hängen sie dann an die Seiten ihrer auf Pfählen stehenden Hütten oder unter sie.

Nach der Prämierung durch den Häuptling werden die Wurzeln in großen Yamshäusern aufbewahrt und zur Schau gestellt. Es handelt sich um hohe, mit Strohdächern versehene und aus Stämmen gebaute Hütten, die an der Giebelfront reich verziert sind mit bunten Symbolen. In der Mitte befindet sich häufig die Darstellung einer Gesichtsmaske, der wohl eine übelbannende Funktion zukommt. Auf die Seitenbretter unter dem Dach sind stilisierte Eisvögel aufgemalt, die eine symbolische Bedeutung haben: Wenn sie von Australien zum Überwintern auf Trobriand ankommen, ist es Zeit, Yams zu pflanzen. Oft schmücken Vorhänge aus vielen großen weißen Kauris die Häuser. Zwischen den die Wände bildenden Stämmen klaffen vier bis fünf Zentimeter breite Spalte, durch die man die kunstvoll geschichteten Wurzeln sehen kann und die eine ausreichende Belüftung gewährleisten. Man arrangiert die Knollen so, daß die großen besonders gut sichtbar sind.

Auf der Nachbarinsel Kaileuna fanden wir im Dorf Tauwema eine Gemeinschaft, in die wir uns sofort verliebten. Eine kleine Bucht mit hellem Sandstrand, dahinter palmblattgedeckte Hütten auf Pfählen mit aufgeweckten, hübschen Menschen, die mit den verschiedensten Tätigkeiten beschäftigt waren, und vielen Kindern, zwischen denen Schweine und Hühner herumwuselten. Vor der Küste wiegten sich in der sanften Dünung Auslegerboote, deren Abschlußbretter wunderschön geschnitzt und bemalt waren. Über Strand und Dorf neigten sich hohe Kokospalmen, in deren Blättern der Wind spielte. Diese untrügerische Idylle war eingerahmt von grünen Wäldern. Wir hatten gefunden, was wir so lange suchten.

Anders als die Melanesier sind die Trobriander hellhäutig, zierlich, und sie haben feingeschnittene Gesichter. Wie die Polynesier schmücken sie ihr üppiges, etwas wirres Kopfhaar gerne mit Hibiskusblüten. Sie freuten sich über unseren Besuch,

von dem sie sich offenbar materielle Vorteile versprachen. Wir kauften einige von ihren Schnitzereien und versprachen wiederzukommen.
Mit Hilfe der DFG konnten wir in den folgenden Jahren das Leben der Trobriander studieren. Daran nahmen außer Wulf Schiefenhövel und mir der Linguist Gunter Senft und die Schweizer Völkerkundlerin Ingrid Bell-Krannhals teil. Gunter Senft hat mittlerweile ein Vokabular und eine Grammatik der Sprache erarbeitet, Ingrid Bell-Krannhals eine Monographie über den Geschenketausch[78] verfaßt und Schiefenhövel und ich wieder eine umfangreiche Dokumentation in Film und Ton zusammengestellt, die natürlich erst teilweise ausgewertet worden ist. Wie ursprünglich diese Kultur ist, mag die Tatsache belegen, daß viele Boote noch mit Segeln aus zusammengenähten Pandanusblättern ausgestattet sind. Sie funktionieren gut! Sie sind nur etwas schwerer und nicht so stabil wie Stoffsegel. Als wir einmal in einem solchen Boot unterwegs waren, sprang ein Fisch glatt durch unser Segel hindurch, er war ziemlich groß und hinterließ ein beachtliches Loch. Aber da zeigte sich ein Vorteil dieser Segel: Sie lassen sich leicht reparieren.

Mit den Buschleuten, Yanomami, Eipo, Himba, Trobriandern und Balinesen werden wir noch viele Jahre arbeiten. Bisher haben wir rund 230 Kilometer Filmmaterial ungestellter Interaktionen und Rituale aufgenommen. Erst ein Bruchteil dieses Materials ist analysiert, aber immerhin gibt es bereits 130 fertige Filme! Sie werden in enger Zusammenarbeit mit der Encyclopaedia Cinematographica des Göttinger Instituts für den wissenschaftlichen Film herausgegeben.[79] Dabei gehen wir von Duplikaten aus, das Original bleibt unzerschnitten im Humanethologischen Filmarchiv der Max-Planck-Gesellschaft. Zu jedem Film gibt es ein Begleitmaterial, das in einer vom Göttinger Institut veröffentlichten Reihe »Publikationen zu wissenschaftlichen Filmen« erscheint. Unsere Forschungsstelle ist mit diesen Langzeitstudien völlig ausgelastet.
Dabei hätten wir gerne noch andere Kulturen umfassend untersucht. Wir mußten uns auf Stichproben beschränken. So machte in den frühen siebziger Jahren mein Mitarbeiter Chri-

*Oben:* Unser Team auf der ersten »Xarifa«-Expedition. Von links nach rechts: Jimmy Hodges, Konstantin Irmin Tschet, Lotte Hass, Heino Sommer, Hans Hass, ich, Georg Scheer, Kurt Hirschel und Xenophon.

*Unten:* Unsere Experimente mit Haien. Ein Hai nimmt gerade einen Köderfisch auf, den ich auslegte *(links).* Er verschlingt ihn, während er wegschwimmt *(rechts).*

Vier Darwin-Finken der Galápagosinseln. *Oben links:* Ein Spechtfink ist im Begriff, einen Kaktusstachel in das Bohrloch eines Insekts einzuführen.

*Oben rechts:* Ein Mittlerer Grundfink mit derbem Schnabel knackt ein Körnchen.
*Unten links:* Kleiner Grundfink mit zierlichem Schnabel.
*Unten rechts:* Kaktusfink mit Stocherschnabel.

*Oben:* Zwei männliche Meerechsen kämpfen kopfstoßend.

*Unten:* Der Unterlegene (links) legt sich in Demutsstellung flach auf den Boden, woraufhin der Sieger den Kampf einstellt und in Drohstellung darauf wartet, daß der Besiegte das Feld räumt.

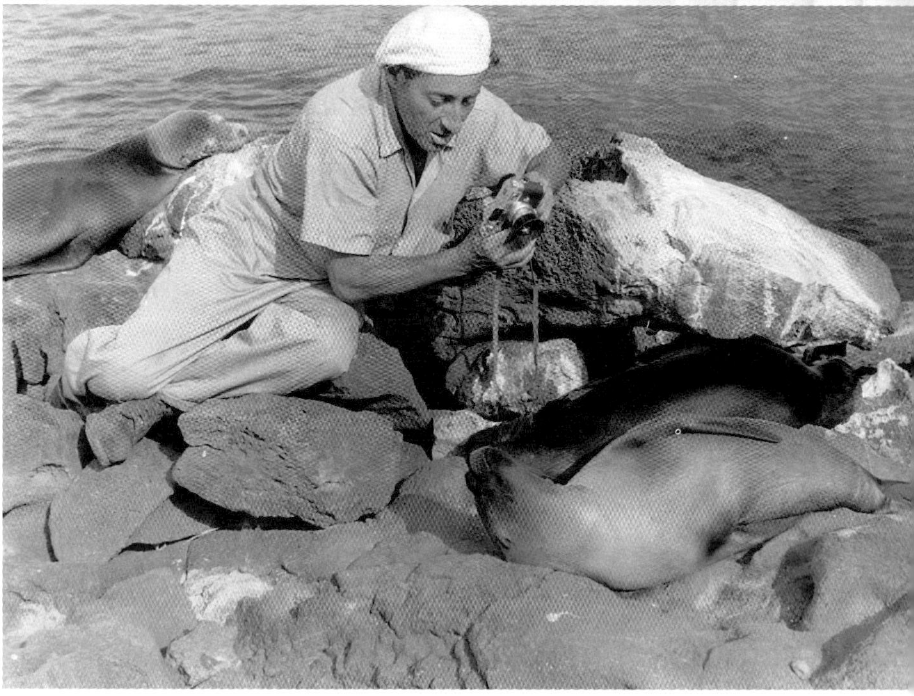

*Oben:* Hans Hass mit dem Einsiedler von Tahiti.

*Unten:* Der weltbekannte Photograph Alfred Eisenstaedt nimmt Galápagos-Seelöwen auf. Er begleitete mich 1957 im Auftrag des Magazins »Life«.

stian Adler seine Dissertation bei den Polareskimos.[80] Tom Pitcairn hat begonnen, ein Dokumentationsprogramm im südtirolischen Palai aufzubauen, und ich suchte die Pintubi und Walbiri in Australien auf. Gegenwärtig bemühe ich mich in Zusammenarbeit mit dem Völkerkundler Francisco Abati von der Universität von Salamanca darum, ein Forschungsvorhaben in einem traditionellen spanischen Dorf zu realisieren. Es wäre schön, wenn aus den genannten Projekten Langzeitstudien erwüchsen.
Auf der Wunschliste meiner wissenschaftlichen Neugier stehen seit den siebziger Jahren die Andamanen, eine Inselgruppe im Golf von Bengalen. Dort leben auf der Sentinelinsel kontaktscheue Negritos. Sie beschießen Personen, die sich ihnen nähern wollen, mit Pfeilen. Das Projekt wurde sogar in die Liste der gemeinsamen deutsch-indischen Vorhaben im Rahmen eines von Bonn und Neu-Delhi ausgearbeiteten Kulturabkommens aufgenommen. Genutzt hat es bisher nichts, denn die indischen Behörden verweigern beharrlich jede Kooperation.

Die Arbeit bei Naturvölkern hat ihre Sonnen- und Schattenseiten, und ob man dabei mehr die Sonne oder den Schatten wahrnimmt, hängt in erster Linie ab von Konstitution und Temperament. Wer einen widerstandsfähigen Körper und eine optimistische Grundeinstellung besitzt, kommt gut zurecht. Natürlich ist die Arbeit im Feld oft nicht leicht. Filmt man in einem Himbakral, dann sitzt man meist in praller Sonne; unter den wenigen schattenspendenden Bäumen ruhen, spielen oder arbeiten die Mitglieder der kleinen Gemeinschaft. Die Rinder wirbeln ihren zu trockenem Staub zerstampften Mist auf, er lagert sich an den Nasenschleimhäuten an, und zuletzt schmeckt man nur noch Kuhmist. Und dann die Fliegen! Mir scheint, in einem einzigen Kral leben mehr davon als auf der ganzen Erde Menschen! Ich kann mich ihrer nicht erwehren, ich muß ja durch die Kamera schauen, eine Hand am Auslöser, die andere am Objektiv. Sie krabbeln einem auf den Ohren und der Nase herum, und ich bin dankbar, daß die Natur unsereinem in deren Öffnungen Haare wachsen ließ, die allzu Zudringliche aussperren.

Aber die Mittagspause und der Abend im Lager sind unbeschreiblich schön. Man genießt die Ruhe und die einfache Kost, die man sich zubereitet, den Tee mit Rum oder die Flasche Bier. Wickelt man sie in ein nasses Tuch und stellt sie dann in den Wind, dann wird sie selbst in dieser Gegend kühl. In der Glut des Lagerfeuers garen Kartoffeln. Auf einem Gitter darüber rösten wir uns Zwiebeln mit Corned beef oder wärmen uns eine Dose Bohnen. Uns schmeckt so ziemlich alles in dieser Situation. Wir sind gut ausgestattet, wenn wir zu den Himba fahren, da wir im Geländewagen viel mitnehmen können. Bei den Yanomami ist unser Leben schon viel weniger luxuriös. Dort müssen wir mit kleinen Flugzeugen zur Mission fliegen, dann im Kanu fahren und zuletzt oft viele Stunden gehen. Und da Filmrollen Priorität haben, bleibt die Verpflegung zwangsläufig begrenzt.

Am Orinoko umgeben einen tagsüber Wolken von Kribbelmücken. Jeder dieser winzigen Blutsauger hinterläßt einen kleinen Bluterguß unter der Haut. Alle freien Körperstellen sind bald davon übersät, jeder Stich brennt, aber man darf sich nicht kratzen, denn Abschürfungen entzünden sich erstaunlich leicht, und es entstehen dann Tropengeschwüre. Diese Mischinfektionen von Bakterien und Pilzen sind hartnäckig. Gegen die Moskitos, die nachts unterwegs sind, kann man sich wenigstens durch ein Netz schützen, aber ganz entkommt man ihnen nicht, und die Gefahr, sich eine Malaria einzuhandeln, ist beachtlich. Dreimal kam ich mit einer solchen Infektion zurück, einmal sogar mit der besonders gefährlichen Malaria tropica. Da mußte ich mit Blaulicht in die Münchener Klinik gefahren werden, denn ich hatte 41 Grad Fieber. Die Mittel, die ich prophylaktisch genommen hatte, halfen nichts, denn manche Erreger sind bereits resistent gegen sie.

Quälend sind in den Shaponos ferner die Sandflöhe. Man muß täglich Fußsohlen und Zehennägel überprüfen, um sie rechtzeitig zu entdecken. Solange man sie noch als winzige Punkte erkennt, lassen sie sich mit einer Nadel leicht herausbohren. Übersieht man einen, dann wächst er unter dem Zehennagel oder in einer Sohlenfalte zur Größe einer kleinen Erbse heran. Das schmerzt, und häufig sind Sekundärentzündungen die Fol-

ge. Gefährlich sind außerdem Darminfektionen, vor allem durch Amöben und Hakenwürmer. Man kann sich bis zu einem gewissen Grad davor schützen, aber nicht absolut.
Was einem auch zu schaffen macht, ist der Mangel an Privatheit. Ich beobachte die Yanomami, und sie beobachten mich. Nur, ich verteile meine Aufmerksamkeit auf viele und wende mich nicht direkt an sie, sondern sitze da und filme durch den Spiegel. Auf mich, und eventuell noch auf ein oder zwei Begleiter, konzentriert sich dagegen die Aufmerksamkeit jedes Bewohners der kleinen Gemeinde, vom Krabbler bis zum erwachsenen Mann, und sie sind nicht nur passive Betrachter. Sie betasten meine Kleidung, untersuchen meine Finger, und bei den Yanomami gilt es keineswegs als unfein, unverblümt Forderungen zu stellen. »Ja bufi« - »ich will«, lautet eine ihrer Standardformeln, mit der sie einen drangsalieren. Sie wollen alles: den Stift, mit dem ich schreibe, den Block mit meinen Notizen, mein Hemd, meinen Kamm, meine Brille, meine Zahnbürste und meine Lebensmittel. Es ist nicht einfach, hier die richtige Balance zu finden und nicht durch Geiz das gute Klima zu zerstören und dennoch die Kontrolle nicht zu verlieren. Wenn sie einem freundlich die Haare durchmustern, den Umfang des Armgelenks messen und in Rufe des Erstaunens ausbrechen, die andere Neugierige herbeilocken, dann kann das mit der Zeit lästig werden. Ich muß es auch mit einem gewissen Gleichmut hinnehmen, daß sie mit den Fingern auf die Schreibmaschinentasten stupsen, während ich tippe.
Yanomami und Eipo testen gerne, wie weit sie gehen können, in einer Art erkundender Aggression. Sie versuchen, kleine Konflikte zu provozieren, und da sind vor allem die Jünglinge im pubertären und nachpubertären Alter erfindungsreich. »Die hat der liebe Gott im Zorn erfunden!« schrieb ich einmal in meiner Verzweiflung in meinen Block. Einmal bewarf mich ein vielleicht fünfzehn- oder sechzehnjähriger Eipo-Junge mit Flöhen, und ich sprang schließlich zornig auf und brüllte wie ein Stier. Das erschreckte ihn, er floh, stolperte über einen Stein und schlug sich das Knie auf. Da tat er mir leid, und ich trug den arg blutenden Bengel auf den Schultern den steilen Abhang hinunter zu Wulf Schiefenhövel, sehr zum Entzücken des Ver-

letzten und der ganzen Dorfgemeinde, die das nett fand und wohl auch erstaunlich. Es brachte mir Sympathien ein. Aber wie verhält man sich sonst, wie dosiert man seine Reaktionen, um Festigkeit und gleichzeitig Freundlichkeit zu demonstrieren? Einmal stahl ein junger Yanomami mein schönes Schweizer Messer. Die anderen warteten schon ungeduldig, wann ich es endlich entdecken und wie ich darauf antworten würde. Sie ließen mich gleich wissen, wer der Übeltäter war. Dieser war nicht anwesend, aber sie zeigten mir, wo seine Hängematte war. An ihr sah ich ein schönen Köcher für Pfeilspitzen. Ich löste ihn demonstrativ von der Matte, nahm ihn mit und gab zu verstehen, daß ich ihn wieder zurückgeben würde, wenn ich mein Messer bekäme.

Köcher mit Pfeilspitzen sind ein wertvoller Besitz der jungen Männer. Unter den Bambusspitzen befinden sich nämlich viele, die als Geschenke eingetauscht wurden. Wenn junge Yanomami-Männer sich besuchen, dann zeigen sie sich den Inhalt ihrer Köcher. Sie breiten die Pfeilspitzen aus und sagen dann: »Diese hier, die hab' ich von den Mahekototheri, die hier von den Patanoëtheri, diese von den Ihirimawëtheri ...« So breiten die Männer ihr soziales Beziehungsnetz aus, und der andere weiß: Dieser Mann hat viele gute Krieger zu Freunden in den verschiedenen Dörfern, das ist ein wertvoller Verbündeter. So prahlt jeder mit seinen Bekannt- und Freundschaften, ähnlich wie wir es beim Name-dropping tun. Früher gab es in Wien in den Vorräumen Schalen, in die Besucher ihre Visitenkarten hineinlegten, da konnte dann jeder sehen, welche erlesenen Gäste schon vor ihm eingetroffen waren. Gästebücher erfüllen eine ähnliche Funktion.

Wie würde der junge Mann darauf reagieren, daß ich ihm seinen Köcher weggenommen hatte? Er kam spät zurück, die Dämmerung war schon angebrochen. Er sagte nichts. In der Nacht zog ein Gewitter auf, und bei den ersten starken Windstößen begann der Häuptling zu singen, um die Geister zu beschwören. Immer, wenn Gefahren drohen, stimmen die Yanomami ihre tragenden Gesänge an, die Melodie wirkt beruhigend. Man hört sie oft nachts, auch wenn Personen krank sind, meist über mehrere Stunden. Schlummerlieder für die Gemeinschaft nannte ich sie. Diesmal klangen sie besonders schön, und deshalb wollte ich sie aufnehmen. Ich packte das Tonbandgerät und marschierte zügig zur anderen Seite des Shaponos, wo der Häuptling sang. Dabei lief ich, ohne es zu beachten, an der Hängematte des jungen Mannes vorbei, der mich bestohlen hatte. Er bezog meinen forschen Schritt auf sich und sah in Mikrofon und Aufnahmegerät etwas höchst Gefährliches, also sprang er aus seiner Hängematte und rannte davon. Ich mußte herzlich lachen, und auch die anderen erkannten die Situation und lachten mit. Er kehrte offenbar erst spät wieder zurück, denn ich merkte nichts davon. Zeitig am anderen Morgen sah ich, wie er das Shapono verließ. Gegen zehn Uhr war er mit mehreren frisch geangelten Piranhas zur Stelle. Freundlich bot er mir die Fische an, ich gab ihm Suppenwürfel und bedeutete ihm, er möge sie kochen. Zu Mittag saßen wir nebeneinander und löffelten mit kleinen Kalebassen die Fischsuppe. Ich überreichte ihm seinen Köcher und erhielt von ihm mein Messer zurück. Seitdem kam mir im Dorf nichts mehr abhanden.

In all den vielen Jahren der Expeditionen habe ich von keinem Volk Übles erfahren! Mein Status ist klar, ich bin Besucher, und die Menschen wissen, daß ich mich für ihr Leben interessiere, und auch, warum. Sie akzeptieren meine Neugier, da sie uns ebenfalls kennenlernen wollen. Sie respektierten meine Eigenart, und ich achte ihre. Wenn wir unterwegs sind, helfen wir, wo wir können. Wir bringen Geschenke mit, die zugleich Bezahlung für geleistete Dienste sind. Äxte, Haumesser, Glasperlen sind begehrt bei den Yanomami oder den Eipo. Wir leisten auch medizinischen Beistand. Bei den Eipo und auf den Trobriandinseln hatte ich das große Glück, in Wulf Schiefenhövel einen engagierten Arzt als Expeditionsgefährten und Freund zu haben. Er operierte sogar, wenn es notwendig war, und bei Infektionskrankheiten, Geschwüren und dergleichen konnte er mit Medikamenten wahre Wunder bewirken. Die Patienten sprachen gut auf seine Präparate an.

Einmal schleppte Schiefenhövel einen Eipo namens Mangat in das Dorf Dingerkon, um ihn dort zu verarzten. Der Mann hatte an einem Feldzug teilgenommen und war durch acht Pfeilschüsse verletzt worden. Zwei davon waren bis in die Lunge vorgedrungen. Wulf hatte den Verletzten sicher drei Kilometer weit geschleppt, beide kamen völlig erschöpft an. Zum Glück hatte Mangat schon einmal Pfeilverletzungen am Brustkorb erlitten, so daß die Narbenzüge das völlige Kollabieren der Lunge verhinderten. Wulf hing den Mann unter seinen Armen auf und gab ihm eine Serumtransfusion. Die Dorfbewohner sangen schon Trauerlieder. Auf die Baumbestattung anspielend, wiederholten sie klagend: »Er ist ein Mann des Baumes, er ist ein Mann des Baumes!« Mangat nickte dazu und bestätigte, er sei ein Mann des Baumes. Nun, er wurde es nicht! Nach ein paar Tagen konnte er schon, gestützt von anderen, nach Malingdam heimkehren. Und als Wulf ihn eine Woche später besuchte, rauchte er und begrüßte seinen Retter strahlend im Türeingang, indem er ihm das Kinn kraulte.

Für mich überwogen die sonnigen Tage. Wer vom frühen Morgen bis zum Abend durch die Kamera beobachtet, wie Mütter ihre Kinder herzen und wie Väter mit ihnen spielen, wie sie scherzen oder wie Männer das Rauchrohr teilen, der nimmt Anteil am Leben dieser Menschen und wünscht ihnen eine gute Zukunft. Sie sind nicht viel anders als wir, freundlich zueinander und ekelhaft zu ihren Feinden. Aber auch wir haben es erst lernen müssen, Haß und Feindbilder zu überwinden und Menschen anderer Art zu respektieren. Die Yanomami oder Eipo könnten dies ebenso begreifen, hätten sie die Zeit dazu.

In den meisten Beschreibungen und Filmen werden Naturvölker als Exoten vorgestellt. Der Tenor lautet: »Sie sind ganz anders als wir.« Ich setze dagegen: »Sie sind gewiß in manchem anders, aber uns grundsätzlich erstaunlich gleich!« Ich las vor kurzem die verblüffende Aussage, daß bei Naturvölkern die Mütter den Verlust eines Kleinkindes leicht verschmerzten, denn sie seien daran gewöhnt, daß Kinder oft früh stürben. Mutterliebe sei ein Ergebnis der Spätzivilisation. 1989 nahm ich die Trauergesänge eines Yanomami-Elternpaares auf, wir kannten die beiden gut. Zwei Monate vor unserem Besuch war ihre etwa zweijährige Tochter gestorben. Im Morgengrauen klagten die beiden. Der Vater sang ein schwermütiges Lied, in dem er kleine Episoden aus dem Leben des Kindes schilderte, und weinte dazwischen. Er erinnerte sich, wie die Kleine mit ihrer Mutter zu einem Bach gegangen war, um dort die Aiaifische zu fangen. »Nun wirst du nie mehr fischen!« klagte er. »Mein armes Kind, mein armes Kind! Ich armer Vater! Ich armer Vater! Arme Mutter!«[81]

# Forschung im Kindergarten

In England hatten, wie bereits angedeutet, Ethologen schon in den sechziger Jahren begonnen, die Mutter-Kind-Beziehung und das Verhalten der Kinder zu erforschen. Einen Anstoß dazu gab John Bowlby mit seiner biologischen Bindungstheorie. Seinen Ansätzen folgten Mary D. S. Ainsworth, Mary Main und später Klaus Grossmann. Ein weiterer Markstein in der Entwicklung der Kinderethologie waren William McGrews[82] und Nic Blurton-Jones'[83] Arbeiten, die im Jahr 1972 erschienen sind. Blurton-Jones kam aus Niko Tinbergens Oxforder Ethologengruppe. Robert Hinde, der ebenfalls zu den frühen Ethologen zählt, stand dagegen der Humanethologie von Anfang an eher ablehnend gegenüber.

Es war mir von Anbeginn an klar, daß im Rahmen unserer kulturenvergleichenden Untersuchungen auch ein Kindergartenprogramm entwickelt werden mußte, um Längsschnittstudien über die in Kindergruppen ablaufenden Selbstorganisationsprozesse durchführen zu können. Wie bilden sich Rangordnungen und Freundschaften sowie die dabei eingesetzten Interaktionsstrategien? Wer unterstützt wen in welchen Situationen? Wie wird geholfen? Wie wird Streit geschlichtet, wie eine Aggression abgeblockt? Wie erreicht ein Kind, daß ein anderes ihm etwas abgibt?

Als wir mit unserer kinderethologischen Arbeit begannen, beschäftigten wir uns zunächst mit dem »Facial Action Coding System« (FACS), einer Methode zur Untersuchung menschlicher Gesichtsbewegungen. Die amerikanischen Psychologen Paul Ekman und Wallace Friesen[84] hatten sie entwickelt, wobei sie sich auf Arbeiten des Schweden Karl-Herman Hjortsjö stützten[85]. Die Methode erschien uns vielversprechend, und sie hat sich in der Praxis auch bewährt. Ich schickte später einige

Mitarbeiter zu Ekman, damit sie seine Verfahren lernten. Um unsere Arbeit gut zu planen, besprach ich mich außerdem mit dem Kinderpsychologen William Charlesworth vom Institute for Child Development der Universität Minnesota in Minneapolis und mit Mario von Cranach.

Charlesworth, Cranach und ich beschlossen, für Juni 1971 eine kleine Gruppe von Humanethologen nach Percha bei Starnberg einzuladen: Paul Ekman, William McGrew, William Charlesworth, Hermann Kuczka vom Göttinger Institut für den Wissenschaftlichen Film sowie Wolfgang Wickler und P. Gottwald vom Münchener Max-Planck-Institut für Psychiatrie. Es wurden anregende Tage, wir diskutierten Fragestellungen und Methoden und vereinbarten weitere Zusammenkünfte. 1972 trafen wir uns bei Bill Charlesworth, 1973 wieder in Percha, 1974 in London und 1975 in Sheffield. Aus diesen Symposien erwuchs schließlich die »International Society of Human Ethology«, der ich seit der Gründung 1972 angehöre und die ich seit 1985 als Präsident führen darf.

Im April 1971 war Barbara Hold zu meiner Arbeitsgruppe gestoßen. Sie hatte als Zoologin ihr Diplom abgeschlossen und wollte nun als Humanethologin promovieren. Sie begann ihre Arbeit in bayerischen Kindergärten verschiedenen Erziehungsstils - traditionellen ebenso wie antiautoritär geleiteten. Sie registrierte, wie Kinder miteinander umgingen und wie sie auf bestimmte Verhaltensweisen reagierten. Sie fand heraus, daß es Kinder gibt, die sich dadurch auszeichnen, daß sie Spiele organisieren können, Einfallsreichtum beweisen, andere trösten, mit anderen teilen, schwächeren beistehen und sich gegen Aggressionen erfolgreich zur Wehr setzen können, sich also notfalls Respekt verschaffen. An diese Kinder wenden sich die anderen, zeigen ihnen bestimmte Dinge, stellen ihnen Fragen und bitten sie, ihnen zu helfen. Kinder mit den genannten Eigenschaften sind bei den anderen am besten angesehen.[86] Die anderen Kinder behalten sie im Auge und richten sich nach ihnen. Das sind die Kriterien, die der englische Ethologe Michael Chance erarbeitet hat, um die Ranghöhe bei Primaten zu erkennen.[87] Auch dort steht ein Ranghoher im Brennpunkt der Aufmerksamkeit. Man braucht nur auszuzählen, wer von den

Mitgliedern einer Gruppe am häufigsten angesehen wird, um den Chef zu finden.
Barbara Hold hat diese Selbstorganisationsprozesse später auch in Kindergärten Japans und in Kinderspielgruppen der G/wi-Buschleute in der zentralen Kalahari beobachtet. Ich halte die Entdeckung für außerordentlich wichtig, daß das Aufmerksamkeitskriterium auch für uns Menschen gilt, daß es in erster Linie von uns als positiv bewertete soziale Merkmale sind, die eine Person für eine höhere Position prädestinieren, und daß schließlich das Verhalten der Rangniederen sie in diese Stellung bringt. Anders als bei den Hack- und Dominanzordnungen vieler in Gruppen lebender Vögel und Säuger, die im wesentlichen auf Gewalt beruhen, gilt für die Kleingruppen des Menschen, in denen die Personen sich kennen, daß nicht die Aggressivität einer Person ihre Stellung bestimmt, sondern ihre affiliativ-soziale Kompetenz und natürlich auch ihr Wissen. Es handelt sich bei dieser menschlichen Rangordnung demnach um »Führung« und nicht um »Dominanz«.
Dominanzbeziehungen bilden sich, wenn Eroberer andere unterjochen. Sie herrschen auch vor in der anonymen Großgesellschaft, in der der einzelne die soziale und fachliche Kompetenz seiner politischen Führer häufig nicht mehr zu erkennen vermag. Man wählt die Politiker aufgrund ihres Auftretens in der Öffentlichkeit und fällt dabei leicht Blendern zum Opfer, die nichts weiter auszeichnet als sicheres Auftreten und Ehrgeiz. Sind solche Personen an der Macht, dann neigen sie dazu, sie rücksichtslos zu gebrauchen, da sie die von ihnen Beherrschten nicht persönlich kennen. Fremden gegenüber haben Menschen weniger Skrupel.
Mein Schüler Karl Grammer hat das Kindergartenprojekt weiter ausgebaut.[88] Er installierte in einem bayerischen Kindergarten eine Videoanlage mit ferngesteuerten Kameras, die es erlaubten, einzelnen Kindern von insgesamt zwanzig zu folgen. 1979 und 1982 wurde jeweils eine ganzjährige Videodokumentation vorgenommen.

# Die Soziobiologie erblüht

Für die Humanethologie waren die siebziger Jahre von entscheidender Bedeutung. In dieser Zeit konnte sie nachweisen, daß die zunächst durch das Studium tierischen Verhaltens entwickelten Arbeitshypothesen sich auch beim Menschen bewähren. Die Biologie bietet die Grundlage für die Wissenschaften vom Menschen. Selbst die Geisteswissenschaften stehen letzten Endes vor der Frage, wozu gewisse kulturelle Manifestationen des Verhaltens dienen, seien es Bräuche oder Baustile, religiöse Praktiken oder Bekleidungsmoden. Denn fast alles, was wir tun oder unterlassen, wirkt sich aus auf unsere »fitness«, unsere evolutionäre Anpassungsfähigkeit, die sich in unserer Eignung niederschlägt, in Nachkommen zu überleben.

Am Ende geht es immer darum, gleich ob es sich um eine kulturell oder stammesgeschichtlich programmierte Äußerung oder Wahrnehmung handelt. Man kann diese Frage nach den letzten Gründen ausblenden und tut das auch oft aus praktischen Erwägungen, da uns die unmittelbaren Ursachen ja ebenfalls interessieren. Forschung verfolgt die Kausalitätsketten auf verschiedenen Ebenen, und erst die daraus resultierenden Detailkenntnisse machen Voraussagen möglich. Kultur ist eine der vielen erstaunlichen Lebensäußerungen des Menschen - wenn wir von den ersten Ansätzen bei höheren Primaten einmal absehen -, und sie ist auch eigenen Gesetzen unterworfen. Aber es sind lebendige Gehirne, die sie schaffen und benutzen. Ob wir es wollen oder nicht, unser Verhalten hat immer Folgen. In der heutigen krisenhaften Situation der Menschheit ist es vernünftig, zu fragen, ob unsere Werte, unser politisches Handeln und unser Verhalten im Alltag vernünftig sind in dem Sinne, daß sie unser Überleben gewährleisten. Wir sind glücklicher-

weise in der Lage, diese Frage zu stellen, und verdienen das Prädikat »sapiens« auch nur, wenn wir es tun.
Warum stehen so viele Intellektuelle der Biologie ablehnend gegenüber? Da steht wohl mancherlei Pate: zunächst ein mißverstandener Freiheitsbegriff, der sicher auch aus unserem Machtstreben gespeist wird. Wir wollen nicht nur über die Natur herrschen, wir wollen auch frei von unserem Verhaftetsein in sie handeln können. Wir wollen die Zügel, die uns die Natur in Form unseres stammesgeschichtlichen Erbes anlegt, nicht wahrhaben. Gewiß, dem Diktat seines Magens unterwirft sich jeder, und anderem bekanntlich auch. Wir nehmen es zur Kenntnis, kultivieren es sogar und erklären, die elementare Physiologie habe wenig zu tun mit den höchsten Geistesleistungen. Aber gibt es nicht einen gewissen Zusammenhang zwischen der Funktion bestimmter Hormondrüsen und der ergreifenden Liebeslyrik?
Allein diese Frage zu stellen gilt in manchen Kreisen als Affront. Kunst sei doch viel mehr als das! In der Tat sind monokausale Erläuterungen fehl am Platz. Mit jeder neuen Entwicklungsstufe, jedem neuen Komplikationsgrad der Organisation entstehen neue Systemeigenschaften, die sich nicht aus den Eigenschaften der sie aufbauenden Elemente erklären lassen. Und es soll auch nicht alles einen Zweck haben. Wir wollen uns wenigstens in einigen Bereichen zweckfrei schöpferisch entfalten können. Aber zweckfrei schöpferisch ist vor allem die Evolution, erst im nachhinein stellen wir fest, ob eine Anpassungsleistung vollbracht worden ist.
Manches, was wir tun, kann selektionsneutral sein und zum Beispiel als Nebenerscheinung eines lebenserhaltenden Prozesses auftreten. Wenn eine Tiefseeschnecke, die am Meeresgrund keiner sieht, auf ihrem Gehäuse eine Musterung aufweist, dann handelt es sich vielleicht um ein bedeutungsloses Begleitphänomen irgendeines wichtigen physiologischen Prozesses oder um ein Merkmal, das unabhängig von solchen Prozessen aufgrund der genetischen Konstitution ausgebildet ist und sich erhalten hat, da es eignungsneutral ist. Die Lage würde sich allerdings schlagartig ändern, wenn eine so gezeichnete Schnecke in seichtes Wasser einwanderte.

Vergleichbares gilt auch für manche Kulturleistungen des Menschen. Betrachten wir die Kunst als Beispiel. Daß unsere Gestaltwahrnehmung Gesetzen folgt, die uns angeboren sind, ist zweifellos als Anpassung zu verstehen. Die Wahrnehmung setzt verschiedene Präferenzen, mit denen wir spielen können. Der niederländische Graphiker Maurits Escher tat dies auf virtuose Weise, als er in seinen Gedankenbildern mit perspektivischen Fehlern experimentierte. Die uns angeborenen Vorurteile der Wahrnehmung sind ebenso wie die Motivation zu spielen eignungsfördernde Anpassungen, und sie schaffen die Prädispositionen für das zweckfreie innovative Tun in der Kunst. Es gibt sicher viele Übergänge zwischen der Kunst als Selbstzweck und der Kunst als Kommunikation. Der Künstler, der seiner Berufung um ihrer selbst willen im Spiel mit der ästhetischen Wahrnehmung nachgeht, bewirkt im Betrachter etwas - ob es seine Absicht war oder nicht. Meist will er, daß sein Werk andere anspricht: sie verblüfft, wachrüttelt, beeindruckt, besinnlich stimmt oder einfach erfreut. Er bedient sich zu diesem Zweck der visuellen Reizschlüssel für bestimmte Gemütsbewegungen. Meist transportiert Kunst Informationen vor dem Hintergrund der die Aufmerksamkeit bindenden ästhetischen Faszination, sei es in der Architektur, sei es im Liedgut.

Entweiht der Biologe diese Welt, wenn er sich bemüht, solche Zusammenhänge zu erkennen? Ist das Mysterium dem Verstehen vorzuziehen? Das ist weit mehr als eine Geschmackssache. Zunächst einmal ist die Erkenntnis von Teilen der Wirklichkeit ein ästhetisches Erlebnis besonderer Art, Künstler und Wissenschaftler sind daher Brüder im Geiste. Sie sind bewegt vom gleichen Streben, Facetten der Realität ans Licht zu heben. Aufklärung ist letztlich Überlebenshilfe. Künstler und Wissenschaftler sind Forscher, die dem Schicksal in den Rachen greifen, damit es den Menschen nicht niederzwinge.

Zu den mehr oder weniger irrational begründeten Widerständen gegen die Biologie kommen solche, die auf höchst weltlichen Motiven beruhen. Es geht um Macht und darum, die eigenen Interessen durchzusetzen. Machtbesessene Politiker wollten den Menschen schon immer gängeln und nach ihren Vorstellungen formen. Er soll Wachs in ihren Händen sein. Ei-

ne »Natur des Menschen«, die dem womöglich Hindernisse entgegensetzt, können sie nicht tolerieren. An dieser Ignoranz ist der Marxismus osteuropäischer Prägung gescheitert, und an ihr zerbricht genauso die Schmelztiegelutopie der Nordamerikaner. Obgleich es jeder sieht, schwärmen manche hierzulande von den Segnungen einer multikulturellen Immigrationsgesellschaft und schlagen warnende Hinweise auf die darin zu erwartenden Konflikte in den Wind. Man brauche auf angebliche biologische Konstanten im menschlichen Verhalten keine Rücksicht zu nehmen, heißt es. Aufklärung sei das Gebot der Stunde, dann würden wir in Harmonie leben können. Schlagworte statt Erkenntnisse - der CDU-Politiker Heiner Geißler bedient sich beispielsweise dieser Methode, den Standpunkt des Widersachers als simpel zu verzerren, wenn er ethologisch begründete Einwände gegen das Konzept einer multikulturellen Gesellschaft mit dem Argument abtut, wir seien »schließlich keine Rotkehlchen«. Als würden Biologen vom Territorialverhalten von Singvögeln auf den Menschen schließen.
Aber das ist ein vergleichsweise harmloser Fall. Die biologische Verhaltensforschung ist schon ganz anderen Angriffen ausgesetzt gewesen, ein Beispiel haben wir an anderer Stelle bereits geschildert. Ein anderes ist das 1974 in den USA erschienene Buch »The Four Horsemen: Racism, Sexism, Militarism, and Social Darwinism« von Ethel Tobach und Mitarbeitern: Rassist ist jeder, der auf genetisch begründete Unterschiede im Verhalten verschiedener Rassen hinweist, Sexist jeder, der Unterschiede zwischen Mann und Frau feststellt, Militarist jeder, der auf angeborene Grundlagen der Aggression aufmerksam macht, und Sozialdarwinist jeder, der unterschiedliche Erfolge bestimmter Bevölkerungsgruppen auf genetisch bedingte Begabungsdifferenzen zurückführt und hierin das Wirken der Selektion sieht. Diese und ähnliche Vorurteile sind heute nicht weniger verbreitet als damals.
Soll man einer vielleicht freundlich gemeinten Ideologie zuliebe die Wahrheit verschweigen? Wenn es Unterschiede in der Physiologie, im Temperament oder in bestimmten Sonderbegabungen zwischen Menschenrassen gibt, dann muß man darüber schreiben und forschen dürfen, ohne sich dem ungeheu-

erlichen Vorwurf auszusetzen, ein Rassist zu sein. Der amerikanische Ethologe Daniel Freedman[89] etwa experimentierte mit weißen, schwarzen und chinesischen Neugeborenen. Legte er chinesischen Säuglingen in einem New Yorker Krankenhaus ein Taschentuch über das Gesicht, dann verhielten sie sich ruhig. Weiße und schwarze protestierten aber gegen eine solche Behandlung. Ich kenne Freedman gut, und er ist alles andere als ein Rassist. Diese Titulierung handelt sich doch allein der zu Recht ein, der nicht nur Unterschiede feststellt, sondern sie auch bewertet und sich aufgrund seiner Zugehörigkeit zu einer Rasse in elitärer Selbstüberschätzung anderen überlegen glaubt, ja daraus das Recht ableitet, andere zu beherrschen oder sie sogar zu verdrängen. Es gab und gibt Vertreter eines solchen Rassismus in allen Kreisen und in allen Völkern. Er ist auch in allen Fachrichtungen vertreten, in den Geisteswissenschaften ebenso wie in den Naturwissenschaften. Ich habe allerdings den Eindruck, daß unter den Biologen solche Personen heute seltener zu finden sind als anderswo, denn wir schätzen die Vielfalt und treten dafür ein, sie zu erhalten.
Stephen Thernstrom, ein Geschichtsprofessor in Harvard, wurde des Rassismus bezichtigt, weil er Textstellen aus dem Tagebuch eines Südstaatenpflanzers als Vorlesungslektüre angab, aber nicht die Erinnerungen eines Sklaven. Er sei anscheinend für die Sklaverei, lautete die Schlußfolgerung. Daß es Erinnerungen von Sklaven nicht gibt, ist ein trauriges Faktum, aber es läßt sich nicht ändern. Thernstrom verwendete überdies den Begriff »Indianer« - auch das entlarvte ihn in den Augen seiner Kritiker. Es müsse statt dessen »native American« heißen.[90]
Auch ich sah mich Attacken ausgesetzt, weil ich in der englischen Übersetzung meines »Grundrisses der Humanethologie« den in der Literatur seit jeher benutzten Begriff »Bushmen« verwende. Außerdem enttarnte man mich als Sexist, weil die Buschleute nicht »Bushmen« genannt werden dürften, sondern »San«. Die Betroffenen selbst ziehen allerdings nachweislich die Bezeichnung »Bushmen« vor. »San« werden sie von ihren Bantu-Nachbarn tituliert. Und das empfinden sie als herabwürdigend.
Der Professor für lateinamerikanische Literatur Norman

Holland wurde von der Harvard-Universität gefeuert, weil sein Unterricht »eurozentristisch« sei. Als er den Roman »Hundert Jahre Einsamkeit« durchnahm, hatte er dessen kolumbianischen Autor Gabriel García Márquez in die Tradition von Marcel Proust und James Joyce gestellt. Dies ist eine Folge des Sprachterrors, der sich in amerikanischen Universitäten ausbreitet, »politically correct speech« wird gefordert. Nun wird doch Wirklichkeit, wovor als »Neusprech« George Orwell dereinst gewarnt hatte. Selbsternannte Ordnungshüter wachen darüber, daß sich die Professoren »p. c.« verhalten.[91]
Die Verhaltensforschung hat sich gegen diese oft irrationalen Angriffe gut behauptet. 1973 wurden Konrad Lorenz, Nikolas Tinbergen und Karl von Frisch mit dem Nobelpreis ausgezeichnet und 1981 die Neuroethologen Roger Sperry, David Hubel und Torsten Wiesel. In den siebziger Jahren erblühte als neuer Zweig die Soziobiologie. Auch von ihr erhielten die Humanwissenschaften entscheidende Denkanstöße. Das wegweisende Werk war Edward O. Wilsons »Sociobiology. The New Synthesis«. Es erschien 1975 und beruht auf Arbeiten von William Hamilton, Charles Williams, John Maynard-Smith und Robert Trivers, die in Kosten-Nutzen-Rechnungen ermittelten, wie sich Tiere in bestimmten Situationen verhalten müßten, um die Verbreitung ihrer Gene zu maximieren, das heißt, um sich in diesem Sinne »angepaßt« zu verhalten.[92] Hatten wir Ethologen bis dahin »angepaßt« mit »arterhaltend« gleichgesetzt, so zeigten die Soziobiologen überzeugend, daß es ein Artinteresse nicht geben kann. Jedes Individuum handelt vielmehr so, daß es die eigenen Gene bestmöglich verbreitet. Es kommt dabei auf jene Gene an, die das Individuum als solches auszeichnen. Jedes Individuum ist einmalig, es vertritt ein genetisches Eigeninteresse und ist daher eine Speerspitze der Evolution. Da nun die Gene, die ein Individuum ausmachen, mit einer bestimmten Wahrscheinlichkeit auch bei den nahen Blutsverwandten zu finden sind, handelt ein Individuum auch dann angepaßt, wenn es Familienangehörige fördert. Die Wahrscheinlichkeit, daß die eine Person kennzeichnenden Gene auch in ihren Kindern und Geschwistern zu entdecken sind, beträgt fünfzig Prozent. Bei Enkeln, Nichten und Neffen sinkt sie auf

ein Viertel. Ansatzpunkt der Selektion sind die Individuen, die sich nach dem Grad der Verwandtschaft abgestuft fördern. Man spricht daher von Individual- und Sippenselektion und, auf letztere bezogen, nicht nur von individueller Eignung, sondern auch von Gesamteignung.

Allerdings haben sich beim Menschen im Lauf seiner Stammesgeschichte individualselektionistisch bindende Verhaltensweisen und Motivationen entwickelt, die es erlauben, auch Gruppen von Nichtblutsverwandten so fest zusammenzufügen, daß sie als Einheiten der Selektion auftreten, zum Beispiel in kriegerischer oder wirtschaftlicher Konkurrenz mit anderen Gruppen.[93] Es ist dabei ein Unterschied, ob eine Gruppe vorwiegend aus Egozentrikern oder aus gruppenloyalen, aufopferungsbereiten Individuen besteht. Auf der Gruppenebene zählen solche Eigenschaften, die zwar individualselektionistisch entwickelt wurden, sich aber nun in einem weiteren Selektionsprozeß bewähren müssen. Beim Menschen kommt es auf eine richtige Balance zwischen egozentrischen und gruppenloyalen Tugenden an, und Individuen und Gruppen treten in einem Zweistufenprozeß als Einheiten der Selektion auf. Auch die Gruppe umfaßt ursprünglich nähere Verwandte, das gilt auch für die historisch gewachsenen Nationen. Der Hinweis auf die quasi familiale Verwandtschaft durch gemeinsame Abstammung wird in allen Großgruppen ideologisch betont, auch Naturvölker berufen sich auf ihre Ahnen, und das Wort »Nation«[94] drückt diesen Zusammenhang ebenfalls aus.

In ihren Kosten-Nutzen-Rechnungen haben die Soziobiologen ferner gezeigt, daß Verhaltensmuster wie die ritualisierten Turnierkämpfe auch individualselektionistisch entstehen können. Nicht die Schonung des Artgenossen zählt, sondern die Verminderung des eigenen Risikos. Alles in allem hat sich die Verbindung von Verhaltensökologie und Populationsgenetik, die diese neue Synthese auszeichnet, als überaus fruchtbar erwiesen.

Zunächst entspann sich eine lebhafte Diskussion über die Einheiten der Selektion, wobei insofern begriffliche Verwirrung herrschte, als zunächst nicht klar definiert wurde, was darunter zu verstehen war. Man vermengte Einheiten, an denen die

Selektion angreift, mit dem, was ausgelesen wird, einige sprachen vom Individuum als Einheit der Selektion, andere von den Genen. Ferner benutzten viele Soziobiologen eine Terminologie, die bei manchem auf Ablehnung stieß. So sprach Richard Dawkins[95] von »egoistischen Genen«, als ob Gene motiviert wären. So hatte er es nicht gemeint, sondern er wollte provozieren aus didaktischen Gründen. Unwillentlich leistete er dadurch aber eher einen Beitrag zu größerer Konfusion.
Des weiteren ergingen die meisten Soziobiologen sich in der Folge in Modellrechnungen und vernachlässigten darüber die Verhaltensbeobachtung. Sie versuchten, hinter allem und jedem eine Anpassung zu entdecken, was die Grenze zwischen normal und pathologisch verschwimmen ließ. Kann man jede Mutante als ein Experiment betrachten, über das Neues zur Bewährung in die Welt gesetzt wird? Genaugenommen ja. In der menschlichen Gesellschaft wären demnach auch Betrüger, Diebe oder Mörder als Versuche der Evolution zu werten. Sie treten ja in einem gewissen Prozentsatz regelmäßig in einer Population auf, bei Tieren wie beim Menschen. Sie können sich dort halten, weil die Gegenselektion nicht stark genug ist, um sie völlig zum Verschwinden zu bringen. So gibt es bei Turnierkämpfen immer wieder Individuen, die beschädigend kämpfen. Man kann in Modellen errechnen, bis zu welchem Prozentsatz sie in einer Population vorkommen können. Trifft ein Beschädigungskämpfer auf einen Turnierkämpfer, dann hat er einen Vorteil, vorausgesetzt, der Turnierkämpfer zahlt nicht mit gleicher Münze zurück und wird so ebenfalls vorübergehend zum Beschädigungskämpfer. Sind aber einmal eine gewisse Zahl von Beschädigungskämpfern in der Population vorhanden, dann mindert das ihren Vorteil, denn nun treffen sie immer häufiger aufeinander. So pendelt sich schließlich ein Gleichgewichtszustand ein zwischen Beschädigungs- und Turnierkämpfern. Soweit das Modell.
Die Wirklichkeit sieht allerdings oft anders aus: Turnierkämpfer verfügen nämlich meist auch über das Repertoire von Beschädigungskämpfern. Sie handeln zunächst auf der Grundlage der Annahme, daß ihr Gegner sich an die Regeln hält, schalten aber sofort auf Beschädigungskampf um, wenn sie ent-

sprechend angegriffen werden. Das führt dazu, daß Beschädigungskämpfer sich stets mit Beschädigungskämpfern auseinanderzusetzen haben. Sie sind damit den Turnierkämpfern gegenüber selektionistisch benachteiligt. Das heißt nicht, daß sie notwendigerweise vollständig aus einer Population verschwinden. Zumindest als Mutanten treten sie immer wieder auf. John Maynard-Smith hat meines Wissens als erster darauf hingewiesen, daß sich in einer Population »Devianten« immer bis zu einem bestimmten Anteil halten.[96]
Maynard-Smith führte darüber hinaus den Begriff »evolutionsstabile Strategien« ein. Ich habe ihn kritisiert, weil er unterstellt, daß Absichten vorhanden sind, aber diese sind nicht gegeben. Man spricht heute treffender von evolutionsstabilen Zuständen. Sie können adaptiv sein, wenn es sich um Verhaltenspolymorphien handelt, die ähnlich wie Polymorphien der Gestalt eine Population genetisch absichern. Im Gelege der Strumpfbandnatter schlüpfen stets Schlangen mit unterschiedlichen angeborenen Nahrungspräferenzen, einige fressen am liebsten Schnecken, andere bevorzugen Würmer, und wieder andere sind Generalisten.[97] Auf Galápagos lebt ein Schwärmer (Erinnyis ello), aus dessen Eiern drei verschiedene Raupenformen schlüpfen, und jede zeigt das ihrem Farbkleid am besten angepaßte Verhalten bei der Wahl ihres Rastplatzes.[98]
Die soziobiologischen Denkansätze versetzten der Tabula-rasa-Ideologie, die in Intellektuellenkreisen in den Vereinigten Staaten und in Westeuropa einen starken Einfluß hatte, einen weiteren Schlag. Die kontroverse Diskussion hat allerdings gelegentlich auch die Positionen der Soziobiologie verschärft über sachliche Erfordernisse hinaus. Die Vorstellung vom »egoistischen Gen« ließ das Bild einer Natur wiederauferstehen, in der mit blutigen Klauen und Zähnen ums Dasein gekämpft wird. Dazu haben Beobachtungen an Löwen und Languren beigetragen, aus denen hervorgeht, daß Männchen bei der gewaltsamen Übernahme eines Harems von ihrem Vorgänger gezeugte Jungtiere manchmal umbringen. Der Vorteil für die Kindesmörder bestehe darin, daß die Weibchen schnell wieder in Brunst gerieten und dann vom neuen Pascha gedeckt werden könnten, glauben manche Zoologen. Sicher ist aber, daß

dieser Vorgang öfter unblutig erfolgt. Viele der Daten, die den Infantizid belegen sollen, halten einer Überprüfung nicht stand. Kaum waren die ersten Angaben über die Jungtiertötung publiziert, da kamen von überall »Bestätigungen«. Die meisten entpuppten sich bei genauerem Hinsehen als Vermutungen. Man fand verletzte oder tote Jungtiere - und schon hieß es, sie seien von einem Ursupator verletzt oder getötet worden.
Aber das sind Randerscheinungen, die das Verdienst der Soziobiologie nicht schmälern. Wichtig ist, daß sie klar ausgesprochen hat, daß es auf das genetische Überleben ankommt und daß Organismen - Menschen inbegriffen - dazu im Lauf der Evolution mit angeborenen Wahrnehmungsweisen, Motivationen und Verhaltensstrategien ausgestattet worden sind.

# Der erste Kontakt

Der aufregende Auftakt meiner humanethologischen Arbeit in den achtziger Jahren war ein Besuch der nördlichen Mek-Leute im zentralen West-Neuguinea, die bis dahin noch keine Berührung mit unserer Zivilisation gehabt hatten. Ausgangspunkt dieser unvergeßlichen Exkursion war das Dorf Damaksin, wohin uns ein Hubschrauber von Kosarek aus gebracht hatte: Volker Heeschen, Wulf Schiefenhövel und mich sowie Silas und Lewi, zwei junge Männer aus der Umgebung von Kosarek.

In Damaksin mußten wir zwei Tage suchen, bis wir jemanden fanden, der bereit war, uns zu den Lauenang zu bringen. Man warnte uns, sie würden uns für Geister halten und uns verjagen, wenn nicht gar töten. Viele hatten Angst, aber auch der Wunsch, uns mit den vielen schönen Äxten und Haumessern hierzubehalten, motivierte sie, uns Horrorgeschichten zu erzählen. Wir stießen schließlich auf Kensae, einen Mann, der Verwandte im Dorf der Lauenang hatte, das wir besuchen wollten.

Nun waren wir zehn Stunden in das unbekannte Gebiet vorgedrungen. Nach einem sonnigen Morgen und einer wunderschönen Wanderung durch kühle Flußtäler und über schattige Grate, die uns allerdings einigen Schweiß gekostet hatten, waren wir auf einer fast senkrechten Flanke in das unbekannte Tal im Norden mehr auf dem Gesäß gerutscht als hinuntergestiegen. Stellenweise fanden wir nur in den Lianen Halt, die über die Felsen hinauf- und hinabrankten. Zu allem Überfluß hatte uns der Regen überrascht, und seitdem stand uns nun das Wasser in Socken und Taschen. Wir waren bis auf die Haut durchnäßt, als wir in einem kleinen Gartengelände ankamen, in dem eine winzige Hütte uns den ersten Hinweis auf bewohntes Gebiet gab. Für alle war in dieser Behausung kaum Platz, so hielten Wulf, Volker und ich Ausschau nach einer anderen trockenen Unterkunft. Wir entdeckten tatsächlich jenseits des Gartengeländes und einer kleinen Schlucht ein etwas größeres Haus.

Wir zogen die Planken vor dem Eingang weg, zwängten uns durch das enge Loch des auf Pfosten ruhenden Fußbodens und waren stumm vor Erstaunen: Im Licht unserer Taschenlampen erblickten wir drei Kelabi, heilige Schilde! Wir befanden uns in einem sakralen Männerhaus. Die Lage war prekär. Normalerweise darf man ein solches Gebäude nur mit der Einwilligung der dazu autorisierten Personen betreten, und man muß dabei besondere Formen beachten. Die Verletzung von Tabus kann einen teuer zu stehen kommen, vor allem weil ihr Krankheit, Tod, Mißernten und Edbeben angelastet werden können. Wir wußten auch, daß die Lauenang uns möglicherweise mit christlichen Missionen in Verbindung bringen würden, die in anderen Gebieten des Hochlands die alten Heiligtümer verbrannt hatten.

Von dieser Sorge der Einheimischen um die Bewahrung ihrer Kultur hatte Volker Heeschen schon vor unserem Besuch während drei Aufenthalten in Damaksin erfahren. Im Sengtal waren 1968 zwei Missionare mit Pfeilen erschossen worden. Ihnen war der Ruf vorausgegangen, sie würden alles Alte verbrennen. Weil sie gleiches befürchteten, hatten die Leute von Kosarek, die In, die ersten Kontaktversuche abgewehrt. In Nipsan wurden im Mai 1974 drei Evangelisten getötet, weil sie Tabus verletzt hatten. Man stand in dieser Region Besuchern mit großem Mißtrauen gegenüber. Nalik, ein Evangelist aus Velarik, der 1976 in das Gebiet der Keleka-Leute im Norden von Kosarek vordringen wollte, wurde vertrieben. Er berichtet:

»Am Samstag, 27. März 1976, sind wir neun Stunden gelaufen. Wir übernachteten im Wald in der Nähe des Gartengebiets der Keleka-Leute. Am Sonntagmorgen war alles neblig, so kamen wir im Schutz des Nebels nah an das Dorf Keleka heran. Dann war der Nebel weg, im Gartengebiet sahen wir einen Steinhaufen und das aufgeschichtete Holz. Das war ein Zeichen der

Keleka-Leute, welches bedeutete, daß sie jeden Eindringling kochen und essen wollten. (...) Ich versuchte, mit dem Häuptling zu reden, ich rief ihm zu: ›Wir bringen euch Beile und Buschmesser. Wir sind eure Freunde! (...) Wollt ihr, daß wir zu euch kommen?‹ Darauf rief er zurück: ›Warum kommt ihr? Wir wollen euch nicht! Steine und Holz haben wir schon bereit, es fehlt uns nur noch das Fleisch! Jetzt werden wir euch abschießen!‹ Bei diesen Worten flogen auch schon die Pfeile um mich herum, ich schrie den anderen zu, die hinter mir standen: ›Werft alles Gepäck weg, und lauft, lauft!‹ Dann sind wir um unser Leben gerannt.«

Im März 1980 schließlich hatten sich die Leute in einem Dorf einen Abwehrzauber ausgedacht, der sie in die Lage versetzen sollte, Fremde zu töten, wenn diese darangingen, ihre Heiligtümer zu verbrennen.
Die Situation war ungemütlich, was sollten wir tun? Angesichts der Erschöpfung und der Nässe hatten wir keine Wahl, und da wir unbewaffnet waren, Geschenke mitbrachten und ein Mann

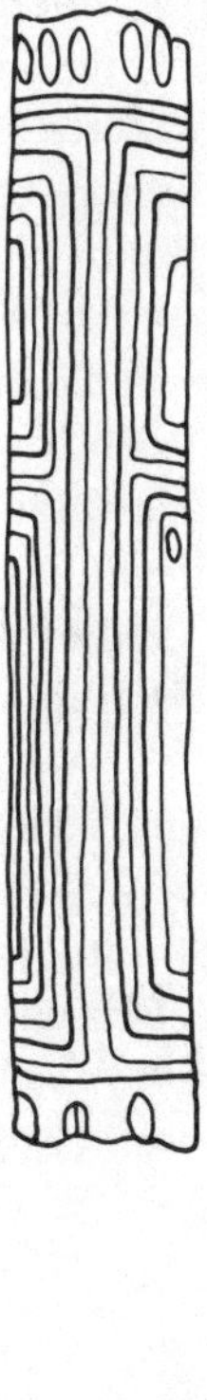

Sakrales Schild
aus einem Männerhaus bei Kosarek
(Mek-Kultur, Yalenang)

mit verwandtschaftlichen Beziehungen zum Dorf uns führte, legten sich unsere Bedenken. So betteten wir uns in den Schutz der drei sakralen Schilde. Sie hatten eine einfache Zeichnung: vier weiße Felder von etwa rechteckiger Form, die paarweise übereinander an den Seiten des Schildes lagen, wurden von parallel dazu verlaufenden Linien umfaßt, die in das Holz eingraviert und abwechselnd weiß, rot und schwarz gefärbt waren. Was das symbolisierte, hat Volker Heeschen später herausgefunden. Die Schilde werden in Zeiten der Not hergestellt und erinnern an den Ahn, der aus dem Berg kam und den Schild mitbrachte, an dem die ersten Menschen die erste Nahrung aßen. Das Entscheidende ist die Fertigung eines solchen Schildes, an ihr sind alle Männer beteiligt. Sie benötigen dazu viel Zeit. Sie sprechen währenddessen und weisen den Linien Bedeutungen zu. Viele Linien symbolisieren Nahrungsmittel wie Süßkartoffeln oder eine Jagdbeute, und die Männer beschwören bei der Herstellung deren Gedeihen und damit ihre Verfügbarkeit. Wenn der Schild fertig ist, wird er feierlich aufgestellt, wie in unserem sakralen Männerhaus. Die Kelabi - Garanten der Fruchtbarkeit in den Gärten - standen wie Wächter über unserer Schlafstatt. Ihr großflächiges Relief, mit Kalk und Ocker weiß und rötlich bemalt, wurde durch den flackernden Schein der Kerze, unserer einzigen Lichtquelle, belebt und wirkte fast ein wenig unheimlich. Gleichzeitig war es beruhigend, sich in der Nähe von etwas Heiligem in die Schutzlosigkeit des Schlafes sinken zu lassen, etwa so, als würden wir die Nacht im Altarraum einer Kirche verbringen.
Am nächsten Morgen, es war Sonntag, der 11. Oktober 1981, begrüßte uns ein strahlend blauer Himmel. Wir wanderten zunächst am Fuß eines Bergmassivs entlang, wo wir lediglich einige kleinere Flußtäler zu überwinden hatten, und stießen schließlich auf ein Gartengelände, das wir durchqueren mußten. Gefällte Baumstämme lagen als Hindernisse im Weg, man mußte auf den schmalen, moosbewachsenen und schlüpfrigen Stämmen balancieren, wiederholt brachen wir ein und zerkratzten uns an dem Dornengestrüpp, das überall wuchs, die Beine. Es war eine üble Wegstrecke. Aber wir hatten unser Ziel fast erreicht, wir waren bereits in den Gärten vor dem Dorf der

Lauenang. Die Spannung wuchs. Kensae schien beunruhigt. Er ging voraus und überlegte offenbar, wie er die schwierige Begegnung mit den ungebetenen Gästen arrangieren sollte. Nach etwa drei Stunden hieß er uns, an einem größeren Fluß zu warten. Er wollte seine Verwandten aufsuchen, um sie auf unser Kommen vorzubereiten. Volker Heeschen, der die Sprache dieser Lokalgruppe kennt, bat ihn, den Lauenang auszurichten, daß wir nur wenige seien, daß von uns keine Gefahr drohe und wir seinen Leuten medizinisch helfen und mit ihnen Freundschaft schließen wollten. Wir hätten auch Geschenke. Wir gehörten nicht zu denjenigen, die ihre Heiligtümer verbrennen würden, im Gegenteil, wir würden sie achten und ehren.

Wir badeten, aßen und schauten immer wieder auf unsere Uhren. Was würde Kensae für Nachrichten bringen? Schon nach eineinhalb Stunden tauchte er wieder auf. Er lächelte, offenbar befreit von der Last, ungebetene Gäste ankündigen zu müssen. Er sagte, daß wir in das Dorf gehen dürften und man uns dort mit Speisen aus dem Erdofen bewirten würde. Auch unsere Helfer waren erleichtert. Silas sprang auf und rief: »El wali sidik!« - »Er (Kensae) ist wahrhaftig gut.« Wir überquerten den Fluß, liefen durch einen kleinen Auwald, dann einen Nebenfluß hinauf, der sich tief in den Fels eingeschnitten hatte, so daß steile Wände den Fluß von beiden Seiten einschlossen. Wir durchschritten ein Felstor nach dem anderen, und es war uns so, als würden wir zu einer mittelalterlichen Festung hinaufsteigen. Es gab keinen Ausblick. Dann verließen wir das Flußufer, balancierten wiederum mühsam durch ein Gartengelände über Gestrüpp und Baumstämme und sahen endlich am oberen Ende des Gartens einen Mann, der mit gespreizten Beinen regungslos auf dem Boden hockte, um unsere Formation zu beobachten, die sich im Gänsemarsch auf ihn zubewegte. Sein Gesichtsausdruck war beherrscht, er maskierte seine Erregung, aber feine Schweißtröpfchen auf der Stirn und die mühsam zurückgehaltene heftigere Atmung verrieten seine Spannung. Es war eine typische Begegnungssituation, in der die Beteiligten vermeiden, Schwächen zu zeigen. In der Hocke präsentierte er seine Peniskalebasse in auffälliger Weise, ein Imponiergestus, den wir von anderen Völkern schon kennen. Wir lächelten dem

Mann zu, er erhob sich, ohne darauf zu antworten, und führte uns in eine kleine Siedlung, die aus drei Häusern bestand. Jenseits eines kleinen Hügels sahen wir ein größeres Dorf. Es war die alte, uns vertraute Regie, man brachte uns an einen Platz, wo nur wenige Menschen waren. Während die Leute hier den Kontakt mit uns erproben konnten, sahen wir in der größeren Siedlung ab und zu einen Kopf hinter den Hüttenwänden hervorlugen, bald zwei, drei Menschen zwischen den kleinen Häusern stehen und zu uns herüberblicken. Aber so groß konnte die Angst nicht sein, die die Leute hier vor uns haben mochten, denn wir entdeckten bald auch Frauen - die man in diesem Teil West-Neuguineas bei der Annäherung von Gefahr sorgsam versteckt hält.

Wir verteilten Salz und Tabak und beteuerten unsere guten Absichten. Interessanterweise stellte sich heraus, daß die Lauenang Salz nicht kannten. Neben den Steinbeilen, die hier benutzt wurden, war das ein untrügliches Zeichen dafür, daß die Region noch keine Verbindung zu akkulturierten Gegenden gehabt hatte. Wir überreichten zwei Buschmesser und zwei Stahläxte als Geschenk. Auch hier zeigte sich etwas Wesentliches: Sie ließen keine überwältigende Freude erkennen, nur ein leichtes Lächeln glitt über ihre Lippen, dann nahmen sie die Gaben ohne Kommentar. Gegen fünf Uhr war der Erdofen fertig. Wir aßen Süßkartoffeln und Gemüse, beträufelt mit dem roten Saft der Schraubenpalme (Pandanus conoides), die als besondere Delikatesse gilt. Mit unserem Appetit und der Bereitschaft, ihre Speisen anzunehmen, bewiesen wir unser Menschsein. Außerhalb der Hütte hatte sich eine Frau niedergelassen, die uns neugierig-verschmitzt beobachtete, während wir bewirtet wurden.

Nach dem Mahl richteten wir in der Abenddämmerung unser Nachtlager her. Wir schliefen im unteren Stock auf der bloßen Erde, also unter der Hütte, die für uns zu klein war. In der Nacht holten Silas und Lewin weitere Informationen ein und ließen sich ihrerseits ausquetschen mit Fragen über die Welt jenseits der Berge. Sie erklärten, daß wir Kleider trügen, weil wir aus kalten Gegenden kämen, und daß auch unsere Haut verschieden sei, daß wir aber nach Verstand und Herz wohl gleicher

Art seien. Das half, das Mißtrauen zu mildern. Ganz abgebaut wurde es nicht, endet doch für die Lauenang die Welt des Menschlichen, Verstehbaren und Überschaubaren mit der Welt der eigenen Sprache, jenseits des zweiten oder dritten Gebirgszugs, also nur wenige Tagesmärsche entfernt.
Wir fragten uns, was in den Gehirnen dieser Menschen vorgehen mochte. Was dachten sie über uns, und wofür hielten sie uns bei unserer Ankunft? Wir erfuhren es von unseren Begleitern: Die Lauenang hielten uns für Geister. Das überrascht zwar, aber es entspricht einer in Neuguinea weitverbreiteten Vorstellung. Sie wird bei den Mek-Leuten bestärkt durch die Mythologie, nach der der Ahnherr der jeweiligen Clans, der Kulturbringer, unter Gedröhn und entsetzlichem Tosen durch die Luft gekommen sei. Zusammen mit ihm erschienen die Kelabi, und an der Stelle, an der er sich niederließ, dem Medowal - der Pflanzstätte der Kulturpflanzen, dem Erscheinungsort der Kulturgüter und der Menschengeschlechter -, war das Wichtige, die Lebensgrundlage, mit einemmal entstanden: die politische Organisation, der Gartenbau, die Männerhäuser. Auch wir waren im dröhnenden Hubschrauber geflogen.
Unsere Gastgeber fragten immer wieder, ob wir ihre Heiligtümer verbrennen wollten, so, wie das in anderen Gebieten geschehen sei. Lewi und Silas versicherten, daß die Katecheten der Kosarek-Leute das getan hätten, diese Weißen hier aber seien dagegen und hätten über die Verbrennung geschimpft. Die jungen Männer aus Kosarek begannen Gemeinsamkeiten mit den Lauenang zu entdecken, sie erzählten von Tanzfesten, Handelspartnern, Handelswegen und Handelsgütern, von der Initiation und vielen anderen Ähnlichkeiten.
Am nächsten Morgen durften wir das größere Dorf besuchen. Viele Bewohner seien, wie man uns sagte, in den Wald gegangen, vielleicht eine entschuldigende Erklärung dafür, daß etliche uns noch fürchteten. Aber diejenigen, die dageblieben waren, begutachteten die Messer und Stahläxte und wiesen höflich darauf hin, daß sie noch Steinbeile trugen. Die bei uns geschlafen hatten, lächelten und begleiteten uns. Nun entdeckten wir Frauen, die sich zunächst versteckt gehalten hatten. Männer brachten ihre kranken Kinder, und auch Mädchen wollten sich

behandeln lassen. Wulf Schiefenhövel verstand es schnell, das Vertrauen der Kranken zu gewinnen und damit der übrigen Bewohner des Dorfes. Da er bereits in Kosarek Hilfe geleistet hatte, kannten unsere Führer sein Geschick, und sie priesen seine Tüchtigkeit. Scheu und Distanz schwanden schnell dahin. Als wir fragten, ob wir wiederkommen dürften, war die Antwort: »Od yalulom.« - »In Ordnung, kommt.«

Zurück marschierten wir fünf Tage, denn wir mußten auch die Strecke zu Fuß laufen, die wir von Kosarek aus mit dem Hubschrauber zurückgelegt hatten. Bis zum Paß jenseits des Männerhauses, in dem wir übernachtet hatten, begleiteten uns einige Männer und trugen unsere Rucksäcke. Der Paß ist die Grenze zum Wald- und Jagdgebiet der Leute von Damaksin, den Feinden der Lauenang. Nach einer Rast und einem letzten Plausch verabschiedeten sich unsere Begleiter. Kurze Zeit später riß die Wolkendecke etwas auf, und uns bot sich ein unerwarteter Ausblick: Wir konnten bis weit in den Norden schauen, bis zum Mamberamo, dem größten Strom Irian Jayas, der die Flüsse nördlich der Zentralkette aufnimmt. Zwischen den Lauenang, die wir besucht hatten, und dem großen Fluß dort oben im Norden soll es keine Menschen mehr geben. Vielleicht ist das richtig, vielleicht auch nicht, ich würde das gerne noch einmal genauer untersuchen.

Beim Überqueren eines Wildbachs überraschte uns ein Wolkenbruch. Einem unserer Begleiter gelang es, mit einem Seil das andere Ufer zu erreichen. Wir ließen an diesem Seil unsere Ausrüstung hinübergleiten, aber als wir dann selbst übersetzen wollten, war der Bach zu einem reißenden Fluß angeschwollen, und nichts ging mehr. Völlig durchnäßt, nur in Hemd und Shorts und ohne etwas zu essen, standen wir im Regen und sahen neiderfüllt, wie sich unser erfolgreicher Führer auf der anderen Seite ein Feuerchen machte. Hier am Ufer konnten wir nicht bleiben, da es von Landblutegeln wimmelte. Auf dem Weg hierher waren wir Sagosammlern begegnet und hatten ein kleines Schutzdach gesehen. Wir marschierten also wieder den Hang hinauf, eine Stunde zurück, und legten uns naß, wie wir waren, ohne Decken, auf Rindenstücke unter das Schutzdach, das nur auf Pfählen stand. Es gab keine Seitenwände, der Wind blies durch, und ich erlebte eine der schrecklichsten Nächte meines Lebens. Eingehüllt in einen Schwarm von Moskitos, gegen den wir uns nicht wehren konnten, und in den nassen spärlichen Kleidern frierend, verbrachten wir die Nacht. Wulf Schiefenhövel zählte am anderen Morgen auf einer Hautfläche von zehn mal zehn Zentimetern über 200 Mückenstiche! Am nächsten Tag schien wieder die Sonne, der Bach hatte sich beruhigt, und es ging zügig weiter.

Mit diesem kurzen Abstecher nach Nordwesten dieses Gebietes wollten wir eine Region für die künftige Forschung bestimmen, und zugleich erfüllten wir uns einen kleinen Traum. Schon einmal hatten wir auf einer Paßhöhe gestanden und weit hinein in die nördlichen Vorberge gesehen, das war 1979 am Eipomek gewesen, als eine christliche Mission dort schon festen Fuß gefaßt hatte. Alle großen Hochlandtäler innerhalb des Bereichs der Mek-Leute waren im Griff der Fundamentalisten. Damals auf der Paßhöhe unterhielt ich mich mit Volker Heeschen über das Mißverhältnis, das zwischen den Anstrengungen der Fundamentalisten und den Bemühungen der Wissenschaftler besteht. Um die etwa 60 000 Mek-Leute bemühten sich damals bereits 4 Missionen, 10 weiße Missionare und etliche Evangelisten. In all den Jahren ist es nur einem einzigen wissenschaftlichen Team gelungen, in dieser Gegend zu arbeiten: den Mitarbeitern des von Gert Koch und Klaus Helfrich initiierten Schwerpunktprogramms der Deutschen Forschungsgemeinschaft, bei dem wir ja mitwirkten.[99] Noch in den siebziger Jahren wäre hier ein reiches Forschungsgebiet für die Humanethologie und Völkerkunde gewesen, ja auch später hätte man in dem Gebiet der Lauenang und der weiteren Umgebung ein mannigfaltiges Forschungsgebiet gefunden für Untersuchungen von Kulturen archaischer Prägung, die ihre Eigenart bis in das Raumfahrtzeitalter erhalten hatten, weil sie isoliert in ihrer entlegenen Bergwelt lebten. Seit jenem Besuch sind etwas über zehn Jahre vergangen, und wie ich hörte, ist mittlerweile die Zivilisation auch zu den Lauenang vorgedrungen. Die Tage unberührter steinzeitlicher Kulturen sind gezählt.

Für die Arbeit bei den Yanomami hatte ich in Kenneth Good

einen sprachkundigen Völkerkundler als Mitarbeiter gefunden. Kenneth hatte viele Jahre bei den Hasupiwëtheri gelebt und beherrschte die Sprache der Yanomami so gut, daß er auch die kompliziert verschlüsselten Texte der Kontraktgesänge mit Hilfe von Informanten übersetzen konnte. 1978, 1979 und 1980 besuchten wir gemeinsam die Hasupiwëtheri. Beim letzten Besuch hatten wir miteinander Schwierigkeiten, was unsere Beziehung für einige Jahre getrübt hat, aber mittlerweile hat sich das meiste wieder eingerenkt. Ken war auf dieser dritten Reise irritiert, da er nicht wußte, wie er die Weichen für seine Zukunft stellen sollte. Er hatte sich in ein Yanomami-Mädchen verliebt und bekam diese auch zur Frau versprochen. In seinem Buch »Into the Heart«[100] berichtet Ken über die Situation, in der er sich damals befand. Mittlerweile hat er die junge Frau auch nach amerikanischem Recht geheiratet, und ich bekam zum Neujahr 1992 eine entzückende Karte mit einer Photographie der drei Kinder, die dieser Ehe entstammen.
Ich suchte nach der Trennung von Ken einen neuen Mitarbeiter und fand ihn in Harald Herzog, einem hochbegabten Studenten der Linguistik. Harald nahm 1982 den Kontakt mit den Patanoëtheri auf und arbeitete sich schnell in die Sprache der Yanomami ein. Die Siedlung Seroana, in der die Patanoëtheri damals lebten, lag etwa zwei Tagesmärsche südlich von Platanal. 1983 und 1984 führte ich mit Haralds Hilfe eine umfangreiche Dokumentation in Seroana durch, die deshalb besonders wertvoll ist, weil Harald die Texte der Gespräche und Reden, die ich aufnahm, transkribiert und mit Hilfe von Yanomami-Informanten übersetzt hat. So liegen zum Beispiel die Texte von Geisterbeschwörungen vor, in denen die sich in Trance befindlichen Yanomami ihre Visionen ausdrücken und die Geister anrufen. Aber auch, was Mütter und Väter zu ihren Kindern sprachen, hat Harald übersetzt.[101]
Harald war brillant und schöngeistig veranlagt, und er verband seine große Begabung in interessanter Weise mit den Eigenschaften eines Waldläufers. Manchmal suchten ihn Stimmungstiefs heim, aber er kannte auch Phasen konzentriertester Arbeit, in denen er Erstaunliches schuf. Wir hatten unsere dritte Expedition bereits geplant, Harald war vorausgefahren, auch

um meinen Aufenthalt in Seroana vorzubereiten; ich sollte am 16. Januar 1986 mit ihm zusammentreffen. Harald verbrachte Weihnachten in Seroana. Am Abend des ersten Feiertags löste sich durch ein Ungeschick ein Schuß aus seinem Gewehr, das neben seiner Hängematte hing, und traf ihn tödlich. Ich habe den Schmerz über seinen Tod bis heute nicht ganz überwunden und behalte ihn in liebevollem Angedenken. Seine Frau Gabriele, die Völkerkunde studiert, knüpfte an seine Arbeiten an. Zusammen mit einer Linguistin, Marie-Claude Mattei-Müller, haben wir auf zwei Besuchen die Dokumentationsarbeit weitergeführt. Marie-Claude Mattei-Müller beherrscht mittlerweile die Yanomami-Sprache so gut, daß sie auch schwierigere rituelle Texte übersetzen kann. Das neue Team wird die Dokumentationsarbeit weiterführen.
Die Arbeit bei den Yanomami wurde in den siebziger Jahren wiederholt erschwert dadurch, daß die venezolanischen Behörden die Einreiseerlaubnis für dieses Gebiet nur zögerlich erteilten. Es gelang mir jedoch, größere Unterbrechungen zu vermeiden. Hinzu kam, daß ich mit dem Ausscheiden meiner Mitarbeiter auch die Dörfer wechseln mußte. Als Kenneth Good ausfiel, mußte ich die Dokumentation bei den Hasupïwëtheri beenden, bei denen ich bereits gut eingearbeitet war und über die Ken so viel wußte. Da wir inzwischen wieder in freundlicher Verbindung stehen, wird es vielleicht möglich sein, die Fäden wiederaufzunehmen.
Mit Harald Herzog begannen wir unsere Studien bei den Patanoëtheri, und mit dieser Gruppe arbeiten wir bis heute. Zuletzt besuchten wir sie 1991, und in Zukunft werden wir wieder hinfahren. Wir sind in dieser Gemeinschaft gerne gesehen, die Leute verstehen, was wir tun, und haben ihre Scheu vor der Abbildung verloren. Wir können Porträts schießen und ihnen dann die mit Sofortbildkameras aufgenommenen Photos zeigen. Bei unserem letzten Besuch durften wir sogar ein komplettes Trauerritual filmen, einschließlich des Zerstampfens der Knochen und des Trinkens der Totenasche.
Die Patanoëtheri besiedeln ein Gebiet, das noch nicht unter Polizeikontrolle steht. Ihr Leben hat sich nur insofern geändert, als sie jetzt weniger häufig ihr Standlager wechseln. Sie schei-

nen daher mehr unter Parasitenbefall zu leiden als früher. Vor allem die Kinder werden gequält von den Sandflöhen, vereiterte Zehen sind an der Tagesordnung, und auch Darmerkrankungen nehmen zu. Man kann verfolgen, wie der Wechsel der Lebensweise Probleme schafft, wie jeder kulturelle Fortschritt Neuanpassungen erfordert. Die hygienischen Praktiken der Yanomami und ihre Wohnweise unter offenen Pultdächern sind nicht geschaffen für die Seßhaftigkeit. Hier muß beratend geholfen werden. Die Unterstützung sollte einhergehen mit einer Bekräftigung jener Facetten der Kultur, die unbeschadet erhalten werden können, denn es besteht die große Gefahr, daß die Yanomami mit der Akkulturation ihre Identität verlieren. In diesem Zusammenhang habe ich wiederholt darauf hingewiesen, wie wichtig es wäre, eine hübsche lokale Tracht zu entwickeln, statt europäische Kleidung einzuführen. Sie sollte aus Materialien bestehen, die lokal verfügbar sind und von den Yanomami verarbeitet werden können. So könnten sie, an der Tradition ansetzend, ihre Kultur entsprechend den neuen Lebensbedingungen weiterentwickeln

Ich habe mit den Yanomami viele schöne Stunden verbracht, und ich hoffe, noch viele weitere mit ihnen zu erleben. Wir haben oft herzlich miteinander gelacht, sie amüsieren sich über die gleichen Dinge wie wir, auch über meine Ungeschicktheiten. 1989 weinte ein kleines Kind häufig, ich hörte es laut klagen: »Nape, Nape!« - »Mutter, Mutter!« -, und dann heulte es herzzerreißend, hustete und rief wieder: »Mutter, Mutter!« Aber wenn ich die Hütte besuchte, aus der ich das Weinen hörte, dann fand ich dort nur ein munteres Baby, es war rätselhaft. Befragt, schienen die Yanomami nicht zu verstehen, was ich wollte. Eines Tages, als das erbärmliche Klagen wieder zu hören war, zog ich los, und diesmal verstummte das Weinen nicht, nur - es kam nicht aus der Hütte, es ertönte von oben. Ich traute meinen Augen nicht. In einem Baum saß der Urheber des Gejammers: ein schöner ausgewachsener Ara! Dieser große Papagei lernt offenbar schnell und nimmt, während er aufwächst, Lautäußerungen aus seiner Umgebung in sein Repertoire auf. Das mag eine Population lokal binden und von anderen abgrenzen, ein evolutionsfördernder Mechanismus. Der Ara hier hatte offenbar in seiner sensiblen Phase das Klagen eines kranken Kindes in sein »Vokabular« übernommen. Ich muß reichlich blöd geschaut haben! Erst das herzhafte Lachen meiner Yanomami-Freunde, die nun verstanden, was mich bewegt hatte, löste mich aus der Verblüffung.

Das Himba-Projekt stieß Anfang der achtziger Jahre auf Hindernisse, da die Guerillaaktivität im Norden Südwestafrikas gefährliche Ausmaße angenommen hatte. Das Entgegenkommen der Regierung und die tatkräftige Hilfe des Windhoeker Anthropologen Kuno Budack ermöglichten es aber, die Arbeit fortzusetzen. Auf zwei Reisen gab man uns militärischen Schutz, Minenfahrzeuge fuhren voraus, so daß wir ungefährdet die Straße nach Norden passieren konnten. Mittlerweile hat sich die Lage beruhigt. Unser lieber Freund Kajezano Tjiposa, der Hauptmann der Kralgemeinschaft, den wir seit zwanzig Jahren kannten, verstarb im Januar 1991. So erleben wir den Abschied von Menschen, die uns nahestehen, ebenso wie das Heranwachsen der Kinder. Ich setze alle meine Kraft ein, um möglichst viel davon festzuhalten, und bedaure immer wieder, daß unsere Gruppe so klein ist. Mit unserem Forschungsansatz und unserer Methode der Erhebung könnten wir noch viel mehr Daten retten.

1989 wurden wir in Tauwema Zeugen eines besonders dramatischen Trauerfalls, den wir aufnehmen konnten. Er gab uns Einblick in die Denkensart und Moralvorstellungen der Trobriander. Ein kleines Mädchen war innerhalb von drei Tagen ganz unvermittelt gestorben, wohl an Malaria tropica. Das laute Klagen der Eltern weckte uns zeitig am anderen Morgen. Wir nahmen an der Trauerfeier teil. Vater und Mutter saßen, umgeben von Angehörigen, klagend nebeneinander im Wohnhaus. Die Mutter streichelte weinend die Wangen des Kindes, dessen Kopf auf ihrem Schoß ruhte. Auffällig war das Verhalten des Vaters, der sich geradezu verzweifelt gebärdete. Als nach der Trauer im Haus die Gruppe zum Begräbnis aufbrach, blieb der Vater auf der Sitzterrasse vor dem Eingang liegen und wälzte sich klagend auf dem Boden. Wir erfuhren später den Grund für sein exaltiertes Verhalten: Die Dorfbewohner gaben ihm die Schuld am Tod des Kindes. Er hatte nämlich Betelnüsse in der

Mission gestohlen. Dafür sei er bestraft worden durch den Tod seines Kindes. Seine Sippe zahlte Buße für ihn an die Familie seiner Frau. Gleich im Anschluß an die Begräbniszeremonien brachte sie Geld und verschiedene Gaben.
Parallel zur Dokumentationsarbeit kam die Filmpublikation in Zusammenarbeit mit dem Göttinger Institut weiter voran. Außerdem veröffentlichte ich in den achtziger Jahren eine Reihe von Fachpublikationen und Büchern. Das wichtigste ist mein »Grundriß der Humanethologie«[102]. In diesem umfangreichen Werk stelle ich die theoretischen Grundlagen einer Biologie menschlichen Verhaltens zur Diskussion und umreiße in großen Zügen das neue Fachgebiet. Ich integriere dabei das Wissen vieler Nachbardisziplinen - vornehmlich der Psychologie, Völkerkunde, Soziologie, Kunstwissenschaft, Primatologie und biologischen Anthropologie - und glaube, die Relevanz biologischer Denkansätze und Forschungsmethoden für ein besseres Verständnis menschlichen Verhaltens belegt zu haben.

# Ethologie der Kunst

1969 schickte mir der englische Verhaltensforscher Desmond Morris, vielen bekannt durch sein Buch »Der nackte Affe«, sein Werk »Biology of Art« - »Biologie der Kunst«. Er hatte mit Schimpansen im Londoner Zoo experimentiert und ihnen das Malen beigebracht. Dabei entwickelten die Tiere individuell unterschiedliche Stile. Eine Schimpansin malte zum Beispiel mit einer Farbe eine fächerartige Struktur. Gab man ihr eine andere Farbe, dann überpinselte sie die Struktur nicht, sondern setzte einen zweiten Fächer in die freigelassenen Räume. Sie konnte, wenn man sie wiederholt solche Fächer malen ließ, diese variieren, indem sie etwa in die vorhandenen einen in Punktreihen aufgelösten Fächer malte. Nach einer Weile hörte sie auf, wußte also, wann ihr Werk fertig war.

Die Produkte waren ästhetisch ansprechend. Als Morris die Schimpansenmalereien in eine Ausstellung moderner Kunst einschmuggelte, waren die Kritiker voll des Lobes und meinten, eine besondere Begabung vor sich zu haben. Dieser kleine Streich erregte damals ziemliches Aufsehen. In einer Zeitungsnotiz stand, daß ein Reporter Picasso gefragt habe, was er über die Schimpansenmalereien denke. Er soll den Fragenden gebissen haben! Gesagt habe er nichts. Desmond Morris fand, daß die Malereien Ausgewogenheit zeigten, sie füllten mit einer Neigung zur symmetrischen Balance die ganze vorgegebene Fläche aus. War in einer Ecke bereits ein Fleck vorhanden, arbeitete der Schimpanse auf der anderen Seite und verband dann durch einige Pinselstriche den vorgegebenen Fleck mit dem, was er selbst gepinselt hatte.

Mich hat diese Geschichte damals fasziniert. Ich rief den Hellabrunner Tierpark in München an und erfuhr, daß ein paar verträgliche Schimpansenweibchen zur Verfügung standen für einen Versuch. Ich schnappte mir einige Bögen Papier, Pinsel, Farben und ein großes Brett als Unterlage und zog los. Ein Wärter übergab das Brett mit dem darauf aufgespannten Papier, und ich überreichte den mit Farbe getränkten Pinsel.

Schimpansen sind sehr explorativ veranlagt, und gibt man ihnen ein Stöckchen, dann stochern sie sogleich mit ihm herum. So auch mit einem Pinsel. Sie merkten sofort, daß ihre Tätigkeit eine Spur hinterließ. Sie waren zunächst überrascht, stutzten, vokalisierten und begannen dann, heftig daraufloszupinseln. Zwischendurch saugten sie aufgeregt am Pinsel. Stellten sie fest, daß er keine Farbe mehr trug, dann reichten sie ihn zurück. Eine erstaunliche Leistung! Ich reichte ihnen immer wieder neue Blätter, stets auf dem Brett befestigt. Mit der Zeit wurden ihre Bewegungen bedächtiger. Bald fingen die Affen an zu malen.

Wie bei Desmond Morris gab es auffällige individuelle Unterschiede. Mausi etwa malte Regenbogenstrukturen. Sie plazierte mit mehreren kräftigen Pinselstrichen eine Farbe bogenförmig von links unten nach rechts oben. Gab ich ihr die zweite Portion Farbe, dann pinselte sie diese ebenfalls in der beschriebenen Weise aufs Papier, aber über oder unter dem ersten Bogen, und so verfuhr sie auch mit der dritten Farbe. Sie vermied es, die Farben aufeinanderzuschmieren. Anders dagegen Jeanette. Sie malte in der Mitte der unteren Bildhälfte einen Fleck. Gab man ihr eine weitere Farbe, dann malte sie in diesem Fleck, aber auf einer kleineren Fläche, und sie blieb dabei, wenn man ihr weitere Farben reichte, und drückte dabei so heftig auf, daß sie das Papier aufraute. Anders als Mausi füllte sie nicht das ganze Blatt, so als wagte sie sich nicht in den freien Raum hinaus. Zu dieser rein intuitiven Interpretation würde passen, daß Jeanette im Rang weit unter Mausi stand. Ich erinnerte mich in diesem Zusammenhang an den Baumtest der Kinderpsychologen. Diese lassen Kinder einen Baum malen. Füllt er mit seinen Ästen den Bildraum, dann gilt dies als Zeichen, daß das Kind ein gesundes Selbstgefühl hat. Wenn der Baum aber verstümmelte Äste zeigt, dann kann dies ein Hinweis darauf sein, daß das Kind in seiner Entfaltung gehemmt ist

In den Malereien der Schimpansen drückt sich nicht nur ein ästhetisches Grundempfinden nach Harmonie und Ausgewogenheit aus, sondern auch die individuelle Persönlichkeit des jeweiligen Affen, ähnlich wie bei uns Menschen in der Handschrift. Ein solches ästhetisches Grundempfinden, das in vielem dem unseren gleicht, konnte Bernhard Rensch in Versuchen selbst bei uns so weit entfernten Tieren wie den Dohlen nachweisen, die regelmäßige den unregelmäßigen Mustern vorziehen. Bei gewissen Facetten der ästhetischen Wahrnehmung scheint es sich um altes Wirbeltiererbe zu handeln.

Fragen der Ästhetik und Kunst hatten mich bereits vor meinen Malexperimenten mit Schimpansen beschäftigt. In einem Artikel für das »Handbuch der Zoologie« hatte ich mich kurz mit künstlerisch-musikalischen Äußerungen des Menschen auseinandergesetzt und erläutert, daß manche Leitmotive direkt über angeborene Mechanismen spezifische Gestimmtheiten auslösen, wie sie auch für Handlungsbereitschaften typisch sind. Rainer Eggebrecht, einer meiner Dissertanten, hat dann für bestimmte Melodienfolgen, wie sie Kriegs-, Wiegen- und Trauerlieder kennzeichnen, auffällige kulturenübergreifende Analogien nachgewiesen und so das ethologische Schloß-Schlüssel-Konzept gestützt.

Auf meinen vielen Reisen wurde ich immer wieder mit den künstlerischen Produkten der Menschen konfrontiert. Ich habe bereits auf die dämonenabweisenden Figuren hingewiesen, die unter anderem phallisch präsentieren, ein Dominanzgestus, der phylogenetisch an das Imponierverhalten von Primaten anknüpft, der aber beim Menschen spezifische kulturelle Ausgestaltungen erlebt.

Zusammen mit der an meinem Institut forschenden Kunsthistorikerin Christa Sütterlin habe ich die Semantik der sogenannten Grotesken auf alten Kirchen Europas untersucht.[103] Es handelt sich bei aller äußerlichen Vielfalt immer um die gleichen Gebärden: das phallische Präsentieren, das weibliche Schamweisen, das Brust- und Bartweisen und andere Ausdrucksbewegungen, die auch bei dämonenabweisenden Figuren in anderen Kulturen gefunden werden. Bis dahin hatte man die wegen ihres Gebarens als unzüchtig eingestuften Figuren auf alten Kirchen als Darstellungen der Sünde kategorisiert, obgleich sie nichts Unzüchtiges taten, sondern den Betrachter meist en face und mit einem drohenden Gesichtsausdruck anstarrten. Wir konnten nun zeigen, daß es sich um Apotropäika oder übelbannende Figuren handelt, wie man sie weltweit findet. Die Bindung einer bestimmten Gestik und Mimik an eine besondere Funktion war der Schlüssel zum Verständnis dieser Artefakte.

Biologen sehen sich im täglichen Umgang mit der Natur unentwegt dem Phänomen der Schönheit gegenübergestellt. Ernst Haeckel erörterte diesen Aspekt in seinem Prachtwerk »Die Kunstformen der Natur«. Aber warum empfinden wir das eine als schön und das andere als häßlich, das eine als lieblich und das andere als bedrohlich? Die Frage haben sich viele Biologen gestellt und ebenso manche Kunstwissenschaftler, die sich über den Horizont reiner Deskription hinauswagten.

Im Rahmen mehrerer Symposien der Werner-Reimer-Stiftung in den Jahren 1979 bis 1983 diskutierte eine Gruppe von Künstlern, Psychologen, Neurophysiologen und biologischen Verhaltensforschern über die Frage der biologischen Grundlagen ästhetischer Wahrnehmung. An diesen Veranstaltungen nahmen teil: die Psychologen Ernst Pöppel und Ingo Rentschler; der Dichter Frederic Turner und der Dirigent und Komponist David Epstein, der in den Jahren zuvor an meinem Institut als Gast gearbeitet und das Liedgut verschiedener Naturvölker auf Universalien hin untersucht hatte; ferner Christa Sütterlin, die seit dieser Zeit an unserem Institut mit dem Aufbau eines kunstethologischen Forschungsprogramms befaßt ist. Es ging nicht nur darum, stammesgeschichtliche Programmierungen aufzudecken, sondern im Mittelpunkt der Überlegungen stand vor allem auch die Frage, in welcher Weise Kunst in den Dienst von Sozialtechniken gestellt wird, die dazu dienen, Menschen in neuen Solidaritätsgemeinschaften zu binden, die die Grenzen der alten, gewachsenen weit überschreiten.

Mit der Kunstethologie dringt die biologische Verhaltensforschung in die Domäne der traditionellen Kulturwissenschaften vor, sie bezieht ihre Legitimation dazu aus der Tatsache, daß Kultur eine Lebenserscheinung ist, allerdings ist sie spezifisch menschlicher Qualität. Ich habe damals ein Dreischichtenmodell entwickelt und Kunst interpretiert als eine Form der Kommunikation, die sich der ästhetischen Wahrnehmung bedient, um unsere Aufmerksamkeit zu binden nach einem Lust-Unlust-Prinzip, das sich nicht deckt mit den Begriffen »schön« und »häßlich«.[104] Es gibt auch eine Faszination des Häßlichen und des Schrecklichen. Aber »schön« und »häßlich« sind zwei Facetten der ästhetischen Wahrnehmung. Ich unterscheide bei ihr drei Ebenen: eine sinnesphysiologische, eine ethologische und eine kulturelle. Allen liegen Sollmuster zugrunde. Auf der sinnesphysiologischen und ethologischen Ebene handelt es sich um Referenzmuster, die als stammesgeschichtliche Austattung gegeben sind, in kultureller Hinsicht um ein Erbe, das wir von Generation zu Generation neu aufgeprägt bekommen. Wir können allerdings individuell neue Leitbilder entwickeln und insofern schöpferisch sein.

Letztlich dienen neuronale Strukturen als Referenzmuster, und mit ihnen ist als Soll eine bestimmte Erwartung festgelegt, mit der wir einkommende Meldungen vergleichen. Man hat diese neuronalen Strukturen zuerst beim Studium von Vogelgesängen entdeckt, klassisch ist die Untersuchung von William Thorpe am Buchfinken.[105] Er zeigte, daß Buchfinken, die ohne soziales Modell aufwachsen, einen Gesang in einer bestimmten Länge und Silbenzahl entwickeln. Er ist ihnen also angeboren. Die für diese Art typische Gliederung in Strophen müssen sie allerdings erwerben. Spielt man ihnen nun Gesänge verschiedener Vogelarten vor, dann stellt man fest, daß die Buchfinken den Gesang ihrer Artgenossen als Modell herausgreifen und danach lernen. Sie »wissen« also aufgrund ihnen angeborener Sollmuster, was für sie das richtige ist. Solche Leitbilder gibt es auch für die Wahrnehmung. Projiziert man Säuglingen unscharfe Bilder und gibt ihnen die Möglichkeit, durch Kopfbewegungen über einen im Kissen befindlichen Apparat die Bilder scharf zu stellen, dann lernen sie schnell, sich bessere Bilder zu zeigen. Die Wahrnehmung von klaren Linien und scharfen Bildern wird als positiv erlebt.

Die Gestaltpsychologen haben die Gesetze der Wahrnehmung eingehend untersucht. Viele gehören zu den Universalien. So sucht unsere Wahrnehmung nach Ordnung - Wolfgang Metzger, einer der Begründer der Gestaltpsychologie, sprach von einem Ordnungssinn der Wahrnehmung. Wenn eine Fläche gleichmäßig mit kleinen, konzentrisch angeordneten Punkten oder Punktgruppen bedeckt ist, dann erkennen wir einen Wechsel der Grundmuster, wenn wir diese Fläche betrachten, und zwar in einem Dreisekundenrhythmus - so als würde sich unsere Wahrnehmung von der einmal gesehenen Ordnung wieder lösen und fragen: »Was gibt es noch zu sehen?« Das läßt sich auch am Beispiel des Necker-Würfels verdeutlichen. Er ist auf dem Papier so gestaltet, als würde er sich halb von der Seite zeigen, und sämtliche Kanten sind durchgezeichnet. Betrachtet man ihn, so identifiziert man zunächst ein Quadrat als Vorderseite, dann springt das Bild um, und die bisherige Rückseite gerät in den Vordergrund, der Würfel erscheint in einer anderen räumlichen Lage. Alle drei Sekunden springt das Bild um. Ebenso bekannt sind die Versuche, bei denen sich eine dunkle Figur gegen den Hintergrund abhebt. Man sieht zunächst vielleicht einen dunklen Kelch in der Mitte, und dann auf einmal erkennt man zwei einander zugewandte helle Profile. Je nachdem, mit welchem Vorurteil man die Darstellung anschaut, sieht man zuerst die Profile oder den dunklen Kelch. Auch hier funktioniert das Umschalten im Dreisekundentakt. Es gibt außerdem viele visuelle Täuschungen, die Menschen in aller Welt auf grundsätzlich gleiche Weise erleben, auch wenn sie stark kulturell beeinflußt wird.

Schließlich ist das Prägnanzphänomen gut untersucht. Das Wort beschreibt die Tatsache, daß unsere Wahrnehmung in der Lage ist, das als typisch Erfaßte hervorzuheben und das Nebensächliche zu unterdrücken. Auf diese Weise sind wir in der Lage, Schemata zu bilden, und zwar über Lernprozesse, die durch diese Anlage gesteuert werden. Wir bilden die Begriffe »Baum«, »Hund« oder auch abstrakter »Säugetier«, »Vogel«.

Manche Künstler spielen auf der physiologischen Wahrnehmungsebene mit dem Betrachter, etwa Vertreter der Pop-art wie der schon erwähnte Graphiker Maurits Escher, der seine Mitmenschen mit visuellen Illusionen und Umspringbildern erfreut. Das Erkennen von Ordnungen wird als lustvoll erlebt, ob in der Kunst oder in den Wissenschaften. Jedes Aha-Erlebnis, jedes Erkennen von Zusammenhängen erleben wir als be-

friedigend. Die physiologische Ebene der Wahrnehmung ist offenbar bei den höheren Wirbeltieren grundsätzlich gleich strukturiert wie beim Menschen.
Auf der ethologischen Ebene nehmen wir nach artspezifischen ästhetischen »Vorurteilen« wahr. Viele kennen den alten Spruch: »Beauty is in the eye of the beholder« - »Schönheit ist im Auge des Betrachters«. Jede Art hat ihre spezifischen Präferenzen und Aversionen. Das geschlechtliche Schönheitsideal eines Nilpferds unterscheidet sich wesentlich von dem eines Truthahns oder eines Menschen. Angeborene Auslösemechanismen bestimmen, wen wir umwerben, betreuen oder meiden sollen. Besondere körperliche Merkmale, Lautäußerungen, Pheromone wurden im Dienst der Signalgebung zu Auslösern entwickelt, auf die tierische Organismen ansprechen. Aber auch wir reagieren aufgrund angeborener Auslösemechanismen mit bestimmten Verhaltensmustern und Emotionen. Daraus schöpft die Kunst ebenfalls, oft rein ästhetisierend, man könnte dann von einer Kunst für sich sprechen. Oder sie will das Faszinierende der ästhetischen Wahrnehmung bestimmter Informationen darstellen. In diesem Fall dient Kunst der Kommunikation. Die Venus von Milo kann als Produkt einer Kunst als Selbstzweck aufgefaßt werden. Es sei denn, sie wurde mit der Absicht geschaffen, ein Schönheitsideal kulturell zu bekräftigen im Sinn einer Indoktrination auf bestimmte ästhetische Werte.
Angeborene Auslösemechanismen spielen nicht nur in sozialer Hinsicht eine Rolle. Wir nehmen das Grün der Pflanzen und das Blühen der Blumen positiv wahr, wir zeigen eine ausgesprochene Phytophilie. Der moderne Städter schmückt sein Haus mit Gummibäumen, Farnen und Rankengewächsen, mit Pflanzen also, die keinesweges als Nahrung dienen. Menschen in aller Welt beziehen Pflanzen in das Dekor ihres Hausrats ein. Pflanzen spielen eine hervorragende Rolle in der Kunst. Ich deute diese Phytophilie als Ausdruck einer alten ökologischen Anpassung. Pflanzen spielen als Indikatoren eines Raumes, in dem man gut leben kann, eine große Rolle. Phytophilie mag das Ergebnis einer Wahrnehmungspräferenz sein, die entwickelt wurde, um das richtige Biotop zu wählen.

Die dritte Ebene der ästhetischen Wahrnehmung bezieht sich auf die kulturelle und individuelle Ausprägung. Auch hier läßt sich die biologische Frage nach dem Wozu stellen. Eine der Antworten lautet: Der Mensch grenzt sich, um eigene Wege der Evolution anzubahnen, zunächst kulturell vom anderen ab. Kultur ist Schrittmacher der Evolution, und die Abgrenzung kann über visuelle Marker ebenso erfolgen wie über die des Liedguts. Sie bindet gleichzeitig in der Regel jene, die sich abgrenzen. Es gibt eine kulturspezifische Ästhetik, die über die universalen Wertungen hinausgeht. Durch sie werden wir affektiv auf Konzepte wie Heimat oder Nation geprägt.
Kunst um ihrer selbst willen rückt in die Nähe des Spielens, der schöpferisch explorativen Tätigkeit des Menschen. Sie kann sich dabei auf das Spiel mit elementaren Prozessen der Wahrnehmung beschränken wie bei Escher oder uns auf der ethologischen Ebene an unseren Emotionen packen, je nach dem Grad der Abstraktion. Hinzu kommt das Spiel mit kulturellen Verschlüsselungen. Mit dem spielerischen Experimentieren eröffnet sich der Mensch die Freiheit zur Verfremdung, die Möglichkeit, aus verfestigten Wahrnehmungszwängen auszusteigen und alte Denkgewohnheiten bewußtzumachen und aufzulockern. Indem der Mensch Zeichen anders setzt und neue Symbole schafft, ist er zu immer neuen Aussagen außerhalb des konventionellen Rahmens fähig. Das gilt für die Malerei ebenso wie für die Musik oder die Lyrik.
Auf meinen Expeditionen zu Naturvölkern wurde ich nicht nur mit bildhaften Produkten künstlerischen Schaffens, Schmuck und Dekor konfrontiert, sondern bisweilen auch mit sehr einfachen zeichenartigen Mustern mit symbolischer Bedeutung, die ich in Hinblick auf die Frage nach den Ursprüngen künstlerischen Gestaltens für bemerkenswert halte. Es geht um die Frage der Beziehung zwischen Zeichen und Abbild.
Bei den zentralaustralischen Eingeborenen, wie zum Beispiel den Walbiri, führen die verschiedenen Lokalgruppen ihre Abstammung auf Totemahnen zurück, die als halb tierische, halb menschliche Wesen gelebt haben sollen und von denen die einzelnen Gruppen ihre Landrechte ableiten. Auffällige Felsen, Berge, Senken und Wasserläufe werden als Spuren der Ahnen

gedeutet. Orte, an denen sie gehäuft auftreten, werden als heilige Stätten verehrt, sie sind das rituale Zentrum der Gruppe, das vom Totemahn bewacht wird gegen Fremde, für die dieser Platz tabu ist. Dort werden die jungen Männer in einer Initiationszeremonie in den Kreis der Erwachsenen aufgenommen, und erst danach dürfen sie die heiligen Stätten jederzeit besuchen.

Bei dieser Zeremonie wird die Geschichte des Totemahnen vorgetragen und in einfachen Symbolen in den Sand oder auf Felsen gezeichnet. Jeder Initiant ritzt die Symbole in ein ovales Brett oder in einen Stein, und so entstehen die sogenannten Holz- oder Steinchuringas. Sie erinnern an die Initiation und sind die Klanwappen, die man an den heiligen Stätten aufbewahrt.

Einen vergleichbaren Symbolismus zeigen die sakralen Schilde der Lauenang. Während die Zierlinien in die Schilde hineingeritzt werden, schreiben die Schnitzer ihnen bestimmte Bedeutungen zu. Eine kann für Süßkartoffeln stehen, eine andere für die Bitte um Schutz durch die Ahnen.

Die Menschen der Mek-Kultur, zu denen die Lauenang und die Eipo gehören, fertigten keine Bilder an, als wir sie das erste Mal trafen. Aber nachdem wir sie gebeten hatten, etwas zu zeichnen, skizzierten sie eine Mischung aus bildlicher und symbolischer Beschreibung. Der Körper wurde durch einen Strich dargestellt, und daran dann Arme, Beine, Mund, Ohren, Augen und so weiter angefügt.

Mir fiel auf, daß die ersten Bilder von Kindern ebenfalls symbolischer Art sind. Ein Kind kritzelt etwas Undefinierbares und nennt es Hund oder Auto. Erst wenn es älter geworden ist, beginnt es Dinge bildlich darzustellen.

Aus der Altsteinzeit kennen wir zahlreiche mit Zeichen und Linien verzierte Objekte, darunter eine kartenähnliche Darstellung auf einem Mammutzahn, die vor 27 000 Jahren entstand. Sie stammt aus Pawlow in Südmähren und erinnert in verblüffender Weise an die Ritzungen auf den Churingas der Zentralaustralier. Nach Ansicht der Archäologen Hansjürgen Müller-Beck und Gerd Albrecht[106] und des Geographen Roland Häberlein[107] handelt es sich um eine Skizze der Landschaft in der Umgebung von Pawlow. Die wellenartigen Linien zeigen einen Flußverlauf, parallele Linien kennzeichnen Rutschgebiete auf den Abhängen der Berge, deren Kalksteinkamm sich als mehrfacher Bogen darüber erhebt. Ein doppelter Kreis in der Mitte gibt die Lage der Siedlung an. Die Darstellung verrät nach Meinung der Archäologen das enge Verhältnis dieser Menschen zu ihrer Umwelt und das Wissen um ihre Zugehörigkeit zu einer bestimmten Gegend, zu ihrer Heimat. Man kann sich leicht vorstellen, daß der Mammutzahn als Kultgegenstand verwendet wurde.[108]

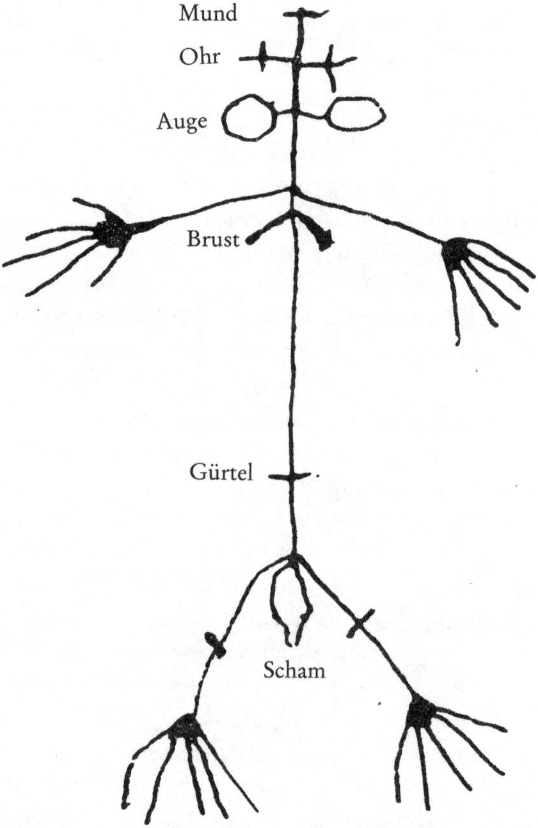


Zeichnung eines Eipo-Mannes, die eine Frau darstellt. Bemerkenswert ist die stark schematisierte Darstellung.

Aus dem Azilien Frankreichs (10 000 bis 8000 v. u. Z.) sind Gravierungen auf kleinen Steinplatten bekannt.[109] Sie sind mitunter durchbohrt, so daß man sie als Anhänger tragen konnte, und zahlreiche parallele Linien, die mitunter von anderen gekreuzt werden, sind in sie eingeritzt. Manche Darstellung ähnelt der weiblichen Scham, wie man es als übelbannendes Zeichen aus der europäischen Steinzeit kennt.[110]
Der Mensch war offensichtlich schon früh fähig, Zeichen zu bilden. Er berichtete und beschwor mit ihrer Hilfe. Es ist nicht auszuschließen, daß unsere Vorfahren die Zeichenschrift schon beherrschten, bevor sie in der Lage waren, Bilder zu ritzen. Das erscheint verblüffend, ist es aber nur auf den ersten Blick - denn bereits Tiere kommunizieren über Zeichen wie Symbolhandlungen und andere visuelle Auslöser. Insofern können wir davon ausgehen, daß der Mensch stammesgeschichtlich darauf vorbereitet war, Zeichen zu bilden. Die Tatsache, daß es auch den Weg vom Abbild zum Zeichen in allen Kulturen bis in die Gegenwart gibt, widerspricht dieser Auffassung nicht.
Unsere Studien sind ein wichtiger Schritt in Richtung auf eine Ethologie der menschlichen Kulturleistungen. Dabei eröffnen sich der Verhaltensbiologie interessante Möglichkeiten, mit geisteswissenschaftlichen Disziplinen zusammenzuarbeiten, so

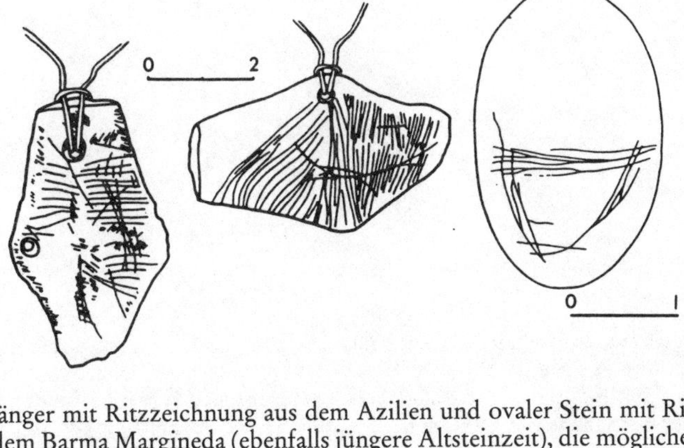


Anhänger mit Ritzzeichnung aus dem Azilien und ovaler Stein mit Ritzung aus dem Barma Margineda (ebenfalls jüngere Altsteinzeit), die möglicherweise eine stark schematisierte weibliche Scham darstellt.

mit Völkerkunde, Archäologie und Kunstgeschichte. Diese Fächer suchen Ähnlichkeiten in verschiedenen Kulturen in der Regel durch den Umstand zu erklären, daß sich in Folge von Wanderungen und anderen Begegnungen Wissen und Erfahrungen verbreitet hätten. Und wir zeigen, daß solche Analogien auch Ausdruck der bei allen Menschen grundsätzlich gleichen Naturanlagen sein können und daß stammesgeschichtliche Anpassungen Wahrnehmung und Handeln mitbestimmen.

Die Pawlow-Landschaft auf dem Endstück eines Mammutstoßzahns (Länge: 37 Zentimeter). Sie ist aus vier Motiven kombiniert: wellenartige Linie als Flußverlauf im Talgrund, parallele Felder, darüber Rutschzonen an den Hängen, der mehrfache Bogen steht für Kuppen der Berge, der Doppelkreis in der Mitte für den Ort der Siedlung. (Aus: R. Häberlein, 1990)

a

b

c

In frühen Kinderzeichnungen rangiert die Zeichenbildung vor dem Abbild. Allerdings versucht das Kind Merkmale des Dargestellten in die Zeichenbildung eingehen zu lassen.
a) Zeichnung eines ein Jahr und neun Monate alten Kindes, das beim Zeichnen erzählte: »Lastwagen hier drinnen ... fahrt raus ... zusammenstößt.«
b) Zeichnung eines Kindes im Alter von einem Jahr und sieben Monaten, das beim Zeichnen erzählte: »Kaninchen ... hüpft, hop ... hop ... hop ... hop.«
c) Zeichnung zweier Häuser, von einem zweieinhalbjährigen Kind.
(Aus: Prinz von Hohenzollern u. Max Liedtke, Vom Kritzeln zur Kunst, Hellbrunn 1987)

# Menschen und Schimpansen

Seit meiner ersten Begegnung mit Jane Goodall pflegten wir den freundschaftlichen Kontakt. Wir korrespondierten, trafen uns auf Kongressen und tauschten Erfahrungen aus. Bei einer solchen Gelegenheit fragte mich Jane 1983, ob ich nicht Lust hätte, das Verhalten ihrer Schimpansen im Gombe-Reservat zu dokumentieren. Sie hatte meine Filme über menschliches Verhalten gesehen und war beeindruckt von der Methode, lange Sequenzen aufzunehmen und nicht nur beispielhafte kurze Szenen. Ich sagte begeistert zu. Ich kannte den Ort und die hervorragenden Möglichkeiten der Beobachtung ja schon; und diese Chance, unseren nächsten Verwandten näher kennenzulernen und mit Jane zusammenzuarbeiten, durfte ich nicht auslassen. In den Jahren 1984, 1986, 1987 und 1988 gelang es mir, das Verhalten freilebender Schimpansen ziemlich umfangreich auf Film festzuhalten.

Das Gombe-Reservat liegt am Lake Tanganjika. Jane besitzt am Ufer einen langgestreckten barackenartigen Bau mit einer Küche, einem Gäste- sowie ihrem Wohn- und Schlafzimmer. Die Küche haben wir wenig benutzt, dort waren nur die Vorräte untergebracht. Wir kochten auf einer überdachten Veranda vor dem Haus. Der Herd war eine aufgeschnittene große Keksdose aus Blech, die mit einem Drahtgitter abgedeckt war. Wir sammelten in der Umgebung dünne Hölzchen und fütterten damit das Feuer, das gute Hitze abgab. Es genügte für unsere Zwecke. Die kulinarischen Genüsse waren eher bescheidener Art. Nur einmal beschaffte der Hausgehilfe ein Huhn. Er legte es gefesselt in der Küche ab und überließ es seinem Schicksal. Wir fanden es am Abend und befreiten es zunächst einmal. Bis zum nächsten Tag wollten wir ihm eine Gnadenfrist gewähren. Für die Suppe war es ohnehin zu spät. Wir fütterten das Tier. Es zeigte einen guten Appetit und setzte sich dann auf eine Stuhllehne zum Übernachten. Am nächsten Morgen kam es uns vertrauensvoll gackernd entgegen - und so wurde es zum Haustier. Es blieb bei Bohnen, Nudeln und Bananen - ich wurde vorübergehend zum Vegetarier. Jane ist ungemein genügsam, und die Anpassung an diesen Lebensstil hat mir gut getan. Wir kochten nur abends, schauten auf den See, badeten manchmal und unterhielten uns über Schimpansen und Menschen. Gelegentlich besuchte uns ein Trupp Paviane. Auch von ihnen kannte Jane jeden persönlich.

Tagsüber arbeiteten wir etwa zehn bis fünfzehn Gehminuten entfernt in einer Feldstation, die etwas erhöht am Eingang eines Tals liegt. Die Schimpansen kamen dort in kleinen Gruppen regelmäßig vorbei, begegneten sich, und wir beobachteten interessante Interaktionen.

Ranghohe Schimpansenmänner, wie Goblin, der 1987 unangefochten die Alphaposition - die Spitzenstellung - hielt, stürmten stets geräuschvoll heran, vor allem wenn bereits andere Schimpansen anwesend waren. Er rief, oft zog er einen Ast hinter sich her, den er irgendwo abgerissen hatte, oder einen Stock, und manchmal warf er mit Erdbrocken oder Steinen um sich. Das eindrucksvolle Schauspiel endete stets damit, daß er einer leeren Wassertonne an der Station kräftige Schläge mit der flachen Hand oder mit dem Fuß versetzte. Schimpansenmänner hämmern so gegen die Brettwurzeln ihrer Trommelbäume, die sie in ihrem Revier immer wieder aufsuchen. Ihre lauten Rufe und das Trommeln signalisieren der Gruppe den Aufenthaltsort eines Ranghohen. Hat ein solches Tier einen Futterbaum gefunden, dann gibt es das ebenfalls durch Rufe bekannt. Lärm ist ein wichtiger Bestandteil ihres Imponiergehabes - wie bei uns.

Der »Begrüßungsauftritt« ranghoher Männchen erinnert in der Tat stark an das menschliche Verhalten auch in freundlichen Begegnungssituationen. Hier wie dort verbindet es sich mit einem freundlichen Appell. Nachdem ein Schimpansenmann angestürmt ist und getrommelt hat - und damit seine Präsenz allen Anwesenden kundgetan hat -, ist er vollkommen friedlich. Die Weibchen und Rangniederen kommen zu ihm, sie präsentieren grüßend ihre Kehrseite, und er laust sie und läßt sich lausen. Ein solcher Auftritt ist eine Demonstration, er richtet sich aber nicht gegen die Gruppenmitglieder. Weibchen mit Jungen allerdings gehen dem Alpha aus dem Weg und klettern schnell auf Bäume, wenn er herandonnert. Ist er jedoch wieder ruhig, dann kommen sie eilig herab, um sich um ihn zu gruppieren. Gelegentlich bekommt ein Rangniederer, der im Weg steht, etwas ab, sei es, daß er überrannt wird oder einen Schlag mit der flachen Hand erhält. Aber er nähert sich danach ebenfalls dem Ranghohen und streckt, um freundlichen Kontakt bittend, eine Hand aus. Berührt sie der »Boß«, dann ist alles wieder in Ordnung. 1987 filmte ich, wie Goblin mit einem erbeuteten Pavian zur Gruppe kam. Er gab ungeheuer an, dann kletterte er auf einen hohen Baum, und alle anderen folgten ihm. Sie hockten sich unter ihm auf Äste und bettelten, und Goblin gab ab. Ein Alpha teilt mit den anderen - und stärkt auch über sein fürsorgliches Verhalten seine Position.

Rangkämpfe zwischen zwei Männern, die um die Führung wetteifern, können zu heftigen Raufereien ausarten. Dabei können Verletzungen auftreten, aber von einem Todesfall ist mir nichts bekannt. Die Aggressionen innerhalb einer Gruppe scheinen gut unter Kontrolle. Viel wird über Imponiergehabe entschieden - Jane Goodall beschreibt, wie ein Männchen, das darauf verfiel, ein Spektakel auf Benzinkanistern aufzuführen, dadurch von der Beta- in die Alphaposition aufrückte. Es lernte es, schließlich mehrere leere Kanister mit Tritten gleichzeitig geräuschvoll vor sich her zu rollen. Schimpansen sind fürwahr bemerkenswerte Geschöpfe. Wenn man sie kennt, zögert man, sie als »Tier« anzusprechen.[111]

Beobachtet man Schimpansen im Zoo, dann ist man allerdings oft unangenehm berührt. Das hat mehrere Ursachen. Dieses hoch organisierte und uns so nahestehende Wesen paßt nicht in einen Käfig. Der Schmutz, den diese nicht an Wohnungen Adaptierten hinterlassen, und ihre Rastlosigkeit irritieren uns. Ihre oft aufdringlichen Bemühungen, mit dem Zuschauer Kontakt aufzunehmen, stoßen ebenfalls ab, denn wir erblicken in ihnen gewissermaßen uns selbst wie in einem Zerrspiegel. Sie sind zu menschlich und doch zu anders. Daher fühlen sich viele von unseren eingekäfigten Vettern abgestoßen. Begegnen wir ihnen im Freien, dann beeindrucken uns die prachtvollen Geschöpfe sowohl durch ihre Vitalität als auch durch ihre Bedächtigkeit beim Umgang mit Werkzeugen. So filmte ich, wie das Schimpansenmädchen Wonder ein Blatt zerkaute und damit wie mit einem Schwamm Wasser aus einem Astloch auftunkte, um es zu trinken. Ein anderes Mal filmte ich, wie der Schimpansenknabe Gimbel, als ihn der Durchfall plagte, ein Blatt pflückte, sich bedächtig abwischte und das Blatt anschließend wie nachdenklich betrachtete, es wegwarf und ein weiteres holte. Beides hatte schon Jane Goodall beschrieben und ebenso das Termitenfischen, über das ich im Lauf der Zeit eine ausführliche Dokumentation erarbeiten konnte. Ich habe dieses verblüffende Phänomen bereits geschildert.

Schimpansen stochern auch in Gefangenschaft gerne mit Stöckchen in Löchern und Spalten herum, und es sieht so aus, als läge hier eine Prädisposition vor, Werkzeuge auf diese Weise in den Dienst des Explorierens zu stellen. Aber wozu das Stochern gut sein kann und wie man es in den Dienst des Nahrungserwerbs stellen kann, wird offenbar gelernt, wobei das Vorbild der Erwachsenen - in der Regel der Mutter - entscheidend ist. Auch dazu gelang mir eine bemerkenswerte Filmaufnahme. Am 24. Oktober 1986 sah ich die kleine Darbi mit ihrer Mutter Little Bee beim Termitenfischen. Darbi versuchte es zum erstenmal in ihrem Leben. Die Kleine stocherte zuerst ungeschickt mit einem Grashalm in dem geöffneten Termitenloch herum. Aber sie war geduldig und schaute immer wieder auf ihre Mutter, die neben ihr fischte. Auf einmal hatte sie Glück. Ein großer Termitenkrieger hatte sich in ihren Halm verbissen. Sie stutzte und reichte, ohne zu zögern, den Halm mit der Beute ihrer Mutter. Die Mutter pflückte die Termite vom Halm, und das war für Darbi gewissermaßen die Versicherung: »Das, was du da geangelt hast, kannst du essen.« Sie fischte weiter und aß die nächste Termite selbst, wobei sie auffällige Grimassen schnitt.

Das Termitenfischen hat man auch in anderen Schimpansenpopulationen beobachtet. Es gibt daneben gruppenspezifische Formen des Werkzeuggebrauchs. In einer Lokalgruppe werden zum Beispiel Steine benutzt, um Palmnüsse aufzuknacken. Unsere Schimpansen im Gombe-Gebiet haben das noch nicht entdeckt. Sie knacken die Palmnüsse mühsam mit ihren Zähnen.

Die Schimpansen zeigen vieles in Ansätzen, was bei uns weiter ausgestaltet ist und schließlich spezifisch menschliche Ausdrucksformen gefunden hat. Es scheint, als wäre bei ihnen die Entwicklung in vielem abrupt zum Stillstand gekommen. Sie teilen mit uns alte Anlagen. Das gilt vor allem für viele Aspekte des sozialen Verhaltens: für freundliche wie die Umarmung, das Begrüßen mit Lippenberührung, die Kußfütterung, das Ausstrecken der Hand, um zum Kontakt aufzufordern, sowie für die Ausdrucksbewegungen des Gesichts, wie etwa das Mund-offen-Gesicht oder Spielgesicht, das dem des Menschen weitgehend ähnelt. Aber auch hinsichtlich der Gruppenzusammensetzung und der territorialen Gebundenheit lassen sich viele Analogien entdecken.

Die Untersuchungen von Jane Goodall ebenso wie einiger japanischer Forschergruppen, die in anderen Gebieten arbeiten, zeigen, daß Schimpansen in patrilokalen Gruppen leben. Das heißt, die männliche Nachkommenschaft bleibt im Gebiet ihrer Väter. Sie sind daher alle mehr oder weniger nahe miteinander verwandt, was Rivalitäten und Aggressionen zwischen ihnen mildert, selbst wenn es um den Besitz der Weibchen geht. Die Weibchen dagegen können nach der ersten Brunst abwandern - ein höchst bemerkenswerter Unterschied zu den Männchen. Diese verteidigen ihr Gebiet gegen Nachbarn. Männchen patrouillieren in Trupps entlang der Reviergrenzen, ja sie dringen sogar gelegentlich ins fremde Territorium ein. Gelingt es ihnen, einen einzelnen Schimpansen aus einer anderen Gruppe zu überraschen, dann fallen sie über ihn her und beißen und mißhandeln ihn oft so stark, daß er seinen Verletzungen erliegt. Sie greifen sogar fremde Weibchen an. Jane Goodall beschrieb eine solche Auseinandersetzung zwischen zwei Gruppen, die schließlich zur Vernichtung der schwächeren führte.

Hier sind Entwicklungen angebahnt, die der Mensch weitergeführt hat, denn der Krieg als strategisch geplante, mit dem Einsatz destruktiver Waffen vollzogene Gruppenaggression ist das Ergebnis eines kulturellen Prozesses. Er beruht auf Dispositionen zur territorialen Abgrenzung und Xenophobie, die wir auch beim Schimpansen finden und die das Erbe gemeinsamer Vorfahren sein dürften. Ebenso herrscht bei uns Patrilokalität, und Männer in erster Linie bilden die Verteidigungsgemeinschaften. Frauen dagegen heiraten in der Mehrzahl der Fälle nach auswärts. Ist ihre Bereitschaft, neue Gruppenloyalitäten zu entwickeln und alte aufzugeben, grundsätzlich größer als beim Mann? Ist es Zufall, daß wir von Patriotismus und Vaterland sprechen, oder gilt für die meisten Kulturen, daß Patriotismus und territoriale Verbundenheit mehr eine Sache der Männer als der Frauen ist? Es wäre wichtig, diese Fragen zu klären.

Schimpansen haben eine lange Kindheit, und sie bleiben noch als Erwachsene ihren Müttern verbunden. Goblin schützte als der ranghöchste Mann der Gruppe seine alte Mutter Melissa vor Angriffen, und er lauste sie und ließ sich von ihr lausen. Auch zu den Geschwistern bleibt die Bindung stark. Man sieht oft Gruppen von Schimpansen, die aus einer Mutter und deren Kindern vom Erwachsenen bis zum Kleinkind bestehen, sich gegenseitig lausen. Stirbt eine Mutter und hinterläßt sie ein kleineres Kind, dann wird dieses vom älteren Geschwister übernommen. Weibchen tragen dann die Kleinen und schützen sie. Aber auch ältere Brüder nehmen sich jüngerer Geschwister gleich welchen Geschlechts an. Sie geben ihnen Schutz und die Wärme, die für ihr Aufwachsen unerläßlich ist. Als Melissa starb, hinterließ sie den kleinen Gremlin. Goblin nahm sich sogleich seines kleinen Bruders an. Er durfte in seiner Nähe weilen, ihm folgen, und Goblin verteidigte ihn gegen Übergriffe anderer. Als das Männchen Beethoven einmal etwas zu grob mit Gremlin spielte, so daß dieser einen Angstlaut von sich gab, griff Goblin ihn sofort heftig an.

Dem Tod Melissas war ein bemerkenswertes Ereignis vorausgegangen. Sie hatte einen kleinen männlichen Brustsäugling, der an einer Darmerkrankung starb. Melissa trug ihr totes Kind einen Tag lang mit sich herum. Wenn sie ihn ablegte, versuchte der kleine Gremlin mit seinem Bruder zu spielen. Am Tage nach dem Tod ihres Kindes zog sich Melissa in ihr Baumnest zurück. Mit dem Feldstecher konnten wir sehen, wie sie auf dem Rücken lag und regungslos nach oben starrte. In den ersten Tagen verließ sie das Nest noch für kurze Zeit, danach blieb sie regungslos. Dann sah Jane, wie sie noch einmal kurz den Oberkörper aufrichtete und dann sterbend zurücksank. Sie war damals alt und ihr Tod daher keine Überraschung. Mehr dürfte ich als Wissenschaftler dazu nicht sagen. Dennoch möchte ich gestehen, daß ich mich nicht des Eindrucks erwehren konnte, daß Melissa in eine Depression verfallen war und aufgegeben hatte.

Jane und ich haben uns oft über die Zukunftsaussichten der Schimpansen unterhalten. Die Gruppen sind klein, und von Menschen besiedelte Gebiete umgeben ihre Territorien. Nur wenn es gelingt, diese Rückzugsgebiete von Siedlern freizuhalten, besteht eine Chance für unsere entfernten Vettern. In anderen Gebieten Afrikas leben noch größere geschlossene Populationen, aber auch sie sind gefährdet. So gibt es trotz internationaler Abkommen Händler, die junge Schimpansen als Versuchstiere an Pharmaunternehmen in Europa verkaufen. Um ein Jungtier zu fangen, muß man in der Regel seine Mutter töten. Oft kommt dabei auch das Junge zu Schaden, so daß man pro exportiertem Schimpansenkind mit zwei bis drei toten Müttern rechnen muß. Vor einiger Zeit habe ich gehört, daß eine bekannte Chemiefirma in Wien fünfzig Jungschimpansen importiert hat - dahinter verbirgt sich ein grauenhaftes Drama. Gewiß ist der Schimpanse wegen seiner Verwandtschaft mit dem Menschen ein wichtiges Objekt für Versuche. Aber man kann Schimpansen leicht züchten, und man sollte sie so halten, daß sie nicht leiden. Das ist auch für die Forschung wichtig.

In Zentralafrika lebt eine weitere Schimpansenart, der Bonobo oder Zwergschimpanse. Er ist zierlicher als der Schimpanse, und in manchen Eigentümlichkeiten des Verhaltens scheint er dem Menschen noch näherzustehen. Der niederländische Zoologe Frans de Waal hat Interessantes über gefangene Zwergschimpansen berichtet. Über ihr Leben in Freiheit weiß man wenig. Zwei meiner Mitarbeiter, Gottfried Hohmann und Barbara Fruth, haben es übernommen, diese Tiere in Zentralafrika zu beobachten. Auf einem Kongreß in Chicago im Dezember 1991 berichtete Barbara Fruth ein bemerkenswertes Detail: Nester eines Zwergschimpansen sind für andere tabu. Findet ein Zwergschimpanse einen Baum mit wilden Feigen, dann kann er einen Ast für sich reservieren, indem er schnell ein symbolisches Nest als »Besetztzeichen« baut. Mit Spannung sehe ich weiteren Ergebnissen dieser vielversprechenden Feldforschung entgegen.

# Heute und morgen

# Herausforderungen

Wo stehen wir heute, und wie wird es weitergehen? Zur Beurteilung des Heute fehlt mir vielleicht der Abstand wie jedem anderen auch. Aber wir spüren an der allgemeinen Unruhe, daß wir an der Schwelle zum dritten Jahrtausend auch einem Kulminationspunkt zueilen, an dem die Weichen für die künftige Entwicklung gestellt werden müssen. Gehört die Zukunft dem souveränen Individuum oder der Masse? Schafft sich der hochbegabte Generalist Homo sapiens ein ameisenhaft durchorganisiertes Staatswesen? Und wenn ja, wird seine soziale Organisation Huxleys oder Orwells Vision entsprechen?

Beide Entwicklungsrichtungen wurden angetreten, doch scheint die Beherrschung der Menschen durch Gewalt auf Dauer weniger erfolgreich als die entmündigende staatliche Fürsorge, vor der Aldous Huxley gewarnt hatte. Wir sind leicht über Fürsorge zu infantilisieren, denn so, wie wir gerne andere betreuen, schlüpfen wir auch willig in die Kindrolle und lassen uns umsorgen. Wird die weitere Evolution der Intelligenz und der geistigen Wahrnehmungsfähigkeit stehenbleiben oder gar rückläufig werden, also involutiven Charakter tragen, weil den so Beherrschten jegliche Herausforderung fehlt? Wird sich die geistige Höherentwicklung vielleicht nur auf die Schicht der Herrschenden beschränken, die ihre Individualität nicht aufgegeben haben? Wir wissen es nicht, aber ein Trend zur Durchschnittlichkeit zeichnet sich ab.

In großen Populationen setzen sich Erbänderungen nur schwer durch, erfolgreiche Arten stagnieren im Artenwandel. Wir Menschen neigen allerdings dazu, uns immer wieder in Kleingruppen von anderen abzusetzen durch soziale Abkapselung und Schichtung sowie durch Besiedlung begrenzter ökologischer Nischen. An den »Rändern« lebende Gruppen könnten zu Pionieren der Evolution werden. Wenn große Anteile einer Bevölkerung sich über die Befriedigung ihrer hedonistischen Bedürfnisse von einer kleineren Schicht in Abhängigkeit halten lassen, dann könnte das eine divergente Entwicklung der beiden Populationen einleiten. In einer offenen Klassengesellschaft könnten Intelligentere aufsteigen, indem Begabungen »ausgesiebt« werden. Die Angehörigen einer so immer wieder aufs neue entstehenden kleinen Oberschicht würden in der Konkurrenz mehr gefordert als der Rest der Bevölkerung und daher eine höhere geistige Leistungsfähigkeit erlangen. Schon heute wählen Begabte einander bevorzugt als Ehepartner.

Wird der mental und emotional in so vielen Zügen noch altsteinzeitliche Mensch die vor ihm stehenden Aufgaben bewältigen? Ich bin davon überzeugt, aber es fragt sich, mit welchen Kosten. Ringt er sich dazu durch, sich selbst so wahrzunehmen, wie er ist, dann kann er die Stolperstricke seiner stammesgeschichtlichen Programmierungen meiden und sicherer seines Weges ziehen.

Wir müssen die uns angeborenen Verhaltensdispositionen zur Kenntnis nehmen, nicht um uns ihnen fatalistisch auszuliefern, sondern um sie zu beherrschen. Wir müssen uns Zügel anlegen, denn manches aus unserem Jäger- und Sammlererbe paßt nicht ganz in unsere Zeit. Ich betone »nicht ganz«, denn in Teilbereichen erfüllt vieles noch wichtige Aufgaben. Aber es erwachsen uns auch Gefahren, so etwa aus der positiven Rückkopplung, die unser Streben nach Erfolg und Macht erzeugt, anstatt es rechtzeitig zu bremsen. Der Ansporn hat seine guten und seine gefährlichen Seiten. Schädlich ist unsere Veranlagung gegenüber der Natur, die wir mit einer altsteinzeitlichen Mentalität ausbeuten, als wäre sie unerschöpflich. Wir sind gefesselt vom Ideal des Wachstums und setzen blind darauf, obgleich wir seine Grenzen längst erkannt haben. Aber wir sind auch vorausschauende Wesen und suchen nach neuen Wegen, um der Umweltkatastrophe zu entkommen. Wir blicken zurück, legen uns Rechenschaft ab und denken an die Zukunft unserer Enkel.

Wir haben in diesem Jahrhundert viel Positives erreicht. Das Gefühl der Verbundenheit aller Menschen wurde vertieft, und wir nehmen Anteil an der Not auch jener, die uns fernerstehen. Der Angriffskrieg wurde geächtet und Konventionen wurden weiterentwickelt, die das Leid der Zivilbevölkerung in bewaffneten Konflikten mildern sollen. Genozid und Ethnozid gelten als Verbrechen, wir leben in einer offenen Gesellschaft mit Aufstiegsmöglichkeiten für alle, auch wenn sie noch nicht befriedigend verteilt sind. Die Ideen der Gleichberechtigung, individuellen Freiheit und Selbstbestimmung haben sich in weiten Teilen der Welt durchgesetzt. In anderen Gebieten aber vermehrte sich die Bevölkerung exponentiell und damit Hunger und Elend. Dort sind soziale Unruhen und Kriege an der Tagesordnung.

Die Regierungsform der liberalen Demokratie hat sich gegen die totalitären Utopien durchgesetzt. Wir wurden Zeugen, wie nach über siebzig Jahren der Herrschaft der Kommunismus friedlich abdankte. Was vor wenigen Jahren noch unvorstellbar schien, wurde quasi über Nacht Wirklichkeit. Der eiserne Vorhang hob sich, Deutschland erlebte das Glück seiner Vereinigung. Die osteuropäischen Völker wurden frei und können ihr Geschick nun selbst bestimmen. Der Warschauer Pakt löste sich auf, und die Sowjetunion mauserte sich zu einer Union selbständiger Staaten. Demokratie und freie Marktwirtschaft werden angestrebt. Die Gefahr eines Weltkriegs scheint gebannt. Nicht jedoch die Bedrohung durch lokale Konflikte zwischen den neu erwachsenden Nationen. Auch muß man mit inneren Unruhen in den durch Jahrzehnte der Planwirtschaft zugrunde gerichteten Ländern rechnen. Der Wille zur Demokratisierung muß honoriert werden, sonst verspielt der Westen seinen unblutigen Sieg, und die dann anfallenden Folgekosten - von den Risiken einmal ganz abgesehen - würden ein Vielfaches von dem betragen, was jetzt in die Erhaltung des Weltfriedens investiert werden muß.

Auch Deutschland hat mit der Vereinigung Schwierigkeiten; es mangelt an Geld. Bonn hat sich von ihr überraschen lassen, aber das kann kaum als Entschuldigung gelten. Die Regierung hätte auch für diesen Fall Vorsorge treffen müssen. Die Militärs spielen alle Eventualitäten im Sandkasten durch, das ist ihre Aufgabe. Unsere Politiker dagegen sprachen vierzig Jahre von

der Wiedervereinigung, ohne auch nur einen Groschen als Reserve zurückzulegen. Hier wird eine Schwäche unseres demokratischen Systems sichtbar, die es zu überwinden gilt. Mangelnde Ausbildung, fehlende Phantasie, dogmatisches Beharren auf Standpunkten - dies und anderes hat mit zur Fehleinschätzung der Lage geführt. Und manche Politiker, Soziologen und Schriftsteller haben sogar durch irreführende Äußerungen gesündigt. Ob bewußt oder aufgrund erstaunlicher Fehleinschätzungen, weiß ich nicht. Aber beides ist gleich unerfreulich, denkt man an die möglichen Folgen. Melvin J. Lasky, der 1948 die Berliner Zeitschrift »Der Monat« gründete und die Publizistik in Deutschland mit geprägt hat, setzt sich mit einigen der so wortstarken wie unkritischen Publizisten auseinander.[112] Als Beispiel zitiert er Theo Sommer. Drei Jahre vor der Öffnung der Mauer schrieb dieser, damals noch Chefredakteur der »Zeit«, über die DDR: »Das Verhältnis zwischen Volk und Obrigkeit ist entspannter als je zuvor. Die Bürger sehen, daß es vorangeht.« Und zusammenfassend: »Leben unter Honecker: Die Bürger des anderen deutschen Staates bringen ihm fast so etwas wie stille Verehrung entgegen.« Günter Grass wetterte noch gegen die Vereinigung, als diese direkt vor der Türe stand und durch die Massenflucht von DDR-Bürgern nach Westen aller Welt deutlich wurde, wie die meisten Menschen in Ostdeutschland fühlten. Selbst so grotesk moralisierende Argumente wurden laut wie die These, nach Auschwitz hätten die Deutschen kein Recht mehr, in einem Staat zu leben.
Führende westdeutsche Politiker erklärten kurz vor dem Fall der Mauer, man müsse die DDR anerkennen, das Gerede von der Einheit sei »unverantwortlich« und würde die Beziehungen zwischen den beiden deutschen Staaten belasten. In diesem Sinne äußerte sich zum Beispiel der stellvertretende SPD-Vorsitzende und saarländische Ministerpräsident Oskar Lafontaine, und auch von Willy Brandt waren ähnliche Worte zu hören.[113] Er aber hatte dann den Mut und den Anstand, seinen Irrtum einzugestehen. Gewiß sind die menschlichen und wirtschaftlichen Schwierigkeiten der Vereinigung größer als erwartet, die Lage bessert sich aber nicht durch die Schwarzmalerei und Besserwisserei mancher Medien und Politgrößen.[114]

Hier sollten parteipolitische Interessen und Versuche, das Gesicht zu wahren, zurücktreten. Eine Demokratie, in der das Parteiinteresse Vorrang genießt vor staatlichen und gesellschaftlichen Belangen, verurteilt sich selbst zum Tod[115].
Zu Sorgen Anlaß geben die in verschiedenen Regionen aufflackernden Nationalitätenkonflikte. Worum geht es bei diesen Auseinandersetzungen, und was können wir aus ihnen lernen? Der Streit zwischen Nationen und Nationalitäten war und ist eines der brennenden Probleme der letzten zweihundert Jahre. Die Konkurrenz zwischen auf die Erweiterung ihres Machtbereichs bedachten Staaten kulminierte in zwei Weltkriegen. Viele Politiker und sozial engagierte Denker meinten daher, dem Nationalstaat als Quelle allen Übels den Kampf ansagen zu müssen. Sie setzten auf einen alle Unterschiede eines Tages ausgleichenden Internationalismus. Auch die kommunistische Utopie hat diese Position vertreten. Nun zeigt sich im europäischen Osten, daß es dem kommunistischen Verfassungspatriotismus über Jahrzehnte nicht gelungen ist, das Nationalbewußtsein der vielen von ihm beherrschten Völker auszulöschen. Woher bezogen diese ihre Widerstands- und Überlebenskraft? Weshalb erhält sich Vielfalt mit solcher Hartnäckigkeit, ja wächst sogar trotz gewaltiger Widerstände?
Weil sich das Leben über Vielfalt absichert. Auf der biologischen Ebene schafft es unentwegt mutativ und genkombinatorisch Varianten, Unterarten und Arten, die sich mit ihrer Umwelt auseinandersetzen und sich dabei bewähren oder untergehen. Beim Menschen geschieht dies über die Vielfalt der Kulturen und Rassen. Jede der sich durch eigene Bräuche, Ideologien und damit Zielvorstellungen, Sozialtechniken und Wirtschaftsformen auszeichnenden Völkerschaften stellt ein Experiment des Lebensstroms dar und wird so gewissermaßen zu einer Speerspitze der Evolution. Nicht Einheitlichkeit, sondern Vielfalt ist ein Prinzip des Lebens. Sie erhält sich über Mechanismen der Abgrenzung. Dazu gehören die verschiedensten Muster individueller Distanzwahrung, der Territorialität, das bei vielen höheren Wirbeltieren ausgeprägte Wir-Gruppenverhalten und die Xenophobie.
Ich habe bereits erwähnt, daß das Wir-Gruppenverhalten dem

Ursprung nach familial ist, die kleinste Wir-Gruppe ist die Mutter-Kind-Dyade. Bereits der Säugling ist darauf angelegt, zwischen Bezugspersonen zu unterscheiden, die er gut kennt und denen gegenüber er sich vertrauensvoll öffnet, und zwischen Fremden, vor denen er Scheu zeigt. Im Alter von sechs bis neun Monaten beginnen die Kinder deutlich zwischen ihnen bekannten und ihnen fremden Personen zu unterscheiden und sich entsprechend unterschiedlich zu verhalten. Während bis dahin jede Person, die sich einem Säugling zuwendet, von diesem mit freundlichem Lächeln begrüßt wird, zeigt das Kind nunmehr Fremden gegenüber eine ambivalente Reaktion. Im typischen Fall lächelt es dem Fremden zu, dann birgt es scheu sein Antlitz an der Mutter, wendet sich wieder freundlich an den Fremden und pendelt so zwischen freundlicher Kontaktbereitschaft und ängstlicher Ablehnung hin und her. Bleibt der Fremde auf Distanz, dann kann sich das Kind allmählich mit ihm anfreunden. Will er jedoch den freundlichen Kontakt durch schnelle Annäherung forcieren, dann gerät das Kind häufig in Panik und wehrt sich. Diese Fremdenfurcht entwickelt sich auch, wenn ein Kind nie schlechte Erfahrungen mit Fremden gesammelt hat.

Der Mitmensch ist offenbar Träger von Signalen, die sowohl freundliche Zuwendung als auch Angst und damit Flucht und Abwehr auslösen. Die letzteres Verhalten auslösenden Reize werden erst wahrgenommen, wenn das Kind einen gewissen Reifezustand erreicht hat. Erfahrungen sind jedoch dafür keine Voraussetzung. Vielmehr sind wir so konstruiert, daß Bekanntheit das herangereifte Urmißtrauen beschwichtigt. Mit dem zunehmenden Grad der Bekanntheit verschiebt sich die Reaktion auf einer gleitenden Skala von Mißtrauen nach Vertrauen. Wir können auf diese Weise die quasi familiale Wir-Gruppe erweitern, so daß sie schließlich auch eine größere Menschengemeinschaft erfaßt. Die Familie erweitert sich gewissermaßen im Lauf der Entwicklung, aber die Abgrenzung gegen andere bleibt. Am Anfang steht die individualisierte Kleingruppe, in der jeder jeden kennt. Auch hier gilt das Prinzip, daß Bekanntheit Vertrauen formt und daß man Bekannte unterstützt und ihnen hilft. Bekanntheit wird in gewisser Hin-

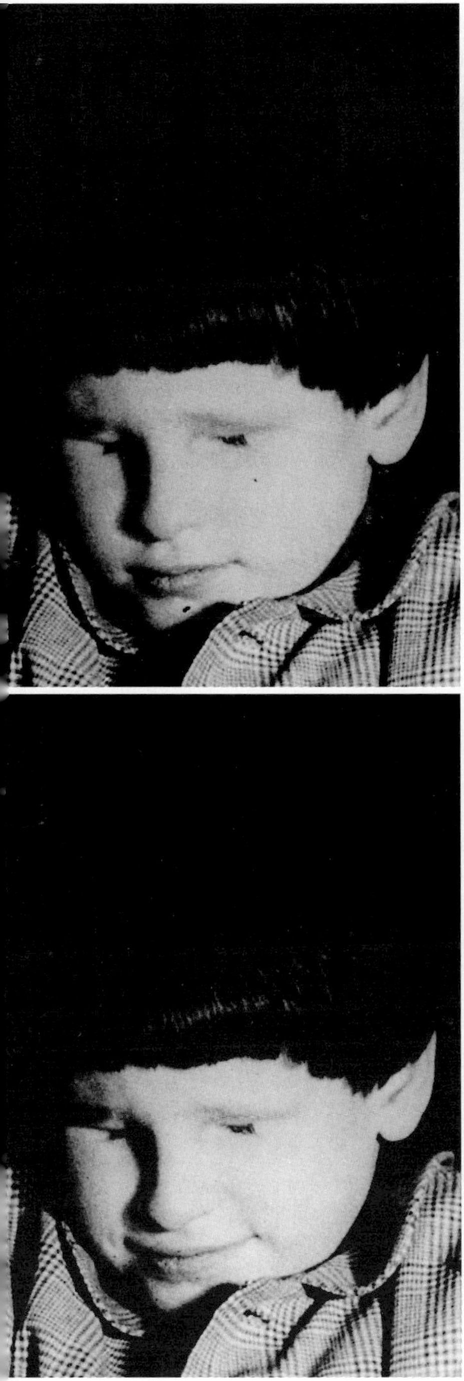

Ein taub und blind geborenes Mädchen lächelt.

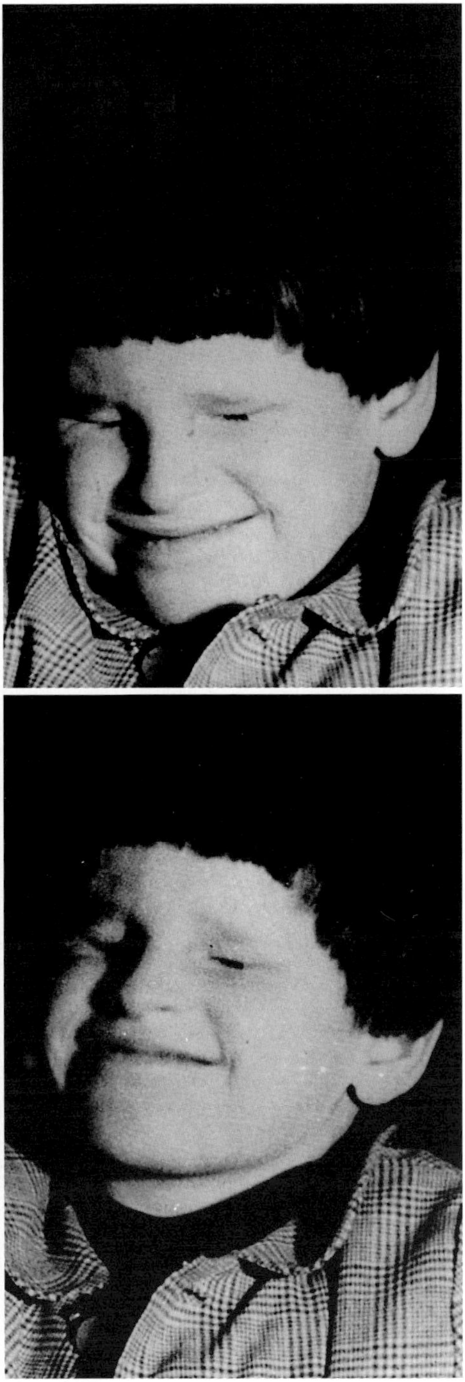

Obwohl diese Kinder in ewiger Nacht und Stille heranwachsen, verfügen sie über das normale Repertoire menschlicher Gesichtsbewegungen.

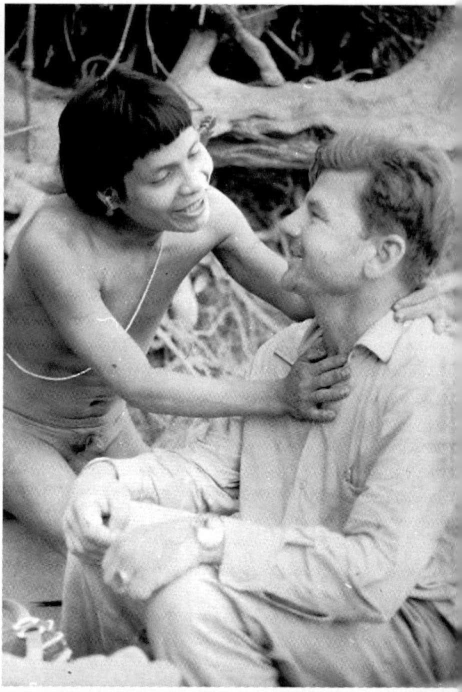

*Oben und unten links:* Ein Yanomami-Mann (Hasupïwëtheri) begrüßt mich durch Betätscheln, zuletzt drückt er Mund und Nase auf meine Wange (1969).

*Unten rechts:* Zwei Yanomami (Sacriputheri) untersuchen Padre Luigi Coccos Bart. Wir waren die ersten Besucher dieses Dorfes (1970).

*Unten:* Unsere Ankunft bei den Karamojo im Jahr 1964 kam vor einem Kral in einem Erdferkelloch zum abrupten Halt. Nachdenklich betrachtet Hans Hass die Lage, mit ihm unsere Fahrer und Karamojo.

*Oben:* Mit lebhaftem Minenspiel versucht uns eine junge Yanomami-Frau (Hasupïwëtheri, 1969) etwas zu erklären.

*Oben:* !Ko-Familie der zentralen Kalahari vor ihrer Hütte. Die !Ko-Buschleute lebten damals noch traditionell als Jäger und Sammler.

*Unten:* Drei Schompèn nehmen in der Pidgeon-Bay Kontakt mit uns auf (1958).

Alltägliche kleine Hindernisse bei der Feldarbeit. Eine Eipo-Frau betrachtet sich neugierig im Spiegelobjektiv, während ihr kleiner Sohn die Kamera untersucht.

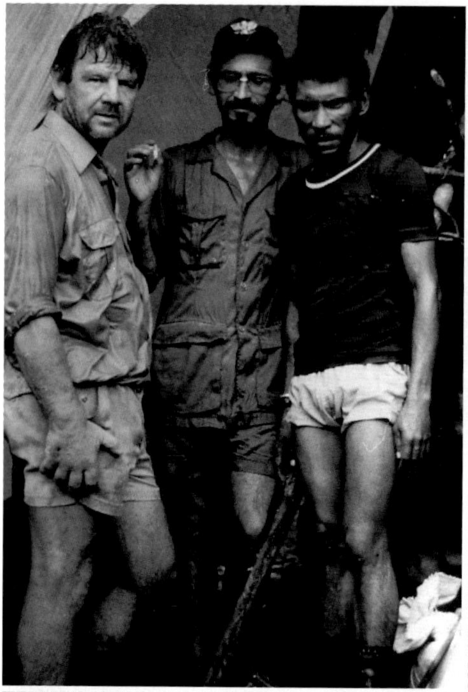

*Oben links:* Auf dem Rückweg von den Lauenang. In der Bildmitte Volker Heeschen. Rechts ein Katechist von Biak.
*Oben rechts:* Ich filme eine Frau und ihren Säugling mit dem Spiegelobjektiv auf Trobriand. Der Gegenstand meines Interesses ist in der Bildmitte.
*Unten:* links im Bild Volker Heeschen (angeschnitten) mit einem Eipo-Informanten, im Vordergrund Gäste.

*Oben links:* Turkana mit reichem Perlenschmuck (1964).
*Oben rechts:* Ein Kabuki-Schauspieler stellt Eifersucht in weiblicher Rolle dar. Die Verärgerung drückt er aus, indem er in ein Tüchlein beißt.

*Unten rechts:* !Kung-Frau aus Namibia im traditionellen Schmuck.
*Unten links:* Zum Tanz geschmückter Trobriander.

Ein Schompèn erwartet uns am Strand der Pidgeon-Bucht von Groß-Nikobar, um uns ein Schweinchen zu schenken.

sicht als Zeichen der Verwandtschaft begriffen, und ursprünglich waren solche Gruppen auch nahe Verwandte. Ihre Mitglieder sahen sich ähnlich und betonten dies durch kulturelle Zeichen, wie Kleidung, Sprache und dergleichen mehr. Auf dieser Basis konnte der Mensch selbst Großgruppen von einander Unbekannten zu Solidaritätsgemeinschaften zusammenfassen. Gemeinsame Sprache und Brauchtum verbanden.
Bei Naturvölkern ebenso wie bei Kulturvölkern wird die gemeinsame Abstammung ideologisch betont. Bei uns Europäern drückt sich das im Wort »Nation« aus. Die Eipo in West-Neuguinea führen ihre Abstammung auf gemeinsame Kulturbringer zurück. »Wir sind eine Familie, wir alle sind Brüder und Schwestern!« das ist etwa der Tenor. Wir übertragen ein familiales Ethos auf Gruppenmitglieder, die wir nicht kennen, mit denen wir jedoch genetisch näher verwandt sind, und solidarisieren uns mit ihnen, wobei die Loyalitäten natürlich abgestuft sind, beispielsweise nach Familie, Lokalgruppe und Nation.
Die Abgrenzungsmechanismen sichern die Identität und damit die Erhaltung der Vielfalt in kultureller wie in biologischer Hinsicht, aber nicht den Status quo. Alles ist einem evolutiven Wandel unterworfen, und kultureller wie genetischer Austausch befruchtet. Es kommt nur darauf an, daß diese Prozesse die Vielfalt nicht gefährden, denn dies würde einen Verlust der Anpassungsbreite bedeuten. Ein multiethnisches Miteinander ist möglich, wenn jede Ethnie über ein eigenes Territorium verfügt, in dem sie nach eigenem Gutdünken schalten und walten kann. Wenn Menschen nicht die Dominanz durch andere Völker fürchten müssen, sind sie aufgeschlossen und dem Fremden zugeneigt. Die Schweiz kann als Beispiel für ein relativ geglücktes Miteinander von vier Ethnien gelten. Die Europäische Gemeinschaft ist im Begriff, sich auf ähnliche Weise in gegenseitiger Anerkennung zu entwickeln.
Eine Voraussetzung dafür, daß ein freundliches Bekenntnis zur eigenen Ethnie nicht in einen aggressiven Nationalismus entartet, ist, daß jede Ethnie frei von Angst vor anderen leben kann. Eine lange Geschichte der Kriege hat uns Menschen ein Mißtrauen angezüchtet, das es kulturell zu überwinden gilt. Dieses Mißtrauen bewegt nicht nur die kleinen, schwachen

Ethnien, die in Nachbarschaft stärkerer leben. Auch große Völkerschaften erleben es und bemühen sich um Dominanzpositionen anderen gegenüber, um sich vorbeugend abzusichern. Dieses Streben nach Vorherrschaft ist typisch für unsere Welt des Mißtrauens, aus der wir herausfinden müssen, wenn wir den Frieden wollen. Der Weg in dieser Richtung muß über Konventionen verlaufen, die nicht nur die individuellen Menschenrechte garantieren, sondern auch die Selbstbestimmung der vielen Völkerschaften dieser Erde. Davon sind wir noch weit entfernt, selbst in Europa, wie das Baskenproblem als eines unter vielen zeigt.

Überraschend - oder auch nicht - ist es, wenn man von dem renommierten, in London lehrenden Soziologen und Politologen Ralf Dahrendorf liest: »Nur Menschen haben Rechte - das Selbstbestimmungsrecht der Völker ist ein barbarisches Instrument.«[116] Er hält »Selbstbestimmung« für einen Kampfbegriff im Ringen um die Etablierung von Macht. So kann man es sehen. Auch wenn Unterdrückte sich gegen Unterdrücker wehren, kämpfen sie um Macht, nämlich um das Recht, sich selbst zu regieren. Es ist daher einseitig, wenn Dahrendorf behauptet, kollektive Rechte dienten in aller Regel der Unterwerfung von Menschen, nicht ihrer Befreiung. Er schreibt weiter: »Um die These in aller Konsequenz zu formulieren: Es gibt kein Recht der Armenier, unter Armeniern zu leben. Es gibt aber ein Recht für armenische Bürger ihres Gemeinwesens, Gleiche unter Gleichen zu sein. Nicht benachteiligt zu werden, ja auch ihre eigene Sprache und Kultur zu pflegen.« Wie großzügig von Dahrendorf, aber ich fürchte, die Armenier werden das anders sehen und sich zum Beispiel selbst regieren wollen - und die Kurden, Basken und viele andere Völker auf der Erde ebenso.[117] Und das soll nicht rechtens sein? Mich stört der Dogmatismus und die Überheblichkeit gewisser Menschheitsbeglücker. In der Politik haben sie in diesem Jahrhundert bereits viel Unglück angerichtet. Man schütze uns vor Eiferern, auch wenn ihre Intentionen gut sein mögen, wie ich es in den meisten Fällen annehme.

Der Versuch, über Einschmelzung und Nivellierung das Nationalitätenproblem zu lösen, ist gescheitert, wie nicht nur die

Entwicklung in Osteuropa zeigt. Ich stehe auf der Seite jener, die ein multikulturelles Europa und eine multikulturelle Welt wünschen. Allerdings nicht die multikulturelle Immigrationsgesellschaft, mit der heute viele in Europa den Nationalstaaten den Kampf ansagen. Sie fordern, daß sich die europäischen Länder Einwanderern aus aller Welt öffnen und diese ermutigen, ihre völkischen Eigenarten zu bewahren und ihre Kultur im jeweiligen Gastland zu pflegen. Und wie in der einstigen Sowjetunion soll ein »Verfassungspatriotismus« die Verschiedenen freundschaftlich miteinander verbinden, wie es etwa der CDU-Politiker Heiner Geißler[118] verlangt hat. Das enge Zusammenleben in einer multikulturellen Gesellschaft, so die romantische Schwärmerei, würde helfen, ethnische und rassistische Vorurteile abzubauen. »Assimilation, völkisch-kulturelle Integration werden weitgehend der Vergangenheit angehören«, erklärt Geißler mit Blick auf Deutschland, denn »Türken und Jugoslawen, Italiener und Spanier, Marokkaner und Japaner, Tamilen und Inder, Iraner und Libanesen kann man nicht zu Germanen machen«. Für ihn ist jeder ein kultureller Chauvinist, der sich für den Nationalstaat einsetzt. Er steht damit nicht allein. Nach Ansicht von Lutz Hoffmann und Herbert Even würden Deutsche bereits ausländerfeindlich handeln, wenn sie von Deutschland und den Deutschen redeten.[119]

Offenbar wagte es lange Zeit niemand, ernsthaft gegen solche Positionen aufzutreten, aus Angst, als Ausländerfeind oder gar als Rassist angeprangert zu werden. Mittlerweile allerdings dämmert es auch einigen Utopisten, daß nicht Harmonie das Ergebnis der herbeigerufenen Völkervermischung ist, sondern sozialer Unfriede, der unsere Demokratie auf lange Sicht gefährden könnte. Die Tragik an dieser Entwicklung ist, daß viele kluge Menschen größte Probleme, wenn nicht sogar künftige Katastrophen heraufbeschwören, weil sich ihre guten Absichten mit Unkenntnis paaren. Es ist nämlich nicht allein die immer wieder beschworene »mangelnde Aufklärung«, die verantwortlich ist für die gelegentlichen Gefühlseruptionen in der Bevölkerung und für die wachsende Immigrationsfeindlichkeit, und das Asylproblem wird nicht herbeigeredet, sondern es existiert. Man muß zur Kenntnis nehmen, daß es Kon-

stanten im menschlichen Verhalten gibt, die über die kulturelle Vielfalt hinweg für alle Menschen gelten. Sie sind verbindendes, aber manchmal auch trennendes Erbe.
Die Xenophobie gehört dazu, ebenso die territoriale Abgrenzung.[120] Die für uns Mittel- und Westeuropäer empfohlene multikulturelle Immigrationsgesellschaft wird deshalb ein schöner Traum bleiben, weil es in Zentraleuropa und Westeuropa keine größeren unbesiedelten Landstriche gibt, in denen sich Einwanderer niederlassen und territorial verankern könnten. Lassen sich aber Immigranten unter Beibehaltung ihrer ethnischen Identität in größerer Zahl in einem bereits besiedelten Gebiet nieder, dann werden sie als Eindringlinge empfunden, und Abwehrreaktionen treten auf. Es handelt sich dabei um archaische Verhaltensmuster. Sie sind nicht das Ergebnis einer Fehlerziehung, sondern einer langen Stammesgeschichte. Sie sind uns Menschen angeboren, und dies in aller Welt. Auch jenen, die wir einladen.
Die Abgrenzung, die die Evolution erst möglich gemacht hat, vollzieht sich auf verschiedenen Ebenen. Auf der des Individuums ebenso wie auf der der Gruppe, die, wie gesagt, in der Regel genetisch näher Verwandte umfaßt. Bienen tragen bekanntlich einen Stockgeruch, und Arbeiterinnen, die sich in einen fremden Stock verirren, werden angegriffen. Mäuse einer Gruppe zeichnen sich durch einen eigenen Geruch aus, anders riechende werden angegriffen. Es handelt sich bei der Gruppenabgrenzung und Fremdenabwehr also keineswegs um ein Phänomen, das sich auf uns und die uns nächstverwandten Primaten beschränkt. Die Beispiele ließen sich beliebig mehren. Das gilt auch für die Territorialität. Tiere verteidigen begrenzt zur Verfügung stehende Ressourcen, und für viele - uns Menschen eingeschlossen - ist ein Gebiet mit seinen Erzeugnissen die wichtigste Ressource. Auch hier ließen sich Analogien in großer Zahl anführen. Oft werden die Territorien durch Reviermarkierungen als Eigentum gekennzeichnet, bei vielen Säugern durch Duftmarken.
Aus Gründen der Ressourcensicherung könnte der Mensch auch kulturell in Analogie zu den Tieren Xenophobie und Territorialität entwickelt haben. Nach Jean-Jacques Rousseau soll

der Unfriede mit dem Ackerbau in die Welt gekommen sein, denn erst seitdem ziehe der Mensch Zäune und verteidige seinen Besitz. Diese Ansicht wurde in den späten sechziger Jahren in Ethnologenkreisen kolportiert. Man sprach von einer »Blumenkindermentalität« der Jäger-und-Sammler-Völker, deren Angehörige territorial ungebunden von einer Gruppe zur anderen hätten wechseln können. Die Buschleute der Kalahari, die Pygmäen und die Eskimos wurden als Beispiele für diese freie und friedliche Lebensweise angeführt. Diese Behauptungen sind mittlerweile als freundliche Mythen entlarvt. Jäger-und-Sammler-Völker verhalten sich nicht grundsätzlich anders als fortgeschrittene Ackerbauer.[121] Sie kennen individuelles und Gruppeneigentum an Land oder an landgebundenen Ressourcen. Das heißt nicht, daß sich ihre Territorialität in dauernden Reibereien mit Nachbarn äußert. Erst wenn Landrechte nicht beachtet werden, kommt es zu Konflikten. Territorialität findet die verschiedensten Ausdrucksformen, aber ihre weltweite Verbreitung bei Bewohnern des tropischen Regenwalds ebenso wie in der Arktis spricht dafür, daß wir uns in dieser Hinsicht nicht weit von unseren Primatenverwandten entfernt haben. Das ist kein Wunder, denn eine Population, die nicht bereit wäre, ihr Land zu verteidigen, hätte in einer Welt konkurrierender Ethnien nur geringe Überlebenschancen.

Auch die beschriebene Xenophobie gehört zu den Universalien. Diese Feststellung darf nicht zu der Aussage verdreht werden, Fremdenhaß sei uns angeboren. Zum Fremdenhaß wird man erzogen! Allerdings besteht eine Lernbereitschaft dazu auf der Grundlage der Fremdenangst. Im Interesse der Harmonie sozialen Zusammenlebens sollte man daher von Einwanderern, die sich in einem Land dauerhaft niederlassen wollen, verlangen, daß sie sich kulturell angleichen. Das bereitet innerhalb Europas kaum Schwierigkeiten, hier gab es immer eine Binnenwanderung. Franzosen, Polen und Italiener wanderten zum Beispiel in großer Zahl in Deutschland ein, und sie wurden ohne Schwierigkeiten zu Deutschen. Umgekehrt wurden deutsche Auswanderer zu Franzosen oder Italienern. Die Europäer stellen in einem breiten Gürtel von West- bis Osteuropa eine ähnliche anthropologische Mischung der europäischen Rassen dar. Jeder von uns könnte in Paris, Mailand, Wien, Warschau oder Moskau geboren sein. Dazu kommt eine nahe kulturelle Verwandtschaft, die sich unter anderem in den gemeinsamen Stilepochen der Architektur und Musik ausdrückt. Nur bei Masseneinwanderung können wirtschaftliche und ökologische Schwierigkeiten auftreten.

Wandern dagegen Menschen, die uns kulturell und anthropologisch fernerstehen, in großer Zahl in einen der traditionellen Nationalstaaten Europas ein, dann grenzen sich die verschiedenen Ethnien mit großer Wahrscheinlichkeit durch Brauchtum und Aussehen voneinander ab. Damit entwickelt sich automatisch eine Konkurrenzsituation, da jede Gruppe zunächst ihr Eigeninteresse vertritt. In wirtschaftlichen Krisenzeiten kann das erhebliche Konflikte provozieren, unter denen dann beide Gruppen leiden. Bei unterschiedlicher Bevölkerungsvermehrung verschärft sich die Konkurrenzsituation. Im Interesse eines harmonischen Zusammenlebens sollte man sich daher davor hüten, multiethnische Immigrationsgesellschaften in den traditionellen Nationalstaaten aufzubauen.

Nicht zuletzt sei in diesem Zusammenhang darauf hingewiesen, daß wir bei der Diskussion über diese Fragen auch ökologische Gesichtspunkte erörtern sollten. Europa ist übervölkert und lebt von nicht nachwachsender fossiler Energie, eine prekäre Situation, die gemildert würde, wenn die Bevölkerungszahlen verringert werden könnten.

Die Befürwortern einer umfassenden Immigration erklären, die Länder Europas seien doch bereits Einwanderungsländer. Gewiß, aber daraus folgt nicht, daß sie es bleiben müssen. Man könnte ja aus Fehlern lernen. Gerne moralisieren Politiker, Sozialwissenschaftler und manche Medien in einem dogmatischen »Muß-Stil«. Wir, die Reichen, sagen sie, müßten die Armen aus der Dritten Welt aufnehmen. Nur, selbst wenn wir mehrere hundert Millionen zu uns einlüden, würde den Armen der Dritten Welt nicht geholfen! Wir würden dagegen auch Not und Elend importieren. Die Bevölkerung Afrikas nimmt gegenwärtig jährlich um 3,2 Prozent zu. Pakistan hatte 1981 90 Millionen Einwohner, zur Zeit sind es 140 bis 150 Millionen. Ähn-

liche Wachstumsraten werden aus Indien gemeldet. Nach einer Studie der Internationalen Arbeitsorganisation (ILO) in Genf wuchs die Bevölkerung des südlichen Mittelmeergebiets (Nordafrika) zwischen 1950 und 1990 von 62 Millionen Menschen auf 165 Millionen. Im Jahr 2025 sollen es 285 Millionen Menschen sein. In den vielen Selbstanklageschriften über die Not der Dritten Welt, die in Europa und den USA erscheinen, wird dieses Faktum häufig verschwiegen. Die im Wohlstand Lebenden sind schuld, ist ihre These.
Bei der gegenwärtigen Bevölkerungsvermehrung könnten auch größte wirtschaftliche Bemühungen der westlichen Welt keine Rettung bringen. Das Schlüsselproblem ist die Überbevölkerung, sie zu stoppen ist heute eine ethische Forderung. Nach dem Ersten Weltkrieg hatte eine Liga im Völkerbund vorgeschlagen, jede Nation sollte bei ihrem Eintritt geloben, ihre Geburtenraten so einzurichten, daß die Einwohner in ihrem Herrschaftsbereich bequem leben könnten. Diese Forderung bleibt gültig. Wir gehen heute davon aus, daß jede Nation mündig ist und selbstverantwortlich die eigenen Angelegenheiten regelt. Wenn allerdings eine Gruppe so stark wächst, daß sie mit ihren Ressourcen nicht mehr auskommt und daher ein Wanderdruck entsteht, der andere Nationen belastet, dann handelt es sich nicht mehr um eine interne Frage. Wird dadurch anderen eine Immigration aufgezwungen, dann kommt das einem Akt der Landnahme gleich. Erfolgt dieser gewaltsam, verteidigt sich ein Land zu Recht. Eine gewaltlose Immigration dagegen glauben viele gewähren zu müssen. Es ist wichtig, zu erkennen, daß die Konsequenzen in beiden Fällen die gleichen sein können.
»Europa eint der Haß« lautet die Schlagzeile über einem Artikel des Schriftstellers Gerhard Köpf im »Zeit-Magazin«[122], und weiter in diesem Stil: »Die Deutschen in der Beletage des Europäischen Hauses gönnen den Ausländern bestenfalls die Mülltonne. (...) Schon schleicht sich durch die Hintertür wieder der fatale Begriff Heimat ein, dieser Würgeengel unter den Tümeleien: von Belfast bis Berg Karabach, von Rostock bis ins Baskenland.« Gewiß, wir erleben Konflikte, weil Ethnien unterdrückt werden und diese sich das nicht gefallen lassen. Gebt Menschen Selbstbestimmung und eigenes Land, dann sind sie

zu freundlicher Nachbarschaft mit anderen bereit und am kulturellen Austausch interessiert.
Der Mensch ist von Natur aus ein Kulturwesen. Er kann die ihm angeborenen Neigungen überwinden. Er könnte auch die Mechanismen der Selbsterhaltung ideologisch überwinden und zerstören, aber die Folge wäre die ethnische Selbstauflösung. In einem merkwürdigen Anfall von Selbsthaß wollen manche Europäer Angehörige der eigenen Nation zu einem solchen Ethnosuizid überreden. Und sie scheuen dabei vor Falschdarstellungen nicht zurück, so, wenn sie etwa die Vereinigten Staaten von Amerika als ein geglücktes multikulturelles Experiment anführen. Der Münchener Journalist Joachim Riedl hat in einem aufschlußreichen Bericht über New York 1990 dazu im Magazin der »Süddeutschen Zeitung« berichtet.[123]
Wenn die aus einer Ethnie gewachsene Solidargemeinschaft einer Nation auf diese Weise aufgelöst wird, vertreten die Einzelgruppen ihre Interessen mit großer Rücksichtslosigkeit, und der Staat wird zur Melkkuh.
Die Verfechter der multikulturellen Gesellschaft sind sich, auch wenn sie es gut meinen, nicht im klaren darüber, daß sie gerade durch das Verschleiern der Tatsachen und durch ihren polemischen Vortragsstil die offene Aussprache behindern und damit auf lange Sicht die Demokratie gefährden. Wer nichts anderes zur Debatte beizutragen hat, als fortwährend zu behaupten, daß all jene ausländerfeindlich und rassistisch seien, die den multikulturellen Irrtum kritisieren, der weckt Zweifel an seinen politischen und intellektuellen Qualitäten und fördert den Zulauf zu extremistischen Organisationen. Ein Rassist ist nicht der, der Pluralität begrüßt und sich damit auch dafür einsetzt, das eigene kulturelle und biologische Erbe zu pflegen, sondern jener, der von der angeblichen Überlegenheit seiner Ethnie ausgeht und daraus das Recht zur Herrschaft über andere ableitet. Die meisten Biologen verfechten dagegen einen ethnischen Pluralismus.
Es trägt nicht zur Problemlösung bei, wenn man jeden Gegner der multikulturellen Immigrationsgesellschaft von vornherein als Rassisten und Fremdenfeind diffamiert. Gewiß gibt es Menschen, die man zu Recht so nennen darf. Aber sie sind glückli-

cherweise nur eine Minorität. Statt Parolen, wogegen und wofür auch immer, auszugeben, wäre es sinnvoll, die Ursachen der Xenophobie zu diskutieren. Aber leider werden auf vielen Tagungen, die sich mit diesen Fragen beschäftigen, nur Bekenntnisse abgelegt.

Unter dem Titel »Den Ursachen des Rassismus auf der Spur« berichtete die »Süddeutsche Zeitung« zum Beispiel über eine Fachtagung der Georg-von-Vollmar-Akademie im Mai 1992.[124] Die heutige Ausländerfeindlichkeit, so lautete eine Hauptthese, diene der Abwehr von Menschen, »die unsere Illusionen stören, wir würden unseren Reichtum allein der eigenen harten Arbeit verdanken«. Den Fremdenhaß könne man daher nicht bekämpfen, indem man Wohnungen baue oder deutsche und ausländische Jugendliche durch Gruppenarbeit zusammenführe. »Vielmehr müßten wir alle uns bewußt werden, wie sehr wir die Überlegenheitsansprüche der Dominanzkultur verinnerlicht hätten, und bereit sein zu Konsumverzicht zugunsten der von uns ausgebeuteten Dritten Welt. Hierarchien müßten abgebaut werden, ethnische Minderheiten müßten überall bei uns sichtbar werden, im Bundestag, in der Wirtschaft, in den Medien. Darunter ist die multikulturelle Gesellschaft nicht zu haben«, referiert das Blatt. Mich erinnert dieser Vorschlag an eine Karikatur von Horst Haitzinger: Ein Mann mit Hitler-Bart hält in einer Hand als furchterregende Ausländerattrappe ein türkisch anmutendes Gesicht mit Schnurrbart, Teufelshörnern und grimmigem Ausdruck, in der anderen einen offenen Sack. Ein verschreckter Michel ist im Begriff, vor der Attrappe in den Sack zu flüchten. Zwei Männer, als Oskar Lafontaine und Hans-Jochen Vogel erkennbar, kommentieren den Vorgang mit den Worten: »Den locken wir einfach wieder aus dem Sack, indem wir das Ausländerwahlrecht fordern.«

Der Hinweis auf »unverdienten Reichtum« muß weite Kreise der Bevölkerung verärgern, die wohl hart arbeiten, aber keineswegs reich oder auch nur wohlhabend sind. Viele Deutsche leben sogar am Rand des Existenzminimums. Ich erfahre immer wieder, wie schwer es für junge Akademiker ist, in Forschung und Lehre unterzukommen und eine Existenz zu gründen.

Dem Vorwurf, durch die Ausbeutung der Dritten Welt zu Wohlstand gekommen zu sein, brauchen sich die Deutschen nicht gefallen zu lassen, und die Schweizer und Österreicher schon gar nicht, besaßen sie doch keine oder nur kurze Zeit Kolonien. Wer die Geschichte der Industrialisierung kennt, weiß, worauf sich unser »Wohlstand« gründet: auf dem Buckel vieler Arbeitergenerationen, der guten Ausbildung unserer Handwerker, dem Fleiß der Bauern, dem Einfallsreichtum unserer Wissenschaftler und Techniker und nicht zuletzt dem Organisationstalent der Unternehmer von der Gründerzeit bis heute.
Nicht selten hört man, wir müßten die Einwanderung aus demographischen Gründen befürworten, um den Bevölkerungsschwund auszugleichen und neue Arbeitskräfte zu gewinnen, sonst sei es um unsere Renten schlecht bestellt. So äußerte der Vorsitzende der SPD-Bundestagsfraktion Hans-Ulrich Klose, daß Deutschland in ungefähr zehn Jahren jährlich bis zu 300 000 Einwanderer als Arbeitskräfte brauchen würde. Sie könnten aus den nordafrikanischen Staaten kommen, wo die Hälfte der Bevölkerung jünger als 25 Jahre sei.[125] In anderen Berichten las ich dagegen, daß die modernen Fertigungstechniken immer mehr Arbeitskräfte überflüssig machen würden, so daß man sich für das nächste Jahrhundert den Kopf zerbrechen müsse, wie die vielen Arbeitslosen sinnvoll zu beschäftigen seien.
Was stimmt? Ich kann es nicht entscheiden, aber sollten wir wirklich auf den Import von Arbeitskräften angewiesen sein, dann könnten wir zum Beispiel Wanderarbeiter rekrutieren. Bei guter Bezahlung wäre dies moralisch vertretbar. Und warum werden dann nicht die Familien besser gefördert?
In Bevölkerungen hat es immer kulturellen und genetischen Wandel gegeben. Aber er vollzog sich über längere Zeiträume und unter Wahrung von Identität und Kontinuität. Auf dieser Grundlage konnten die Kulturen sich gegenseitig bereichern. Wenn aber ein Volk ein anderes gewaltsam kulturell oder gar biologisch verdrängt, dann verurteilen wir das als Ethnozid beziehungsweise Genozid. Jedem Volk muß das Recht zugestanden werden, seine ethnische Eigenart zu wahren - diese Forderung ist international anerkannt. Daraus folgt auch, daß

Engländer, Deutsche, Israelis, Japaner, Kurden, Armenier und alle anderen Völker sich Gedanken über die Erhaltung ihrer Identität und Weiterentwicklung machen dürfen, selbst wenn das gelegentlich den Utopien politischer Ideologien unserer Zeit entgegensteht.

Nicht selten hört man: »Was ist an uns so Besonderes?« Nichts, außer daß wir eines der vielen Mosaiksteinchen im bunten Bild der Menschheit darstellen. Die Natur hat kein Interesse an uns oder an irgendeiner anderen Menschengruppe. Es sind viele Arten vor uns ausgestorben. Alle Organismen, die gegenwärtig auf dieser Erde krabbeln, wühlen, laufen, fliegen und schwimmen, uns inbegriffen, dürfen auf eine ununterbrochene Ahnenkette zurückblicken, die zweieinhalb Milliarden Jahre zurückreicht. Jeder in dieser langen Reihe von Vorfahren hat es geschafft, genetisch in Nachkommen zu überleben, und eine lange Geschichte der Auslese hat sie darauf getrimmt. Und auch wenn kein Interesse der Natur erkennbar ist - die Vorfahren der heutigen Organismen haben erfolgreich ihr »genetisches« Eigeninteresse vertreten. Sie beharrten dabei nicht auf einem einmal erreichten Zustand, sondern entwickelten sich allmählich weiter zu der gegenwärtigen Vielfalt, mit deren Hilfe der Lebensstrom seine Fortdauer sichert.

Die Diskussion um die künftige Bevölkerungspolitik Europas ist lehrreich, weil sie auf einige in der Konstitution von uns Menschen verankerten Hindernisse hinweist, die die Aufgabenlösung erschweren. Wir neigen etwa dazu, mehr aus Überzeugung denn aus Einsicht zu handeln. Hier könnten prägungsähnliche Fixierungen auf bestimmte Werte eine Rolle spielen, aber auch die verfehlte Anforderung des Gesichtwahrens, das die Umkehr aus Einsicht erschwert.

Melvin J. Lasky schreibt, daß es »tiefe und sicher unausrottbare Ursachen für den ewigen Krieg zwischen Leidenschaft und Vernunft, zwischen dem Menschen als dionysischem Fanatiker und als vernunftbegabtem, denkendem Wesen« gegeben habe. Sein Herz gebe ihm utopische Träume und revolutionäre Hoffnungen ein. Sein Verstand lehre ihn Umsicht und Vorsicht. Er weise ihm den Weg, der ihn vor verführerischen Vereinfachungen bewahre.[126]

Lasky belegt, daß Argumentationsweise und Strategien der Utopisten über die Jahrhunderte hinweg bis zum heutigen Tag gleich geblieben sind. Sachlichkeit war nie ihre Stärke. Sie handelten aus Überzeugung - und vergossen häufig Ströme von Blut. So radikal sind die Befürworter der multikulturellen Immigrationsgesellschaft und des Verfassungspatriotismus gewiß nicht. Aber die Unruhen in vielen Teilen der Welt, wie zuletzt im Frühjahr 1992 in Kalifornien, zeigen, daß die latenten Spannungen in einer solchen Gesellschaft groß sind, so groß, daß die Folgen auch gutgemeinten Handelns katastrophal sein können.

Unser Verhalten wird von Vorstellungen und Idealen geleitet. Der britische Philosoph österreichischer Herkunft Karl Popper warnt vor der Versklavung durch »falsche Ideen, Vorurteile und Ideale«. Aber welche sind die richtigen? Wir können uns dem Ideal der Freiheit verschreiben, getreu der Forderung Immanuel Kants, daß wir wagen sollten, frei zu sein und die Freiheit und Verschiedenheit in anderen zu achten. Dieses Ziel kann man auch rational begründen. Wir sind phylogenetisch als Generalisten und weltoffene Neugierwesen angelegt. Wenn wir unsere explorative Freiheit bewahren und die unserer Mitmenschen achten, kultivieren wir eine spezifisch menschliche Facette unseres Verhaltens mit der Chance, diese Begabung auch weiterzuentwickeln. Insofern ist dieses Leitbild akzeptabel. Aber ist es auch richtig?

Wir müssen uns in Erinnerung rufen, daß wir diese Welt mit Vorurteilen wahrnehmen. Wir rechnen zum Beispiel mit Regelmäßigkeiten in dieser Welt, und zwar aufgrund von »Erfahrungen«, stammesgeschichtlicher ebenso wie kultureller und individueller. Der vierzehntägige Säugling, der auf einen sich symmetrisch ausdehnenden dunklen Fleck, den man ihm auf einen Schirm projiziert, so reagiert, als würde ein Objekt in Kollisionskurs auf ihn zueilen, besitzt bereits Hypothesen über diese Welt. Er erwartet, daß sich mit diesem visuellen Eindruck taktile Konsequenzen verbinden, nämlich ein Zusammenstoß. Die Erwartung ist Teil des ihm angeborenen Programms. Die Hypothese hat sich offenbar im Lauf der Stammesgeschichte des Homo sapiens bewährt.

Wir nehmen grundsätzlich in erster Linie eignungsrelevante Facetten der Wirklichkeit wahr. Dafür wurde unser Welterkennungsapparat durch die Selektion geschaffen, und zwar in aktiver Auseinandersetzung des Organismus mit seiner Umwelt. Aber dieser Apparat kann, wie ausgeführt, mehr erfassen als das zum Überleben Notwendige. Mit Hilfe der von uns ersonnenen Instrumente vermögen wir, die organisch gesetzten Grenzen zu transzendieren, zum Beispiel ultraviolette Strahlung ebenso sichtbar zu machen wie Moleküle oder Vulkanausbrüche auf dem Jupitermond Jo. Aber uns sind Grenzen gesetzt, und wir geraten in einige Verlegenheit, wenn wir nach dem Sinn des Seins oder auch nur der eigenen Existenz fragen, wenn wir über Ursprung und Ende und die Unendlichkeit des Alls nachdenken. Unser Hirn und unsere Sinnesorgane haben sich entwickelt, um Aufgaben zu lösen, die sich uns auf der Erde stellen, und dazu sind in unserem Wahrnehmungsapparat Hypothesen über diese Welt einprogrammiert, die sich in Auseinandersetzung mit der außersubjektiven Wirklichkeit bewährten. Wir müssen Leistungsgrenzen anerkennen, auch wenn es uns immer wieder gelingt, mit neuen Kniffen bislang unbekannte Wirklichkeiten dieser Welt zu erkennen. Wir können auf eine weitere Evolution unseres Hirns hoffen, aber das ist Zukunftsmusik und setzt überdies eine scharfe Herausforderung durch die Umwelt voraus. Ohne diese neigen Organismen zur Involution. Wenn Vögel auf feindfreien Inseln nicht mehr fliegen müssen, dann verlieren sie leicht das Flugvermögen. Bei höhlenbewohnenden Tieren verkümmern oft die Augen. Wenn wir unseren Verstand nicht gebrauchen, wird auch dieser sich zurückentwickeln.

Wir sprechen von gut und böse, schön und häßlich, von Treue und Pflicht und unterscheiden eine Vielzahl von Tugenden und Untugenden. Wir reagieren mit Empörung auf Ungerechtigkeit, selbst wenn wir nicht deren Opfer sind, und haben ein schlechtes Gewissen, wenn wir uns versündigen, das heißt gegen von uns akzeptierte Regeln des Umgangs mit anderen verstoßen.[127] Begriffe wie »schön« und »häßlich« beruhen auf stammesgeschichtlich oder kulturell geprägten Leitbildern. Das können idealtypische Umweltmerkmale sein oder auch idealtypische Eigenschaften des menschlichen Körpers. Die Wahrnehmung anderer Organismen wird durch andere »Leitbilder« bestimmt. Auch die Konventionen, was als »gut« und was als »böse« zu verstehen ist, sind art- oder kulturbezogen, und ihre Inhalte ändern sich in der Geschichte mit den sich wandelnden Anforderungen, die unter neuen Umweltbedingungen das Überleben an uns stellt. Die anonyme Großgesellschaft erfordert eine andere Ethik als die individualisierte Gemeinde. Im Lauf der zivilisatorischen Entwicklung gewinnen die Interessen der größeren Gemeinschaft Priorität gegenüber den Belangen des einzelnen.

Das Überleben von Menschengruppen hängt unter anderem ab von ihrer Fähigkeit, im Notfall des Kriegs die erforderliche Anzahl wehrfähiger Männer zu mobilisieren, ferner vom organisatorischen Talent der Führung. Dieses setzt wiederum ein gewisses Maß an Großgruppenloyalität voraus und die Bereitschaft, Anordnungen zu akzeptieren und Regeln der Gemeinschaft zu befolgen. Es bildeten sich in historischer Zeit die sogenannten staatstragenden Tugenden heraus wie jene der Vaterlandsliebe, der kriegerischen Einsatzbereitschaft für die eigene Gruppe und der Gefolgsbereitschaft. Sie knüpfen in ihrer archaischen Emotionalität sicher an ursprünglich familiale Verhaltensnormen an, die dann kulturell auf eine größere Gruppe übertragen wurden. In Notzeiten findet eine Umwertung der »natürlichen« Prioritäten statt. Normalerweise wird selbst in modernen Staaten der Familie ein Vorrang gegenüber der Gesellschaft zugestanden. Im Krieg aber verschieben sich die Prioritäten. Eigeninteressen sind dann hintanzustellen. Es gilt als Tugend, den »inneren Schweinehund«, zum Beispiel natürliche Fluchtreaktionen, zu überwinden und im Wertkonflikt den Gehorsam über alles andere zu stellen. Was, wenn es um die Unterdrückung des Mitleids geht, schreckliche seelische Belastungen hervorrufen kann, so, wenn die militärische Führung Soldaten zu Geiselerschießungen abkommandiert. In totalitären Systemen gilt es bisweilen als tugendhaft, wenn Kinder ihre Eltern als ideologische Abweichler und Verräter entlarven. Die Neigung, sich in erster Linie für die Familie einzusetzen, bleibt dennoch immer stark. Das hat soziobiologische Gründe. Verwandte stehen einem genetisch näher, und wir wurden auf genetisches Überleben selektiert. Daher bekämpfen Staaten den Nepotismus und bekräftigen die Einsatzbereitschaft für die Gemeinschaft durch verschiedene Techniken der Propaganda.

Was richtig und was falsch, was gut und was böse ist, wechselt auch mit der Situation, in der sich eine Gemeinschaft befindet. Es hängt davon ab, ob sie im Krieg mit anderen, im Frieden, in Not oder im Wohlstand lebt. Was zählt, ist die Weiterexistenz der eigenen Gemeinschaft in Nachkommen.

Die Werte änderten sich außerdem mit der Zeit. Die Kleingruppenethik wurde abgelöst durch eine Staatsethik. Was dem eigenen Land frommte, galt als richtig. Die Zeit nach den beiden Weltkriegen war und ist geprägt von der Suche nach neuen Konventionen. Im Bemühen um eine kooperative Weltgemeinschaft der Völker rückten gemeinsame Interessen in den Vordergrund. Nationale Egoismen werden gemildert. Die Menschen sollen sich nicht nur ihrer Nation, sondern auch ihrer Art verbunden fühlen, ja ein extremer Internationalismus fordert sogar, die nationalen Interessen denen der Menschheit unterzuordnen. Aber dies ginge zu weit aus Gründen, die wir bereits ausgeführt haben.

Die Forderung, die Individualität anderer zu achten, ist gleichbedeutend mit dem Gebot, eigennützige Impulse zu zügeln, wenn sie die Freiheit von Mitmenschen gefährden. Wir sind dazu zwar fähig, geraten aber in Schwierigkeiten, wenn wir solcherart Rücksichtnahme gegenüber allen Menschen praktizieren sollen. In der Kleingruppe respektieren wir einander, wenn auch das Rang- und Dominanzstreben bisweilen Störungen erzeugt. Aber dieses wird beim Menschen zunehmend durch fast demokratische Führungsordnungen abgelöst. Wir müssen den mit zunehmendem Abstand stärkeren Impuls, Fremden gegenüber dominant aufzutreten, zu beherrschen lernen - dies ist eine kulturelle Aufgabe. Nur wenn wir sie lösen, können wir uns mit Menschen anderer Sprache und Herkunft verbinden und uns sogar mit ihnen identifizieren.

Allerdings bildet hier wie in allen ähnlich gelagerten Fällen Gegenseitigkeit die Voraussetzung für das Funktionieren. Sie ist das Grundgesetz sozialen Umganges, wie die französischen Anthropologen Marcel Mauss und Claude Lévi-Strauss hinsichtlich der durch Geben und Nehmen charakterisierten Beziehungen erkannt haben. Dieses Gesetz gilt auch für negativ zu wertende Verhaltensweisen, wie sie sich etwa in dem archaischen Bild »Auge umd Auge, Zahn um Zahn« äußern.

Wo Neues entstehen soll, muß Altes verändert oder zerstört werden. Damit aber droht die Gefahr, daß Traditionen abreißen. Entwurzelung und Desorientiertheit sind die Folgen. Sie können Fluchtreaktionen hervorrufen: in Ideologien, die Heilslehren anbieten, oder im Extremfall in die Traumvisionen der Drogen. Oft wird nur zerschlagen, ohne daß Neues sich bildet. Gegenwärtig werden nach dem Motto »Alles gilt« viele traditionelle ästhetische und ethische Werte angegriffen. Ich halte dies noch nicht für beängstigend. Aber manches überschreitet in meinen Augen die Grenzen des moralisch Vertretbaren. Darunter fallen die Beschreibungen der als »Mysterien« und Kunst verbrämten Blutorgien eines Hermann Nitsch. Da wird eine junge Frau nackt mit gespreizten Beinen auf ein Kreuz gefesselt, mit den Eingeweiden und dem Blut eines frisch getöteten Schafes übergossen und dann mittels eines Kunstpenis vom »Künstler« koitiert. Das Publikum ist von der künstlerischen Leistung hingerissen, und die Gazetten kolportieren anerkennend das Ereignis. Ich interpretiere das Geschehen als sexualsadistisch und würde mich nicht wundern, wenn Modelle dieser Art in prägsamen und zur Deviation neigenden jungen Hirnen gefährliche Spuren hinterließen.

Diese Frage ließe sich experimentell klären, so, wie zum Beispiel die Wirkung aggressiver Szenen im Fernsehen auf Kinder und Jugendliche untersucht wurde. Aber zu Recht würden dagegen ethische Einwände erhoben werden, denn solche Versuche könnten Spuren in den jungen Menschen hinterlassen. Als »Aktionskunst« verbrämt, werden blutige Pseudovergewaltigungen dagegen von vielen begrüßt. Bedenken werden kaum laut. Im Gegenteil, lautet die leichtfertig vorgetragene These, solcherart Vorführung mache bewußt und ventiliere das Böse in uns.

Im Klagenfurter Literatur-Wettbewerb 1991 las Urs Allemann

den provozierenden Text »Babyficker«, der im »Spiegel« gekürzt und mit Kommentar veröffentlicht wurde. Der Text ist im höchsten Grade brutal und obszön. Er wurde preisgekrönt! Hellmuth Karasek erläuterte in einem exkulpierenden Kommentar dazu, daß die Geschichte der Literatur auch und vor allem die Geschichte ihrer Skandale sei.[128] Sie mache Mörder wie Woyzeck, Kindermörder wie Medea, Königsmörder wie Macbeth zu ihren Helden. Als ob man das hinsichtlich Inhalt und Niveau vergleichen könnte. Allemanns Text ist als Provokation gedacht, aber er erscheint mir nur abstoßend und degradierend. Ich halte es für bedenklich, wenn das Grausliche, Ekelhafte, Erniedrigende und Häßliche zelebriert wird. Hier wird dem Mitmenschen kein Spiegel vorgehalten, sondern ein Zerrspiegel.

Das Bemühen, alte Wertvorstellungen zu zerstören, richtet sich auch gegen die Familie. Kinder seien nicht lieb, hieß es in einem längeren Artikel im »Zeit-Magazin«. Sie seien schrecklich und kein wertvolles Geschenk, es mache auch keine Freude, sie aufwachsen zu sehen. Überhaupt: »Rationale Gründe für das Kinderkriegen gibt es nicht. Es ist eine Mischung aus egoistischer Verblendung und vager Hoffnung, die Mütter und Väter dazu treibt, einen beträchtlichen Teil ihres Lebens der Aufzucht einer neuen Generation zu widmen.« Zu der oft von Eltern gebrauchten Behauptung, Kinder würden dem Leben erst einen Sinn geben, erklärt der Autor des Artikels, Jörg Albrecht: »So ähnlich würde auch ein Wildkaninchen argumentieren, könnte es argumentieren. Das eigene Leben nur als genetisches Programm zu betrachten, das einzig und allein dazu abgespult wird, Nachfahrenschaft in die Welt zu setzen, ist dumpfester Biologismus.«[129]

Gewiß, wenn man es so vergröbert sieht. Nur, so formulieren das nicht »die Biologen«, sondern höchstens ein paar Außenseiter, die aus Gründen der Anschaulichkeit die Organismen soziobiologisch als Vehikel charakterisieren, die sich die Gene schufen, um ihre Verbreitung zu sichern. Solche Formulierungen sollen den Sachverhalt beleuchten, daß alle heute lebenden Organismen durch die Keimbahn verbunden sind, in der die immer weitergereichten Gene das potentiell Unsterbliche darstellen. Sie ändern sich zwar und werden ausgetauscht. Aber zum Unterschied von den Organismen, die sterben müssen, überleben sie, vorausgesetzt ihr Organismus pflanzt sich fort. Ob darin der Sinn des Lebens besteht, weiß ich nicht. Er kann von uns nur gedeutet, aber nicht auf überprüfbare Weise bestimmt werden. Wir können dem Leben allerdings Sinn geben. Und ich gehöre zu jenen, die ihn in eigenen Kindern erfahren haben. Man kann dies unter dem Gesichtspunkt eines Generationenvertrags betrachten. Die Eltern investierten in die meisten von uns viel Liebe und Sorge, und dies läßt sich als Verpflichtung interpretieren. Aber an Pflichten denken wir nicht, denn fast allen Menschen bereitet es Freude, Kinder aufzuziehen.

Es gehört zur Tradition des europäischen Geisteslebens, von Generation zu Generation die überkommenen Werte, Ansichten und Erziehungsmethoden in Frage zu stellen - dies fordert uns heraus und verhindert, daß wir in Dogmen erstarren. Nur vermisse ich oft Toleranz, die Bereitschaft, den anderen zu verstehen. Manche lehnen vom eigenen Standpunkt abweichende Meinungen oft plakativ-dogmatisch ab und glauben sich fortschrittlich, indem sie andere herabsetzen.

Begründet man Aussagen biologisch, dann kann man mit großer Wahrscheinlichkeit damit rechnen, daß einem früher oder später »dumpfer Biologismus« entgegenhallt. Hinter diese Wortschanze ziehen sich oft jene zurück, die mangels wissenschaftlicher Grundkenntnisse den Gedankengängen von Biologen nicht folgen können. Weist man zum Beispiel darauf hin, daß das Verhalten von Mann und Frau nicht allein durch eine die Geschlechtsrollen prägende Umwelt bestimmt wird, sondern auch in ganz entscheidendem Maß durch das biologische Erbe, dann ist man bald als »Sexist« abgestempelt. Sex sei in erster Linie eine Frage der Lust, höre ich ab und zu. Nichts gegen die Lust, aber gehört nicht auch die Verantwortung dazu? Was ist, wenn Frauen für die romantische Liebe anfälliger wären als Männer?

Dafür gibt es Indizien. Frauen dürften über sexuelle Erlebnisse schneller emotional einklinken und an den männlichen Sexualpartner gebunden werden, als dies umgekehrt der Fall ist.

Das beim weiblichen Orgasmus ausgeschüttete Bindehormon Oxytocin spielt dabei eine wichtige Rolle. Die Beziehung zwischen den Geschlechtern ist demnach nicht symmetrisch, und daher muß man damit rechnen, daß der weibliche Partner in einer solchen Beziehung psychisch verletzlicher ist als der Mann. Auch wenn sich beide ernsthaft lieben, aber nicht heiraten, weil es ja angeblich keinen Unterschied macht, ob man einen Trauschein besitzt oder nicht, bedeutet das für Mann und Frau nicht das gleiche. Die Frau investiert mehr in eine Beziehung. Ihre reproduktive Phase ist viel kürzer als die des Mannes, und die physiologisch besten Jahre für die Fortpflanzung sind die zwischen 18 und 30. Trennen sich die Partner nach ein paar Jahren, weil einer oder beide finden, daß sie doch nicht zueinander passen, dann hat die Frau mehr verloren als der Mann. Wiederholt sich der Vorgang, dann sinken die Aussichten der Frau auf Ehe und Familie rapide ab. »Macht doch nichts«, ist die herzlose Antwort. »Die Menschheit stirbt deswegen nicht aus, es gibt ohnedies zu viele Menschen. Den Singles und der Lust gehöre die Zukunft.« Ich fürchte, ein solcher Vulgärhedonismus wird viele unglückliche Menschen zeugen.
Wir sprechen oft von den großen Herausforderungen unserer Zeit und nennen dabei in wechselnder Reihenfolge Überbevölkerung, Ressourcenerschöpfung, Umweltzerstörung, die Armut der Dritten Welt und Nationalitätenkonflikte - sie sind alle miteinander verknüpft und keine enger als Überbevölkerung und Umweltzerstörung. Eine gravierende Frage wird allerdings in den Aufzählungen meist schamhaft verschwiegen. Es handelt sich um die politischen Führungen. Vergil soll einmal gesagt haben, daß wir unser Schicksal durch die Wahl unserer Götter bestimmen. Realitätsnäher wäre, man würde Götter durch Regierende ersetzen. Die Häuptlinge waren früher zugleich die Magier. Aber diese Fähigkeit ist heute nicht mehr gefragt. Wir brauchen eine politische Führung, die sich durch Wissen auszeichnet.
Der deutsche Philosoph Arnold Gehlen hat den Menschen treffend als das »riskierte Wesen« bezeichnet.[130] Es ist in erster Linie unser Erfolg als Art, der uns zu schaffen macht. Wir haben tierische Konkurrenten und Feinde ausgeschaltet. Wir haben

die technische Zivilisation und die Großgesellschaft mit allen Segnungen und Gefahren entwickelt. Wir versuchen, uns dieser Entwicklung anzupassen und experimentieren mit Regierungs- und Wirtschaftsformen, mit Sozialtechniken sowie Erziehungs- und Sozialprogrammen. Das tun wir seit einigen tausend Jahren, aber nun scheint eine Krisensituation erreicht durch die Überbevölkerung, die nicht droht, wie manche behaupten, sondern schon gegeben ist. Sie erfordert von den Führenden geistige Flexibilität, Sachlichkeit, humanitäres Engagement und Wissen um uns Menschen.

Ich gehöre nicht zu jenen, die um die Zukunft der Menschheit bangen. Dazu hat sich der Mensch zu weit über die Erde verbreitet. Die Frage scheint nur, ob wir aus Katastrophen lernen und weitere aus Einsicht vermeiden können. Wir müssen uns der Gefahr ideologischer Fixierungen bewußt werden, die uns unbeweglich machen und unseren Wahrnehmungshorizont einengen. Wir müssen die Fallstricke unserer Emotionalität in Rechnung stellen, also akzeptieren, daß wir nicht nur Produkt einer uns während unseres Aufwachsens formenden Umwelt sind, sondern auch unserer Stammesgeschichte.

# Die Zukunft der Humanethologie

In den ersten beiden Jahrzehnten humanethologischer Forschung stand die Frage nach den stammesgeschichtlichen Anpassungen - dem Angeborenen im menschlichen Verhalten - im Brennpunkt des Interesses. Durch die Untersuchungen an Taubblinden gelang der Nachweis, daß eine Reihe von Ausdrucksbewegungen, vor allem die Mimik, als Erbkoordinationen vorliegen und daß auch elementare Verhaltensmuster der Bindung und Distanzierung durch stammesgeschichtliche Programmierungen vorgegeben sind. Die kulturenvergleichende Dokumentation belegte darüber hinaus, daß es Universalien im menschlichen Verhalten gibt, die ebenfalls angesehen werden müssen als phylogenetische Vorprogrammierung, die aber nicht gleichgesetzt werden darf mit Tiererbe. Vieles in Morphologie und Physiologie ist vielmehr spezifisch menschlich, man denke nur an die für unser Sprechen bereitliegenden neuronalen Strukturen.

Manches allerdings ist in der Tat altes Erbe. Im tierischen Verhalten sind Homologa nachweisbar. Studien in Kindergärten verschiedenen Erziehungsstils und in verschiedenen Kulturen belegten ferner, daß universale Interaktionsstrategien und Prozesse der Selbstorganisation existieren, die unter anderem zur Ausbildung von Rangordnungen führen. Wichtig war schließlich die Entdeckung, daß wir Menschen unseren sozialen Austausch nach einem konstitutionell vorgegebenen System von Regeln strukturieren, gewissermaßen nach einer angeborenen Etikette. Im Rahmen dieser Regeln können Verhaltensweisen verschiedenen Ursprungs als funktionelle Stellvertreter eingesetzt werden, was eine äußerliche Vielfalt von Ritualen und Umgangsformen ermöglicht. Der Mensch kann sich überdies verbal verhalten. Er beachtet dabei die gleiche Etikette. Mit dieser Erkenntnis ist die Kluft zwischen verbalem und nichtverbalem Verhalten überbrückt und der Weg aufgetan, die universale Grammatik menschlichen Sozialverhaltens zu erforschen.[131]

Im Lauf unserer Untersuchungen hat sich herausgestellt, daß das Angeborene eine weit größere Rolle spielt, als wir ursprünglich angenommen hatten. Unsere Emotionalität, unser Wahrnehmen, Denken und Handeln, ja auch unser Lernen ist auf vielfältige Weise durch stammesgeschichtliche Anpassungen mitbestimmt. Das heißt, die diesen Leistungen zugrundeliegenden Neuronenpopulationen mit ihrer komplizierten Chemie wachsen aufgrund der im Erbgut festgeschriebenen Blaupausen zu funktionsreifen Organsystemen heran. Lernen tritt dabei oft nur an vorgesehener Stelle ein, es ist durch spezifische Lerndispositionen vorbestimmt, wie zum Beispiel durch sogenannte »Leitbilder«.

Die menschlichen Gesichtsbewegungen zeigen, bis in welches Detail die kulturenübergreifende Gemeinsamkeit gehen kann. Zum Teil sind die mimischen Äußerungen, wie der Vergleich mit anderen Primaten zeigt, sehr alt. Die Fähigkeit des Menschen, angeborene Verhaltensmuster, die Kinder in Bewegungen abhandeln, in Wortsprache zu übersetzen, trägt zur Versachlichung zwischenmenschlicher Auseinandersetzungen durch Affektabkoppelung bei und erlaubt es unter anderem zu streiten, ohne physisch zu verletzen. Diese spezifisch menschliche Form, ritualisierte Konflikte auszutragen, ist eine Voraussetzung für das Miteinander in größeren Gemeinschaften. Der Mensch kann grundsätzlich jedes Verhalten ins Verbale übersetzen und damit emotional entlastet interagieren. Des weiteren kann er sich subtiler äußern, indem er verbale und nichtverbale Kommunikationsmuster miteinander kombiniert. Er ist zum Beispiel in der Lage, eine unangenehme verbale Botschaft durch ein beschwichtigendes Lächeln zu entschärfen und so die bittere Pille zu versüßen. Damit ist er für das Leben in einer größeren Gemeinschaft gerüstet. Aber noch nicht für die anonyme Massengesellschaft, in der Aggressionen und Rangkämpfe nicht ausreichend durch persönliche Bekanntheit abgeschwächt werden. Das Verhalten gegenüber Menschen, die

man nicht persönlich kennt, ist durch eine stärkere Agonalität charakterisiert. Das durch die positive Rückkoppelung über einen hormonalen Reflex angeheizte Rangstreben wird daher rücksichtsloser ausgelebt und kann eskalieren. Da der Mensch weitgehend frei ist, die ihm zur Verfügung stehenden Eigenschaften nach Belieben zur positiven Selbstdarstellung zu nutzen, kommt es zu den erstaunlichsten Tugendexzessen.[132]
In den uns angeborenen Programmierungen verbergen sich Stolperstricke. Wir müssen uns kulturell anpassen an die moderne Welt, und es ist unser würdig, dies nicht in einem blinden Versuch-und-Irrtum-Lernen zu tun, sondern der Selektion durch Einsicht in die Zusammenhänge zuvorzukommen, denn das vermindert individuelles Leid. Um unsere Vernunft wirksam einzusetzen, bedarf es aber gründlichen Wissens um uns selbst. Dies setzt umfassende humanethologisch-kulturanthropologisch ausgerichtete Forschungsbemühungen voraus. Daran beteiligt sein müßten vor allem Ethologen, Psychologen, Soziologen, Völkerkundler, Kunstwissenschaftler, Historiker und Linguisten. Sie sollten bereit sein, die Konsequenzen aus unserem stammesgeschichtlichen Gewordensein zu akzeptieren. Geistes- und Naturwissenschaften würden so produktiv zusammengeführt.
Unser kleines Team wird sich künftig wie bisher auf einige Forschungsschwerpunkte konzentrieren. Wir führen die kulturenvergleichende Dokumentation weiter. Ich bin besonders daran interessiert, die Regeln zu erforschen, nach denen verbale und nichtverbale Interaktionen ablaufen. Mehr als bisher rückt das kulturelle Verhalten des Menschen in den Vordergrund unserer Betrachtungen. So wollen wir untersuchen, wie sich die Grundmuster des Verhaltens, deren biologische Basis wir erkannt haben - beispielsweise Besitz, Territorialität, Rangstreben, Fremdenscheu -, sich in Gesellschaften kulturell ausdrücken und wandeln. Zu fragen ist, wie weit sie sich durch Förderung und Unterdrückung verändern lassen und wie diese »Bausteine« menschlichen Verhaltens entwickelt, kombiniert und instrumental eingesetzt werden, um den Menschen an die sich stets im Fluß befindlichen sozialen und politischen Erfordernisse anzupassen.

Das Teilen und Geben gehorcht zum Beispiel einer Etikette, die durch den Respekt vor Besitz und der Regel der Reziprozität charakterisiert ist. Der Objekttransfer kann seine bindende soziale Funktion nur erfüllen, wenn der Partner das Angebot annimmt. Ablehnung ist ein distanzierender Akt, sie wird oft als aggressive Herausforderung eingesetzt.
Bereits kleine Kinder beachten die Regeln des Objekttransfers, und sie wissen intuitiv sowohl um die ökonomische als auch die soziale Funktion des Gebens Bescheid. Bereits im vorsprachlichen Alter zeigen und geben sie Personen, mit denen sie sich anfreunden wollen, spontan Dinge. Sie teilen bereitwillig, wenn sie darum gebeten werden, verweigern aber das Abgeben, wenn Spielgefährten ihnen das Begehrte wegnehmen wollen und damit gegen die Regel des Respekts vor Besitz verstoßen.[133]
Die starke affektiv-freundliche Einstimmung durch eine Gabe habe ich in beeindruckender Weise selbst erfahren, als ich kurz nach dem Krieg meine erste Reise in die Schweiz unternahm. Ich sollte damals junge Silber- und Purpurreiher von der Biologischen Station Wilhelminenberg zum Baseler Zoo bringen. Nachdem ich meine Aufgabe erfüllt hatte, stand ich etwas verloren auf dem Baseler Bahnhof und wartete auf den Zug, in dem ich eine kleine Rundreise durch die Schweiz beginnen wollte.
Man muß mir angesehen haben, daß ich nicht aus dem Schlaraffenland kam. Ich war, wie viele meiner Landsleute damals, chronisch unterernährt, und auch mit der Kleidung stand es nicht zum Besten. Der Kontrast zwischen Österreich und der Schweiz war groß, und ich fühlte mich unsicher und beschämt in diesem Wohlstand, über den ich mich aber gleichzeitig freute: Gottlob, daß es eine solche Insel der Geborgenheit in diesem zerstörten Europa gab!
Ich bemerkte, daß in meiner Nähe eine junge Frau mit ihrer Mutter tuschelte. Die beiden schauten zu mir hin, was meine Verlegenheit mehrte, dann ging die junge Frau zu einem Automaten, warf eine Münze ein und zog eine große Tafel Schokolade heraus. Mit einem lieben Lächeln und einem freundlichen Gruß schenkte sie sie mir. Mit dieser elementaren Geste

der Zuwendung prägte sie mir ein Bild der Schweiz ein, das sich bis heute erhalten hat - ein positives Vorurteil wurde fixiert. Ich war zu schüchtern, um die junge Frau nach ihrer Adresse zu fragen. Ob sie sich noch an diese Episode erinnert? Und ob sie meinen Dank, den ich hier ausspreche, je liest? Als ich später nachdachte über Bindung und Aggression, Liebe und Haß, habe ich mich oft an mein Schweizer Schlüsselerlebnis erinnert.
Teilen und Geben können unter Beachtung der Regeln des Objekttransfers kulturell auf verschiedene Weise vollzogen werden. Bei den !Kung-Buschleuten der Kalahari entdeckte die heute zu meinen engen Mitarbeiterinnen zählende amerikanische Völkerkundlerin Polly Wiessner ein reziprokes Austauschsystem, das eine Art Sozialversicherung darstellt. Jedes Mitglied einer Gruppe pflegt über Geschenke die Beziehungen zu durchschnittlich achtzehn anderen. Diese Geschenkpartner sind ihrerseits zur Gegengabe verpflichtet, allerdings erst später. Auf diese Weise wird ein beständiges Beziehungsnetz fortgeführt. Die Partnerschaften werden oft über Generationen tradiert.
Die Geschenke bestehen aus kunstvoll gearbeiteten Armbändern und anderen Artikeln, deren Herstellung viel Aufwand erfordert. In Notzeiten gewähren die Geschenkpartner einander Zugang zu den eigenen Sammel- und Jagdgebieten. Und besucht einer seinen Geschenkpartner, dann muß dieser ihn einige Tage versorgen. Bleibt er länger, dann darf er sich in dessen Gebiet Nahrung beschaffen. So begründet das auf Gegenseitigkeit beruhende Austauschsystem eine weiträumige Vernetzung, die über die Lokalgruppe hinausgreift.[134]
Innerhalb der Lokalgruppe wird die leicht verderbliche Beute nach genauen Regeln vom Jäger geteilt. Er darf dabei nicht mit seinem Erfolg prahlen, sonst wird er verspottet und gescholten. Jeder hat Anrecht auf ein Beutestück. Der erfolgreiche Jäger gewinnt Ansehen, Dominanz jedoch wird nicht geduldet.
Die Anpassung an die technische Zivilisation, die städtische Umwelt und die Großgemeinschaft bereitet dem Menschen Schwierigkeiten. Das ist unter anderem auf unsere emotionale Veranlagung zurückzuführen, die uns auf die Belastungen der Gegenwart ungenügend vorbereitet.

Es fällt auf, daß die Vorstellung von einem verlorenen Paradies immer wieder auftaucht. Dabei war das Leben des altsteinzeitlichen Jägers und Sammlers keineswegs paradiesisch. Es gab Krankheiten, Hunger, Überfälle, Raubtiere und eine Vielzahl von anderen Gefahren. Daran haben wir uns aber in der langen Geschichte unseres Wildbeuterdaseins angepaßt, und zwar so weit, daß wir heute, in Ermangelung solcher Herausforderungen, die Gefahr geradezu suchen. Wir stürzen uns mit Hanggleitern in die Abgründe, um wie Ikarus dahinzusegeln, wir klettern auf steile Felsen, rasen auf Skiern in die Täler hinab, tauchen in Meeresgründe und unternehmen Abenteuerreisen. Wir genießen die Strapazen, die wir im Alltag vermissen.
Den Streßfaktoren der heutigen Zeit stehen wir dagegen oft wehrlos gegenüber. Der Verkehr überrollt uns, die Naturferne der modernen Stadtumwelt, das Mißtrauen und die Vereinzelung in der großen Menge belasten uns. Wir sind für eine Gemeinschaft geschaffen, in der jeder den anderen kennt. Aber für die Größe einer solchen Gruppe ist nach neueren Untersuchungen eine obere Grenze gesetzt, die bei 500 Personen liegen dürfte. Wächst eine Gemeinschaft darüber hinaus, dann braucht sie Führung und besondere Sozialtechniken, um den Zusammenhalt zu gewährleisten.
Der Zahl der in einem bestimmten Gebiet kooperierenden Führungseliten ist ebenfalls ein Limit von 500 gesetzt, sonst sind Interaktionen auf der Grundlage persönlicher Bekanntschaft nur eingeschränkt oder nicht mehr möglich. Die historische Forschung und der Kulturenvergleich belegen diese zahlenmäßige Begrenzung.[135]
Müssen mehr Personen an der Entscheidungsfindung beteiligt werden, weil die politisch zu verwaltende Bevölkerung zu groß ist, dann wird ein neuer hierarchischer Überbau erforderlich. Das Wissen um unsere beschränkten Kapazitäten für den Umgang miteinander kann die Effizienz der wirtschaftlichen und politischen Führung unserer Zeit verbessern helfen.
Hin und her gerissen in einem Chaos von Affekten, versuchen wir Menschen mit Situationen fertig zu werden, in die wir durch unseren Erfolg hineinkatapultiert worden sind. Die bewährten Strategien der Kleingruppe, die sich von anderen Gruppen ab-

grenzte und mit ihnen notfalls auch kriegerisch konkurrierte, führen in unserer Zeit zu gefährlichen Konflikten. Wir suchen nach neuen Wegen. Immer wieder fordern uns veränderte Bedingungen heraus. Jeder aufkommenden Subsistenzstrategie mußte sich der Mensch anpassen. Ackerbau und Viehzucht ermöglichten es mehr Menschen, auf der Erde zu leben. Sie trieben Handel, es entstanden arbeitsteilige Stadtkulturen mit befestigten Anlagen und Söldnern zur Verteidigung. Es entwickelten sich neue Sozialtechniken, um größere Gruppen zu führen, die zur Solidarität überredet oder gezwungen werden mußten. Priester- und Adelsherrschaft bildeten sich aus.
Der Mensch hatte in der Regel Hunderte von Jahren Zeit, zu experimentieren und sich zu orientieren. Bereits die alten Griechen diskutierten über moderne Themen. Nur bedurfte es keiner schnellen Lösungen. Man hatte Zeit in der schwach bevölkerten Welt. Wir haben keine Zeit mehr. Und große Fehler können wir uns nicht leisten angesichts der enormen Wirkung der modernen Technik.
Wie weit können wir bei kultureller Neuanpassung vorhandene stammesgeschichtliche Programmierungen wie unsere Emotionalität nutzen und umfunktionieren? Ohne Engagement für künftige Generationen handeln wir nach dem Prinzip »Nach uns die Sintflut«. Das eigene und unserer Kinder Schicksal steht uns dagegen nahe. Was danach kommt, ergreift uns weniger, anderes läßt uns kalt. Hier gilt es, das rational fundierte Ethos der Verantwortlichkeit auch emotional zu begründen, es an unsere affiliativen Emotionen anzukoppeln. So, wie es uns gelang, unsere familialen sittlichen Ideale auf uns unbekannte Mitglieder der Großgruppe auszudehnen und sie so als »Brüder« und »Schwestern« in eine Gemeinschaft einzubeziehen, so sollten wir bestrebt sein, durch ein generationenüberschreitendes Ethos in die Zukunft reichende Solidargemeinschaften zu schaffen. Nur dann besteht Hoffnung, daß wir unsere auf Maximierung der Ausbeutung angelegte Natur zügeln - im Interesse kommender Generationen.
In diesem Zusammenhang möchte ich in den kommenden Jahren auch der Erforschung der menschlichen Indoktrinierbarkeit und der Bedeutung der Ideologien widmen. Ich selbst ha-

be entscheidende Phasen der Wertsuche erlebt, den elitär übersteigerten Nationalismus der Nazis, der Millionen von Menschen zunächst mit- und dann in den Abgrund riß. Ich erlebte die Umwertung der bisher gültigen Leitbilder nach dem Krieg, die ideologische Auseinandersetzung zwischen Kommunismus und Kapitalismus, die Entwicklung der liberalen Demokratie in Europa, das Aufkommen des Europagedankens und schließlich als Reaktion auf einen überspannten Egalitarismus und Internationalismus das Wiedererwachen von Nationalismus und religiösem Fundamentalismus. Ein Szenarium verwirrter Suche nach dem richtigen Weg, angetrieben von dem Wunsch nach einem besseren Leben, nach dem besseren Menschen, aber auch vom Machtstreben einzelner, die für ihre egoistischen Zwecke die Ethnien und Religionen gegeneinander aufwiegeln.

All dies ist Ausdruck des Suchens nach neuen Leitbildern. Dabei wird die fatale Neigung des Menschen offenbar, alles zur Doktrin zu erheben und sachlichen Einwänden gegenüber blind zu werden. Wie kommt es dazu? Die Vertreter von bestimmten Positionen überzeugen zunächst sich selbst, indem sie ihre Thesen vielfach wiederholen. Sie verfestigen ihren Glauben schließlich bis zur Starrheit und sind dann nicht mehr bereit, anderen zuzuhören. »Wenn du etwas nicht glaubst, dann predige es so lange, bis du es glaubst«, lautet der Leitspruch eines amerikanischen Fundamentalistenpredigers. Wie gelingt es Ideologen immer wieder, Menschengruppen bei ihren Affekten zu packen und zu irrationalem Tun zu motivieren? Worum handelt es sich bei unserer erstaunlichen Indoktrinierbarkeit? Welcher Klischees bedienen sich die Ideologien, und wie können wir uns vor Verblendung und damit vor uns selbst schützen? Das sind Fragen, die die Humanethologie herausfordern. Die starke affektive Bindung an kulturell definierte Werte der Gemeinschaft, wie sie sich in ideologischen Bekenntnissen religiöser oder politischer Art äußert, weist auf stammesgeschichtlich entwickelte Dispositionen hin. Dafür spricht auch die »Therapieresistenz«, die das Phänomen der Indoktrinierbarkeit in die Nähe der Prägung rückt. Ich sehe eine Wurzel dieser angeborenen Lerndisposition in unserer familialen An-

lage. Um die Mutter-Kind-Bindung gegen Störeinflüsse abzuschirmen, wurde eine spezielle Lerndisposition ausgebildet. Inwieweit dabei generalisierbare Eigenschaften der Mutter herausgegriffen werden, wie es bei vielen Tieren der Fall ist, und inwieweit es sich um individuelle Merkmale handelt, bleibt zu untersuchen. Beides dürfte eine Rolle spielen.
Der Mensch ist ungemein formbar. Aber irgendwann reagiert er mit Rebellion, als wäre er überfordert. Was ist zumutbar, was muß ich ihm unter den heutigen Lebensbedingungen zumuten, und wovor müssen wir uns hüten? Wie funktioniert der Prozeß der Indoktrinierung, welche Register werden dabei gezogen, um die affektive Besetzung zu bewirken, inwiefern und in welchen Entwicklungsstadien werden Werte auf den verschiedenen Ebenen prägungsartig fixiert? Und inwieweit kann der Mensch umlernen? Welche Rolle spielt schließlich die Wertevermittlung über die Kunst?
Hier eröffnet sich der Humanethologie ein Forschungsfeld, das in Teilbereichen bereits von anderen Humanwissenschaften bestellt wird. Mit ihrem biologischen Ansatz kann die Ethologie entscheidende Beiträge leisten, indem sie Fragestellungen präzisiert und auf funktionelle Aspekte, verhaltensphysiologische Prozesse und deren stammesgeschichtliche Fundierung hinweist. Das Thema berührt direkt politische Interessen. Darin sehe ich eine große Chance und auch einige Schwierigkeiten.
Ein wichtiger Schwerpunkt unserer Bemühungen besteht darin, ein stadtethologisches Forschungsprogramm aufzubauen. Mensch und Tier wirken gestaltend auf ihre Umwelt ein. Das Tier nach festem Programm: Die meisten Vögel legen ihre Nester nach artspezifischem Muster an, Biber bauen Dämme, Ziesel graben Höhlen. Die so gestaltete Umwelt entspricht ihren übrigen Verhaltensprogrammen. Anders verhält es sich beim Menschen, der seine Umwelt inzwischen in einer Weise gestaltet, die seiner Natur nicht mehr gemäß ist. Mit der städtischen Umwelt, der technischen Zivilisation und der anonymen Großgesellschaft schuf sich der Mensch ein Umfeld, für das er nicht geschaffen ist. Wir kommen zwar einigermaßen mit ihm zurecht, aber nicht besser. Dabei bietet es uns ungeheure Möglichkeiten zu technischer, geistig-wissenschaftlicher und künst-

lerischer Entfaltung und ist zugleich Experimentierfeld für neue Formen menschlichen Zusammenlebens. Alles Gründe, unsere Umwelt zu erhalten und so zu gestalten, daß sie möglichst alle unsere Bedürfnisse optimal erfüllt. Das aber ist heute nicht der Fall.

Wer in der Großstadt Kinder aufzieht, weiß davon ein Lied zu singen. In einer gigantischen Fehlentwicklung haben Planer und Politiker bis vor zwanzig Jahren das Konzept der autogerechten Stadt gefördert. Das hat zur Folge, daß der Lebensraum Straße, früher Spielplatz für Kinder und Begegnungsstätte für Erwachsene, diese Funktion in vielen Stadtvierteln eingebüßt hat. Der Autoverkehr engt die Bewegungsfreiheit der Bewohner ein und gefährdet das Leben von jung und alt, und zwar nicht nur durch Unfälle, sondern auch unentwegt durch Giftgasausstöße. Es ist nicht zu fassen, was Menschen hier einander zumuten, und es dürfte kaum ein eklatanteres Beispiel für die Inkompetenz der politisch Verantwortlichen geben. Es ist die Aufgabe der politischen Führung, Abhilfe zu schaffen. Der Bürger kann dies nicht leisten. Er ist nur insofern mündig, als er im Vertrauen auf deren Kompetenz einen Politiker oder eine Partei wählt, seine Interessen zu vertreten. Und dazu gehört die Erhaltung der Gesundheit.

Bei dieser Lage der Dinge ist es verständlich, daß die Stadtbevölkerung sich nicht in einem für die Bestanderhaltung ausreichenden Maß vermehrt, zumal der für eine Mehrkinderfamilie benötigte Wohnraum heute kaum noch zu bezahlen ist. Kein Wunder, daß zunehmend »Singles« die Stadt bewohnen und sie damit zum genetischen Grab ihrer Bürger wird. Das war sie in gewisser Hinsicht auch früher, doch war das Land in der Lage, den Bevölkerungsschwund auszugleichen, die Mehrzahl der Menschen lebten damals dort. Heute ist es umgekehrt. Die städtische Bevölkerung hat in Deutschland von 25 Prozent der Gesamtbevölkerung um 1800 auf 84,2 Prozent im Jahr 1982 zugenommen. Damit wird der Bevölkerungsschwund in den Ballungszentren zu einem Problem, das Land kann ihn nicht mehr ausgleichen. Zwar ist es wünschenswert, daß die Gesamtbevölkerung schrumpft, aber um einen stabilen Zustand zu erreichen, müssen die Städte familienfreundlich werden.

Es sind viele Noxen, die das Leben in der modernen Großstadt belasten. Neben Lärm, Schmutz und Gestank ist es die Naturferne, die uns plagt und die uns an schönen Wochenenden die Stadt fliehen läßt. Wir sind stammesgeschichtlich auf ein Leben im Grünen geprägt. Wir tragen als archetypisches Leitbild für die richtige Umgebung das Bild einer an Tieren und Pflanzen reichen Savannenlandschaft in uns. Darum gestalten wir Parklandschaften in aller Welt nach dem Vorbild der Savanne. Freie Wiesenflächen mit verstreuten Baum- und Buschgruppen und dazu ein kleines Fließgewässer, das ist die idealtypische Landschaft, nicht der Wald, der uns den Ausblick nimmt und uns bedrückt. Auch unsere Kulturlandschaft entspricht diesem Ideal. Wir haben eine ausgesprochene Vorliebe für Pflanzen. Diese Phytophilie[136] äußert sich darin, daß wir gerne Pflanzen als Ersatznatur in unseren Wohnungen ziehen, Farne, Gummibäume und Blumen. Aber es genügt uns bereits das blütenlose Grün.
Die Belastungen, denen ein Stadtbewohner ausgesetzt ist, haben noch weitere Quellen. Das Zusammenleben mit vielen uns fremden Mitmenschen bewirkt Streß. Es aktiviert unser Urmißtrauen. Menschen brauchen die Einbettung in eine kleine, überschaubare Gemeinde, deren Mitglieder sie kennen. Die Bildung solcher Gemeinschaften wird jedoch durch die moderne Bauweise und die Usurpation des Heimumfelds durch den Verkehr erschwert. So klagen Menschen über die Einsamkeit in der Masse und über ein Zuviel an Kontakten - mit Fremden. Hinzu kommt, daß viele moderne Großstädte sich gleichen. Für die Identifikation bedarf es aber der Einmaligkeit, der Individualität auch im Stadtbild. Ist es von hohem künstlerischem Wert, dann fördert es die heimatliche Bindung und das Wir-Gefühl der Bewohner, die stolz sind auf die Leistungen ihrer Vorfahren.
Die Stadt hat ihre Mängel und ihre Vorzüge. Die Mängel lassen sich beheben. So gelingt es durch entsprechende bauliche Maßnahmen, die Menschen zur Gemeindebildung anzuregen und damit aus ihrer Isolation zu befreien. Im Wohnumfeld kann der Städteplaner Bühnen der Begegnung schaffen. Hier können Menschen einander begegnen, ohne dazu gezwungen zu

sein, vorausgesetzt, es gibt Zonen, die zum Verweilen einladen. Als sozialintegrative Strukturen von besonderem Wert erwiesen sich zum Beispiel die Schwimmbäder, die der Wiener Architekt Harry Glück auf den Dächern einiger Sozialwohnungsbauten in Österreichs Hauptstadt errichtete.[137] Selbst Großprojekte wie die Wohnblocks von Wien-Alt Erlaa wurden auf diese Weise individualisiert. Über achtzig Prozent der Bewohner benutzten diese großzügig angelegten Bäder regelmäßig, wurden zwanglos miteinander bekannt und bildeten kleine Gemeinschaften. Glück gelang es außerdem, Naturnähe zu schaffen, indem er Wohnungen mit begrünten Balkonen ausstattete.

1980 lud die Stadt Wien mich ein, mitzuwirken an einem interdisziplinären Projekt zur Erforschung der Zufriedenheit der Bewohner verschiedener neu errichteter Wohnanlagen. Das Projekt wurde vom Institut für Stadtforschung betreut, und im interdisziplinären Team arbeiteten zusammen der Wiener Sozialforscher Ernst Gehmacher, der Grazer Soziologe Kurt Freisitzer sowie Hans Hass und ich.[138] Eine interessante Kombination aus Umfrageforschung, Soziologie und Humanethologie. Von der Andechser Forschungsstelle wirkten Wulf Schiefenhövel und Karl Grammer mit. Quantifizierende Verhaltensbeobachtungen im Umfeld erlaubten uns Rückschlüsse auf das Wohnbehagen der dort Lebenden. Wir ermittelten die Benutzerfrequenzen sowie die Zahl und Qualität der Interaktionen in insgesamt sechs Wiener Wohnanlagen an 24 möglichen Begegnungsstätten: zentralen Plätzen, Einkaufspassagen, Eingangsbereichen oder Spielplätzen, und wir zeigten, wie deren Gestaltung das Verhalten der Benutzer beeinflußt. Die Wohnzufriedenheit steht in einem direkten Zusammenhang mit den Interaktionsfrequenzen im Umfeld. Hasten Personen dort aneinander vorbei, dann sind die Wohnzufriedenheitswerte niedrig. Plätze mit hohen Interaktionsfrequenzen sollen eine mittlere Benutzerdichte, ausreichend Deckung und ein zum Verweilen günstiges Mikroklima aufweisen. In einem Fall konnten wir Verbesserungsvorschläge erarbeiten.

Im Verlauf dieser Arbeiten entwickelten wir einen Methodensatz für die stadtethologische Forschung. 1991 betraute mich die Stadt Wien mit der Planung eines stadtethologischen Instituts im Rahmen der Ludwig-Boltzmann-Gesellschaft. Ich habe diesen Vorschlag gerne akzeptiert und schlug vor, Karl Grammer nach Wien zu berufen. Im Januar 1992 begann das Ludwig-Boltzmann-Institut für Stadtethologie offiziell mit seiner Arbeit unter Karl Grammers und meiner Leitung. Sein Forschungsprogramm wird sich nicht auf die Wohnzufriedenheitsforschung beschränken, sondern das Verhalten des Menschen in der Stadt in möglichst vielen Facetten untersuchen.

# Andechs

Ich wohne in dem kleinen Dorf Söcking bei Starnberg. Es liegt in einem hügeligen Gebiet mit Mischwäldern, Teichen und Seen, eine typische Endmoränenlandschaft, die agrarwirtschaftlich genutzt wird. Von meinem Haus in mein Institut im Schloß in Erling-Andechs fahre ich etwa zwölf Kilometer durch diese bezaubernde Gegend, durch Dörfer mit solide gebauten, Wohlstand ausstrahlenden Bauernhäusern, vorbei an Maibäumen und wunderschönen kleinen Dorfkirchen. Die Äcker sind seit mindestens 1500 Jahren, vielleicht auch länger unter dem Pflug. Das Dorf Landstetten wird bereits im siebten Jahrhundert als Landistetti urkundlich erwähnt. Es dürften damals so viele Höfe gewesen sein wie heute. Überhaupt wird diese alte Kulturlandschaft seinerzeit schon so ausgesehen haben wie in unseren Tagen. Die gleichen grünen Weiden und Wiesen, die gleichen Felder ohne jedes Anzeichen von Erosion, die Hecken, Wäldchen und vereinzelten Schattenbäume auf den Hügeln, unter denen im Sommer das Vieh rastet.
Wenn ich Gäste aus dem Ausland führe, dann weise ich sie darauf hin, daß die bäuerliche Wirtschaftsform mehr ist als nur einer von vielen Erwerbszweigen, auf den man verzichten müsse, wenn er dem Konkurrenzkampf mit den Großbetrieben der EG nicht gewachsen sei. Für den alpinen und voralpinen Raum Österreichs, der Schweiz, Deutschlands und auch für einige andere Landschaften Europas ist die bäuerliche Kultur wesensbestimmend und damit von fundamentaler Bedeutung. Sie hat alle Facetten unseres Lebens geprägt und die Landschaft gestaltet. Ohne die Pflege durch die Bauern würde das Land verwildern. Ihnen den Lebensunterhalt zu sichern sollte uns einiges wert sein.
Von meinem Eckzimmer im Institut habe ich einen Blick auf

Erling, der heilige Berg von Andechs, mit seiner schönen Barockkirche und dem vorzüglichen Bier, ist nur acht Gehminuten entfernt. Der Klosterweiher von Erling, ein kleiner Badesee, umgeben von Wald und Wiesen, ist mit dem Rad schnell erreicht.
Im vergangenen Jahr wurde mir eine besondere Ehre zuteil. Der Cellerar des Klosters Andechs, Pater Anselm Bilgri, hat mich in seinen Stammtisch aufgenommen. Nun fühle ich mich hier schon wie zu Hause. Nach vierzig Jahren in Deutschland ist es auch an der Zeit. Wirklich fremd fühlte ich mich ja nie hier, aber ein leichtes Heimweh nach dem geselligen und lebenslustigen Wien empfand ich oft - und die Sehnsucht nach dieser Stadt und ihren Bewohnern mit ihren Widersprüchlichkeiten blieb. Wien ist meine Heimat. Die Stadt ist in vielem Ausdruck des menschlichen Bemühens um den rechten Weg auf vielen falschen Pfaden. Robert Musil schreibt dazu:

»Eine Stadt wie die unsere, schön und alt, mit ihrem bauherrlichen Gepränge, das im Laufe der Zeiten aus wechselndem Geschmack hervorgegangen ist, bedeutet ein einziges großes Zeugnis der Fähigkeit zu lieben, und der Unfähigkeit, es dauernd zu tun. Die stolze Folge ihrer Bauten stellt nicht nur eine große Geschichte dar, sondern auch einen dauernden Wechsel in der Richtung der Gesinnung. Sie ist, auf diese Weise betrachtet, eine zur Steinkette gewordene Wankelmütigkeit, die sich alle Vierteljahrhunderte auf andere Weise vermessen hat, für ewige Zeiten Recht zu behalten.«

Wien hat mich geformt - die Stadt, die Landschaft, in der sie eingebettet ist, und ihre Bewohner. Während ich diese abschließenden Zeilen diktiere, sitze ich am Rand des Wienerwaldes in der milden Märzsonne. Von hier blicke ich nach Osten auf die Stadt und den Strom, der sich als Silberband in der pannonischen Ebene verliert. Hier kreuzten sich die Völkerströme aus Nord und Süd, aus Ost und West beim Handel und friedlichen Austausch der Kulturen wie auch in kriegerischer Anbrandung, der die Stadt über die Jahrhunderte die Stirn bot als einer der Vorposten christlich-abendländischer Tradition.

Etwa an der Stelle, an der ich sitze, zeichnete mein Vater am 25. April 1940 eine kleine Skizze und schrieb ein kurzes Gedicht aus Anlaß der 600-Jahr-Feier von St. Stephan:

Weindrosseln singen ihr Abendlied
Ein junger Frühlingstag wird müd
Die Luft ist noch warm und still
Weindrosseln singen ihr Lied
im Frühling
Durch das Dorngeranke glüht
Das Kreuz St. Stephans über die rauchige Stadt
Weindrosseln singen ihr Lied
im Frühling
Die Stadt, sie blüht
Solang' der Turm noch ragt
Solange
Weindrosseln singen ihr Abendlied
im Frühling

# Anhang

# Vita

Irenäus Eibl-Eibesfeldt wurde am 15. Juni 1928 in Wien-Döbling als Sohn der Maria, geb. v. Hauninger, und des Prof. Dr. Anton Eibl-Eibesfeldt geboren. Er besuchte die Volksschule in Kierling, wo er seine Kindheit verbrachte. 1939 Übersiedlung nach Wien-Döbling und Besuch des Gymnasiums. 1944 Einberufung zum Wehrdienst als Luftwaffenhelfer. 1945 Wehrausbildung im Reichsarbeitsdienst (RAD) und Entlassung zwecks Überstellung zur Wehrmacht im März 1945. Keine weitere Einberufung. Abschluß des Gymnasiums mit dem Reifevermerk nach sieben Klassen.

1945 Im Sommersemester Aufnahme des Studiums an der Universität Wien.

1946 Mitarbeiter in der Biologischen Station Wilhelminenberg; Beginn der Arbeiten mit Amphibien; Redaktion der Sparte »Amphibien, Reptilien« der Zeitschrift »Umwelt«.

1947 Beginn der Arbeiten über Verhaltensentwicklung, Kommunikation und Sozialverhalten der Säuger (Dachs, Hausmäuse).

1948 Konrad Lorenz kehrt heim. Mit seinen Vorlesungen und Diskussionen beginnt unsere Zusammenarbeit, die bis zu seinem Tod andauert.

1949 Abschied vom Wilhelminenberg; Mitarbeiter am Lorenzschen Institut für vergleichende Verhaltensforschung in Altenberg; Abschluß der Lehramtsprüfung für Naturgeschichte und Physik und Beginn des Referendarjahres am Piaristengymnasium in Wien; im Dezember Promotion zum Dr. phil. (Hauptfach: Zoologie, Nebenfach: Botanik).

1950 Die ersten Arbeiten aus der »Ethogrammphase« erscheinen in der »Zeitschrift für Tierpsychologie«.

1951/52 Übersiedlung nach Buldern in Westfalen an die von Konrad Lorenz geleitete Forschungsstelle für Verhaltensphysiologie in der Max-Planck-Gesellschaft; erste Filme – über Frösche und den europäischen Hamster – mit Heinz Sielmann.

1953/54 Start zur ersten »Xarifa«-Expedition von Houston in die Karibische See und zu den Galápagos-Inseln; Entdeckung der Putzsymbiosen und der Turnierkämpfe der Meerechsen; weitere Beiträge zur Kommunikationsforschung.

1955 Einstieg in die Natur/Umwelt-Diskussion mit Experimenten zur Aufzucht unter Erfahrungsentzug; Ausarbeitung einer Denkschrift für die UNESCO und die IUCN (Internationale Union für Naturschutz) zur Erhaltung der Galápagosinseln.

1957/58 Leitung der IUCN-UNESCO-Expedition zu den Galápagosinseln; wissenschaftliche Betreuung der zweiten »Xarifa«-Expedition; Rückreise über Burma und Indien; Ernennung zum wissenschaftlichen Direktor des Internationalen Instituts für Submarine Forschung (Vaduz/Liechtenstein, Präsident: Hans Hass).

1959 Symposium über Hirnmechanismen und Lernen in Montevideo; Rundreise durch Südamerika; Arbeit auf der Biologischen Station auf den Bermudas.

1960 Buchveröffentlichung: »Galápagos«; Expedition zu den Galápagosinseln mit Heinz Sielmann; Unterwasseraufnahmen und wissenschaftliche Beratung bei abendfüllendem Kulturfilm: »Galápagos, Landung auf Eden«; Herstellung von Filmen für die Encyclopaedia cinematographica (Göttingen).

1961 Gastprofessor an der Universität Chicago (Department of Psychology); anschließend Rundreise durch die USA und Arbeitsbesuch auf der Marinebiologischen Station auf der Coconut-Insel bei Oahu (Hawaii).

1962 Teilnahme an Symposien in England, Österreich und den USA; Berufung in das Exekutivkomitee der Charles-Darwin-Foundation for the Galápagos.

1963 Reise nach Ostafrika und in den Sudan; zwei Vortragsreisen in die USA; Ernennung zum korrespondierenden Mitglied der Senckenbergischen Naturforschenden Gesellschaft.

1964 Humanethologische Pilotstudien mit Hans Hass zur Dokumentation ungestellten Alltagsverhaltens von Menschen (Kenia, Tanganjika, Uganda); Buch »Im Reich der Tausend Atolle« veröffentlicht.

1965 Zweite Dokumentationsreise mit Hans Hass, Menschenaufnahmen in Rio de Janeiro, Peru, Mexiko, Kalifornien, auf Hawaii, in Japan, Hongkong und auf Bali; zwei Vortragsreisen in die USA; im »Handbuch der Zoologie« erscheint meine Monographie »Das Verhalten der Nagetiere«.

1966 Reise zu den Galápagosinseln; »Ethologie, die Biologie des Verhaltens« publiziert; Untersuchungen an taub und blind Geborenen.

1967 »Grundriß der vergleichenden Verhaltensforschung« veröffentlicht; ein Trimester als Gastprofessor an der Universität Minnesota (Institute for Child Development); Besuch der William Beebe Station auf Trinidad und der Affenstation Cayo Santiago (Puerto Rico); Pilotstudie zum Aufbau des humanethologischen Dokumentationsprogramms auf meiner Reise nach Bali, Neuguinea und Samoa.

1969 Vortragsreise für das Goethe-Institut: Guatemala, Mexiko, Britisch-Honduras, Bahamas, Jamaica und Venezuela; erste Reise zu den Yanomami; Ethologie des Palmfruchtfestes; Weiterreise für das Goethe-Institut nach Japan, auf die Philippinen, nach Sri Lanka, Indien und Afghanistan; Ausarbeitung einerDenkschrift zur Einrichtung eines Instituts für Humanethologie in der Max-Planck-Gesellschaft.

1970 mit der Leitung der Arbeitsgruppe für Humanethologie der Max-Planck-Gesellschaft betraut; das Buch »Liebe und Haß« erscheint und wird in der »Spiegel«-Bestsellerliste geführt. Expedition zu den Yanomami (oberer Orinoko) und zu den !Ko-Buschleuten (Kalahari); Tauchexpedition mit Hans Hass zum Großen Barriereriff, nach Tahiti, Moorea und Rangiroa aus Anlaß der 200. Wiederkehr der Reise von Kapitän Cook; Beendigung der Tätigkeit als wissenschaftlicher Direktor des Internationalen Instituts für Submarine Forschung.

1971 Auszeichnung mit der goldenen Bölsche-Medaille für Verdienste um die Verbreitung des Wissens; Expedition zu den !Ko-Buschleuten, den !Kung und den Himba im Kaokoland (Südwestafrika), den Yanomami und den Ayoreo (Paraguay).

1972 Expedition zu den Yanomami und den !Ko, nach Zentralaustralien, Arnhemland, Neuguinea und Bali; USA-Besuch; »Die !Ko-Buschmanngesellschaft« erscheint; Gründungsmitglied der International Society for Research on Agression und der International Society for Human Ethology.

1973 »Der vorprogrammierte Mensch« erscheint und kommt auf die Bestsellerliste. Dokumentationsreise zu den Yanomami, den Buschleuten, den Himba und Balinesen; USA-Reise.

1974 Dokumentationsreise zu den G/wi-Buschleuten, den Tasaday, Tboli und Agta (Philippinen), Balinesen; Reise zu den Galápagosinseln.

1975 Reise zu den Galápagosinseln; mit der Leitung der neu gegründeten selbständigen Forschungsstelle für Humanethologie des Max-Planck-Instituts für Verhaltensphysiologie betraut; Dokumentationsreisen: Yanomami, Himba, Eipo in West-Neuguinea, Kreta, Neuseeland. »Krieg und Frieden aus der Sicht der Verhaltensforschung« erscheint.

1976 Vortragsreisen in den USA und Kanada; Dokumentationsreisen: Himba, G/wi-Buschleute; Buchveröffentlichung »Menschenforschung auf neuen Wegen«.

1977 Dokumentationsreisen: !Kung und Himba; Mitglied der Deutschen Akademie Leopoldina; korrespondierendes Mitglied des »Centre for Scientific Culture Ettore majorana«; »Der Hai – Legende eines Mörders« (mit Hans Hass); Mitherausgeber des Buches »Hominisation und Verhalten« (mit G. Kurth); erste Konferenz im Rahmen der Reimers-Stiftung über »Human Ethology«.

1978 Dokumentationsreisen: Indien, Nepal, Bali, zu den Andamanen und den Yanomami am oberen Orinoko; Gründungsmitglied des Pen Clubs Liechtenstein.

1979 Dokumentationsreisen: Yanomami, Eipo und Yalenang (West-Neuguinea); zum korrespondierenden Mitglied der Australian Academy of Forensic Sciences ernannt; Symposium der Reimers-Stiftung zur Biologie der Ästhetik.

1980 Tauchexpedition zu den Seychellen und Amiranten; Dokumentationsreise zu den Yanomami.

1981 Dokumentationsreisen: Yalenang und Lauenang (Erstkontakt) in West-Neuguinea; Vortragsreise in die USA; mit dem Burda-Preis für Kommunikationsforschung ausgezeichnet.

1982 Beginn der Dokumentationsarbeit auf den Trobriand-Inseln; weitere Reisen zu den Galápagosinseln, den Malediven und nach Namibia; Buchveröffentlichung »Die Malediven«.

1983 Dokumentationsreisen: Yanomami, Trobriander; Aufbau eines kunstethologischen Forschungsprogramms.

1984 »Die Biologie des menschlichen Verhaltens« erscheint; Beginn der Dokumentationsarbeit mit den Schimpansen in Kigoma (Zusammenarbeit mit Jane Goodall); Dokumentationsreisen zu den Yanomami und Trobriandern; Tauchexkursion auf die Malediven.

1985 Dokumentationsarbeiten bei den Himba und in Südafrika; zum Präsidenten der International Society for Human Etho logy gewählt; korrespondierenden Mitglied der SüdwestafrikanischenNaturwissenschaftlichen Gesellschaft ernannt; Herausgabe des Buches »Stadt und Lebensqualität« unter Mitwirkung mehrerer Mitherausgeber; Aufbau eines stadtetholigischen Forschungsprogrammes im Rahmen eines Projekts der Stadt Wien zur Erforschung der Wohnzufriedenheit; Mitwirkungan der Ausarbeitung der Thesen zum »Vollwertigen Wohnen«.

1986 Ausgliederung der Forschungsstelle für Humanethologie aus dem Max-Planck-Institut für Verhaltensphysiologie in Seewiesen; Dokumentationsreisen zu den Himba und den Buschleuten; Fortsetzung der Filmdokumentation bei Jane GoodallsSchimpansen; Reise durch Westjava und Bali sowie in die USA.

1987 Galápagos-Exkursion; Besuch der Osterinsel und der USA; Dokumentation auf Kreta und auf den Trobriand-Inseln; Dokumentationsarbeit bei Schimpansen; Fellow der American Association for the Advancement of Sciences.

1988 »Der Mensch, das riskierte Wesen« veröffentlicht; Philip-Morris-Forschungspreis für Projektentwicklung des neuen Fachgebiets »Humanethologie«; Exkursionen zu den Galápagosinseln und Malediven; Dokumentationsreise nach Japan, USA-Reise; Übersiedlung meines Instituts in das Schlößchen Erling-Andechs.

1989 Dokumentationsreise zu den Himba und Yanomami; USA-Reise; Ehrenmitglied der polnischen Akademie für Sexualwissenschaften; Auszeichnung mit der goldenen Ehrenmedaille der Stadt Wien.

1990 stadtethologische Untersuchungen in den Armenvierteln von Neu-Delhi mit William Charlesworth; Dokumentationsarbeit bei den Himba und Trobriandern; Reise in die USA (Alaska, Hawaii); Gründungsmitglied der Academia Scientiarum et Artium Europea.

1991 Dokumentationsreise zu den Yanomami; Reisen nach Rußland, Japan, Ecuador, Israel und in die USA; Buchveröffentlichung »Im Banne der Angst. Zur Natur- und Kunstgeschichte menschlicher Abwehrsymbolik« (Mitautorin Christa Sütterlin).

Wenn ich nur die Tage der Forschungsreisen zähle, die ich beobachtend und filmend an verschiedenen Orten verbrachte, widmete ich der Menschenforschung auf meinen Expeditionen 1754 Tage und erarbeitete dabei insgesamt rund 250 Kilometer 16-Millimeter-Film. Von diesen Filmen wurden bisher 130 Einheiten für die Göttinger Encyclopaedia cinematographica fertiggestellt. Weitere 30 Filme sind gegenwärtig zur Abnahme vorbereitet. Auf tierethologischen Expeditionen verbrauchte ich insgesamt 1599 Tage. Ich war insgesamt rund neun Jahre auf Forschungsreise.

# Anmerkungen

1 Martin Greiffenhagen, Jahrgang 1928. Aus einem unruhigen Leben, München 1988

2 Das Gedicht meiner Mutter hat folgenden Text:
»Heute läuten die Glocken mein,
läuten heut mein Weihnacht ein.
Heute, wo mir die Sonne lacht,
habt ihr mir einen Sohn gebracht.
Muß ja nicht grad die Mitternacht sein,
muß auch nicht winden, muß auch nicht schnein!
Wird auch mein Kindlein ein Heiland nicht,
wird's vielleicht gar ein Bösewicht,
ist's doch mein eigen, ist immer mein!
Läutet mein Kindlein ein,
Glocken, Glocken im Sonnenschein!«

3 Über die Tafelberge im Grenzland von Venezuela, Guyana und Brasilien erschien ein ausgezeichnetes Buch von Uwe George: Inseln in der Zeit, Hamburg 1988

4 R. Hesse und F. Doflein, Tierbau und Tierleben, Jena 1934 (2. Auflage)

5 I. Eibl-Eibesfeldt, Die Biologie des menschlichen Verhaltens. Grundriß der Humanethologie, München 1986, 2. Auflage; siehe auch: Ders., Der Mensch, das riskierte Wesen, München 1988

6 Leopold Banny, Dröhnender Himmel, brennendes Land. Der Einsatz der Luftwaffenhelfer in Österreich 1943-1945, Wien 1988

7 In meinem Wehrpaß hatte ich nur 17 eingetragen, aber auf dem Geschütz hatten wir 21 Ringe aufgemalt. Die waren von uns beansprucht und zur Anerkennung eingereicht.

8 RAD: Reichsarbeitsdienst

9 W. Sombart, Sozialismus und soziale Bewegung, Jena 1919 (7. Auflage)

10 Hugo Portisch und Sepp Riff, Österreich II, Band I: Die Wiedergeburt unseres Staates, Wien 1985; Band II: Der lange Weg in die Freiheit, Wien 1986

11 Ruth Elias, Die Hoffnung erhielt mich am Leben, München 1988

12 Bernhard Bavink, Ergebnisse und Probleme der Naturwissenschaften, Basel 1948 (7. Auflage); C. Wesenberg-Lund, Biologie der Süßwassertiere, Wien 1939, und: Biologie der Süßwasserinsekten, Berlin und Wien 1943

13 Zur Geschichte der Station siehe: Otto Koenig, Verhaltensforschung in Österreich, Wien und Heidelberg 1983; Das Paradies vor unserer Tür, Wien 1971, und: Beim Menschen beginnen. Otto Koenig im Gespräch mit Kurt Mündl, Wien 1991; H. J. Painitz, 33 Jahre Wilhelminenberg: Von den Reiherkolonien des Neusiedler Sees zur Kulturethologie, Forschungsgemeinschaft Wilhelminenberg, Wien 1979; eine weitere Informationsquelle ist die »Umwelt« (Zeitschrift der biologischen Station Wilhelminenberg), Wien 1946-1948.

14 Greißlerei: österreichisch für Krämerladen

15 E. Trumler, Zurückgedacht, in: Otto Koenig: Verhaltensforschung in Österreich. Konrad Lorenz 80 Jahre, Wien 1983, S 37f.

16 I. Eibl-Eibesfeldt, Ein Beitrag zur Paarungsbiologie der Erdkröte, in: Behaviour, 2/1950, S. 217-236

17 K. Lorenz, Der Kumpan in der Umwelt des Vogels, in: Journal für Ornithologie, 83/1935, S. 137-413; K. Lorenz, Die angeborenen Formen möglicher Erfahrung, in: Zeitschrift für Tierpsychologie, 5/1943, S. 235-409

18 I. Eibl-Eibesfeldt., Über die Jugendentwicklung des Verhaltens eines männlichen Dachses unter besonderer Berücksichtigung des Spiels, in: Zeitschrift für Tierpsychologie, 7/1950, S. 327-355

19 Ders., Beiträge zur Biologie der Haus- und der Ährenmaus nebst einigen Beobachtungen an anderen Nagern, in: Zeitschrift für Tierpsychologie, 7/1950, S. 558-587

20 Ders., Über das Vorkommen von Schreckstoffen bei Erdkrötenquappen, in: Experientia, 5/1949, S. 236

21 Ch. Darwin, Der Ausdruck der Gemütsbewegungen bei Tier und Mensch, Stuttgart 1877; H. S. Reimarus, Allgemeine Betrachtungen über die Triebe der Thiere, Hamburg 1773

22 O. Heinroth, Beiträge zur Biologie, insbesondere Psychologie und Ethologie der Anatiden, in: Verhandlungen des 5. Internationalen Ornithologen-Kongresses, Berlin 1910, S. 589-702

23 Ausführlicher in: I. Eibl-Eibesfeldt, Grundriß der vergleichenden Verhaltensforschung, München 1987 (7. Auflage)

24 »Give me a dozen healthy infants, well-formed, and my own specified world to bring them up and I'll guarantee to take any one at random and train him to become any type of specialist I might select - doctor, lawyer, artist, merchant-chief, and, yes, even beggar-man and thief - regardless of his talents, penchants,

tendencies, abilities, vocation, and race of his ancenstors.« J. B. Watson, Behaviorism, New York 1930, S. 104

25 A. R. Jensen, Bias in Mental Testing, New York 1980; Multiple Rock Review of Bias in Mental Testing, in: The Behavioral and Brain Sciences, 3/1980, S. 325-371

26 Diskussion in: I. Eibl-Eibesfeldt, Die Biologie des menschlichen Verhaltens, a. a. O.

27 Z. Y. Kuo, Ontogeny of Embryonic Behavior in Aves, in: Journal of Experimental Biology, 61/1932, S. 395-430 und 453-489. »The fact that the human hand has a far greater flexibility in movement, dexterity, and range of potential capacities than those of any other primate is sufficient in our view, to explain, why human beings became the most creative and most resourceful creatures on earth even long before human language was developed. Some primates are almost human. But not quite. The hands tell the difference. I often speculate that if we could succeed in exchanging brains between a human neonate and a gorilla neonate and raise them in an identical environment with complete absence of human language and human culture, the human child would grow up to behave with human characteristics and the gorilla with the characters of its own species, because the skeletal framework of the body in general and the fine structure of the hands of the two species are different.« (S. 188, und weiter auf S. 195:)
»If the species known as Homo sapiens is so far superior to all other species throughout the animal Kingdom, it is not because it has a human brain per se, but because it possesses a pair of human hands and because the human vocal mechanisms have developed a most complex spoken and written language.« Z. Y. Kuo, The Dynamics of Behavior Development. An Epicenetic View, New York 1967. Wenn es in die milieutheoretische Ideologie paßt, ist es auch heute noch möglich, den größten Unsinn zu publizieren und an den Mann zu bringen.

28 Das in sowjetischer Kriegsgefangenschaft geschriebene Manuskript war der erste Entwurf für ein großangelegtes Werk zur Verhaltensforschung. Das Manuskript galt als verloren, wurde aber kürzlich gefunden und 1992 vom Piper Verlag veröffentlicht: K. Lorenz, Die Naturwissenschaft vom Menschen. Eine Einführung in die vergleichende Verhaltensforschung. Das »russische Manuskript« 1944-1948, München 1992

29 I. Eibl-Eibesfeldt, Beobachtungen zur Fortpflanzungsbiologie und Jugendentwicklung des Eichhörnchens (Sciurus vulgaris L.), in: Zeitschrift für Tierpsychologie, 8/1951, S. 370-400

30 Ders., Vergleichende Verhaltensstudien an Anuren, in: Zeitschrift für Tierpsychologie, 9/1953, S. 383-395, und: Wissenschaftlicher Film C 628 des Instituts für den Wissenschaftlichen Film (WF), Göttingen 1953

31 Ders., Zur Ethologie des Hamsters (Cricetus cricetus L.), in: Zeitschrift für Tierpsychologie Nr. 10/1953, S. 204-254, und: Biologie des Hamsters, I. und II. Wissenschaftlicher Film C 646 und C 647 des IWF, Göttingen 1953

32 Ders., Zur Biologie des Iltis (Putoris putoris L.), in: Verhandlungen der Deutschen Zoologischen Gesellschaft Erlangen, 1955, S. 304-323, und: Wissenschaftlicher Film C 697 des Instituts für den Wissenschaftlichen Film, Göttingen 1955

33 I. Eibl-Eibesfeldt und H. Sielmann, Am Froschtümpel, Film F 400 des Instituts für Film und Bild in Wissenschaft und Unterricht (FWU), München 1952; Im Hamsterrevier, Film F 401 des FWU, München 1953; Die Iltiskoppel, Film 417 des FWU, München 1954.

I. Eibl-Eibesfeldt, Biologie des Hamsters, I und II, Wissenschaftlicher Film C 646 des IWF, Göttingen 1953; Paarungsbiologie der Anuren, Wissenschaftlicher Film C 628 des IWF, Göttingen 1952; Biologie des Iltisses, Wissenschaftlicher Film C 697 des IWF, Göttingen 1955; H. Sielmann, Das Jahr mit den Spechten, Berlin 1958

34 I. Eibl-Eibesfeldt, Über eine besondere Form des Duftmarkierens beim Riesengalago (Galapago crassicaudatus), in: Säugetierkundliche Mitteilungen, 1/1953, S. 171ff.

35 Hans Hass, Menschen und Haie, Zürich 1949; Drei Jäger auf dem Meeresgrund, Berlin 1952

36 Hans Hass, Beitrag zur Kenntnis der Reteporiden mit besonderer Berücksichtigung der Formbildungsgesetze ihrer Zoarien und einem Bericht über die dabei angewandte neue Methode für Untersuchungen auf dem Meeresgrund, in: Zoologica, 37, Heft 101, Stuttgart 1948

37 William Beebe, Galápagos, das Ende der Welt, Leipzig 1935; Das Arcturus-Abenteuer. Die erste Tiefsee-Expedition der New Yorker Zoologischen Gesellschaft, Leipzig 1928

38 W. E. Ankel, Die blaue Flotte, in: Natur und Museum, Nr. 10/1962

39 Ankel hat über unsere Beobachtungen berichtet: Wulf Emmo Ankel, Pottwalfang bei den Azoren, in: Orion, 10/1955, S. 604-613; siehe dazu ferner meinen Übersichtsbericht über die erste »Xarifa«-Expedition: I. Eibl-Eibesfeldt, Bericht von einer Reise zu den Galápagosinseln unter besonderer Berücksichtigung

verhaltenskundlicher, herpetologischer und ichthyologischer Beobachtungen, in: Die Aquarien-und-Terrarien-Zeitschrift, 10/1957

40 I. Eibl-Eibesfeldt, Über Symbiosen, Parasitismus und andere zwischenartliche Beziehungen bei tropischen Meeresfischen, in: Zeitschrift für Tierpsychologie, 12/1955, S. 203-219

41 Ders., Der Fisch Aspidontus taentiatus als Nachahmer des Putzers Labroides dimidiatus, in: Zeitschrift für Tierpsychologie, 16/1959, S. 19-25

42 Neuere Literatur in: I. Eibl-Eibesfeldt, Die Malediven, München 1987, (2. Auflage), und: Grundriß der vergleichenden Verhaltensforschung, a. a. O.

43 I. Eibl-Eibesfeldt, Freiwasserbeobachtungen zur Deutung des Schwarmverhaltens verschiedener Fische, in: Zeitschrift für Tierpsychologie, 19/1962, S. 165-182

44 Über Galápagos schrieb ich ein Buch, das 1960 erschien. In weiteren Auflagen brachte ich das Werk auf den jeweils neuesten Stand der Forschung und berichtete über die Entwicklung auf den Inseln. Die letzte Hardcoverausgabe erschien 1987 und eine völlig neu überarbeitete Taschenbuchedition 1991 - Titel: Galápagos. Die Arche Noah im Pazifik

45 I. Eibl-Eibesfeldt, Ethologische Beobachtungen am Galápagos-Seelöwen, Zalophus wollebaeki Sivertsen, in: Zeitschrift für Tierpsychologie, 12/1955, S. 286-303

46 Ders., Eine neue Rasse der Meerechse, Amblyrhynchus cristatus venustissimus, nebst einigen Bemerkungen über Amblyrhynchus cristatus cristatus, in: Senckenbergiana biologica, Nr. 37/1956, S. 87-100; weitere Inselrassen beschrieb ich später: Neue Unterarten der Meerechse Amblyrhynchus cristatus, nebst weiteren Angaben zur Biologie dieser Art, in: Senckenbergiana Biologica 43/1962, S. 177-199

47 Ders., Der Kommentkampf der Meerechse (Amblyrhynchus cristatus bell.), nebst einigen Notizen zur Biologie dieser Art, in: Zeitschrift für Tierpsychologie 12/1955, S. 49-62

48 Ders.: Wonders of a Noah's Ark off the Coast of Ecuador, in: UNESCO Courier, Nr. 18-23, Januar 1958; Survey on the Galápagos Islands, in: UNESCO Mission Reports, Nr. 8, Paris 1959; Naturschutzprobleme auf den Galápagosinseln, in: Acta Tropica, 17/1960, S. 97-137

49 Heinz Sielmann, Ins Reich der Drachen und Zaubervögel, Gütersloh 1970

50 D. S. Lehrman, A Critique of Konrad Lorenz's Theory of Instinctive Behavior, in: Quarterly Review of Biology, 28/1953, S. 337-363

51 I. Eibl-Eibesfeldt: Angeborenes und Erworbenes im Verhalten der Säuger, in: Zeitschrift für Tierpsychologie, 20/1963, S. 705-754

52 K. Lorenz, Phylogenetische Anpassung und adaptive Modifikation des Verhaltens, in: Zeitschrift für Tierpsychologie, 18/1961, S. 139-187

53 Eine Zusammenfassung meiner Experimente gab ich in meiner Arbeit: Angeborenes und Erworbenes ..., a. a. O.; siehe auch: I. Eibl-Eibesfeldt, Grundriß der vergleichenden Verhaltensforschung, a. a. O.

54 Die Arbeiten von Erich von Holst ebenso wie die der anderen Wissenschaftler Seewiesens sind referiert in: I. Eibl-Eibesfeldt, Grundriß der vergleichenden Verhaltensforschung, a. a. O.

55 Zur Geschichte des Max-Planck-Instituts für Verhaltensphysiologie siehe: Jahrbuch der Max-Planck-Gesellschaft 1961, Teil II, S. 762-788, und: Max-Planck-Gesellschaft (Hg.), Berichte und Mitteilungen, 4/1978: Max-Planck-Institut für Verhaltensphysiologie

56 Über diese Expedition hat Hans Hass in seinem Buch »Expedition ins Unbekannte«, Berlin 1961, berichtet. Er schildert darin auch die organisatorischen Probleme einer solchen Expedition. Eine Reiseschilderung legte ich vor: Im Reich der tausend Atolle. München 1964

57 Über die Haie und unsere Experimente berichteten wir in einem Buch und in Zeitschriftenartikeln. H. Hass und I. Eibl-Eibesfeldt, Erfahrungen mit Haien, in: Zeitschrift für Tierpsychologie, 6/1959, S. 739-746; Wie Haie wirklich sind, München 1986; siehe auch: I. Eibl-Eibesfeldt, Die Malediven, a. a. O.

58 I. Eibl-Eibesfeldt, Beobachtungen und Versuche an Anemonenfischen (Amphiprion) der Malediven und der Nikobaren, in: Zeitschrift für Tierpsychologie, 12/1955, S. 203-219. Weitere Literatur in: Die Malediven, a. a. O., und: Grundriß der vergleichenden Verhaltensforschung, a. a. O.

59 K. Miyagawa und T. Hidaka, Amphiprion clarkii Juvenile: Innate Protection against and Chemical Attraction by Symbiotic Sea Anemones, in: Proc. Japan Academy, 56/1980, S. 356-361

60 I. Eibl-Eibesfeldt und Sol Kramer: Ethology, the comparative Study of Animal Behavior, in: Quaterly Review of Biology, 33/1958, S. 181-211

61 William A. Henry III, Beyond the Melting Pot, in: Time Magazine, 9. April 1990, S. 34-37

62 I. Eibl-Eibesfeldt, Ethologie. Die Biologie des Verhaltens, Frankfurt/Main 1966

63 Ders., Grundriß der vergleichenden Verhaltensforschung, München 1967 (7. Auflage 1987)

64 I. Eibl-Eibesfeldt und Wolfgang Wickler, Die ethologische Deutung einiger Wächterfiguren auf Bali, in: Zeitschrift für Tierpsychologie, 25/1968, S. 719-726; siehe auch die Monographie über Mimik und Gestik dämonenabweisender Figuren im Kulturenvergleich: I. Eibl-Eibesfeldt und Ch. Sütterlin, Im Banne der Angst. Zur Natur- und Kunstgeschichte menschlicher Abwehrsymbolik, München 1992

65 Hans Hass hat über unsere Dokumentationsarbeit in einem Buch berichtet: Wir Menschen, Wien 1968

66 I. Eibl-Eibesfeldt, The Expressive Behavior of the Deaf-and-Blind Born, in: M. v. Cranach und I. Vine (Hg.), Social Communication and Movement, London 1973, S. 163-194, und: Ausdrucksverhalten eines taubblind geborenen Mädchens, Wissenschaftlicher Film E 2427 des Instituts für den wissenschaftlichen Film, Göttingen 1984; Publikationen zu Wissenschaftlichen Filmen Sektion Biologie, Serie 17, Nr. 26/E 2427, Göttingen 1985

67 I. Eibl-Eibesfeldt und H. Hass, Neue Wege der Humanethologie, in: Homo, 18/1967, S. 13-23

68 Krämer, Die Samoa-Inseln, Bde. I und II, Stuttgart 1902f.

69 I. Eibl-Eibesfeldt, Zur Ethologie menschlichen Grußverhaltens. I. Beobachtungen an Balinesen, Papuas und Samoanern, in: Zeitschrift für Tierpsychologie, 25/1968, S. 196-213

70 I. Eibl-Eibesfeldt, Eine ethologische Interpretation des Palmfruchtfestes der Waika (Venezuela), nebst einigen Bemerkungen über die bindende Funktion von Zwiegesprächen, in: Anthropos, 66/1970, S. 767-778; ders., Das verbindende Erbe. Expeditionen zu den Wurzeln unseres Verhaltens, Köln 1991

71 »Wir haben guten Grund, die intraspezifische Aggression in der gegenwärtigen kulturhistorischen und technologischen Situation der Menschheit für die schwerste aller Gefahren zu halten. Aber wir werden unsere Aussichten, ihr zu begegnen, gewiß nicht dadurch verbessern, daß wir sie als etwas Metaphysisches und Unabwendbares hinnehmen, vielleicht aber dadurch, daß wir die Kette ihrer natürlichen Verursachung verfolgen. Wo immer der Mensch die Macht erlangt hat, ein Naturgeschehen willkürlich in eine bestimmte Richtung zu lenken, verdankt er sie seiner Einsicht in die Verkettung der Ursachen, die es bewirken.

Die Lehre vom normalen, seine arterhaltende Leistung erfüllenden Lebensvorgang, die sogenannten Physiologie, bildet

die unentbehrliche Grundlage für die Lehre von seiner Störung, für die Pathologie.« K. Lorenz, Das sogenannte Böse, München 1963, S. 47
72 I. Groebel und R. Hinde, Aggression and War, Their Biological and Social Bases, New York 1989
73 P. Bateson, Is aggression instinctive?, in: J. Groebel und R. Hinde, a. a. O., S. 35-47
74 I. Eibl-Eibesfeldt, Krieg und Frieden aus der Sicht der Verhaltensforschung, München 1975
75 H.-J. Heinz und M. Lee, Namkwa, Life among the Bushmen, London 1978
76 H. Sbrzesny, Die Spiele der !Ko-Buschleute, München 1976
77 I. Eibl-Eibesfeldt: Die !Ko-Buschmanngesellschaft. Gruppenbindung und Aggressionskontrolle, München 1972
78 Gunter Senft, Kilivila, the Language of the Trobriand Islanders, Berlin 1982; I. Bell-Krannhals, Haben um zu geben. Eigentum und Besitz auf den Trobriand-Inseln, Papua Neuguinea, in: Baseler Beiträge zur Ethnologie, 31/1990
79 Eine Liste der bis 1988 veröffentlichten Filme ist erschienen in: I. Eibl-Eibesfeldt, Human Ethology, New York 1989
80 Ch. Adler, Polareskimo-Verhalten: Mechanismen der Gruppenbildung, Aggression und Aggressionskontrolle der Eskimos im Thule-Distrikt, Dissertation, Biologische Fakultät der Ludwig-Maximilians-Universität München 1977
81 Eine deutsche Übersetzung dieses Trauergesanges veröffentlichte ich in meinem Buch: Das verbindende Erbe, a. a. O. Eine Transkription mit Übersetzung und Kommentar veröffentlichte ich in: Anthropos, 85/1990, S. 507-515: Yanomami Wailing Songs and the Question of Parental Attachment in Traditional Kinoases Societies
82 W. C. McCrew, An Ethological Study of Children's Behavior, Cambridge 1972
83 N. G. Blurton-Jones, Ethological Studies on Child Behavior, Cambridge 1972
84 P. Ekman und W. Friesen, Facial Action Coding System, in: Consulting Psychologists Press, Palo Alto 1978
85 C. H. Hjortsjö, Man's Face and Mimic Language, Malmö (Studentenliteratur) 1969
86 B. Hold, Rangordnungsverhalten bei Vorschulkindern, in: Homo, 25/1974, S. 252-267; Rank and Behavior: An Ethological Study of Preschool Children, in: Homo, 28/1977, S. 158-188
87 M. Chance, Attention Structures as the Basis of Primat Rank Orders, in: Man S. S., 2/1967, S. 503-518

88 K. Grammer, Biologische Grundlagen des Sozialverhaltens, Darmstadt 1988. In diesem Buch sind auch andere aus dem Kindergartenprojekt hervorgegangene Arbeiten referiert.

89 D. G. Freedman, Human Sociobiology, New York 1979

90 Siehe dazu: Multi-kultureller Joghurt, in: Süddeutsche Zeitung vom 2. November 1991

91 Siehe dazu: Inquisition und Zensur, in: Der Spiegel, 21/ 1991

92 Ausführliche Diskussion mit Literaturangaben in: I. Eibl-Eibesfeldt, Grundriß der vergleichenden Verhaltensforschung, a. a. O.

93 I. Eibl-Eibesfeldt, Warfare, Man's Indoctrinability and Group Selection, in: Zeitschrift für Tierpsychologie, 60/1982, S. 177-198

94 Das Wort »Nation« stammt ab vom lateinischen »natio«: »das Geborenwerden«, »das Geschlecht«, »der Stamm«.

95 R. Dawkins, The Selfish Gene, Oxford 1976

96 J. Maynard-Smith, The Theory of Games and the Evolution of Animal Conflict, in: J. Theoret. Biol., 47/1974, S. 209-221

97 G. Burghardt, Chemical Prey Preferences Polymorphism in Newborn Garter Snakes (Thamnophis sirtalis), in: Behaviour, 52/1975, S. 202-225

98 E. Curio, Die Schutzanpassungen dreier Raupen eines Schwärmers auf Galápagos, in: Zoologisches Handbuch, 91/1966, S. 1-29

99 Die Veröffentlichungen der verschiedenen Mitarbeiter an diesem Projekt sind gedruckt in der Schriftenreihe »Mensch, Kultur und Umwelt im zentralen Bergland von West-Neuguinea«, Berlin. Zur Humanethologie erschienen in dieser Reihe folgende Beiträge: I. Eibl-Eibesfeldt, W. Schiefenhövel und V. Heeschen, Kommunikation bei den Eipo, Beitrag 16, Berlin 1989; W. Schiefenhövel, Geburtsverhalten und reproduktive Strategien der Eipo, Beitrag 16, Berlin 1988; wichtige etho-ethnologische Angaben finden wir ferner in: V. Heeschen, Ninye bun - Mythen, Erzählungen, Lieder und Märchen der Eipo, Beitrag 20, Berlin 1990.

100 K. Good und D. Chanoff, Into the Heart, New York 1991

101 Beispiele für solche Texttranskriptionen und Übersetzungen sind in den Begleitpublikationen zu den vom IWF veröffentlichten Filmen der Encyclopaedia cinematographica zu entnehmen.

102 I. Eibl-Eibesfeldt, Die Biologie des menschlichen Verhaltens, a. a. O.

103 I. Eibl-Eibesfeldt und Ch. Sütterlin, Im Banne der Angst. Zur

Natur- und Kunstgeschichte menschlicher Abwehrsymbolik, München 1992

104 I. Rentschler, B. Herzberger und D. Epstein, Beauty and the Brain. Biological Aspects of Aesthetics, Basel 1988; I. Eibl-Eibesfeldt, The Biological Foundation of Aesthetics, in: ebenda, S. 29-68

105 Die Arbeiten von William Thorpe ebenso wie die weiterführenden von Peter Marler sind in meinem »Grundriß der vergleichenden Verhaltensforschung«, a. a. O., ausführlich referiert.

106 H. Müller-Beck u. G. Albrecht, Die Anfänge der Kunst vor 30 000 Jahren, Stuttgart 1987

107 R. Häberlein, Kartenähnliche Darstellungen im Eiszeitalter, in: Kartographische Nachrichten, 5/1990, S. 185-187

108 Das Original befindet sich im Archäologischen Institut in Brünn.

109 F. D'Errico, Technology, Motion and the Meaning of Epipaleolithic Art, in: Current Anthropology, 33/1992, S. 94-109

110 I. Eibl-Eibesfeldt und Ch. Sütterlin, Im Banne der Angst. Zur Natur- und Kunstgeschichte menschlicher Abwehrsymbolik, München 1992

111 J. Goodall, The Chimpanzees of Gombe. Patterns of Behavior, Cambridge und London 1986; darin auch weiterführende Literatur über Sozialverhalten, Termitenfischen und Werkzeuggebrauch.

112 M. J. Lasky, Wortmeldung zu einer Revolution, Berlin 1991. Ich will hier nicht im einzelnen auf die unrühmlichen Äußerungen einiger Schriftsteller eingehen, die gegen die Vereinigung polemisierten. Ich habe die Vereinigung als großes Glück empfunden, auch für Europa und die deutsche Kulturnation. Und nur in diesem Sinne war das symbolische Hissen der deutschen Fahne am Tage der Vereinigung auf dem Wiener Rathaus durch Bürgermeister Helmut Zilk zu verstehen. Siehe dazu auch Günther Nennings freundlich-kritische Anmerkung in: G. Nenning, Die Nation kommt wieder. Würde, Schrecken und Geltung eines europäischen Begriffs, Zürich 1990.

113 Am 1. Oktober 1989, also nur wenige Wochen vor der historischen Wende, erklärte Egon Bahr: »Laßt uns um alles in der Welt aufhören, von der Einheit zu träumen oder zu schwätzen.« Zitiert nach: M. J. Lasky, a. a. O.

114 Dieter Reinfried, Parlamentarischer Staatssekretär der sächsischen Landesregierung, bemerkte in den Bergedorfer Gesprächen 1992: »Ich möchte an ein paar Dinge erinnern, die vielleicht trivial sind, aber nicht in Vergessenheit geraten sollten. Es kann kein Zweifel daran bestehen, daß der weit überwiegen-

de Teil der Bevölkerung hier 1989/90 froh war, diese DDR endlich los zu sein. Und die meisten Menschen bei uns sind auch mit ihrer persönlichen Situation, wie sie sich in den zwei Jahren entwickelt hat, durchaus zufrieden. Diejenigen, denen es gutgeht, wenden sich nicht an die Öffentlichkeit, und die Presse interessiert sich für sie auch nicht. (...) Deshalb überwiegt in den Medien allenthalben die Negativdarstellung.« (Protokoll, S. 51)

115 Daß Partei- vor allgemeinen Interessen gehen, führt auch dazu, daß die Staatskasse bedenkenlos geplündert wird, um Wahlversprechen einzulösen. Die Politiker spekulieren auf Wachstum, und reicht das Geld nicht aus, dann nehmen sie Anleihen auf die Zukunft. Mittlerweile ist es selbst in Zeiten der Konjunktur üblich geworden, Schulden zu machen. Das ist auf Dauer nicht zu verantworten. Man kann nicht mit dauerndem Wachstum rechnen und ausgeben, was man noch nicht eingenommen hat. Nun gilt es, mit einer Art Notprogramm die Prioritäten neu zu bestimmen. Entwicklungshilfe für Osteuropa und Ostdeutschland scheint mir gegenwärtig als das wichtigste Anliegen, wichtiger jedenfalls als neue Lohnrunden im Westen.

116 R. Dahrendorf, Nur Menschen haben Rechte, in: Die Zeit, 18/1989

117 Und dies aus gutem Grund. Solange nämlich Minoritäten in einem Staat leben, deren Mehrheit einer anderen Ethnie angehört, müssen sie die Fremdherrschaft als potentiell bedrohlich erleben. Das internationale Recht schützt sie nur unzureichend vor Übergriffen durch das dominierende Staatsvolk. Das mußten die Armenier in der Türkei erfahren, und gegenwärtig erleben es die Kurden und Tibeter, um nur einige zu nennen. Man mischt sich nicht gerne in »innere Angelegenheiten« eines anderen Staats ein und beläßt es daher in der Regel bei verbalen Protesten und Beileidsbekundungen.

118 H. Geißler: Zugluft, Politik in stürmischer Zeit. München 1990

119 L. Hoffmann und H. Even, Soziologie der Ausländerfeindlichkeit. Zwischen nationaler Identität und multikultureller Gesellschaft, Weinheim und Basel 1984

120 Zur Universalität des Ethnozentrismus siehe: V. Reynolds, V. Falger und I. Vine, The Sociobiology of Ethnocentrism. Evolutionary Dimensions of Xenophobia, Discrimination, Racism and Nationalism, London 1987; zur Frage Territorialität und Krieg: I. van der Dennen und V. Falger, Sociobiology and Conflict. Evolutionary Perspectives on Competition, Cooperation, Violence and Warfare, New York 1981 - darin weitere Literaturangaben; siehe ferner: I. Eibl-Eibesfeldt, Krieg und

Frieden, München 1976 (2. Auflage), Taschenbuch: München 1990

121 Dieses Thema habe ich in meinem Buch »Krieg und Frieden ...«, a. a. O., ausführlich erörtert; siehe auch: I. Eibl-Eibesfeldt, Die Biologie des menschlichen Verhaltens, a. a. O.; in beiden Büchern findet sich weiterführende Literatur - ich verweise besonders auf die Arbeiten von H.-J. Heinz, G. B. Silberbauer und R. B. Lee.

122 Gerhard Köpf, Europa eint der Hass, in: Zeit-Magazin vom 10. Januar 1992

123 »Mag Bürgermeister Dinkins in salbungsvollen Feiertagsreden noch so oft seinen längst entkräfteten Wahlkampfslogan vom ›prachtvollen Mosaik‹ der Vielvölkerstadt hervorkramen und Versöhnungshymnen anstimmen. Knapp zwei Drittel der Bevölkerung erklärten jüngst in einer Meinungsumfrage, auch dem neuen Bürgermeister der guten Hoffnung werde es nicht gelingen, das zertrümmerte ethnische Mosaik zu kitten. (...) In den Straßenschluchten von New York tobt ein wildes Neben- und Gegeneinander verschiedenartiger Subkulturen; die babylonische Stadt ist in die Territorien rivalisierender Stämme unterteilt, die versuchen, einander ihr jeweiliges Revier abzujagen. Aggressive Gruppenrituale verleihen einzelnen Stadtvierteln ihre charakteristische Atmosphäre. Drohgebärden sind häufig die einzig verbliebene Kommunikationsform. Vielsprachiges Stimmengewirr dröhnt in diesem Zivilisationslabyrinth.«

124 Süddeutsche Zeitung vom 26. Mai 1992

125 Süddeutsche Zeitung vom 25. Mai 1992

126 M. J. Lasky, Utopie und Revolution, Rot 1989

127 Die Angst vor der Bloßstellung und dem damit verbundenen Gesichtsverlust spielt ebenso eine Rolle wie die Furcht vor Strafe. Aber das ist nicht die ganze Geschichte. Das Unbehagen beim Regelverstoß und das gute Gefühl bei regelgerechtem Verhalten dürfte auf hirnchemischen Prozessen beruhen. Endorphinausschüttung belohnt regelkonformes Betragen, unabhängig davon, ob die Regeln auf kultureller Konvention oder stammesgeschichtlicher Programmierung beruhen.

128 H. Karasek, Verbrechen der Phantasie, in: Der Spiegel, 28/1991

129 J. Albrecht, Ungeheuer lieb. Vom Baby zur Landplage, in: Zeit-Magazin vom 27. Dezember 1991

130 A. Gehlen, Der Mensch, seine Natur und seine Stellung in der Welt, Berlin 1940

131 Dazu ausführlich: I. Eibl-Eibesfeldt, Die Biologie des menschlichen Verhaltens, a. a. O., und: Grundriß der vergleichenden Verhaltensforschung, a. a. O.; über die Forschungsstelle für

Humanethologie erschien eine Publikation der Max-Planck-Gesellschaft: Berichte und Mitteilungen. Forschungsstelle für Humanethologie in der Max-Planck-Gesellschaft, München 1990

132 I. Eibl-Eibesfeldt, Der Mensch, das riskierte Wesen, a. a. O.

133 Ders., Die Biologie des menschlichen Verhaltens, a. a. O.

134 P. Wiessner, Haro: A Regional System of Reciprocity for Reducing Risk among the !Kung San. Ph. D. Diss., University of Michigan, Ann Arbor, University Microfilms, 1977; The !Kung San Networks in a Generational Perspective, in: M. Biesele u. a. (Hg.), The Past and Future of !Kung Ethnography, Quellen zur Khoisan-Forschung, Nr. 4, Hamburg 1986, S. 103-136

135 K. Kosse, Group Size and Societal Complexity: Thresholds in Long-term Memory, in: Journal of Anthropological Archeology, 9/1990, S. 275-303.
Wenn mehr als 150 Individuen häufig persönlich miteinander interagieren, läuft der Informationsfluß bereits durch ritualisierte und formalisierte Kanäle. Unter dieser Zahl reicht die familiale Autorität aus, um den Informationsfluß zu regulieren und Aktivität zu koordinieren. Bei einer Gruppengröße bis rund 500 Personen kennen sich die Mitglieder einer Gemeinschaft noch und tauschen Gerüchte oder Informationen aus, sie nehmen bis zu einem gewissen Grad an Entscheidungen teil, die die Gruppe betreffen. In Gemeinschaften (Dörfern), die mehr als 500, aber weniger als 2500 Personen umfassen, kann eine Information noch jeden auf informelle Weise erreichen, aber der Prozeß ist langsamer, und es kann zu kostspieligen Irrtümern führen. Auf dieser Stufe spielen bereits ranghohe Männer der Gruppe bei Entscheidungen die führende Rolle. In archaischen Staaten, die eine noch viel größere Bevölkerungszahl umfassen, finden wir eine erbliche Führungselite, deren Zahl 500 nicht übersteigt.

136 I. Eibl-Eibesfeldt, Die Biologie des menschlichen Verhaltens, a. a. O.

137 H. Glück in: I. Eibl-Eibesfeldt u. a. (Hg.), Stadt und Lebensqualität, Stuttgart und Wien 1985

138 Siehe dazu die Beiträge von Eibl-Eibesfeldt und H. Freisitzer, E. Gehmacher und H. Glück, in: Ebenda

# Personenverzeichnis

# Bildnachweis

| | |
|---|---|
| Irenäus Eibl-Eibesfeldt | 5 (unten), 7, 8, 9, 10 (oben), 11, 13 (oben), 14, 15, 17 (unten), 18, 19, 20, 21, 22 (unten rechts), 23, 24, 27, 28 |
| Lorle Eibl-Eibesfeldt | 6 (oben) |
| Elke Fuhrmeister | 22 (oben und unten links) |
| Dieter Heunemann | 10 (unten), 25, 26 (unten links) |
| Renate Krell | 12, 26 (oben rechts) |
| Georg Schimanski | 16 (unten) |
| Wulf Schievenhöfel | 26 (oben links) |
| Heinz Sielmann | 16 (oben) |

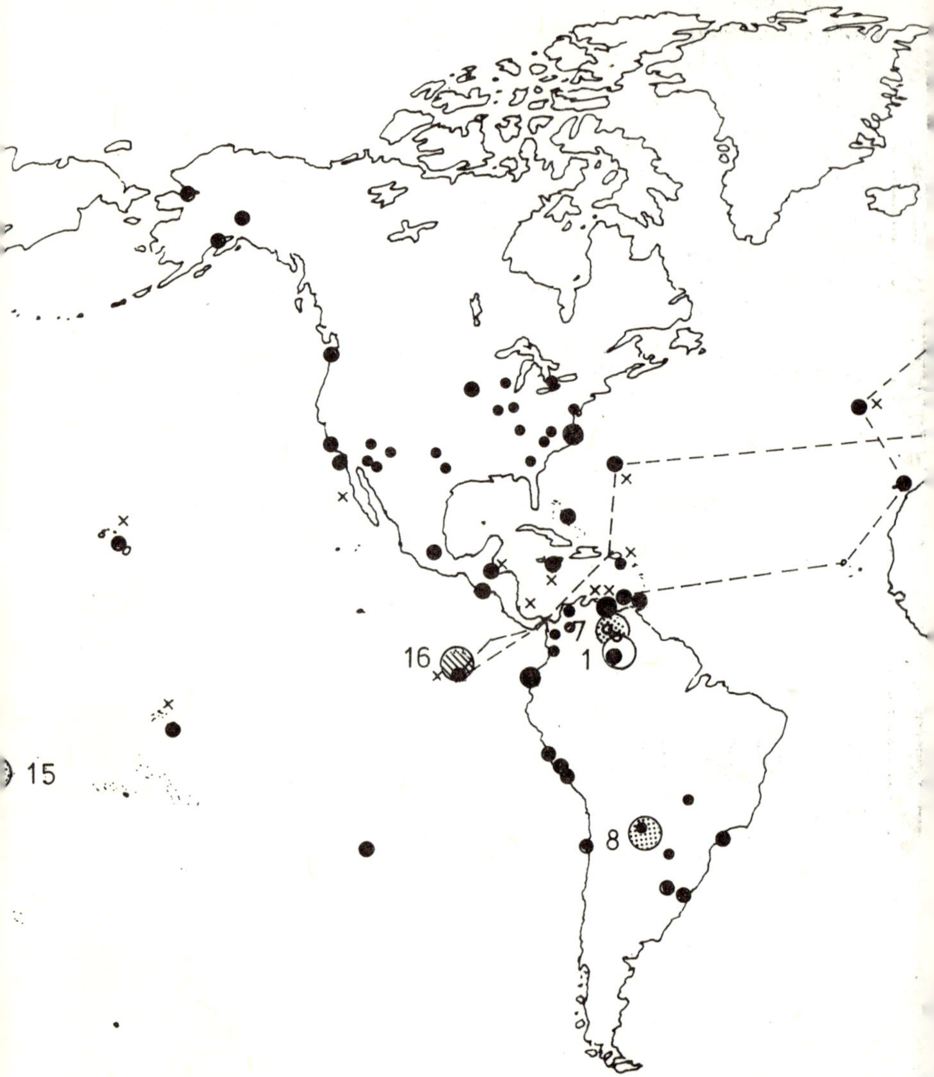


Humanethologische Langzeitstudien außerhalb Europas (Hauptarbeitsgebiete)

1 Yanomami, 2 Himba, !Kung-Buschleute, 3 !Ko- und G/wi-Buschleute, 4 Balinesen, 5 Eipo, 6 Trobriander

Einmalige Dokumentationsreisen

7 Hoti; 8 Ayoreo (Moro); 9 Gidjingali; 10 Pintubi und Walbiri; 11 Agta; 12 Tasaday, Blit und Tboli; 13 Karamojo, Turkana; 14 Woitapmin, Daribi, Kukukuku und Biami; 15 Samoaner

Zoologische Arbeitsgebiete
16 Galápagos, 17 Tanganjika, 18 Malediven